新解説・和算公式集

算法助術

土倉 保【編著】

朝倉書店

はじめに

最近になって，「和算」という明治時代以前の数学に注目が集まり，小学校・中学校・高等学校の数学教育でも取り入れられてきている。また，数学教育の研究発表でも和算が紹介されるなど，数学の教員の間でも関心が高まりつつある。

和算書や算額（さんがく）に掲載されている問題は，和算の初歩である日用数学を解くのとは違い，一般的には難解なものが多い。問題ごとに「問・答・術」が書かれてあり，その中の「術」は現代の数学のような解答ではなく，答までの主な計算を述べたに過ぎない。漢文等で表示された問や術をわれわれが現在用いている計算式に戻しながら問題の意味を捉えていくことになる。作成者が“定理・公式”ともいうべきものを暗黙の了解のうちに使って計算を進めている場合には，それらを推測しながら読み解くことになるのである。

幸いにも和算書や算額を上梓する前の下書きや草稿に「解義書（かいぎしょ）」と言われるものがいくつか残っている。使っている“定理・公式”や書籍が記されている場合があり，その中に『算法助術』によることを明示しているものもある。問題を解くために当時の人たちは『算法助術』を用いていたのである。この『算法助術』で取り上げている内容を，現代の数学，それもほぼ高等学校までの数学で証明してみせたのが本書である。これまで種々刊行が試みられたのであるが，ようやく土倉保先生の労苦によって完成を見ることができた。

昔の人たちがどのような“問題（公式・定理）”を考え，解いていたのか，その一端を知る手がかりを与えるものと言える。しかし，本書を紐解（ひもと）けばその容易ならざる計算に驚愕（きょうがく）されるに違いない。昔の人たちの数学への取り組み方に思いを致すことは，現代の中学生や高校生の数学への興味・意欲を必ずやかき立てることになるものと思われる。和算を生み出し，発展させてきた先人に，深く敬意を表したい。

和算研究所理事長　佐藤健一

前　書

江戸時代，夥(おびただ)しい種類の和算書が刊行された。また，神社・仏閣への算額奉納の風習は明治時代にもおよび，全国津々浦々に和算が普及していたのである。これらを可能したのは江戸時代の和算家・遊歴算家，版元などの活躍があげられるが，和算を学び，問題を解き，答を記し，さらに自らも出題するという「遺題継承(いだいけいしょう)」が当時の風習であったと言われるほどに勉学に励んだ多くの和算愛好家の存在があったからである。江戸時代末頃には既に農村部にまで広がっていたことが，長谷川弘閲・山本賀前編，天保12（1841）年刊とされる原書『算法助術』によっても読みとれるのである。世界史的にも稀有な江戸文化に重要な役割を果たした和算について，幾分なりとも感じ取っていただければと願い，上梓することにした。

原書『算法助術』を開けて，まず驚かされるのは，図形などを極めて正確に仕上げられた木版刷りの美しさ，精巧さである。と同時に，当時の人々の数学に対する姿勢が精妙な気品となって伝わってくるのである。

この『算法助術』の刊行の趣旨は，長谷川弘門人北村栄吉と仙台住人武田源蒲保による2つの序文に書かれてあるように，問題を解き明かす「煩(はん)重(ちょう)を省く」ためとされていることから，いわば基本的な公式集あるいは例題集と見なされてきた。しかし，実際，手にとってみると，安易には考えられないような内容も含まれている。本体部分には105項目が掲載されている。そのうちのほとんどが三角形や四角形・円・楕円など，平面図形に関するもので，後半に四角錐を含む立体図形や数列の和，そしてある種の2次方程式の解の正負が扱われている。各項目ともその成り立つ根拠・証明は与えられていない。そこで本書では現代文に意訳して，だいたい高等学校程度までの数学を用いて解説を試みたのである。

現代のような数学記号を使わずに求め続けた先人の“真理”に対する知的繊細さと強靭な精神力を感得されるのではないだろうか。長さや面積に潜む精緻な関係を示す式やそれに関する方程式が美しい結晶のように散りばめられている。あたかも美しい多彩な鉱石の輝きを秘めた花々を目にしているような感じがするのである。

現在の中学校・高等学校程度の素材が大部分であるといえるが，放物線や双曲線などは扱われていない。また，比例，相似，三平方の定理および方べきの定理などは前提条件とされ，改めて示されていない。トレミーの定理，ヘロンの公式に当たるものは，和算家にとって実質，既知のことであったが，表現形が異なる（巻末文献・影印参照）ので改めて「予備事項」として掲げておくことにした。

『算法助術』では証明が省かれているので，そのため「解義」と称する和算書が数種出されている。これらの解義書を見ても，たとえば，2つの三角形は相似である，という性質は非常によく利用されるが，その際に，なぜ相似といえるのか，という根拠は説明されず，ただ相似であるから，と書かれていることが多い。和算が論理性をあまり重視していないといわれるのも，このような姿勢が一因かと思われるのであるが，互いに通じ，理解し，考えを深めることができるような中での曖昧さが故に，数多くの和算愛好家が輩出したのだとも考えることができるのではないだろうか。

しかし，解義書として刊行されたものはないようで，参照できたのは手書きの写本だけである。未見のものが多いが全部でなく一部分の証明のみを述べたものもある。また，難題と思われる項目は互いに参考にしたところもあるようで，図や記号，説明文まで全く同一のものもいくつか見られた。全項目のほとんどに解説を与えているのは，川北朝鄰・水野民徳のものがある〔文献(2)，(4)〕。また，明治末から大正時代にかけて竹貫登與多（婁文）による雑誌連載形式の「解義」がある〔文献(6)〕。これは全く現代流に書き直して，説明，証明などが明快である。しかし，明治時代の末頃の刊行なので，活版印刷の技術上の難点―誤記・誤植，図の不鮮明・誤り―などが見うけられ，いまひとつといった感じのものが多いが，証明などの方針には間違いはなく，今回のチェックでは大いに参考になった。

以上のような文献を参考にしながら，全項目**1**〜**105**のすべてと「用例」と「附録」をチェックしてみた。三角関数や座標を用いた方が現在では自然と思われるものもあり，そのような方法を与えたものもあるが，和算家の思考過程，計算過程も尊重し，［別証明］を添えたものもある。たとえば**84**，**85**，**89**など。また，難問と思われる項目**27**，**30**，**33**，**55**，**98**などには2，3通りの証明を紹介した。**55**は，デカルトの円理といわれるもので，**78**，**79**はそれを3次元に拡張したものである。**98**は，当時，安島直円（1732〜1798）の難問として話題になったもので，長方形に内接し，互いに外接する楕円と円について扱われている。余談ながら本項目では，正月をはさんで2か月余りを要してしまった。ひた向きに追い求めた先人の労苦に思いを馳せ，感慨を新たにすることができた。

原書の数式などは当然縦書きの漢文であるが，巻末の影印と比較照合していただければ，ちょっとしたクイズ感覚で和算の記法などについて了解されるものと思われる。その意味では和算書入門の役目もいくぶんなりと果たすことができているのではないかと考える。

この拙書が，いささかなりとも和算に取り組む励みとなり得れば幸いである。

2014年10月

東北大学名誉教授　土倉　保

目次

原書「目録」の表題図をほぼ原寸大で書き起こしたものを添える。
左肩数字は項目番号，右肩は掲載ページである。
なお，巻末p. 245～308には原書の影印を掲載した。

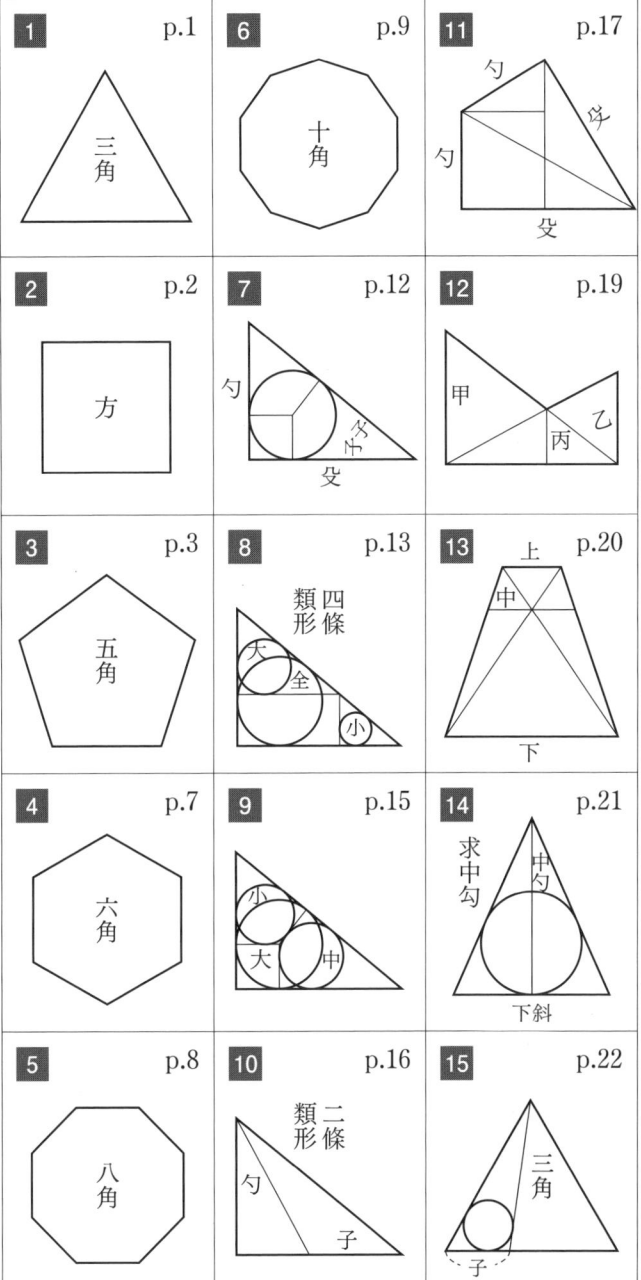

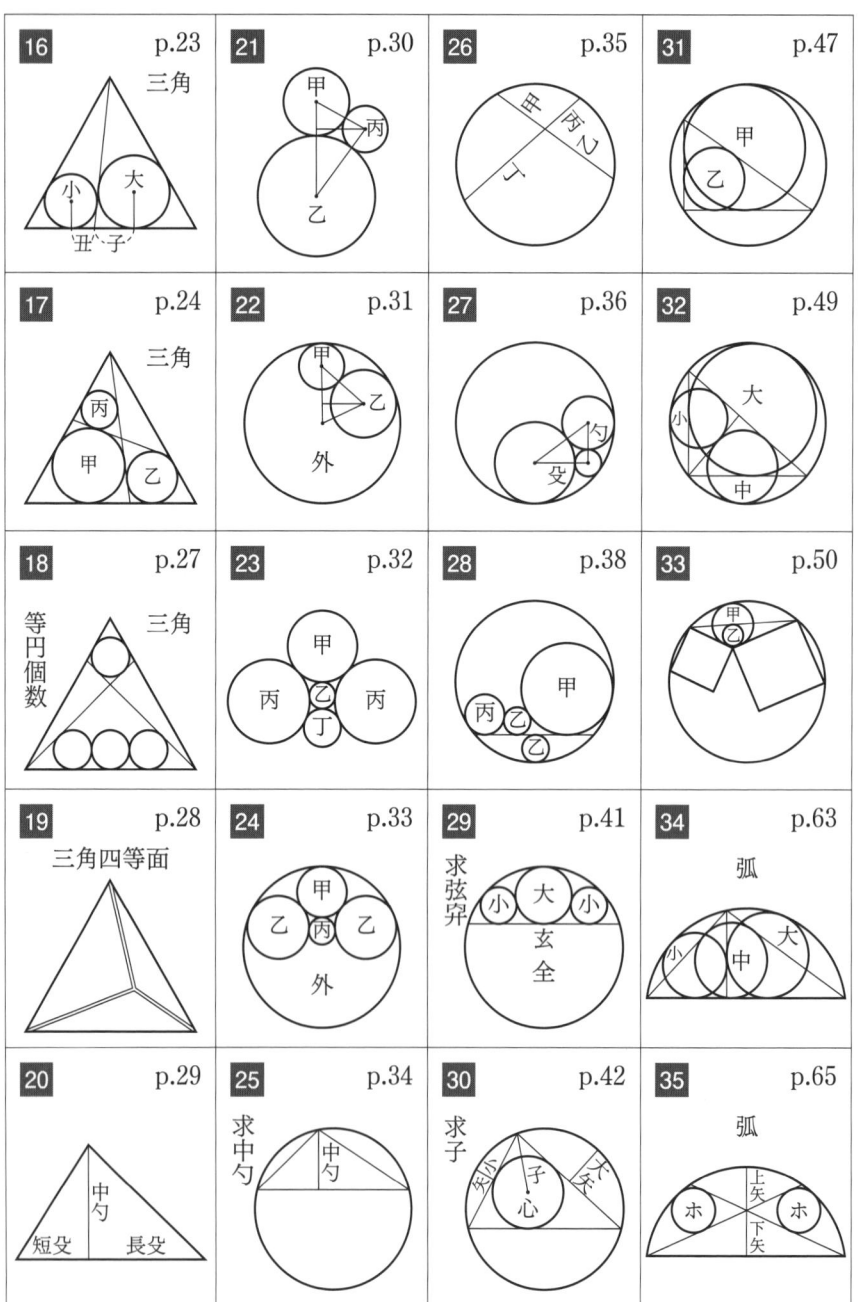

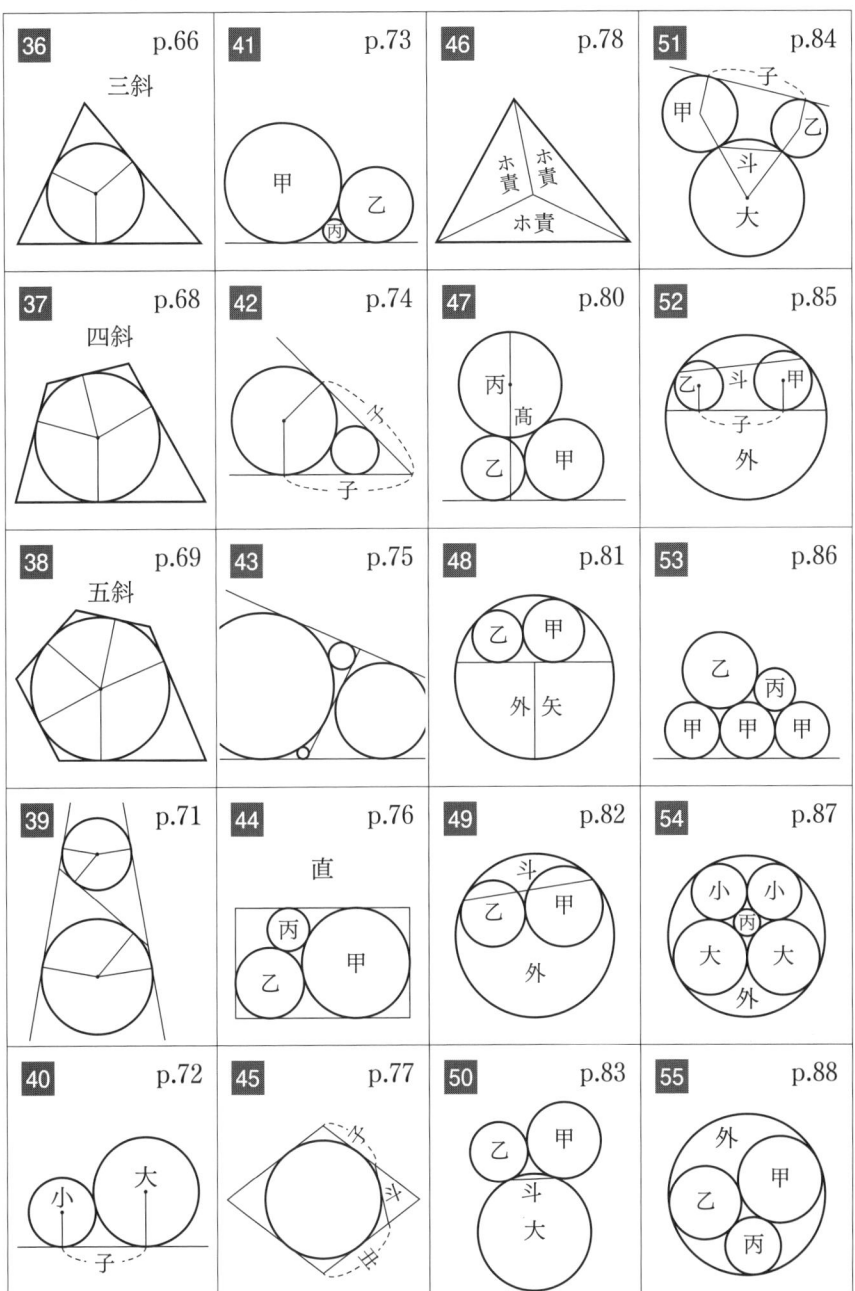

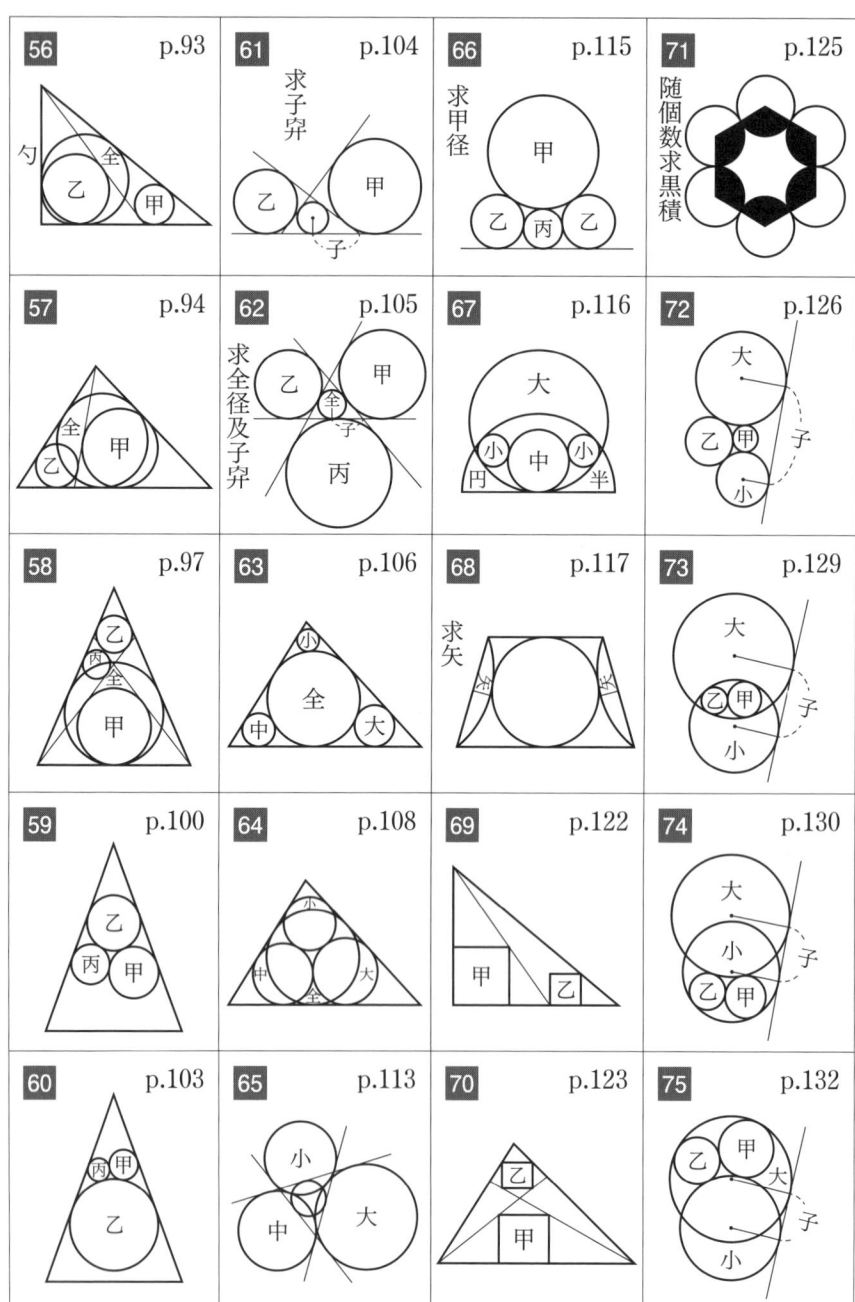

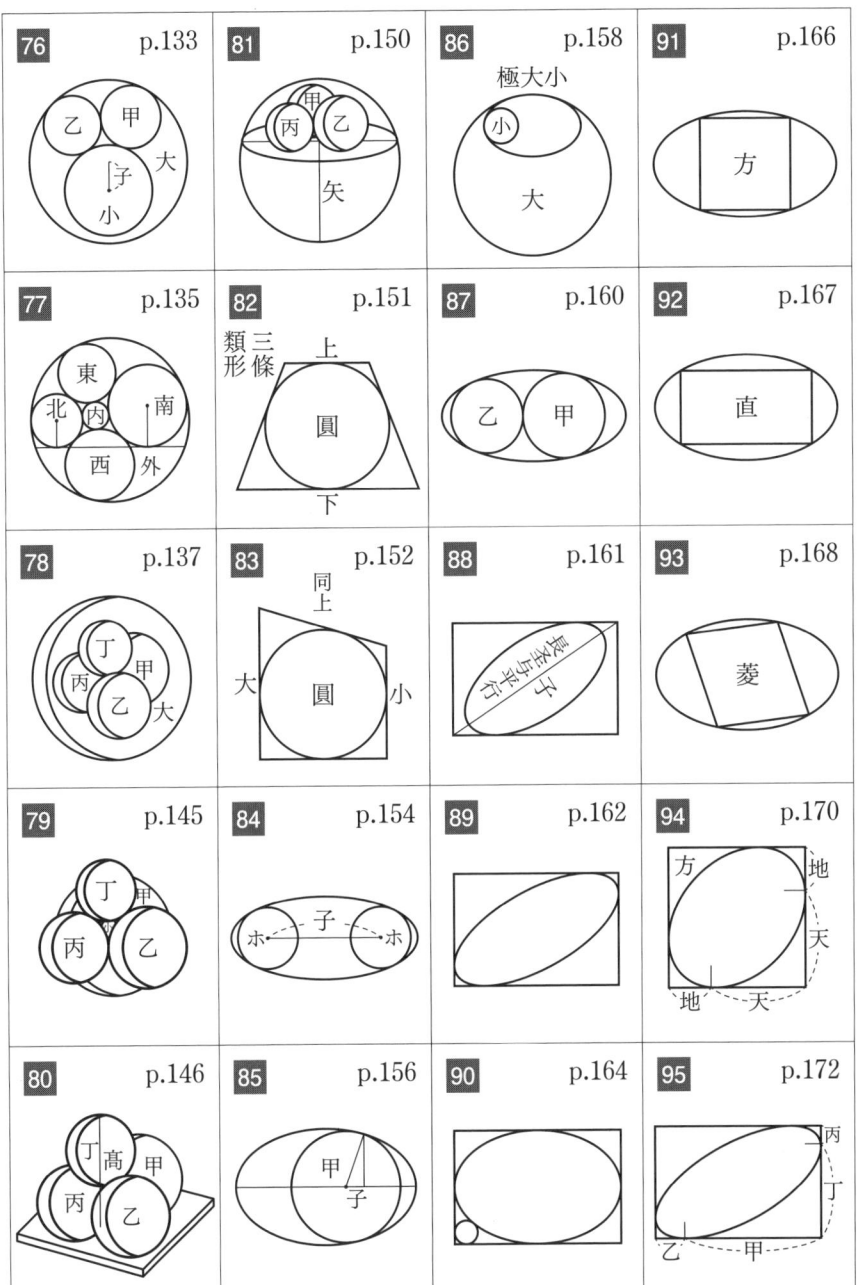

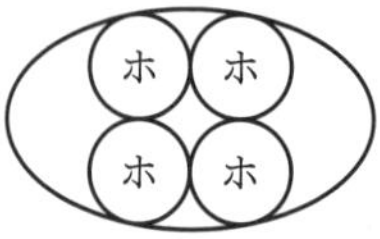

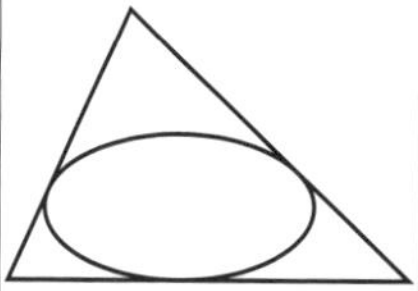

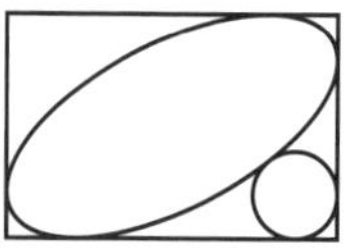

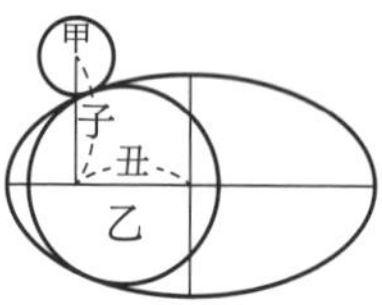

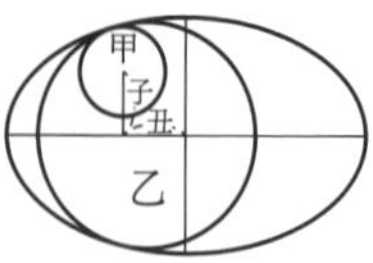

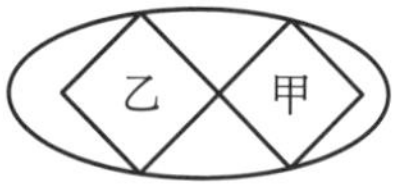

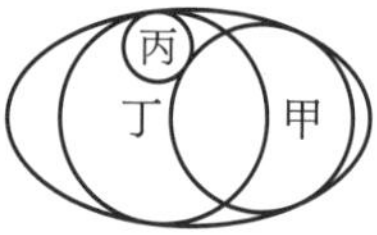

助術用例題図

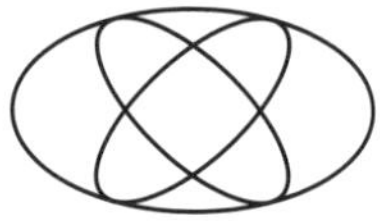

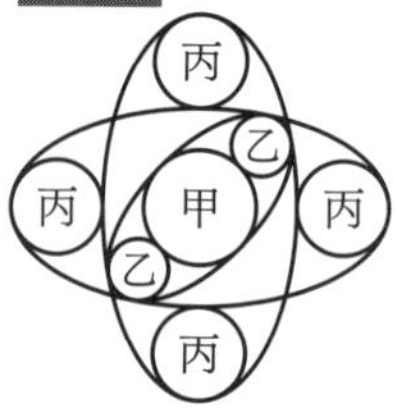

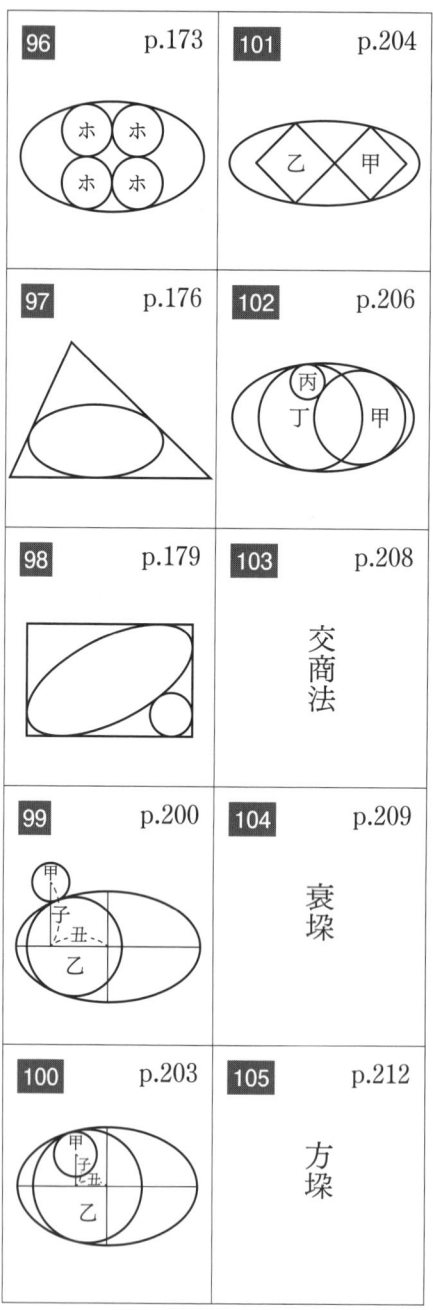

附録題図

附録 1 p.220

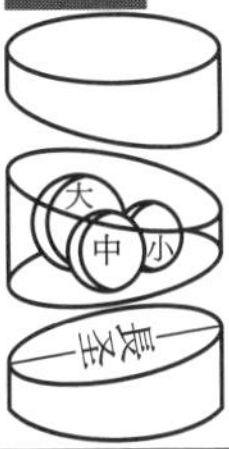

附録 2 p.224

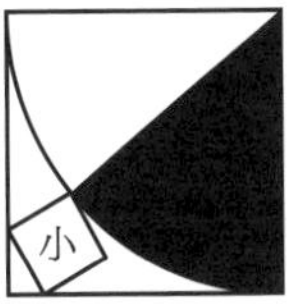

附録 3 p.226

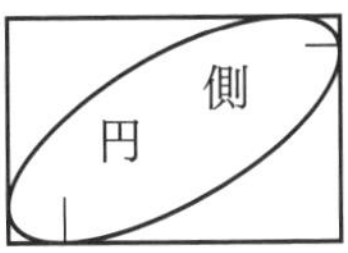

附録 4 p.227

附録 5 p.228

附録 6 p.230

秦楚相謀撃趙城

附録 7 p.232

三角四等面

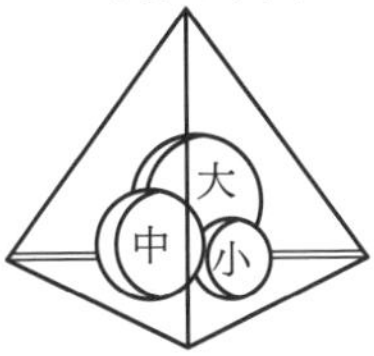

附録 8 p.240

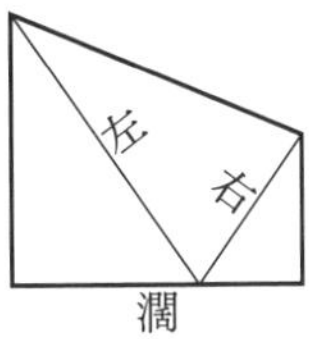

附録 9 p.242

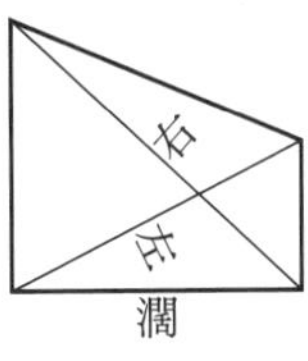

［註］

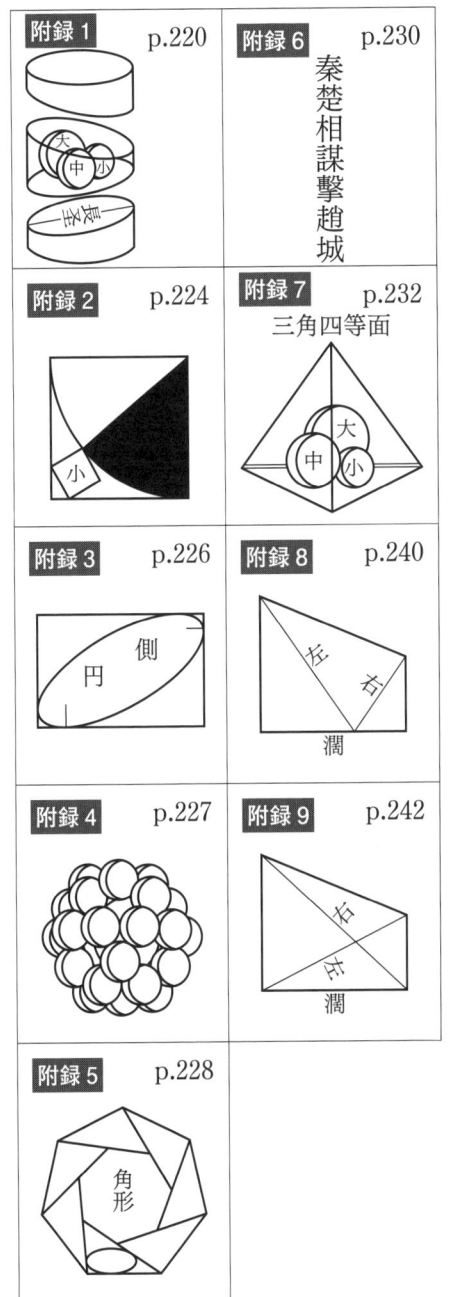

矢（し，や）：弓形の弧の中点から弦への垂線

直：長方形のこと

側円：楕円のこと

斜：四角形の対角線や多角形の辺

責（せき）：面積や体積などに使う。積の略字

勾（こう）：直角三角形の直角をはさむ短辺。勾や鈎などの略字

中勾（ちゅうこう）：二等辺三角形の高さまたは直角三角形の直角の頂点から斜辺への垂線

殳（こ）：股の略字。直角三角形の直角をはさむ辺の長いほうの辺

勾股弦（こうこげん）：直角三角形

交商式（こうしょうしき）：ふつう2次方程式をいう。

衰垜（すいだ）：球を三角錐の形に積み重ねたときの個数。
1，1+2，1+2+3，…
などを三角衰垜，その和を三角衰垜積という。

圭垜（けいだ）：数列1，2，3，…など。$1+2+3+\cdots+n$ を圭垜積という（p.210）。

方垜（ほうだ）：1^p，2^p，3^p，…となる数列。$p=1$ のとき圭垜，$p=2$ のとき平方垜，$p=3$ のとき立方垜などという。

濶（かつ）：長短のある辺では短いほうの辺

文　献

●林文庫，林集書は，東北大学附属図書館所蔵である。

(1)『算法助術』復刻版，深川英俊校注，朝日新聞社事業本部名古屋企画事業チーム，2005年

(2)『算法助術解義』川北朝鄰（写本，林文庫794）　年号なし。序文中に「去る元治甲子（1864年）春」という文言がある。元，亨，利，貞の4巻，元1～35，亨36～70，利71～95，貞96～105の解説

(3)『算法助術解義』著者名なし。各項目は，(1)，(2)，……のように洋数字を用いて番号を示している。「林集書972」明治34（1901）年写とある)。この本の下書きと思える「林集書971」には慶応4年戌辰4月（＝明治元年）金原与三郎と記入されている。

(4)『算法助術解義』水野民徳述　安政6（1859）年（林文庫1836写本）

(5)『算法助術註解巻之一』坂本玄斎編（山形大学，佐久間文庫419S2, 1-1113）一部分を飛びとびに扱っている。

(6)『温故知新，算法助術』竹貫登與多が雑誌『数学世界』(博文館）に1910年前後に解説，証明を連載した。図にミスが見られる。

(7) その他『明治前日本数学史』に次の文献記載があるが未見である。
『算法助術矩合集』佐藤解記（1814～1859年）
『算法助術雑題』佐藤一清
『算法助術拾遺』土屋修蔵（1798～1882年）
『算法助術点竄』伊藤定太（明治11年，41年著書あり）

(8)『幾何学大辞典』岩田至康（槇書店),『日本の数学—何題解けますか？　上・下』深川英俊・ダンソコロフスキー（森北出版),『日本の幾何—何題解けますか？』深川英俊・ダンペドー（森北出版）にも難問のいくつかが解説されている。

[予備事項]　解義では，よく用いられる三角形の相似条件・性質，三平方の定理，方べきの定理，トレミーの定理等は既知事項とされる。ヘロンの公式は既知事項として扱われることもあるが，一応とり上げておく。

1

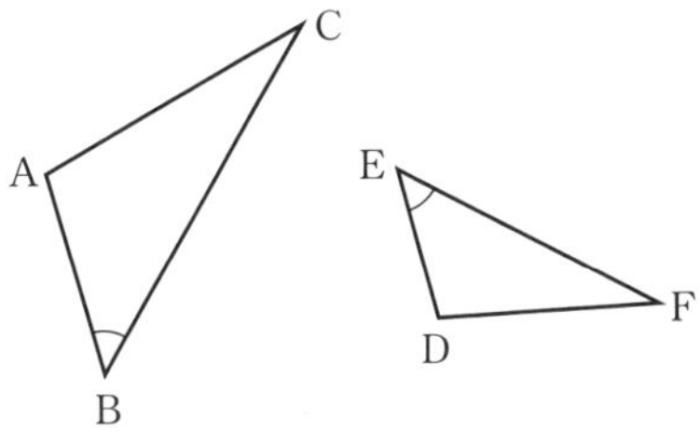

△ABCと△DEFが相似であるということは，次の3つの等式
∠A＝∠D,　∠B＝∠E,
∠C＝∠Fのうちの2つが成り立つときである。このとき，次の等式が成り立つ。

$$\frac{AB}{DE}=\frac{BC}{EF}=\frac{CA}{FD}$$

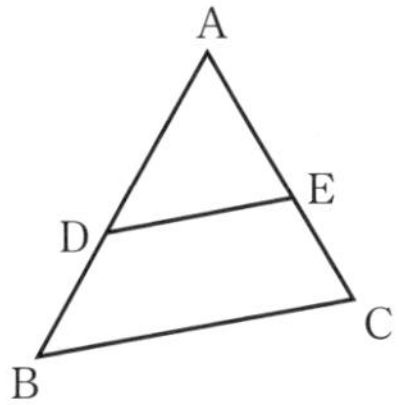

左図において，BC∥DEのとき，△ADEと△ABCは相似であり $\frac{AD}{AB}=\frac{AE}{AC}$ が成り立つ。

2

三平方の定理（ピタゴラスの定理）・鈎(こう)（勾）股弦(こげん)の定理

∠Cを直角とする直角三角形ABCにおいて，直角の頂点から斜辺ABに下した垂線の足をDとし，線分の長さを図のようにきめると

$$a^2+b^2=c^2$$

が成り立つ。

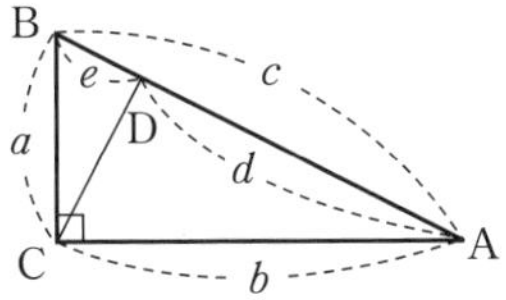

(和算には「定理」という言葉はない。直角をはさむ短辺を鈎（勾），長辺を股，斜辺を弦と呼んでいた。)

［証明］　△ABCと△ACDは相似であるから　$\dfrac{b}{d}=\dfrac{c}{b}$　　ゆえに　$b^2=cd$

また，△ABCと△CBDも相似であるから　$\dfrac{a}{c}=\dfrac{e}{a}$　　ゆえに　$a^2=ce$

よって　　$a^2+b^2=ce+cd=c(e+d)=c^2$

3

方べきの定理

下の各図の2つの三角形はそれぞれ相似であり，次の式が成り立つ。

1図

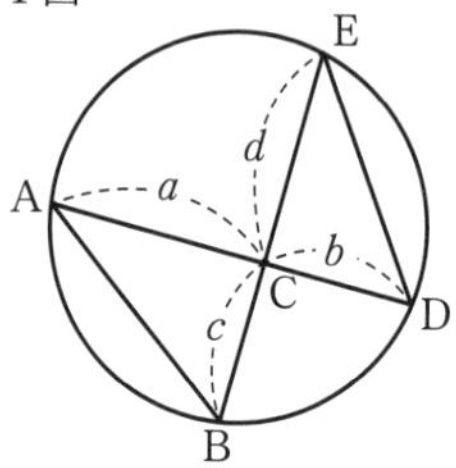

△ABCと△EDC

$\dfrac{a}{d}=\dfrac{c}{b}$

$a\cdot b=c\cdot d$

2図

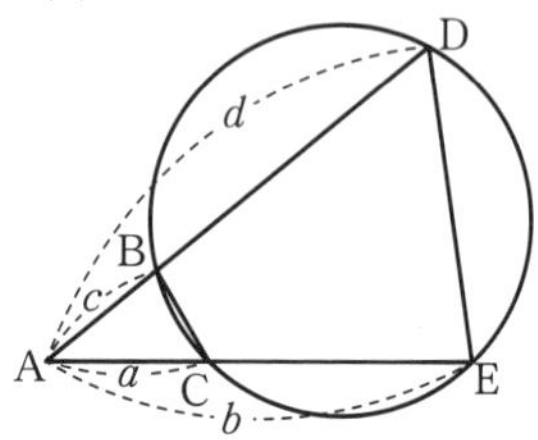

△ABCと△AED

$\dfrac{a}{d}=\dfrac{c}{b}$

$a\cdot b=c\cdot d$

3図

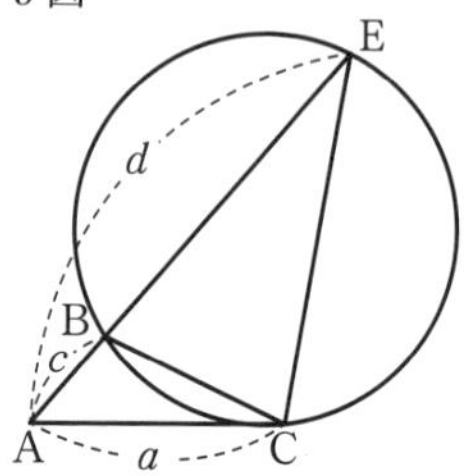

△ABCと△ACE

$\dfrac{a}{d}=\dfrac{c}{a}$

$a^2=c\cdot d$

4

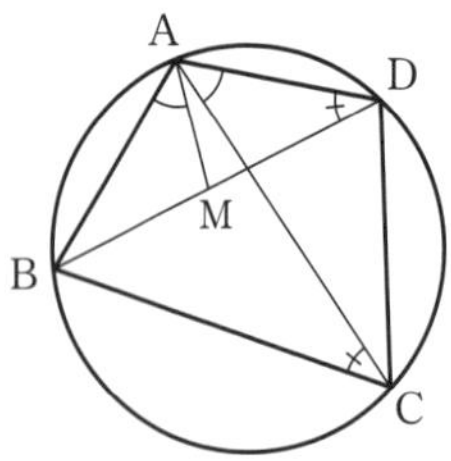

トレミー（Ptolemy）の定理

円に内接する四角形ABCDにおいて

$$AC\cdot BD=AB\cdot CD+AD\cdot BC$$

が成り立つ。

[証明]　前図のように，BD上に $\angle BAM=\angle DAC$ となるように点Mをとる。このとき，△ABMと△ACDは相似であるから

$$\frac{AB}{BM}=\frac{AC}{CD} \qquad \text{ゆえに} \quad AB\cdot CD=AC\cdot BM \qquad \cdots①$$

また，△ABCと△AMDも相似であるから

$$\frac{AC}{BC}=\frac{AD}{MD} \qquad \text{ゆえに} \quad AD\cdot BC=AC\cdot MD \qquad \cdots②$$

①，②の式の辺々を加えれば

$$AB\cdot CD+AD\cdot BC=AC(BM+MD)=AC\cdot BD$$

[註]　四角形ABCDが長方形のときは　$AD=BC=a$，$AB=CD=b$，$BD=AC=c$　として三平方の定理　$a^2+b^2=c^2$　が得られる。

5

ヘロン（Helon）の公式（36と実質的には同一）

三角形の3辺の長さがa, b, cであるとき，この三角形の面積をS，内接円の半径をr，$s=\dfrac{a+b+c}{2}$ とおくと，次の式が成り立つ。

$$S=\sqrt{s(s-a)(s-b)(s-c)}=rs \qquad \cdots①$$

また　$4(a+b+c)^2r^2=2(a^2b^2+b^2c^2+c^2a^2)-(a^4+b^4+c^4)$　$\cdots②$

[証明]

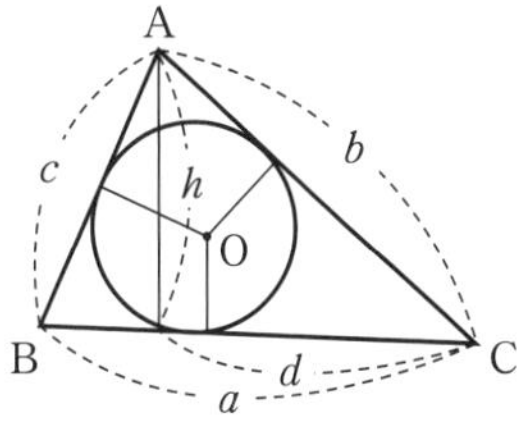

内接円の中心をOとすると

$$S=\triangle OAB+\triangle OBC+\triangle OCA$$
$$=\frac{1}{2}cr+\frac{1}{2}ar+\frac{1}{2}br=rs \qquad \cdots③$$

また，頂点Aから底辺BCへの高さをhとすると

$$h^2=b^2-d^2=c^2-(a-d)^2$$

後半の等式から　$b^2=c^2-a^2+2ad$

これから　　$d=\dfrac{a^2+b^2-c^2}{2a}$　　……④

$S=\dfrac{1}{2}ah$ から　$4S^2=a^2h^2=a^2(b^2-d^2)$　　…⑤

⑤に④を代入すると

$$4S^2=a^2b^2-a^2\left(\frac{a^2+b^2-c^2}{2a}\right)^2=a^2b^2-\frac{(a^2+b^2-c^2)^2}{4} \quad \cdots⑥$$

両辺を4倍しておいて因数分解すれば①が得られる。

③で $s=\dfrac{a+b+c}{2}$ として⑥に代入して整理すれば②が得られる。

[註1]　円の直径に対する円周角が直角であることは和算家もよく利用しているが，それ以外の一般の円周角の相等を直接利用することはほとんどなかったようである。(川北朝鄰『算法助術解義』(1870頃) の**25**の証明には利用しているようである。) 3の方べきの定理は，**26**で取り上げているが，三平方の定理のように和算家はよく用いていた。4のトレミーの定理は和算家も知っていた。平山諦著『和算史上の人々』(ちくま学芸文庫　2008年復刊) 95ページに安島直円 (1732–1798年) の解が紹介されている。また山路主住 (1704–1772年) 著『円内外適当』(東北大学附属図書館，狩7–19921) でも扱われているが，この本ではヘロンの公式は既知とされている。

ヘロンの公式は，川北朝鄰 (上記) では**29**の次に［外一］として補充事項の形で述べられている。

[註2]　本書の表記について

(1)　図において，直角であることを示す記号 ┐ は，図から読み取っていただくことにして，本書では，特にそのことは示していない場合が多い。

(2)　中心がOで半径がRの円をO(R)のように表示している。

1

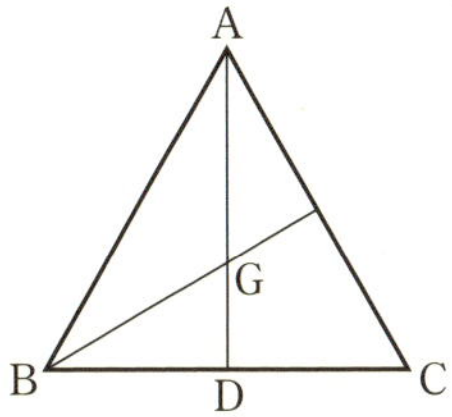

1辺の長さaの正三角形ABCにおいて，この外接円の半径をR=GA，内接円の半径をr=GD，高さをh=ADとすると，次のようになる。

$$R=\frac{a}{\sqrt{3}} \qquad r=\frac{a}{2\sqrt{3}} \qquad h=\frac{\sqrt{3}a}{2}$$

［証明］ 直角三角形ADCにおいて，三平方の定理を用いると

$$a^2=h^2+\left(\frac{a}{2}\right)^2$$

ゆえに　$h^2=\frac{3}{4}a^2$

よって　$h=\frac{\sqrt{3}a}{2}$

Gは正三角形の重心であるから

$$R=\mathrm{GA}=\frac{2}{3}\mathrm{AD}=\frac{2}{3}h=\frac{a}{\sqrt{3}}$$

$$r=\mathrm{GD}=\frac{1}{2}\mathrm{GA}=\frac{1}{2}R=\frac{a}{2\sqrt{3}}$$

［註］ 和算書では正n角形のことを単に「n角」（ただし，正方形は「方」）といっている。また，その外接円の半径を「角中径」，内接円の半径を「半中径」と記している。

円については，ふつう直径を扱うのであるが，現代では半径を用いて考えることが多いので本書も半径を用いた表示にした。

2

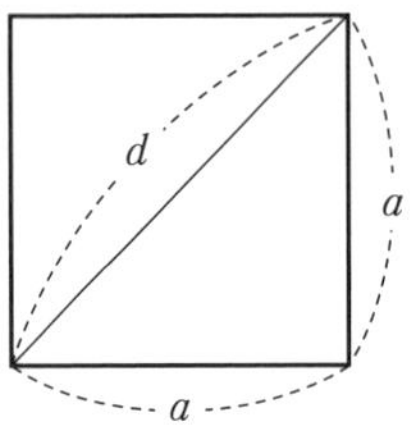

1辺の長さがaの正方形の対角線の長さは

$$\sqrt{2}a$$

[証明]　三平方の定理より

$$d^2=a^2+a^2=2a^2$$

よって　　$d=\sqrt{2}a$

[註1]　対になっている三角定規の各辺の比を記憶しておこう。

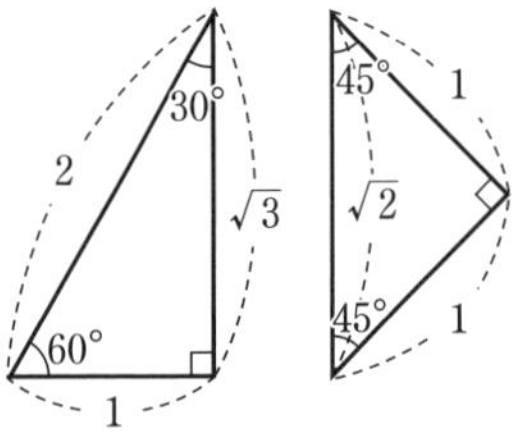

市販の三角定規のペアは二等辺三角形の方の斜辺の長さがもう一方の定規の直角を挟む長い方の辺の長さに等しく作られている。

[註2]　和算家は，上述のように辺に直接名前をつけてa，dなどと表し，長さも同じ文字を使って表している。本書ではその両方の使い方を混用することにしよう。

3

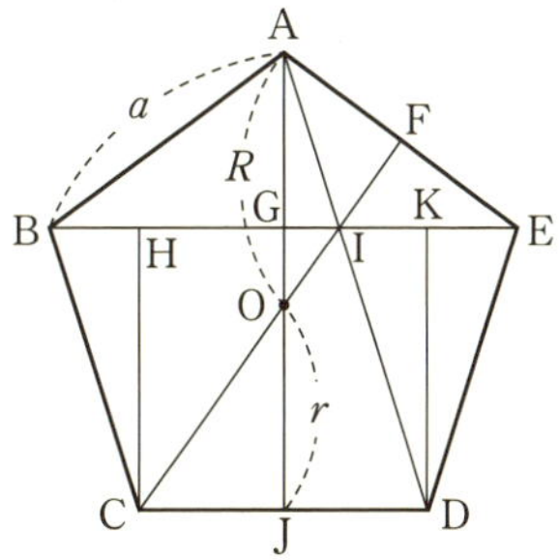

正五角形の1辺の長さがaのとき

$$AD=\frac{1+\sqrt{5}}{2}a$$

$$AG=\frac{\sqrt{10-2\sqrt{5}}}{4}a$$

$$BH=\frac{\sqrt{5}-1}{4}a$$

$$CH=\frac{\sqrt{10+2\sqrt{5}}}{4}a$$

外接円の半径　$R=\dfrac{\sqrt{50+10\sqrt{5}}}{10}a=0.85065080835\cdots\times a$

内接円の半径　$r=\dfrac{\sqrt{25+10\sqrt{5}}}{10}a=0.68819096023\cdots\times a$

［証明］　4辺AB，BD，DE，EAと，これに対する対角線AD，BEの間にトレミーの定理（予備事項4）が成り立つ。

$$AD\cdot BE=AB\cdot ED+AE\cdot BD$$

ここで $AD=a_2$ とおくと，上の式から

$$a_2{}^2=a^2+aa_2$$

これをa_2について解けば

$$AD=a_2=\frac{1+\sqrt{5}}{2}a$$

直角三角形GABにおいて，三平方の定理により

$$AG^2=AB^2-BG^2$$

ここで　$BG=\dfrac{1}{2}BE=\dfrac{1}{2}a_2=\dfrac{1+\sqrt{5}}{4}a$　であるから

$$\mathrm{AG}^2=a^2-\left(\frac{1+\sqrt{5}}{4}\right)^2a^2=\left(1-\frac{6+2\sqrt{5}}{16}\right)a^2=\frac{10-2\sqrt{5}}{16}a^2$$

よって　　$\mathrm{AG}=\dfrac{\sqrt{10-2\sqrt{5}}}{4}a$

また　$\mathrm{BH}=\mathrm{BE}-\mathrm{HK}-\mathrm{KE}$, $\mathrm{KE}=\mathrm{BH}$　であるから

$$\mathrm{BH}=\frac{1}{2}(\mathrm{BE}-\mathrm{HK})=\frac{1}{2}(a_2-a)=\frac{1}{2}\left(\frac{1+\sqrt{5}}{2}-1\right)a=\frac{\sqrt{5}-1}{4}a$$

次に　　$\mathrm{CH}^2=\mathrm{BC}^2-\mathrm{BH}^2=a^2-\left(\dfrac{\sqrt{5}-1}{4}\right)^2a^2=\dfrac{10+2\sqrt{5}}{16}a^2$

よって　　$\mathrm{CH}=\dfrac{\sqrt{10+2\sqrt{5}}}{4}a$

4点G, O, E, Fは, ∠Gと∠Fが直角であるから同一円周上にある。

ゆえに　　$\mathrm{AG}\cdot\mathrm{AO}=\mathrm{AF}\cdot\mathrm{AE}$

$$\frac{\sqrt{10-2\sqrt{5}}}{4}aR=\frac{a}{2}\cdot a$$

よって　　$R=\dfrac{2a}{\sqrt{10-2\sqrt{5}}}$

$$=\frac{2\sqrt{10-2\sqrt{5}}\,a}{10-2\sqrt{5}}=\frac{\sqrt{50+10\sqrt{5}}}{10}a$$

また　　$r^2=\mathrm{OC}^2-\mathrm{CJ}^2=R^2-\left(\dfrac{a}{2}\right)^2$

$$=\frac{50+10\sqrt{5}}{100}a^2-\frac{1}{4}a^2=\frac{25+10\sqrt{5}}{100}a^2$$

よって　　$r=\dfrac{\sqrt{25+10\sqrt{5}}}{10}a$

[註]　正五角形の作図（川北朝鄰『算法助術解義』文献（2））

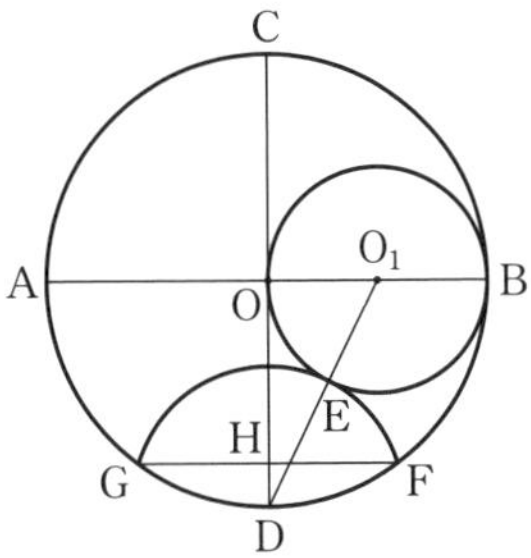

円$O(R)$が与えられたとき，これを外接円とする（この円に内接する）ような正五角形を描くことを考えよう。（この本では，以降，中心をO，半径をRとする円を$O(R)$と表すことにする。）

左図のように互いに直交する直径AB，CDをつくる。円$O_1\left(\dfrac{R}{2}\right)$を描く。線分$DO_1$と円$O_1$の交点をEとする。Dを中心とし，半径DEの円を描き，円Oとの交点をそれぞれF，Gとすれば，線分FGが求める正五角形の1辺となる。この線分の長さで円Oの周を切っていけばよい。

その理由を示そう。

正五角形の1辺の長さをaとする。

このとき，外接円の半径は $R=\dfrac{\sqrt{50+10\sqrt{5}}}{10}a$ であるから

$$a=\frac{10R}{\sqrt{50+10\sqrt{5}}}=\frac{\sqrt{10-2\sqrt{5}}}{2}R$$

となる。このことは分母を有理化して確かめられる。

上の作図で，この式が出ることを示しておこう。

$$O_1D=\sqrt{R^2+\left(\frac{R}{2}\right)^2}=\frac{\sqrt{5}\,R}{2}$$

$$DE=O_1D-O_1E=\frac{\sqrt{5}-1}{2}R$$

また，$\triangle$DFCは直角三角形であるから

$$DF^2=DE^2=DH\cdot DC$$

ゆえに　$$\left(\frac{\sqrt{5}-1}{2}R\right)^2=DH\cdot 2R$$

$$DH=\frac{(\sqrt{5}-1)^2}{8}R=\frac{3-\sqrt{5}}{4}R$$

$$FH^2=DF^2-DH^2=\left(\frac{\sqrt{5}-1}{2}\right)^2R^2-\left(\frac{3-\sqrt{5}}{4}\right)^2R^2=\frac{10-2\sqrt{5}}{16}R^2$$

よって　$FG=2FH=2\cdot\frac{\sqrt{10-2\sqrt{5}}}{4}R=\frac{\sqrt{10-2\sqrt{5}}}{2}R$

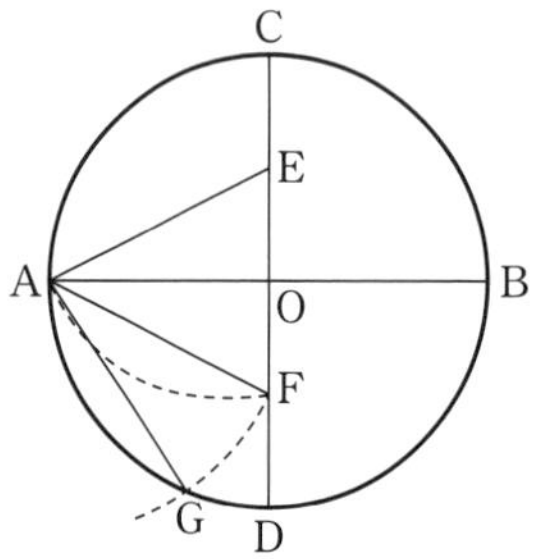

もう1つの正五角形の作図法を述べよう。

左図のように円O(R)で直交する直径AB，CDをつくり，COの中点を求めてEとする。Eを中心としてEAを半径とする円が，ODと交わる点をFとする。Aを中心とし，AFを半径とする円が，円Oと交わる点をGとすると，AGが円Oに内接する正五角形の1辺である。

[証明]　上図で　$EA^2=OA^2+OE^2=R^2+\left(\frac{R}{2}\right)^2$ であるから　$EA=\frac{\sqrt{5}}{2}R$

$$OF=EF-OE=EA-OE=\frac{\sqrt{5}-1}{2}R$$

ゆえに　$AF^2=OA^2+OF^2=R^2+\left(\frac{\sqrt{5}-1}{2}R\right)^2=\frac{10-2\sqrt{5}}{4}R^2$

よって　$AG=AF=\frac{\sqrt{10-2\sqrt{5}}}{2}R$

[註]　村田如拙校閲，吉田重矩識『規矩術図解』(1819年宮城県立図書館Y419ミ1）には，さらに「Bを中心，BFを半径，弧BDとの交点をHとすると，BHが正五角形の1辺」としてある。もちろん　BH＝AG

4

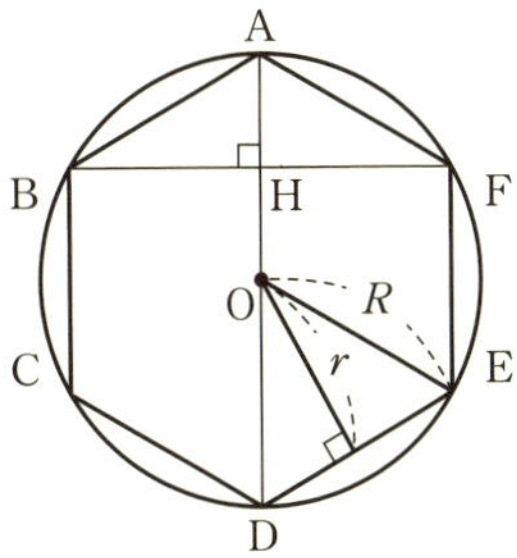

正六角形の1辺の長さをaとする。この外接円の半径をR，内接円の半径をrとし，相隣る2辺に対する対角線 BF＝AE＝FD の長さをa_2とすると

$$R=a \qquad r=\frac{\sqrt{3}}{2}a \qquad a_2=\sqrt{3}a$$

[証明]　△ODE は正三角形であるから　$R=a$

また，**1**から　$r=\dfrac{\sqrt{3}}{2}a$

△AHB は∠A＝60°の直角三角形であることから，**1**より

$$BH=\frac{\sqrt{3}}{2}AB=\frac{\sqrt{3}}{2}a$$

よって　$a_2=2BH=\sqrt{3}a$

5

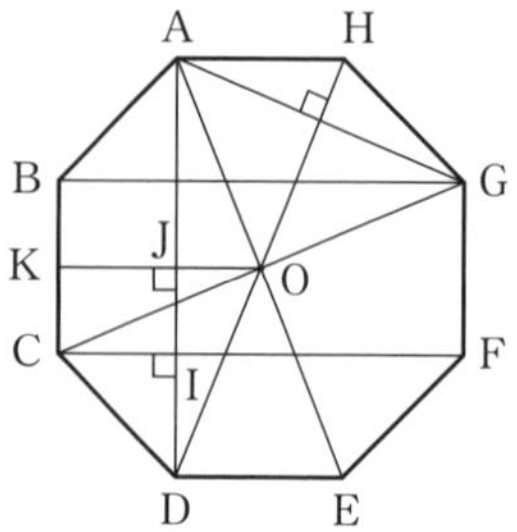

1辺の長さaの正八角形において，その外接円の半径をR，内接円の半径をr，および相隣る2辺に対する対角線をa_2，相隣る3辺に対する対角線をa_3とすると

$$R=\frac{\sqrt{4+2\sqrt{2}}}{2}a \qquad r=\frac{1+\sqrt{2}}{2}a$$

$$a_2=\sqrt{2+\sqrt{2}}\,a \qquad a_3=(1+\sqrt{2})a$$

[証明] 角を調べれば，△CIDは直角二等辺三角形であることがわかる。

$$\mathrm{KJ}=\mathrm{CI}=\frac{1}{\sqrt{2}}\mathrm{CD}=\frac{a}{\sqrt{2}}$$

また　$\dfrac{\mathrm{JO}}{\mathrm{AH}}=\dfrac{\mathrm{DO}}{\mathrm{DH}}$　　ゆえに　$\mathrm{JO}=\dfrac{R}{2R}\cdot a=\dfrac{a}{2}$

よって　$r=\mathrm{OK}=\mathrm{KJ}+\mathrm{JO}=\dfrac{a}{\sqrt{2}}+\dfrac{a}{2}=\dfrac{1+\sqrt{2}}{2}a$

直角三角形OKCにおいて，三平方の定理より

$$R^2=\mathrm{OC}^2=\mathrm{OK}^2+\mathrm{KC}^2=r^2+\left(\frac{a}{2}\right)^2=\left(\frac{1+\sqrt{2}}{2}\right)^2a^2+\frac{1}{4}a^2=\frac{2+\sqrt{2}}{2}a^2$$

よって　$R=\dfrac{\sqrt{2+\sqrt{2}}}{\sqrt{2}}a=\dfrac{\sqrt{4+2\sqrt{2}}}{2}a$

△AOGは直角二等辺三角形であるから

$$a_2=\mathrm{AG}=\sqrt{2}\cdot\mathrm{OA}=\sqrt{2}R=\frac{\sqrt{8+4\sqrt{2}}}{2}a=\sqrt{2+\sqrt{2}}\,a$$

また　$a_3=\mathrm{BG}=2\mathrm{OK}=2r=(1+\sqrt{2})a$

[註] 正七角形は扱っていない。**6**の［註］参照

6

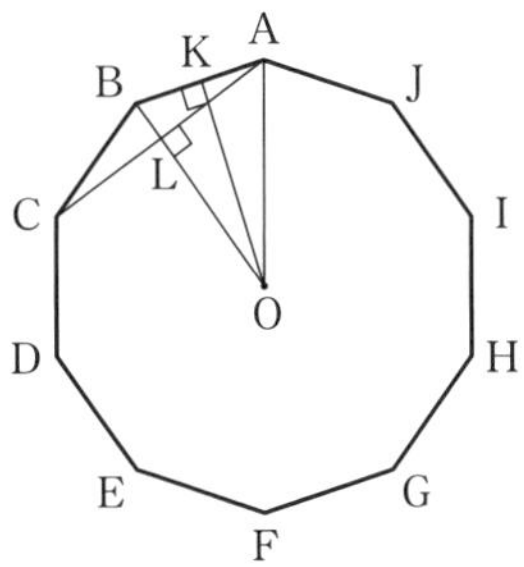

1辺の長さaの正十角形において，その外接円の半径をR，内接円の半径をrとし，相隣る2辺によってできる対角線の長さをa_2とすると

$$R=\frac{1+\sqrt{5}}{2}a \qquad r=\frac{\sqrt{5+2\sqrt{5}}}{2}a$$

$$a_2=\frac{\sqrt{10+2\sqrt{5}}}{2}a$$

[証明]　頂点を1つおきに結べば正五角形ACEGIが得られ，その1辺の長さはa_2（例えばAC）であり，その外接円は本題の外接円でもあるから

3より　$$R=\mathrm{OA}=\frac{\sqrt{50+10\sqrt{5}}}{10}\mathrm{AC} \qquad \cdots①$$

平方して整理すれば

$$10R^2=(5+\sqrt{5})a_2{}^2 \qquad \cdots②$$

次に　$\mathrm{BL}^2=\mathrm{AB}^2-\mathrm{AL}^2$　から　$\mathrm{BL}=x$　とおくと

$$x^2=a^2-\left(\frac{a_2}{2}\right)^2$$

であり，線分BOを延長して直径の他端をB′（この場合，B′=G）とすると，△ABB′は直角三角形であるから　$\mathrm{AB}^2=\mathrm{BB'}\cdot\mathrm{BL}$

すなわち　$a^2=2Rx$

これと上の式からxを消去すると

$$\left(\frac{a^2}{2R}\right)^2=a^2-\left(\frac{a_2}{2}\right)^2$$

整理して　$$a_2{}^2R^2-4a^2R^2+a^4=0 \qquad \cdots③$$

ここで，②と③から，a_2とRを求めよう。

③の両辺に10を掛けて②を代入すると

$$(5+\sqrt{5})a_2{}^4-4(5+\sqrt{5})a^2a_2{}^2+10a^4=0$$

と，まとめられるから，これを$a_2{}^2$について解けば

$$a_2{}^2=\frac{2(5+\sqrt{5})a^2\pm\sqrt{4(5+\sqrt{5})^2a^4-10(5+\sqrt{5})a^4}}{5+\sqrt{5}}$$

ここで2重根号の中のa^4を外しておくと

$$\sqrt{70+30\sqrt{5}}=\sqrt{70+2\sqrt{25\cdot 45}}=5+3\sqrt{5}$$

となり

$$a_2{}^2=\left(2\pm\frac{5+3\sqrt{5}}{5+\sqrt{5}}\right)a^2=\left(2\pm\frac{1+\sqrt{5}}{2}\right)a^2=\frac{5+\sqrt{5}}{2}a^2 \text{ または } \frac{3-\sqrt{5}}{2}a^2$$

となるが，後者は $a_2>a$ であることに反する。

よって　　$a_2=\sqrt{\dfrac{5+\sqrt{5}}{2}}\,a=\dfrac{\sqrt{10+2\sqrt{5}}}{2}a$

これを①に代入して（$\mathrm{AC}=a_2$である），計算すれば

$$R=\frac{\sqrt{50+10\sqrt{5}}}{10}\cdot\frac{\sqrt{10+2\sqrt{5}}}{2}a=\frac{\sqrt{6+2\sqrt{5}}}{2}a=\frac{1+\sqrt{5}}{2}a$$

が得られる。また

$$\begin{aligned}r^2&=\mathrm{OK}^2=\mathrm{OA}^2-\mathrm{AK}^2\\&=R^2-\left(\frac{a}{2}\right)^2=\left(\frac{1+\sqrt{5}}{2}a\right)^2-\left(\frac{a}{2}\right)^2=\frac{5+2\sqrt{5}}{4}a^2\end{aligned}$$

よって　　$r=\dfrac{\sqrt{5+2\sqrt{5}}}{2}a$

［註1］　さらに，相隣る3辺，4辺，…に対する対角線の長さをそれぞれa_3，a_4，…として，これらを求めてみよう。

外接円に内接する四角形ABCDにトレミーの定理を用いると

$$\mathrm{AC}\cdot\mathrm{BD}=\mathrm{AB}\cdot\mathrm{CD}+\mathrm{BC}\cdot\mathrm{AD}$$

ここで $\mathrm{AC}=\mathrm{BD}=a_2$，$\mathrm{AD}=a_3$ であるから　$a_2{}^2=a^2+aa_3$

ゆえに　　$a_3=\dfrac{a_2{}^2-a^2}{a}=\dfrac{5+\sqrt{5}}{2}a-a=\dfrac{3+\sqrt{5}}{2}a$　　　…④

同様に，四角形ACDEにおいて，トレミーの定理により　$a_2a_3=aa_2+aa_4$

ゆえに　$a_4=\dfrac{a_2(a_3-a)}{a}=\dfrac{\sqrt{10+2\sqrt{5}}}{2}\left(\dfrac{3+\sqrt{5}}{2}-1\right)a=\sqrt{5+2\sqrt{5}}\,a$　…⑤

と計算される。また，四角形ABEFにおいて，トレミーの定理により

AE・BF＝AB・EF＋AE・BF であるから $a_4{}^2=a^2+a_3a_5$ が得られ，上で求めたa_3，a_4を代入すれば，$a_5=(1+\sqrt{5})a$ が得られる。これはもちろん直径の長さ$2R$である。さらに，$a_6=a_4$，$a_7=a_3$，$a_8=a_2$，$a_9=a$，$a_{10}=0$　となることは図から明らかである。

［註2］　四角形ABDEにおいて，トレミーの定理を用いれば　$a_3{}^2=a^2+a_2a_4$

ゆえに $a_4=\dfrac{a_3{}^2-a^2}{a_2}$　これを用いても⑤が得られる。

一般に正n角形でも同じであって，漸化式

$$a_{i+2}=\frac{a_{i+1}{}^2-a^2}{a_i}\qquad (i=1,\ 2,\ \cdots,\ n-2\,;\ a_1=a\text{とする})$$

が成り立つ。頂点を右廻り，左廻りでみれば　$a_i=a_{n-i}$ $(i=1,\ 2,\ \cdots,\ n-1)$ であることも諒解されよう。例えば，正五角形ならば　$a_2=a_3$　であるから，④から　$aa_2=a_2{}^2-a^2$　となる。これを平方して

$$a^2a_2{}^2=a_2{}^4-2a^2a_2{}^2+a^4\qquad \text{すなわち}\quad 3a^2a_2{}^2=a_2{}^4+a^4$$

これに③から得られる $a_2{}^2=\dfrac{(4R^2-a^2)a^2}{R^2}$ を代入すれば

$$\frac{3a^4(4R^2-a^2)}{R^2}=\frac{a^4(4R^2-a^2)^2}{R^4}+a^4$$

a^4で約して整理すれば　$5R^4-5a^2R^2+a^4=0$　が得られる。これから**3**で求めたRの式が求められる。

一般に，正$2n+1$角形ならば $a_n=a_{n+1}$ となっているし，正$2n$角形ならば $a_n=2R$ を利用してaとRの関係が得られる。あるいは，正m角形ならば $a_m=0$ を利用してaとRの関係式が得られるといってもよい。

和算家はRを「角中径」，rを「平中径」と呼んだ。

7

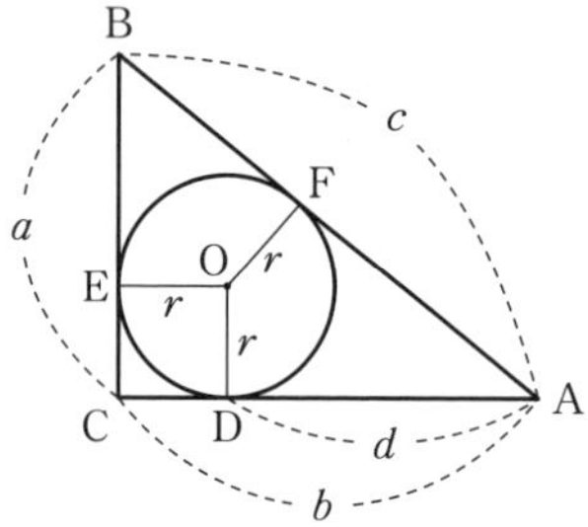

図のように直角三角形ABCの内接円をO(r)とする。このとき

$$b=\frac{2(a-r)r}{a-2r}$$

$$d=\frac{ar}{a-2r}$$

[証明] 図において，四角形OECDは正方形になっているから

$$\mathrm{CD}=r$$

ゆえに　$b=r+d$

また　$c=\mathrm{AF}+\mathrm{FB}$

$=\mathrm{AD}+\mathrm{BE}$

$=(\mathrm{AC}-\mathrm{CD})+(\mathrm{BC}-\mathrm{EC})$

$=(b-r)+(a-r)=a+b-2r$　…①

次に $c^2=a^2+b^2$ であるから

$$(a+b-2r)^2=a^2+b^2$$

$$2ab-4ar-4br+4r^2=0$$

ゆえに　$b=\dfrac{2(a-r)r}{a-2r}$　…②

よって　$d=b-r=\dfrac{2(a-r)r}{a-2r}-r=\dfrac{ar}{a-2r}$

[註] 面積を介して考えると都合のよいことがある。この場合，△ABCの面積の2倍は ab とも，$r(a+b+c)$ とも表せるが，ここでcに①を代入すれば

$$ab=r(a+b+c)=r(2a+2b-2r)$$

これからbを求めれば②となる。

8

図のように直角三角形ABCの中にそれぞれ

（i） 長方形DEFC　　（ii） 正方形DEFC

（iii） 菱形AEFD　　（iv） 菱形BFDE

を描いてできる2つの三角形にそれぞれ半径r_1，r_2の円を内接させる。このとき，もとの直角三角形ABCの内接円の半径をRとすると

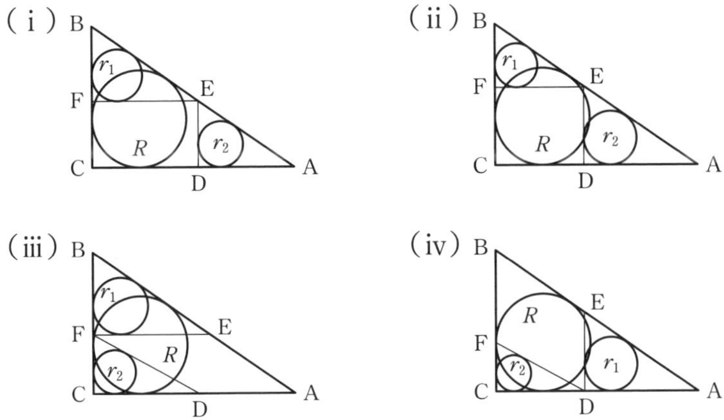

$$R=r_1+r_2$$

［証明］ 相似な2つの三角形があるとき，その内接円の半径の比は相似比に等しい。なぜなら，2つの相似な三角形の辺をそれぞれ　a，b，c，a'，b'，c'とし，面積をS，S'とすると

$$\frac{a}{a'}=\frac{b}{b'}=\frac{c}{c'}=k \qquad \cdots①$$

$$\frac{S}{S'}=k^2 \qquad \cdots②$$

また　$\dfrac{1}{2}r(a+b+c)=S$　より

$$r=\frac{2S}{a+b+c}$$

r' も同様にして，結局

$$\frac{r}{r'}=\frac{2S}{a+b+c}\cdot\frac{a'+b'+c'}{2S'}$$

①より　$$\frac{a+b+c}{a'+b'+c'}=k$$

②と合わせて　$$\frac{r}{r'}=\frac{1}{k}\cdot k^2=k$$

さて，半径R, r_1，r_2の円が内接している三角形を取り出してみよう。上のいずれの場合も相似の対応辺を調べてみれば，r_1，r_2の円の対応する辺の長さの和が，Rの円の対応する辺の長さに等しくなっている。

したがって，たとえば（ i ）～(iii）の場合なら

$$\frac{r_1}{\mathrm{BF}}=\frac{r_2}{\mathrm{FC}}=\frac{R}{\mathrm{BC}}$$

より　$$\frac{r_1+r_2}{\mathrm{BF}+\mathrm{FC}}=\frac{R}{\mathrm{BC}}$$

よって　$R=r_1+r_2$

（iv）も同様である。

［註］　この定理は，直角三角形でなくても，2つの辺に平行な2つの直線によって平行四辺形をつくってやれば同様のことがいえる。

9

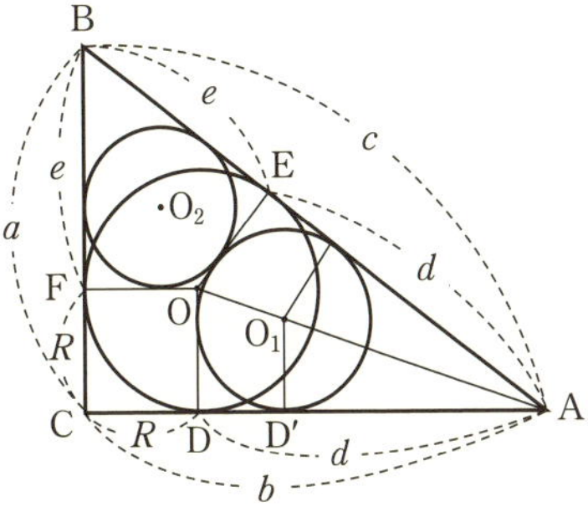

図のように直角三角形ABCの内接円をO(R)とし，各辺との接点をD，E，Fとするとき，線分OAに関して対称な四角形ODAEに内接する円$O_1(r_1)$があり，同様に四角形OEBFに内接する円$O_2(r_2)$があるとする。このとき

$$R^2=2r_1r_2$$

[証明]　図のように頂点A，Bから円Oに引いた接線の長さをそれぞれd，eとする。点Cからの接線の長さはRである。

$\dfrac{O_1D'}{OD}=\dfrac{AD'}{AD}$　であるから　$\dfrac{r_1}{R}=\dfrac{d-r_1}{d}$　ゆえに　$r_1=\dfrac{Rd}{R+d}$

同様に　$r_2=\dfrac{Re}{R+e}$

したがって　$r_1r_2=\dfrac{R^2de}{(R+d)(R+e)}=\dfrac{R^2de}{R^2+(d+e)R+de}$　…①

ここで三平方の定理 $a^2+b^2=c^2$ に $a=R+e$，$b=R+d$，$c=d+e$ を代入すると

$$(R^2+2Re+e^2)+(R^2+2Rd+d^2)=d^2+2de+e^2$$

ゆえに　$R^2+(d+e)R=de$　…②

②を①に代入すると

$$r_1r_2=\frac{R^2de}{2de}=\frac{R^2}{2}$$

よって　$R^2=2r_1r_2$

10

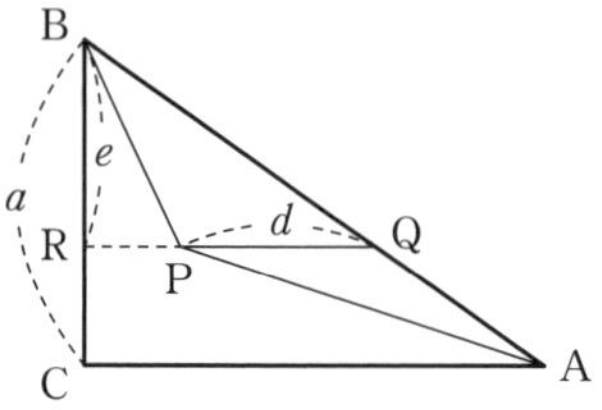

直角三角形ABCの内部の点Pから図のように辺ACと平行な直線を引いて辺ABとの交点をQとし，PQ$=d$とすると，△PABの面積は

$$\frac{ad}{2}$$

［証明］ QPの延長が辺BCと交わる点をRとし，BR$=e$とすると

$$\triangle \mathrm{PQB}=\frac{1}{2}de$$

$$\triangle \mathrm{PAQ}=\frac{1}{2}d(a-e)$$

よって　$\triangle \mathrm{PAB}=\triangle \mathrm{PQB}+\triangle \mathrm{PAQ}$

$$=\frac{1}{2}\{de+d(a-e)\}=\frac{ad}{2}$$

11

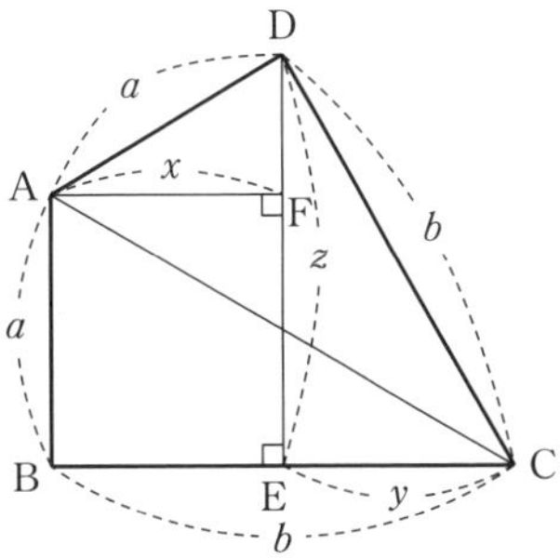

図のような四角形ABCDで，対角線ACに関して頂点B，Dは対称であり，かつ∠Bと∠ADCは共に直角であるとする。
このとき，図のように辺や線分の長さをa，b，x，y，zとすると，次の式が成り立つ。

$$x=\frac{2a^2b}{a^2+b^2} \qquad y=\frac{b(b^2-a^2)}{a^2+b^2} \qquad z=\frac{2ab^2}{a^2+b^2}$$

［証明］ 直角三角形DECにおいて，三平方の定理より

$y^2+z^2=b^2$　　すなわち　$z^2=b^2-y^2$　　…①

直角三角形AFDにおいて，三平方の定理より

$a^2=(z-a)^2+x^2$　　すなわち　$x^2+z^2=2az$　　…②

また　$x=b-y$　　…③

この①，②，③からx，y，zを求めればよい。

①，③を②の左辺に代入して

$(b-y)^2+b^2-y^2=2az$

ゆえに　$b^2-by=az$　　…④

④をzについて表し，②に代入してzを消去すると

$a^2y^2+(b^2-by)^2=a^2b^2$

$b^2(b-y)^2=a^2(b^2-y^2)$

$y\neq b$ であるから $b-y$ で割ると

$b^2(b-y)=a^2(b+y)$

よって　$y=\dfrac{b(b^2-a^2)}{a^2+b^2}$

これを①に代入すればxの式が得られ，④に代入すればzの式が得られる。

［註］ $\angle \mathrm{ACB}=\theta$，$\mathrm{AC}=c$とすると $\sin\theta=\dfrac{a}{c}$, $\cos\theta=\dfrac{b}{c}$ であるから

$$z=b\sin 2\theta=2\,b\sin\theta\cos\theta=2b\frac{ab}{c^2}=\frac{2ab^2}{a^2+b^2}$$

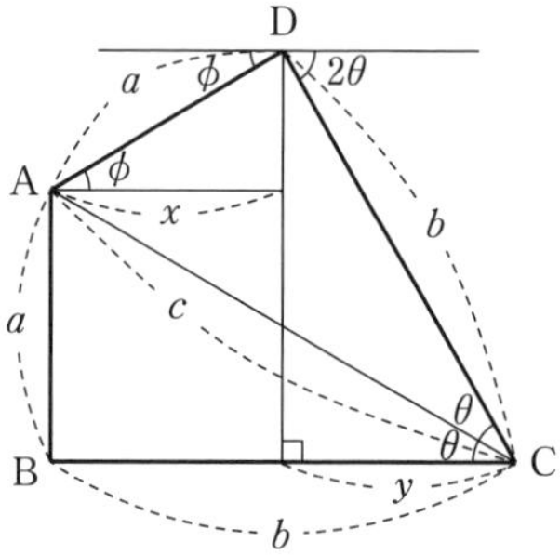

$$y=b\cos 2\theta=b(\cos^2\theta-\sin^2\theta)=b\cdot\frac{b^2-a^2}{c^2}$$

$$x=a\cos\phi=a\cos\left(\pi-2\theta-\frac{\pi}{2}\right)$$

$$=a\cos\left(\frac{\pi}{2}-2\theta\right)$$

$$=a\sin 2\theta$$

$$=2a\cdot\frac{ab}{c^2}$$

$$=\frac{2a^2b}{a^2+b^2}$$

12

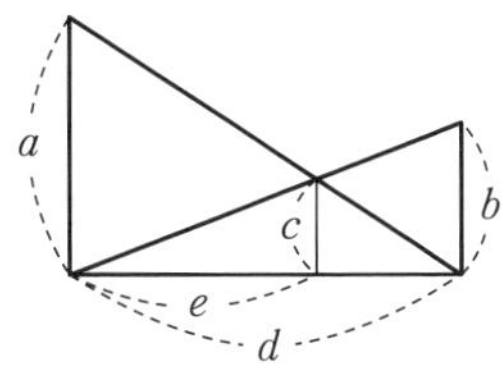

図において，a，b，cで表される線分が線分dに直交しているとすると

$$c=\frac{ab}{a+b}$$

［証明］ 相似な三角形の性質から，次の式が成り立つことがわかる。

$$\frac{c}{a}=\frac{d-e}{d} \qquad \cdots①$$

$$\frac{c}{b}=\frac{e}{d} \qquad \cdots②$$

①式から　$\dfrac{c}{a}=1-\dfrac{e}{d}$

これに②式を辺々加えれば，$\dfrac{e}{d}$が消去されて

$$\frac{c}{b}+\frac{c}{a}=1$$

よって　　$c=\dfrac{ab}{a+b}$

［註］ これはa，b，cで表される線分が線分dに直交していなくても，a，b，cが平行ならば，上の議論も結果もそのまま成り立つ。

13

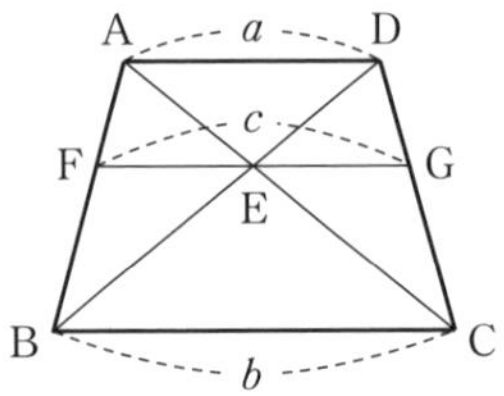

図のような等脚台形の対角線の交点Eを通って上底（下底）に平行な直線を引き，上底，下底の長さをそれぞれa，bとすると

$$\mathrm{FG}=c=\frac{2ab}{a+b}$$

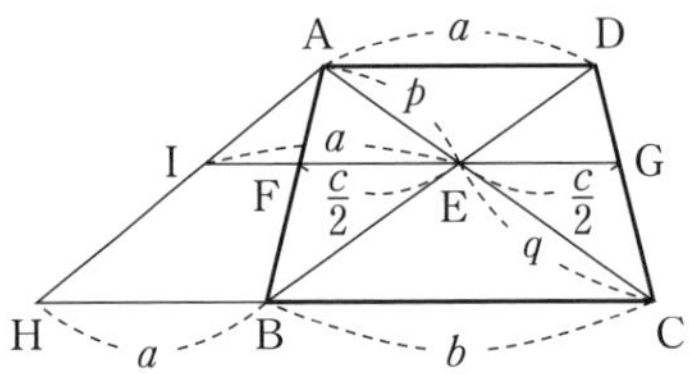

［**証明**］　左図のようにAH∥DBとなるようにすると，△AHCと△AIEは相似であるから

$$\frac{\mathrm{IE}}{\mathrm{HC}}=\frac{\mathrm{AE}}{\mathrm{AC}}$$

また，△ABCと△AFEも相似であるから

$$\frac{\mathrm{AE}}{\mathrm{AC}}=\frac{\mathrm{FE}}{\mathrm{BC}}$$

ゆえに　$$\frac{\mathrm{IE}}{\mathrm{HC}}=\frac{\mathrm{FE}}{\mathrm{BC}}$$

すなわち　$$\frac{a}{a+b}=\frac{\frac{c}{2}}{b}$$

よって　$$c=\frac{2ab}{a+b}$$

14

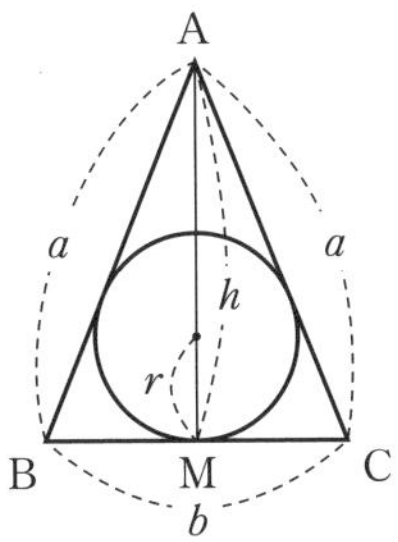

二等辺三角形において，内接円の半径を r，高さを h とすると

$$h=\frac{2b^2r}{b^2-4r^2}$$

[証明]　△ABMにおいて三平方の定理を用いると

$$a^2=\left(\frac{b}{2}\right)^2+h^2 \qquad \cdots①$$

△ABCの面積を考えて

$$\frac{1}{2}bh=\frac{1}{2}r(a+a+b)$$

ゆえに　$a=\dfrac{b(h-r)}{2r}$

これを①に代入すると

$$\frac{b^2(h-r)^2}{4r^2}=\frac{b^2}{4}+h^2$$

ゆえに　$b^2(h-r)^2=b^2r^2+4h^2r^2$

整理して　$(b^2-4r^2)h^2=2b^2hr$

よって　$h=\dfrac{2b^2r}{b^2-4r^2}$

15

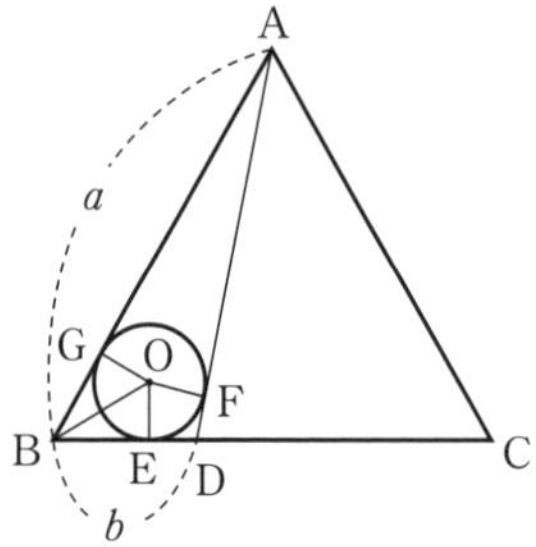

正三角形ABCの1辺の長さをa, 辺BC上にBD$=b$となる点Dをとって，△ABDの内接円の半径をrとすると

$$4(a+b)r=\sqrt{3}(ab+4r^2)$$

[証明]　$\angle$OBE$=30°$であるから

$$\mathrm{BE}=\sqrt{3}\cdot\mathrm{OE}=\sqrt{3}\,r,\quad \mathrm{BG}=\sqrt{3}\,r$$

ゆえに　$\mathrm{AG}=\mathrm{AB}-\mathrm{BG}=a-\sqrt{3}\,r$

$$\mathrm{AF}=a-\sqrt{3}\,r$$

$$\mathrm{ED}=\mathrm{BD}-\mathrm{BE}=b-\sqrt{3}\,r$$

$$\mathrm{DF}=b-\sqrt{3}\,r$$

よって　$\mathrm{AD}=\mathrm{AF}+\mathrm{FD}=a+b-2\sqrt{3}\,r$

△ABDの面積は，**1**の結果から

$$\frac{1}{2}\cdot b\cdot\frac{\sqrt{3}}{2}a=\frac{\sqrt{3}}{4}ab$$

であるが，内接円の半径rと3辺の和を用いて解けば

$$\frac{1}{2}r(\mathrm{AB}+\mathrm{BD}+\mathrm{AD})=\frac{r}{2}\{a+b+(a+b-2\sqrt{3}r)\}$$

よって　$\dfrac{\sqrt{3}}{4}ab=\dfrac{r}{2}(2a+2b-2\sqrt{3}r)$

これを整理すればよい。

16

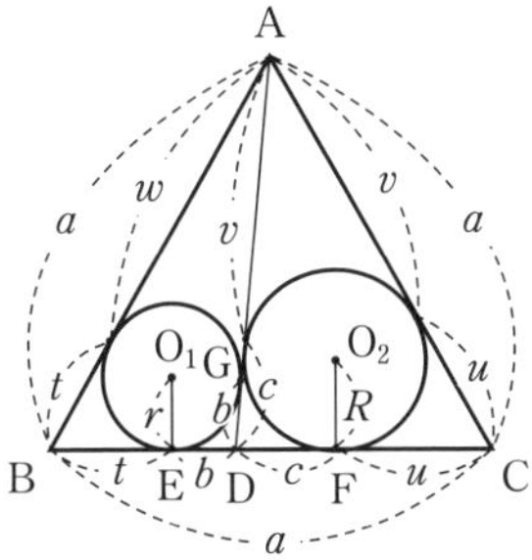

正三角形ABCの辺BC上の点Dと頂点Aを結ぶ。△ABD，△ADCの内接円をそれぞれ$O_1(r)$，$O_2(R)$とし，辺BCとの接点をそれぞれE，Fとする。このときED$=b$，DF$=c$とすると，次の式が成り立つ。

$$b=\frac{a-2\sqrt{3}R}{2}$$

$$c=\frac{a-2\sqrt{3}r}{2}$$

[証明]　図のように線分の長さをa，u，v，w，tとする。

△ADCの辺の長さの和は

$$a+(u+c)+(c+v)=a+(u+v)+2c=2a+2c \quad \cdots①$$

しかるに，円O_1とADとの接点をGとするとAG$=w$，GD$=b$であるから

$$\mathrm{AD}=w+b=(a-t)+b$$

ゆえに，△ADCの辺の長さは次のようにも書ける。

$$\begin{aligned}(a-t+b)+(u+c)+a&=2a-t+(b+u+c)\\&=2a-t+(a-t)=3a-2t\end{aligned}$$

しかるに $t=\sqrt{3}r$ であるから

$$3a-2t=3a-2\sqrt{3}r \quad \cdots②$$

②と①から

$$2a+2c=3a-2\sqrt{3}r$$

よって　$c=\dfrac{a-2\sqrt{3}r}{2}$

bについても同様に導かれる。

17

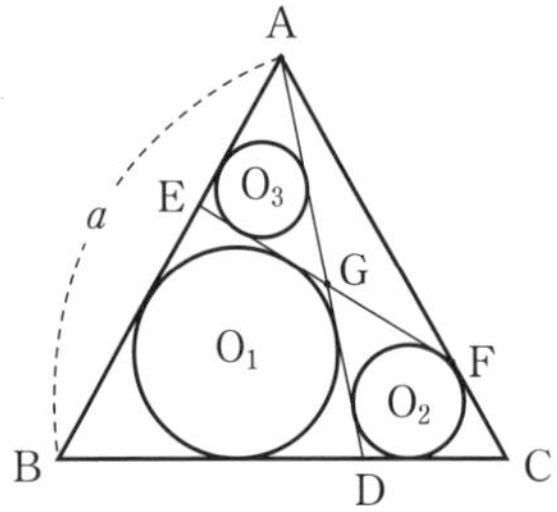

1辺の長さaの正三角形ABCの辺上に点Dをとり，△ABD，△ADCの内接円$O_1(r_1)$，$O_2(r_2)$をつくる。また，円O_1とO_2の共通外接線（BCではない）と辺との交点を図のようにE，Fとし，△AEGの内接円$O_3(r_3)$をつくる。このとき，次の式が成り立つ。

(1)　$AG=\dfrac{a}{2}$

(2)　2つの円O_1，O_2の関係式　$2\sqrt{3}(r_1+r_2)a-a^2-8r_1r_2=0$

(3)　3つの円O_1，O_2，O_3の関係式

$$2(r_1-r_2)^2r_3{}^2+3r_1r_2r_3{}^2-r_1{}^2r_2{}^2-(r_1-r_2)r_1r_2r_3=0$$

［証明］　下図で線分の長さb，c，d，eなどがいくつもあるが，それが正しいことは**39**を参照のこと。

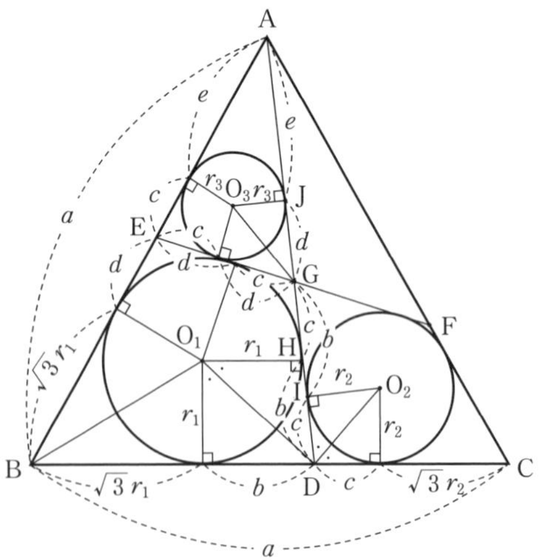

(1)　$a=AB=\sqrt{3}r_1+d+c+e$

ここで**16**から　$c=\dfrac{a}{2}-\sqrt{3}r_1$

これを代入すると

$$a=\sqrt{3}r_1+d+\left(\frac{a}{2}-\sqrt{3}r_1\right)+e$$

ゆえに　　$d+e=\dfrac{a}{2}$　　…①

よって　　$AG=d+e=\dfrac{a}{2}$

(2)　$\triangle O_1HD$ と $\triangle DIO_2$ は相似であるから　$\dfrac{b}{r_1}=\dfrac{r_2}{c}$

ゆえに　$bc=r_1r_2$

また，**16**から

$$b=\frac{a}{2}-\sqrt{3}r_2,\qquad c=\frac{a}{2}-\sqrt{3}r_1$$

これらを上の式に代入すれば

$$\left(\frac{a}{2}-\sqrt{3}r_2\right)\left(\frac{a}{2}-\sqrt{3}r_1\right)=r_1r_2$$

分母を払い展開すると

$$4r_1r_2=a^2-2\sqrt{3}(r_1+r_2)a+12r_1r_2$$

左辺にまとめれば(2)である。

次に(3)であるが，書き直して次のようにした方が見やすい。

$$(2r_1{}^2+2r_2{}^2-r_1r_2)r_3{}^2=r_1{}^2r_2{}^2+(r_1-r_2)r_1r_2r_3$$

あるいは　$(2r_1{}^2-r_1r_2+2r_2{}^2)r_3{}^2=r_1r_2(r_1r_2-r_2r_3+r_1r_3)$

まず，$\triangle O_2IG$ と $\triangle O_3JG$ は相似であるから

$$\frac{b}{d}=\frac{r_2}{r_3}$$

ゆえに　$d=\dfrac{br_3}{r_2}$

これを①に代入して

$$\frac{br_3}{r_2}+e=\frac{a}{2}$$

ゆえに　$e=\dfrac{a}{2}-\dfrac{br_3}{r_2}$　…②

また，A，O_3，O_1 は一直線上にあるから，比例より

$$\frac{r_3}{r_1}=\frac{e}{e+d+c}$$

①を用いて　$er_1=\left(\frac{a}{2}+c\right)r_3$ …③

②を③に代入し，さらに，16から

$$b=\frac{a}{2}-\sqrt{3}r_2,\qquad c=\frac{a}{2}-\sqrt{3}r_1$$

であることがわかる。これらも代入すると

$$\left\{\frac{a}{2}-\left(\frac{a}{2}-\sqrt{3}r_2\right)\frac{r_3}{r_2}\right\}r_1=\left\{\frac{a}{2}+\left(\frac{a}{2}-\sqrt{3}r_1\right)\right\}r_3$$

分母を払い，整理して　$ar_1r_2-ar_1r_3+4\sqrt{3}\,r_1r_2r_3-2ar_2r_3=0$

$(r_1r_2-r_1r_3-2r_2r_3)a+4\sqrt{3}\,r_1r_2r_3=0$ …④

これと上で示した(2)，すなわち

$a^2-2\sqrt{3}\,(r_1+r_2)a+8r_1r_2=0$ …⑤

からaを消去しよう。

和算家の方法は次のようである。

⑤×$\sqrt{3}\,r_3$−④×2　としてaを含まない項を消去すると

$$\sqrt{3}\,a^2r_3+\{-6(r_1+r_2)r_3-2(r_1r_2-r_1r_3-2r_2r_3)\}a=0$$

aで約して　$\sqrt{3}\,ar_3-(2r_1r_2+4r_1r_3+2r_2r_3)=0$ …⑥

④と⑥からaを消去すると

$$12r_1r_2r_3{}^2+(r_1r_2-r_1r_3-2r_2r_3)(2r_1r_2+4r_1r_3+2r_2r_3)=0$$

2で約すと

$$6r_1r_2r_3{}^2+\{r_1r_2-(r_1+2r_2)r_3\}\{r_1r_2+(2r_1+r_2)r_3\}=0$$

r_3で整理すると

$$\{6r_1r_2-(r_1+2r_2)(2r_1+r_2)\}r_3{}^2+\{(2r_1+r_2)-(r_1+2r_2)\}r_1r_2r_3+r_1{}^2r_2{}^2=0$$

$$(-2r_1{}^2+r_1r_2-2r_2{}^2)r_3{}^2+(r_1-r_2)r_1r_2r_3+r_1{}^2r_2{}^2=0$$

符号を変えて

$$(2r_1{}^2-r_1r_2+2r_2{}^2)r_3{}^2-(r_1-r_2)r_1r_2r_3-r_1{}^2r_2{}^2=0$$

または，左辺の第1項を書き直して

$$2(r_1-r_2)^2r_3{}^2+3r_1r_2r_3{}^2-(r_1-r_2)r_1r_2r_3-r_1{}^2r_2{}^2=0$$

よって，(3)が示された。

18

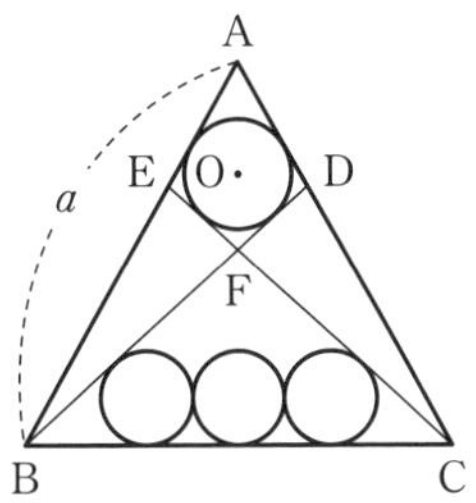

1辺の長さがaの正三角形ABCの2辺AB，ACに接する円O(r)に頂点B，Cから図のように接線BD，CEを引き，その交点をFとすると，二等辺三角形FBCができる。この底辺BCに接し，しかも順次に外接する半径rの($n-1$)個の円があり，両端の円はそれぞれ線分BD，CEに接しているとすると

$$a^2+4r^2-2(n-2)ar-4\sqrt{3}\,ar+4\sqrt{3}\,(n-2)r^2=0$$

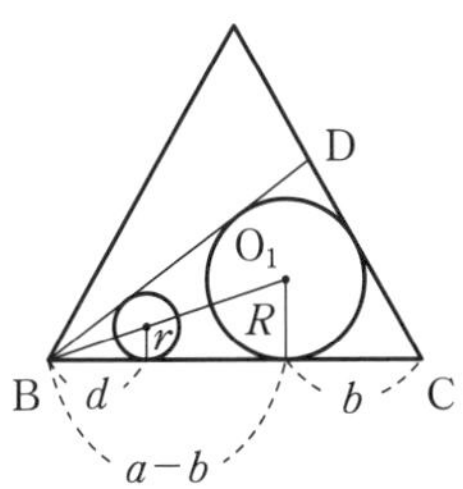

［証明］ △BDCの内接円を$O_1(R)$とする。図において　$b=\sqrt{3}R$　　また，相似より

$$\frac{r}{R}=\frac{d}{a-b}$$

ゆえに　$d=\dfrac{r(a-b)}{R}=\dfrac{ar}{R}-\sqrt{3}r$　　…①

また　$a=2d+(n-2)\cdot 2r$

上の式に①を代入して整理すると　$2ar-2\sqrt{3}\,Rr+2(n-2)Rr=aR$　…②

ここで，**17**の(2)を利用して（r_1としては本問の上方の円O(r)，r_2としては△BDCの内接円$O_1(R)$）　$2\sqrt{3}\,(R+r)a-a^2-8Rr=0$　…③

この②と③からRを消去しよう。②，③からそれぞれ

$$2ar=R\{2\sqrt{3}\,r-2(n-2)r+a\}\qquad a^2-2\sqrt{3}\,ar=R(2\sqrt{3}\,a-8r)$$

ゆえに　$(a^2-2\sqrt{3}\,ar)\{2\sqrt{3}\,r-2(n-2)r+a\}=2ar(2\sqrt{3}\,a-8r)$

aで約分して展開してまとめれば，求める式が得られる。

［註］　$n=2$のときは　$a^2-4\sqrt{3}ar+4r^2=0$　から　$r=\dfrac{\sqrt{3}-\sqrt{2}}{2}a$

$n=3$のときは　$4(1+\sqrt{3})r^2-2(2\sqrt{3}+1)ar+a^2=0$　から　$r=\dfrac{2-\sqrt{3}}{2}a$

19

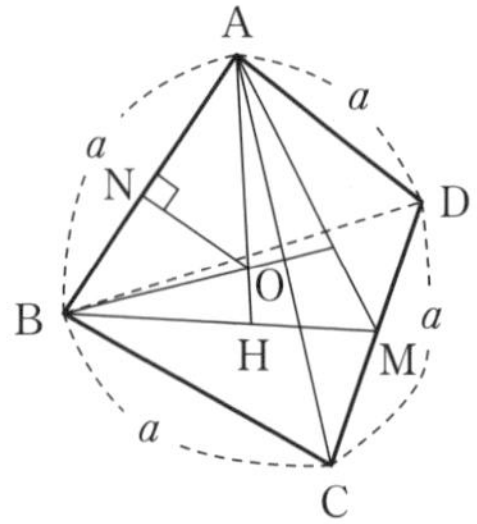

稜の長さaの正四面体ABCDに対して，図のように稜AB，CDの中点をそれぞれN，M，Aから底面BCDへの垂線の足をHとする。また，半径Rの外接球の中心は線分AH上にあるからそれをOとする。このとき

高さ　$AH=\frac{\sqrt{6}}{3}a$　　斜辺　$AM=BM=\frac{\sqrt{3}}{2}a$

内球の半径　$OH=\frac{\sqrt{6}}{12}a$　　外接球の半径　$R=\frac{\sqrt{6}}{4}a$

[証明]　△ACDは正三角形であるから，**1**より　　$AM=BM=\frac{\sqrt{3}}{2}a$

また，Hは正三角形BCDの重心であるから

$$HM=\frac{1}{3}BM=\frac{1}{3}AM=\frac{1}{3}\cdot\frac{\sqrt{3}}{2}a=\frac{\sqrt{3}}{6}a$$

直角三角形AHMにおいて

$$AH^2=AM^2-HM^2=\left(\frac{\sqrt{3}}{2}a\right)^2-\left(\frac{\sqrt{3}}{6}a\right)^2=\frac{2}{3}a^2\qquad \text{よって}\quad AH=\frac{\sqrt{6}}{3}a$$

次に　　$R^2=BO^2=BH^2+OH^2$

$$=\left(\frac{2}{3}BM\right)^2+(AH-AO)^2=\left(\frac{2}{3}\cdot\frac{\sqrt{3}}{2}a\right)^2+\left(\frac{\sqrt{6}}{3}a-R\right)^2$$

これを整理すると　$\frac{2\sqrt{6}}{3}R=a$　　　したがって　$R=\frac{3a}{2\sqrt{6}}=\frac{\sqrt{6}}{4}a$

よって　$OH=AH-AO=\frac{\sqrt{6}}{3}a-R=\frac{\sqrt{6}}{3}a-\frac{\sqrt{6}}{4}a=\frac{\sqrt{6}}{12}a$

20

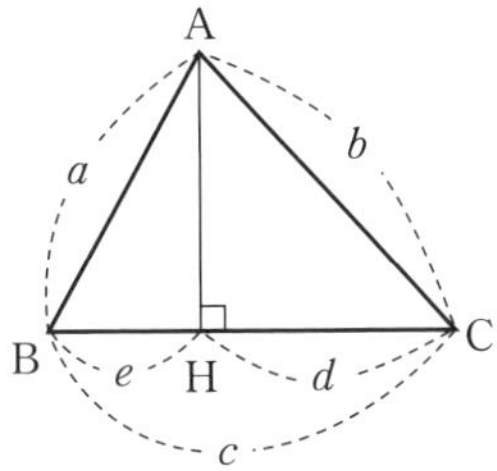

余弦定理

左図のような△ABCにおいて

$$a^2=b^2+c^2-2cd$$

すなわち　$d=\dfrac{b^2+c^2-a^2}{2c}$

また　$e=\dfrac{c^2+a^2-b^2}{2c}$

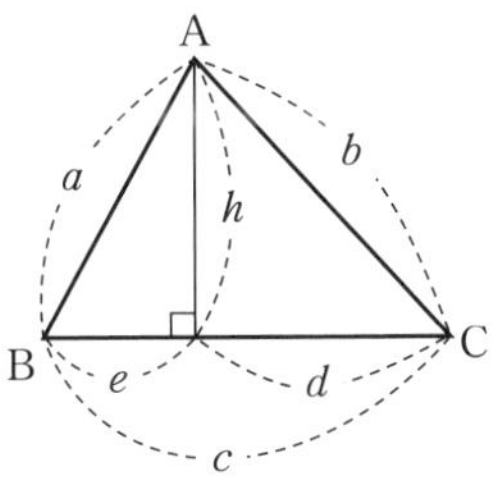

[証明]　三平方の定理を用いて

$b^2-d^2=h^2,\qquad a^2-e^2=h^2$

ゆえに　$b^2-d^2=a^2-e^2$

上の式に　$e=c-d$　を代入して

$b^2-d^2=a^2-(c-d)^2$

よって　$d=\dfrac{b^2+c^2-a^2}{2c}$

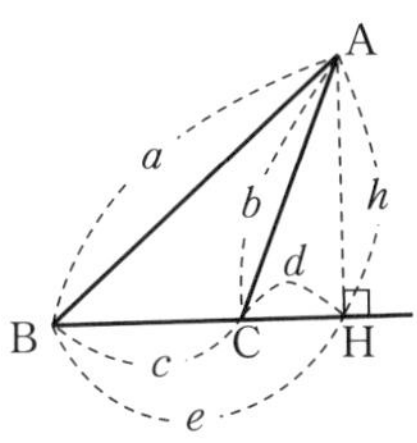

[註]　左図のように，点Aから辺BCへの垂線の足Hが辺BHの外にあるとき（例えば左図のとき），$e=c+d$　であるから

$b^2-d^2=a^2-e^2=a^2-(c+d)^2$

ゆえに　$d=\dfrac{a^2-b^2-c^2}{2c}$

または　$a^2=b^2+c^2+2cd$

∠Aの内角をθとすれば，三角関数を用いた余弦定理は　$a^2=b^2+c^2-2bc\cos\theta$

これはθが鋭角でも鈍角でもよい。

また，上の式に $d=c-e$ を代入してeの式が得られる。

21

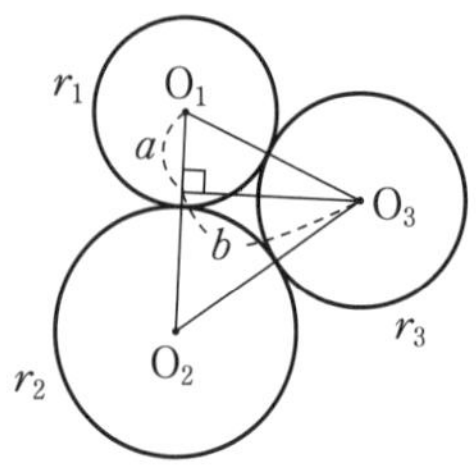

3つの円 $O_1(r_1)$, $O_2(r_2)$, $O_3(r_3)$ が互いに外接しているとき，左図のように a, b を決めると

$$a = r_1 + \frac{r_3(r_1 - r_2)}{r_1 + r_2}$$

$$b^2 = \frac{4r_1 r_2 r_3(r_1 + r_2 + r_3)}{(r_1 + r_2)^2}$$

［証明］ $\triangle O_1O_2O_3$ において，**20** を用いる。

$$O_1O_2 = r_1 + r_2 \qquad O_2O_3 = r_2 + r_3 \qquad O_3O_1 = r_3 + r_1$$

であるから

$$a = \frac{(r_1+r_2)^2 + (r_1+r_3)^2 - (r_2+r_3)^2}{2(r_1+r_2)} = r_1 + \frac{r_3(r_1 - r_2)}{r_1 + r_2}$$

次に　$b^2 = (r_1+r_3)^2 - a^2$　であるから，これに上の式を代入すると

$$b^2 = (r_1 + r_3 + a)(r_1 + r_3 - a)$$

$$= \left\{2r_1 + r_3 + \frac{r_3(r_1 - r_2)}{r_1 + r_2}\right\}\left\{r_3 - \frac{r_3(r_1 - r_2)}{r_1 + r_2}\right\}$$

通分して計算すると，その分子は

$$\{(2r_1+r_3)(r_1+r_2) + r_3(r_1-r_2)\}\{r_3(r_1+r_2) - r_3(r_1-r_2)\}$$

$$= 4r_1r_2r_3(r_1+r_2+r_3)$$

となって，求める式が得られる。

［註］ $\triangle O_1O_2O_3 = \dfrac{1}{2}(r_1+r_2)b$　であるが，ヘロンの公式より

$$\triangle O_1O_2O_3 = \sqrt{(r_1+r_2+r_3)r_1r_2r_3}$$

この2つの式を等号で結んで，b^2 についての等式が得られる。

22

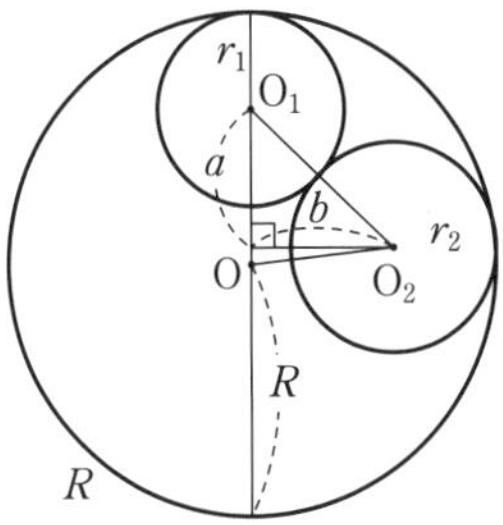

円$O(R)$に円$O_1(r_1)$と$O_2(r_2)$が内接し，円O_1とO_2が互いに外接しているとき，左図のようにa，bを決めると

$$a=\frac{r_2(R+r_1)}{R-r_1}-r_1$$

$$b^2=\frac{4Rr_1r_2(R-r_1-r_2)}{(R-r_1)^2}$$

［証明］ **20**を$\triangle OO_1O_2$に用いると，次の式が成り立つ。

$$OO_1=R-r_1 \qquad O_1O_2=r_1+r_2 \qquad OO_2=R-r_2$$

$$a=\frac{(R-r_1)^2+(r_1+r_2)^2-(R-r_2)^2}{2(R-r_1)}$$

これを整理すればよい。

次に，ヘロンの公式を用いよう。

$\triangle OO_1O_2$の面積をSとすると，3辺の和の$\frac{1}{2}$は

$$\frac{1}{2}\{(R-r_1)+(r_1+r_2)+(R-r_2)\}=R$$

ゆえに　$S^2=Rr_1r_2(R-r_1-r_2)$ …①

一方　$S=\frac{1}{2}OO_1\cdot b=\frac{1}{2}(R-r_1)b$ …②

②を①に代入すれば

$$\frac{1}{4}(R-r_1)^2b^2=Rr_1r_2(R-r_1-r_2)$$

これから求める式が得られる。

23

下の図のような位置にある5つの円$O_1(r_1)$，$O_2(r_2)$，$O_3(r_3)$，$O_4(r_4)$と$O_3'(r_3)$に対して，次の式が成り立つ。

$$r_2^2(r_1+r_2+r_3+r_4)=r_1r_4(r_3-r_2)$$

（円O_3とO_3'は同一半径である。）

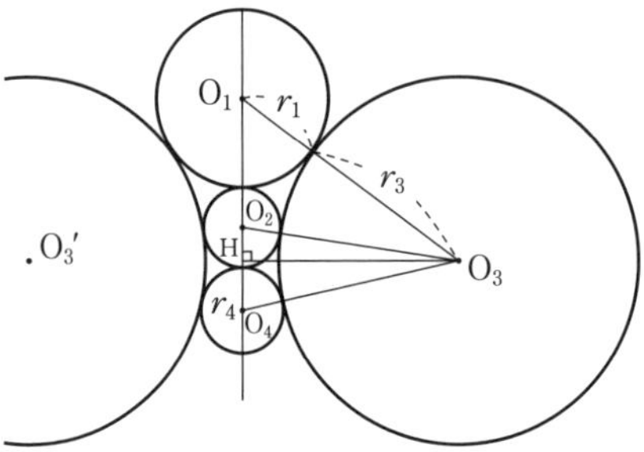

［証明］　$\triangle O_3O_1O_2$と$\triangle O_3O_2O_4$において，余弦定理**20**を用いることにする。しかし，この場合，O_3から三角形の対辺に下ろした垂線の足Hは，一方が対辺上にあるなら，もう一方の三角形では対辺の外になっていることに注意する。図において，前者では外，後者では対辺上になっている。

このとき $O_2H=a$ として，$\triangle O_3O_1O_2$において**20**の［註］を用いると

$$a=\frac{(r_1+r_3)^2-(r_2+r_3)^2-(r_1+r_2)^2}{2(r_1+r_2)} \qquad \cdots①$$

$\triangle O_3O_2O_4$において**20**を同様に用いると

$$a=\frac{(r_2+r_3)^2+(r_2+r_4)^2-(r_3+r_4)^2}{2(r_2+r_4)} \qquad \cdots②$$

①と②の右辺が等しいことから，分母を払って計算すると

$$(r_1+r_2)\ \{(r_2+r_3)^2+(r_2+r_4)^2-(r_3+r_4)^2\}$$
$$=(r_2+r_4)\ \{(r_1+r_3)^2-(r_2+r_3)^2-(r_1+r_2)^2\}$$

結論の式の形をみながら要領よく計算して確かめることができる。

24

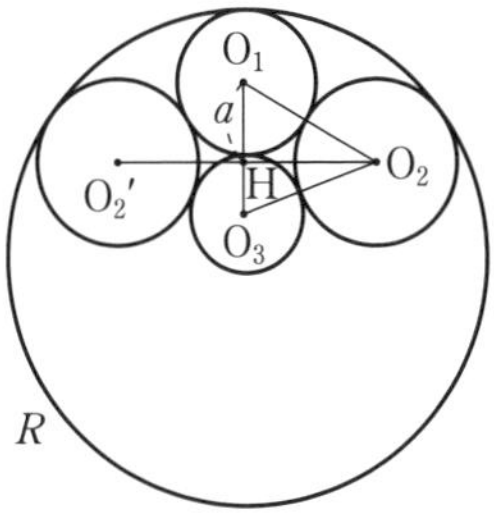

図のように円O(R)に円$O_1(r_1)$が内接し，半径の等しい2つの円$O_2(r_2)$，$O_2'(r_2)$がともに円O_1に外接し，かつ円Oに内接している。また，円$O_3(r_3)$は上の3つの円O_1，O_2，O_3に外接している。このとき

$$r_1^2(R-r_1-r_2-r_3)=Rr_3(r_2-r_1)$$

［証明］　前問**23**と同様の方針でよいが，次のように考えてみよう。

O_1から線分O_2O_2'へ下ろした垂線O_1Hの長さをaとすると，**21**から

$$a=r_1+\frac{r_2(r_1-r_3)}{r_1+r_3}$$

22から

$$a=\frac{r_2(R+r_1)}{R-r_1}-r_1$$

この2つの式の右辺を等しいとして，まとめればよい。

$$\{r_1(r_1+r_3)+(r_1-r_3)r_2\}(R-r_1)=\{r_2(R+r_1)-r_1(R-r_1)\}(r_1+r_3)$$

計算の要領としては，r_1でまとめることを考えながら，r_1^3，r_1^2，r_1の係数を集めていくとよい。

25

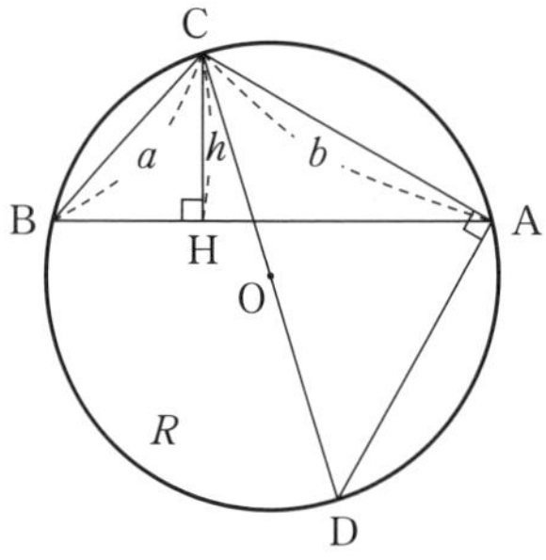

円O(R)に△ABCが内接しているとき，点Cから対辺ABへ下ろした垂線の長さhは

$$h=\frac{ab}{2R}$$

[証明]　直角三角形CHBとCADが相似であることは，等しい円周角に注目すれば得られる。このことから

$$\frac{\mathrm{CH}}{\mathrm{BC}}=\frac{\mathrm{CA}}{\mathrm{DC}} \qquad \text{すなわち} \quad \frac{h}{a}=\frac{b}{2R}$$

[註]　和算家がトレミーの定理を用いるような場合によく利用していたと思われる定理である。円周角を利用しない証明を次に述べよう。(文献 (4) による。)

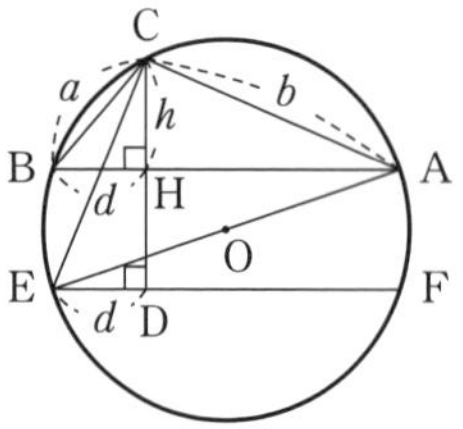

[別証明]　AEを直径とし，EF∥BAとすれば

$$\mathrm{BH}=\mathrm{ED}$$

また，AH⊥CD，AC⊥CE，CD⊥ED であるから，直角三角形ACHとCEDは相似である。

ゆえに　$$\frac{b}{h}=\frac{\mathrm{AC}}{\mathrm{CH}}=\frac{\mathrm{CE}}{\mathrm{ED}}=\frac{\mathrm{CE}}{\mathrm{BH}}$$

直角をはさむ2辺の比が等しいから，直角三角形BCHとEACは相似である。

ゆえに　$$\frac{a}{h}=\frac{\mathrm{BC}}{\mathrm{CH}}=\frac{\mathrm{EA}}{\mathrm{AC}}=\frac{2R}{b} \qquad \text{よって} \quad ab=2Rh$$

26

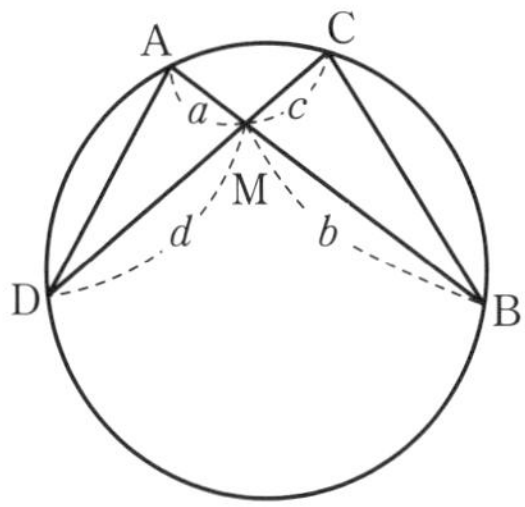

円内に2つの弦ABとCDが交わっているとき，図のように長さをa, b, c, dとすると

$$d=\frac{ab}{c} \quad \text{または} \quad ab=cd$$

[証明]　弦の交点をMとすると，円周角，対頂角を調べてわかるように，△AMDと△CMBは相似であるから

$$\frac{\mathrm{AM}}{\mathrm{MD}}=\frac{\mathrm{CM}}{\mathrm{MB}} \quad \text{すなわち} \quad \frac{a}{d}=\frac{c}{b} \quad \text{よって} \quad ab=cd$$

[別証明]

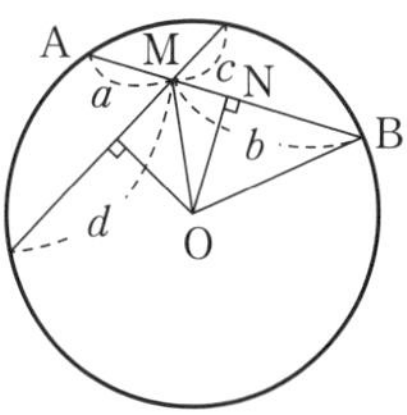

$$\mathrm{ON}^2=\mathrm{OB}^2-\mathrm{BN}^2=r^2-\left(\frac{a+b}{2}\right)^2$$

$$\mathrm{MN}=|\,\mathrm{AN}-\mathrm{AM}\,|=\left|\frac{a+b}{2}-a\right|=\frac{|\,b-a\,|}{2}$$

ゆえに　$\mathrm{OM}^2=\mathrm{ON}^2+\mathrm{MN}^2$

$$=r^2-\left(\frac{a+b}{2}\right)^2+\left(\frac{b-a}{2}\right)^2=r^2-ab$$

同様に　$\mathrm{OM}^2=r^2-cd$　　よって　$ab=cd$

[註]　これは方べきの定理である。三平方の定理と同じように用いられている。和算家は，円周角が等しいということは余り使っていないようである。したがって，上の［別証明］のような三平方の定理の利用になったと思われる。（平山諦『和算史上の人々』1965年，富士短大出版部，これは2008年に復刻された。ちくま学芸文庫『学術を中心とした和算史上の人々』）参照。

27

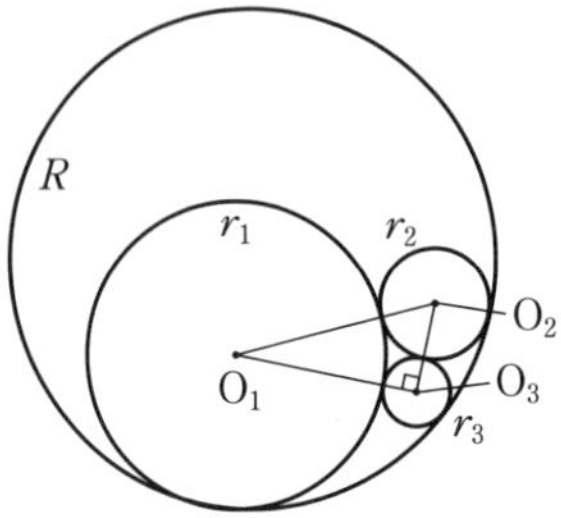

円$O(R)$に内接し，互いに外接する3つの円$O_1(r_1)$，$O_2(r_2)$，$O_3(r_3)$において，$\triangle O_1O_2O_3$が直角三角形になるならば

$$R=r_1+r_2+r_3$$

［証明］ デカルトの定理**55**を用いた証明法について述べてみよう（牛刀割鶏の感があるが)。

$$r_1^2r_2^2r_3^2+2(r_1^2r_2r_3^2+r_1r_2^2r_3^2+r_1^2r_2^2r_3)R$$
$$+(r_1^2r_2^2+r_1^2r_3^2+r_2^2r_3^2-2r_1^2r_2r_3-2r_1r_2^2r_3-2r_1r_2r_3^2)R^2=0$$

となっている。見やすくするために　$R^2r_1^2r_2^2r_3^2$　で割ると

$$\frac{1}{R^2}+\frac{2}{R}\left(\frac{1}{r_1}+\frac{1}{r_2}+\frac{1}{r_3}\right)+\left(\frac{1}{r_1^2}+\frac{1}{r_2^2}+\frac{1}{r_3^2}-\frac{2}{r_1r_2}-\frac{2}{r_2r_3}-\frac{2}{r_1r_3}\right)=0$$

$$\frac{1}{R}=-\left(\frac{1}{r_1}+\frac{1}{r_2}+\frac{1}{r_3}\right)$$
$$\pm\sqrt{\left(\frac{1}{r_1}+\frac{1}{r_2}+\frac{1}{r_3}\right)^2-\left(\frac{1}{r_1^2}+\frac{1}{r_2^2}+\frac{1}{r_3^2}-\frac{2}{r_1r_2}-\frac{2}{r_2r_3}-\frac{2}{r_1r_3}\right)}\cdots①$$

$\triangle O_1O_2O_3$が直角三角形であるから，O_3が直角の頂点とすると

$$(r_1+r_3)^2+(r_2+r_3)^2=(r_1+r_2)^2$$

ゆえに　$r_1r_2=(r_1+r_2+r_3)r_3$　…②

①の$\sqrt{\quad}$の中を計算すると

$$4\left(\frac{1}{r_1r_2}+\frac{1}{r_2r_3}+\frac{1}{r_1r_3}\right)=\frac{4(r_1+r_2+r_3)}{r_1r_2r_3}$$

ゆえに　$\dfrac{1}{R}=-\left(\dfrac{1}{r_1}+\dfrac{1}{r_2}+\dfrac{1}{r_3}\right)\pm2\sqrt{\dfrac{r_1+r_2+r_3}{r_1r_2r_3}}$

ここで②を用いると

$$\frac{r_1+r_2+r_3}{r_1r_2r_3}=\frac{(r_1+r_2+r_3)r_3}{r_1r_2r_3^2}=\frac{r_1r_2}{r_1r_2r_3^2}=\frac{1}{r_3^2}$$

ゆえに　$\dfrac{1}{R}=-\left(\dfrac{1}{r_1}+\dfrac{1}{r_2}+\dfrac{1}{r_3}\right)+\dfrac{2}{r_3}$　　（複号は＋をとる）

$$=\frac{1}{r_3}-\frac{1}{r_1}-\frac{1}{r_2}=\frac{r_1r_2-r_3(r_1+r_2)}{r_1r_2r_3}$$

ここに②を代入して逆数をとれば

$$R=\frac{(r_1+r_2+r_3)r_3^2}{(r_1+r_2+r_3)r_3-r_3(r_1+r_2)}=r_1+r_2+r_3$$

[別証明]

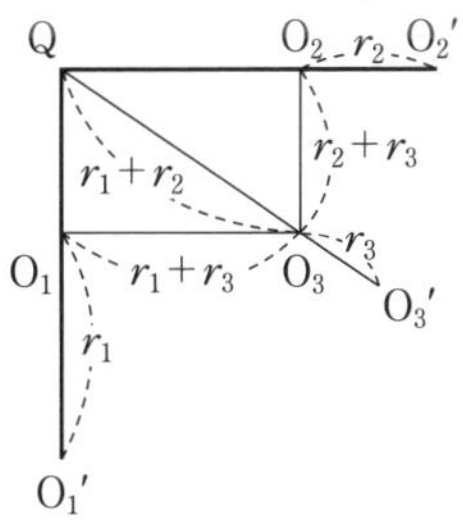

図のように点Qを$QO_1O_3O_2$が長方形となるようにとる。Qを中心として半径$r_1+r_2+r_3$の円をかき，QO_1，QO_2，QO_3の延長と交わる点をそれぞれO_1'，O_2'，O_3'とすると

$$O_1O_1'=r_1,\quad O_2O_2'=r_2,\quad O_3O_3'=r_3$$

となっている。そしてその直線QO_1'，QO_2'，QO_3'はそれぞれ円O_1，O_2，O_3の中心を通っているから，それぞれの円の直径である。すなわち，Qを中心とした半径$r_1+r_2+r_3$ の円は円O_1，O_2，O_3にも接している。

したがって，じつは Q=O

よって，円Oの半径Rは　$r_1+r_2+r_3$　に等しい。

28

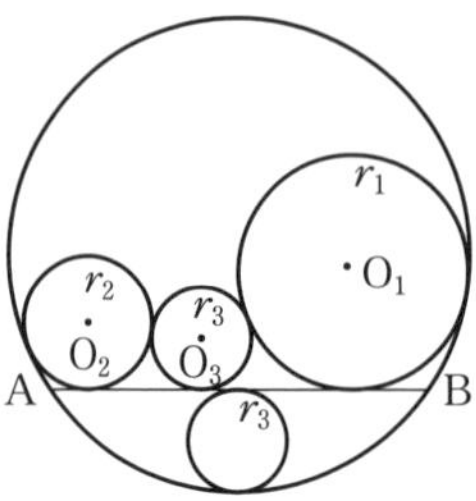

円$O(R)$の弦ABに図のように円$O_1(r_1)$，$O_2(r_2)$，$O_3(r_3)$が接し，しかもこの順に互いに外接し，両端の円O_1，O_2が円Oにも内接しているとする。

また，弦ABのこれらの円と反対側にある矢の長さが円$O_3(r_3)$の直径$2r_3$に等しいとする。このとき

$$R=r_1+r_2+r_3$$

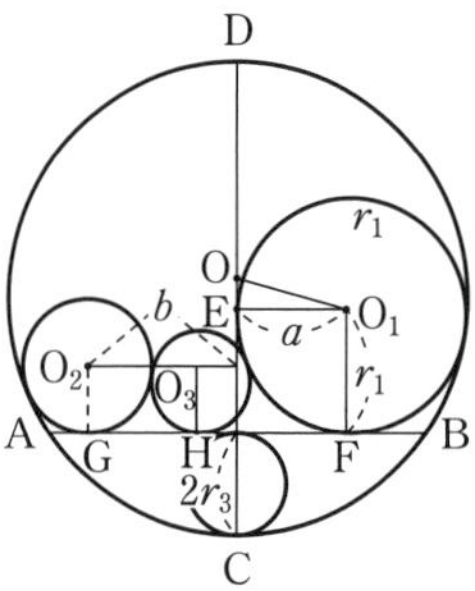

［証明］ 弦ABの垂直二等分線は円Oの直径CDである。O_1，O_2からこのCDに下ろした垂線の長さをそれぞれa，bとする。O_1からの垂線の足をEとするとき，直角三角形OEO_1を考えよう。

$$CE=2r_3+r_1$$

ゆえに　$OE=OC-CE=R-r_1-2r_3$

また　$OO_1=R-r_1$

三平方の定理　$O_1E^2=OO_1{}^2-OE^2$　より

$$a^2=(R-r_1)^2-(R-r_1-2r_3)^2$$

ゆえに　$a^2=4r_3(R-r_1-r_3)$　…①

同様に　$b^2=4r_3(R-r_2-r_3)$　…②

また，O_1，O_2，O_3から弦ABへ下ろした垂線の足をそれぞれF，G，Hとすると　$FG=a+b$

外接する2つの円の共通接線の公式**40**を用いると

$$FG=FH+HG=2\sqrt{r_1r_3}+2\sqrt{r_2r_3}$$

ゆえに　$a+b=2\sqrt{r_3}(\sqrt{r_1}+\sqrt{r_2})$　…③

平方して　$a^2+2ab+b^2=4r_1r_3+4r_2r_3+8\sqrt{r_1r_2}\cdot r_3$

①，②を③に代入し，移項して整理すると

$$\begin{aligned}2ab&=4r_3\{r_1+r_2+2\sqrt{r_1r_2}-(R-r_1-r_3)-(R-r_2-r_3)\}\\&=8r_3\{(r_1+r_2+r_3)+\sqrt{r_1r_2}-R\}\end{aligned}$$

すなわち　$ab=4r_3\{(r_1+r_2+r_3+\sqrt{r_1r_2})-R\}$　　…④

また　$\sqrt{①\times②}$　をつくって

$$ab=4r_3\sqrt{(R-r_1-r_3)(R-r_2-r_3)}$$

これと④から

$$\sqrt{(R-r_1-r_3)(R-r_2-r_3)}=(r_1+r_2+r_3+\sqrt{r_1r_2})-R$$

平方して

$$\begin{aligned}&R^2-(r_1+r_2+2r_3)R+(r_1+r_3)(r_2+r_3)\\&=(r_1+r_2+r_3+\sqrt{r_1r_2})^2-2(r_1+r_2+r_3+\sqrt{r_1r_2})R+R^2\end{aligned}$$

R^2は消去され，Rを含む項を左辺，他を右辺に移項して整理すると

$$\begin{aligned}(r_1+r_2+2\sqrt{r_1r_2})R&=(r_1+r_2+r_3)^2+2(r_1+r_2+r_3)\sqrt{r_1r_2}+r_1r_2\\&\quad-(r_1r_2+r_3r_2+r_1r_3+r_3{}^2)\\&=(r_1+r_2+r_3)(r_1+r_2+2\sqrt{r_1r_2})\end{aligned}$$

よって　　$R=r_1+r_2+r_3$

［註］　上の①，②，③から，a，bを消去する計算をもう少し簡略化しよう。

$c=a+b$ とおくと　$c-a=b$　　これを平方して　$c^2-2ca+a^2=b^2$

ゆえに　$c(c-2a)=b^2-a^2$

上の式に①，②と $c=a+b=2\sqrt{r_3}(\sqrt{r_1}+\sqrt{r_2})$ を代入すると

$$2\sqrt{r_3}(\sqrt{r_1}+\sqrt{r_2})\{2\sqrt{r_3}(\sqrt{r_1}+\sqrt{r_2})-2a\}=4r_3(r_1-r_2)$$

両辺を　$2\sqrt{r_3}(\sqrt{r_1}+\sqrt{r_2})$ で約して

$$2\sqrt{r_3}(\sqrt{r_1}+\sqrt{r_2})-2a=2\sqrt{r_3}(\sqrt{r_1}-\sqrt{r_2})$$

ゆえに　$a=2\sqrt{r_2r_3}$

これを①に代入すれば　$4r_2r_3=4r_3(R-r_1-r_3)$

よって　$R=r_1+r_2+r_3$

［別証明］（文献（6））図のように点Xを$XO_1O_3O_2$が平行四辺形になるようにとる。じつはこの点Xが円Oの中心であることを示そう。

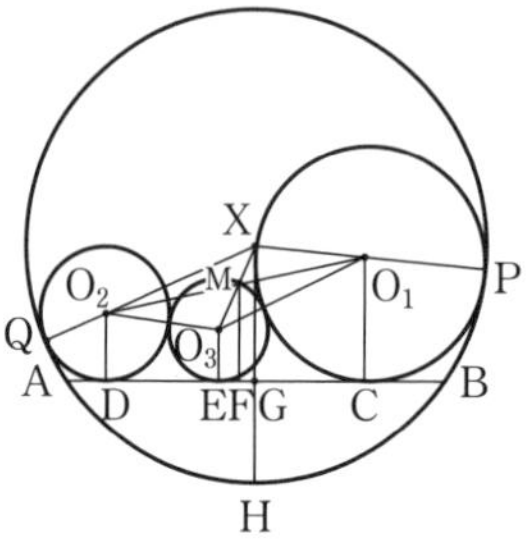

Mは対角線O_1O_2とXO_3の交点とし，O_1，O_2，O_3，M，Xから弦ABへ下ろした垂線の足をそれぞれC，D，E，F，Gとする。XO_1の延長が円O_1の周と交わる点をP，XO_2が円O_2の周と交わる点をQとする。

また，XGを延長して点Hを $GH=2r_3$ となるようにとる。このとき

$$XP=XO_1+O_1P=O_2O_3+O_1P=(r_2+r_3)+r_1$$

$$XQ=XO_2+O_2Q=O_1O_3+O_2Q=(r_1+r_3)+r_2$$

さらに，MはXO_3の中点であり，O_1O_2の中点でもあるから

$$2MF=O_3E+XG=O_2D+O_1C$$

ゆえに　$XG=O_2D+O_1C-O_3E=r_2+r_1-r_3$

$$XH=XG+GH=(r_2+r_1-r_3)+2r_3=r_1+r_2+r_3$$

よって　$XP=XQ=XH$

このことからP，Q，Hは点Xを中心として半径$r_1+r_2+r_3$の円周上にある。この円をX円と名づけよう。そしてXP，XQはそれぞれ円O_1，O_2の直径を含んでいるから，X円は，円O_1，O_2に接している。

よって，XはOと一致している。

すなわち，円Oの半径は　$r_1+r_2+r_3$　に等しい。

29

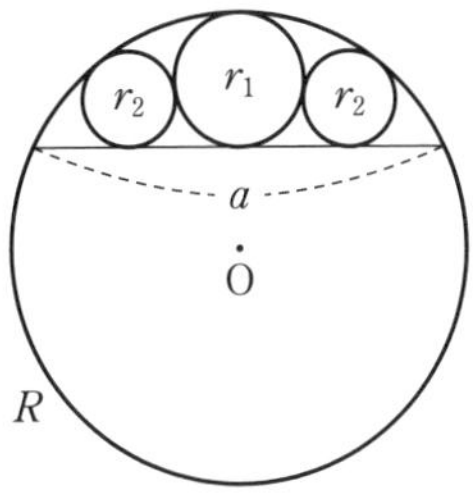

図のように長さaの弦でつくられる円$O(R)$の弓形の中の中央に円$O_1(r_1)$，その両側に円$O_2(r_2)$，$O_2'(r_2)$ が内接しているとする。このとき

$$a^2=16Rr_2$$

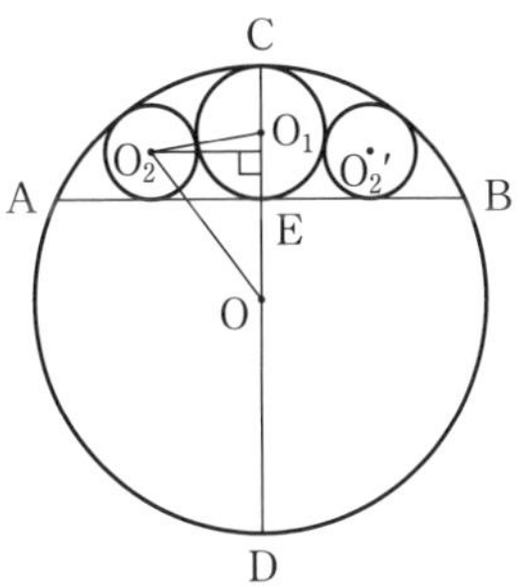

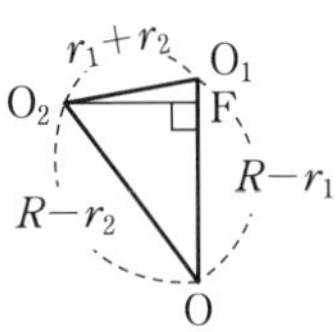

[証明]　$AE^2=CE\cdot DE$

ゆえに　$\left(\dfrac{a}{2}\right)^2=2r_1(2R-2r_1)$

$$a^2=16r_1(R-r_1) \qquad \cdots①$$

$\triangle O_1O_2O$において，余弦定理**20**を用いると

$$O_1F=O_1E-FE=r_1-r_2$$

ゆえに

$$(R-r_2)^2$$
$$=(r_1+r_2)^2+(R-r_1)^2-2(R-r_1)(r_1-r_2)$$

これを整理すれば

$$Rr_2=r_1(R-r_1)$$

右辺の式を①に代入すれば，求める式が得られる。

30

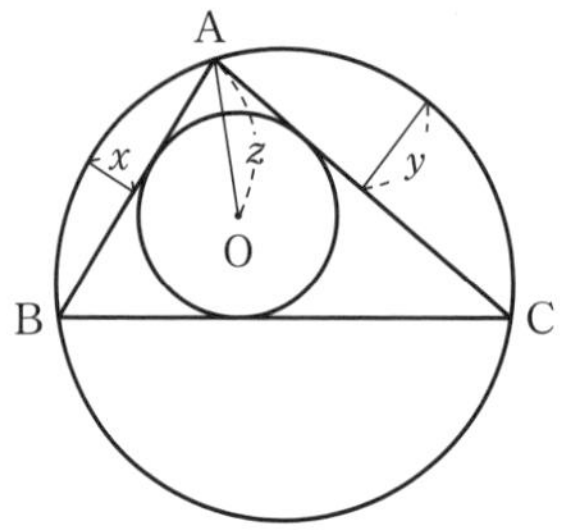

△ABCの内心をO，外接円に対する辺AB，ACの矢の長さをそれぞれx，y，AOの長さをzとすると

$$z^2=4xy$$

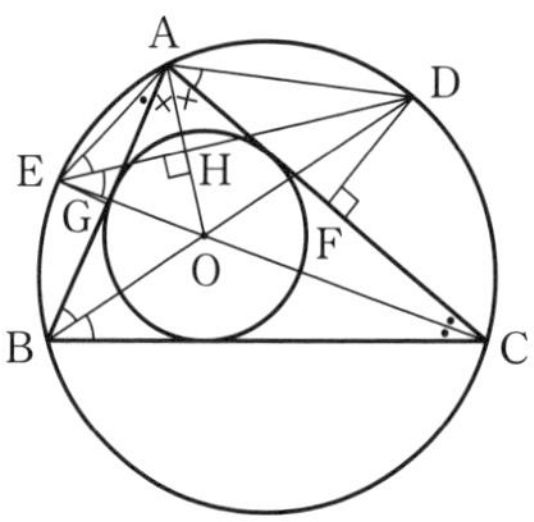

[証明] BOの延長が外接円と交わる点をDとすれば，BOは△ABCの頂角の二等分線であるから，Dは弧ACの中点である。

DからACに下した垂線の足をFとする。

同様に，弧ABの中点EとCを結ぶ直線はOを通り，∠Cを2等分する。

△EOAはEを頂点とする二等辺三角形であることをみよう。円周角や頂角の二等分線という性質に注目すると

$$\angle EOA=\angle OCA+\angle CAO$$

$$\angle EAO=\angle EAB+\angle BAO$$

$$=\angle ECB+\angle CAO=\angle OCA+\angle CAO$$

よって，△EOAは $\angle EOA=\angle EAO$ の二等辺三角形である。EDはその頂角の二等分線であるから，底辺AOと直交する。その交点をHとすると，直角三角形AHEとDFAは相似であることがわかる。

ゆえに $\dfrac{AH}{DF}=\dfrac{AE}{DA}$

同様に，Dの代わりに弧ABの中点EからABへの垂線の足をGとすると

$$\frac{AH}{EG}=\frac{AD}{AE}$$

この両式を掛け合わせれば　$\dfrac{\mathrm{AH}}{\mathrm{DF}}\cdot\dfrac{\mathrm{AH}}{\mathrm{EG}}=1$

ここで　$\mathrm{AH}=\dfrac{1}{2}z$，$\mathrm{DF}=y$，$\mathrm{EG}=x$　を代入すれば，求める式が得られる。

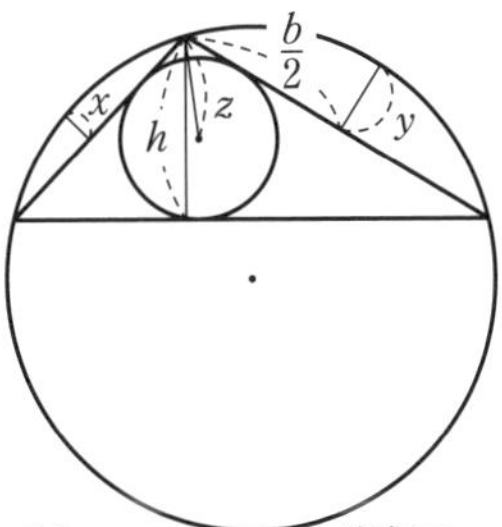

1図　　半径R

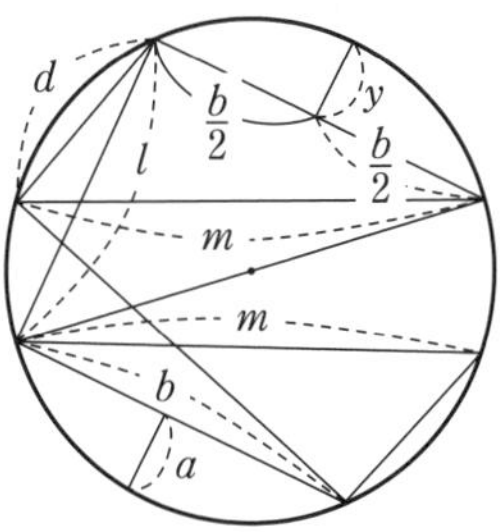

2図

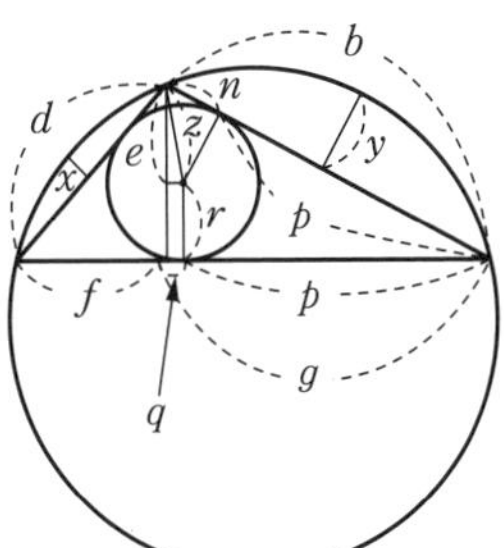

3図

[別証明1]　25によれば　$h=\dfrac{bd}{2R}$　…①

また，矢yを延長した弦は直径であるから

$$(2R-y)y=\left(\frac{b}{2}\right)^2$$

すなわち　$8Ry-4y^2=b^2$

同様に　$8Rx-4x^2=d^2$　…②

また，2図において　$l^2=4R^2-b^2$

また　$l=2R-2y$

$m=2R-2x$　…③

同様に上の式を用いて，3図において

$$f^2=d^2-h^2=d^2-\frac{b^2d^2}{4R^2}=\frac{d^2(4R^2-b^2)}{4R^2}=\frac{d^2l^2}{4R^2}$$

ゆえに　$f=\dfrac{dl}{2R}=\dfrac{d(2R-2y)}{2R}$

$=d-\dfrac{dy}{R}$

同様に　$g=b-\dfrac{bx}{R}$　…④

ゆえに　$m=f+g=b+d-\dfrac{dy+bx}{R}$　…⑤

また，もとの三角形の辺は内接円の接線になっていることから

$$2n=d+b-m$$

⑤を代入してまとめると　$n=\dfrac{dy+bx}{2R}$ …⑥

そして　$z^2=r^2+n^2$ …⑦

④から　$q=g-p=\left(b-\dfrac{bx}{R}\right)-(b-n)=n-\dfrac{bx}{R}$ …⑧

ここで　$e^2+q^2=z^2$　に　$e=h-r$　と⑧を代入して

$$(h-r)^2+\left(n-\frac{bx}{R}\right)^2=z^2$$

$$h^2-2hr+r^2+n^2-\frac{2nbx}{R}+\frac{b^2x^2}{R^2}=z^2$$

ここで　$z^2=r^2+n^2$　でもあるから，この部分は両辺から消去される。
⑥を代入して

$$h^2-2hr-\frac{2bx}{R}\left(\frac{dy+bx}{2R}\right)+\frac{b^2x^2}{R^2}=0$$

さらに，①を代入して

$$\frac{b^2d^2}{4R^2}-\frac{bdr}{R}-\frac{bdxy}{R^2}=0$$

bdを省き，分母を払って

$$bd-4Rr-4xy=0$$

$-4Rr$を移項して両辺を平方すると

$$b^2d^2-8bdxy+16x^2y^2=16R^2r^2$$ …⑨

⑦に⑥を代入して　$z^2=r^2+\left(\dfrac{dy+bx}{2R}\right)^2$

ゆえに　$4R^2r^2=4R^2z^2-d^2y^2-2bdxy-b^2x^2$

これを⑨に代入して

$$b^2d^2-8bdxy+16x^2y^2=16R^2z^2-4d^2y^2-8bdxy-4b^2x^2$$

さらに，②を代入すると

$$(8Ry-4y^2)(8Rx-4x^2)+16x^2y^2=16R^2z^2-4(8Rx-4x^2)y^2-4(8Ry-4y^2)x^2$$

両辺を16で割って整理すれば　$4R^2xy=R^2z^2$　となり，求める式を得る。

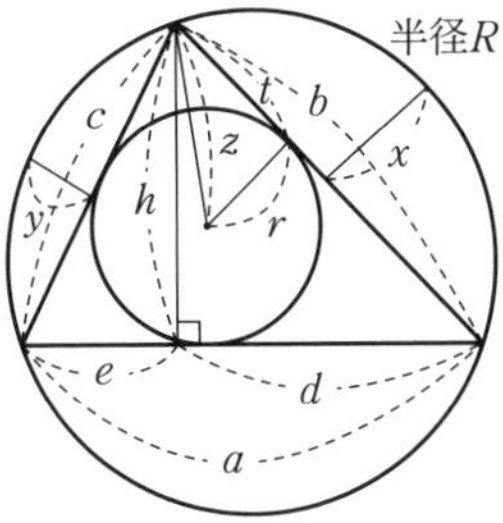

[別証明2]

ヘロンの公式（予備事項5）を用いると

$$-a^4-b^4-c^4+2(a^2b^2+b^2c^2+c^2a^2)$$
$$=4r^2(a+b+c)^2 \quad \cdots①$$

接線を考えると　$2t=b+c-a$　であるから

$$(b+c)^2-a^2=(a+b+c)(b+c-a)$$
$$=2(a+b+c)t$$

両端の辺を平方すると，左辺からは

$$(b+c)^4+a^4-2a^2(b+c)^2$$
$$=a^4+b^4+c^4+4b^3c+6b^2c^2+4bc^3-2a^2(b^2+2bc+c^2)$$

右辺からは　$4(a+b+c)^2t^2$

それぞれに①の左辺，右辺を加えると　$t^2+r^2=z^2$　であるから

$$8b^2c^2+4b^3c+4bc^3-4a^2bc=4(a+b+c)^2z^2$$

4で割ると　$bc(2bc+b^2+c^2-a^2)=(a+b+c)^2z^2$

$$bc\{(b+c)^2-a^2\}=(a+b+c)^2z^2$$

$(a+b+c)$で割って　$bc(b+c-a)=(a+b+c)z^2$

ゆえに　$a=\dfrac{(b+c)(bc-z^2)}{bc+z^2}$　$\cdots②$

また，25から　$h=\dfrac{bc}{2R}$　であり $(2R-x)x=\left(\dfrac{b}{2}\right)^2$ であるから

$$\left.\begin{aligned}&8Rx-4x^2=b^2\\ \text{同様に}\quad &8Ry-4y^2=c^2\end{aligned}\right\} \quad \cdots③$$

これらを　$d^2=b^2-h^2$　に代入すると

$$d^2=b^2-h^2=b^2-\left(\frac{bc}{2R}\right)^2=\frac{b^2}{4R^2}(4R^2-c^2)$$

$$=\frac{b^2}{4R^2}(4R^2-8Ry+4y^2)=\frac{b^2}{R^2}(R^2-2Ry+y^2)=\frac{b^2}{R^2}(R-y)^2$$

ゆえに　$d=\dfrac{b}{R}(R-y)=b-\dfrac{by}{R}$

同様に　　$e=c-\dfrac{cx}{R}$

ゆえに　　$a=d+e=b+c-\dfrac{by+cx}{R}$ 　　…④

④と②から　　$\dfrac{(b+c)(bc-z^2)}{bc+z^2}=b+c-\dfrac{by+cx}{R}$

分母を払ってzで整理すると

$$\{b(2R-y)+c(2R-x)\}z^2=(by+cx)bc$$

③から $2R-x=\dfrac{b^2}{4x}$，　$2R-y=\dfrac{c^2}{4y}$　であるから，上の式に代入して

$$\left(\frac{bc^2}{4y}+\frac{b^2c}{4x}\right)z^2=(by+cx)bc$$

分母を払って整理すると

$$bc(cx+by)z^2=(by+cx)bc\cdot 4xy$$

よって　　$z^2=4xy$

31

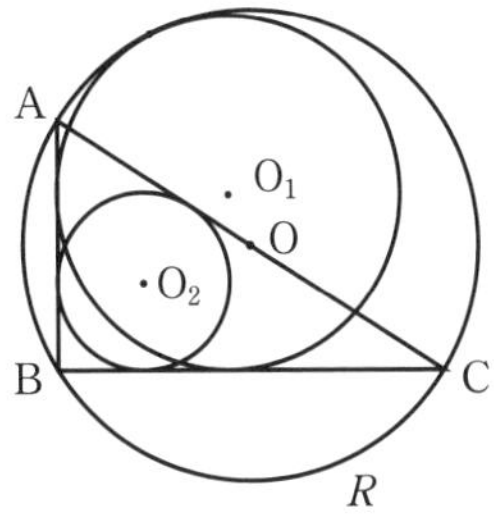

図のように直角三角形ABCの外接円O(R)と直角をはさむ2辺AB, BCに接する円$O_1(r_1)$および直角三角形ABCの内接円$O_2(r_2)$があるとすると

$$r_1=2r_2$$

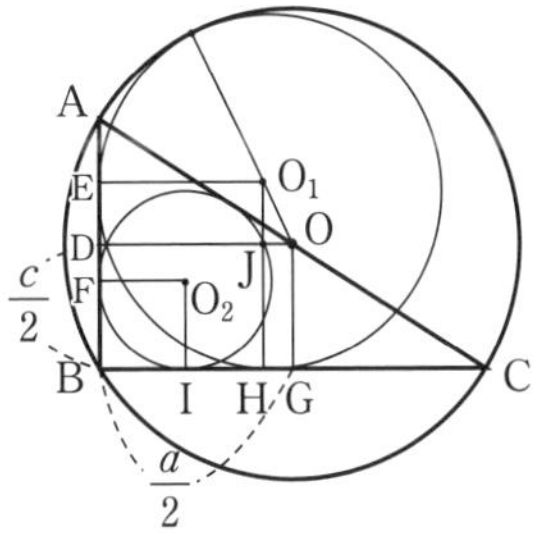

[証明]　円の中心O, O_1, O_2から辺ABへ下ろした垂線の足をそれぞれD, E, F, 辺BCへ下ろした垂線の足をG, H, I, ODとO_1Hの交点をJとして直角三角形OJO_1に三平方定理を用いる。

AB$=c$, BC$=a$　とおく。

$$OO_1=R-r_1$$

$$O_1J=O_1H-JH=r_1-DB=r_1-\frac{c}{2}$$

(DはABの中点)

$$OJ=GH=GB-BH=\frac{a}{2}-r_1$$

ゆえに　$(R-r_1)^2=\left(r_1-\dfrac{c}{2}\right)^2+\left(\dfrac{a}{2}-r_1\right)^2$

$$R^2-2Rr_1+r_1{}^2=r_1{}^2-cr_1+\frac{c^2}{4}+\frac{a^2}{4}-ar_1+r_1{}^2$$

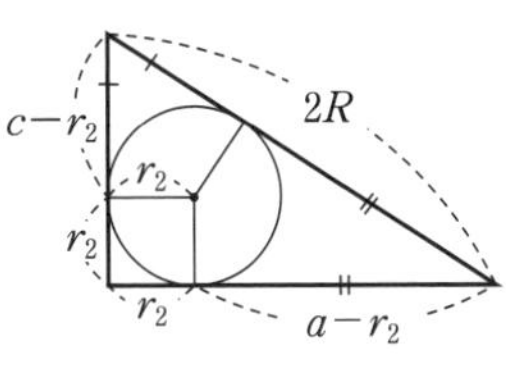

ここで, AC$=2R$　であるから　$c^2+a^2=4R^2$ に注意して整理すると

$$r_1{}^2+2Rr_1-(a+c)r_1=0$$

ゆえに　$r_1=a+c-2R$　　…①

また　$2R=(a-r_2)+(c-r_2)=a+c-2r_2$

であるから，これを①に代入すれば

$$r_1=2r_2$$

［註］ 文献（2）で**31**の次に載っているものである。

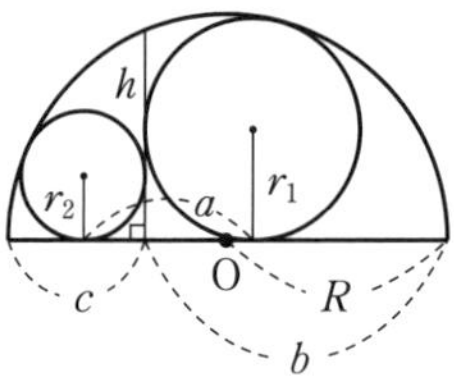

半円O(R)において，図のように直径の垂線hで隔てられた部分にそれぞれ半径r_1，r_2の円が内接しているとき，次の式が成り立つ。

$$(r_1+r_2)^2-4hR+4R(r_1+r_2)=0$$

［証明］ $b-R+r_2=a$　$a^2+r_2{}^2=(R-r_2)^2$　が成り立っているから，この2つの式からaを消去すると

$$(b-R+r_2)^2+r_2{}^2=(R-r_2)^2 \qquad b^2+2br_2+r_2{}^2-2bR=0$$

ゆえに　$(b+r_2)^2=2bR$

よって　$b+r_2=\sqrt{2bR}$　…①

同様に　$c+r_1=\sqrt{2cR}$　…②

①と②を加えると　$b+c=2R$　であるから

$$2R+(r_1+r_2)=\sqrt{2bR}+\sqrt{2cR}$$

平方して　$\sqrt{bc}=h$，$b+c=2R$　を代入すれば

$$4R^2+(r_1+r_2)^2+4R(r_1+r_2)=4R^2+4hR$$

これから求める式が得られる。

32

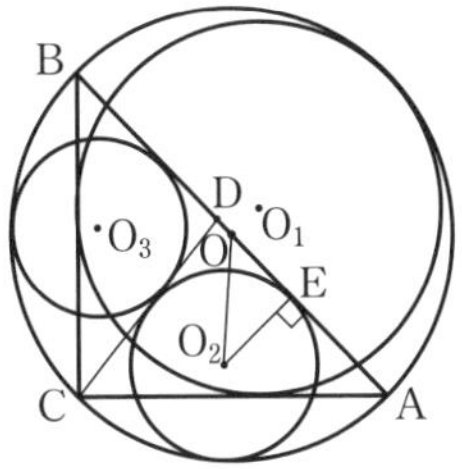

図のように直角三角形ABCの外接円$O(r)$に内接し，辺BC，CAに接する円を$O_1(r_1)$とし，点Cから斜辺ABへ下ろした垂線の足をDとする。また，辺AD，DCと円Oに接する円を$O_2(r_2)$，辺CD，DBと円Oに接する円を$O_3(r_3)$とするとき

$$r_1 = r_2 + r_3$$

[証明]　$OO_2 = R - r_2$，　$OE = (BD + DE) - BO = BD + r_2 - R$，　$O_2E = r_2$ であるから，直角三角形O_1EO_2に三平方の定理を用いて

$$(BD + r_2 - R)^2 + r_2^2 = (R - r_2)^2$$

整理して　$(BD + r_2)^2 = 2BD \cdot R$

しかるに　$2BD \cdot R = BD \cdot AB = BC^2$ であるから

$$(BD + r_2)^2 = BC^2$$

ゆえに　$BD + r_2 = BC$（$= a$とする）

同様のことを円O_2の代わりに円O_3について調べれば

$$AD + r_3 = AC \ (= b \text{とする})$$

ゆえに　$a + b = AD + BD + r_2 + r_3 = 2R + r_2 + r_3$　…①

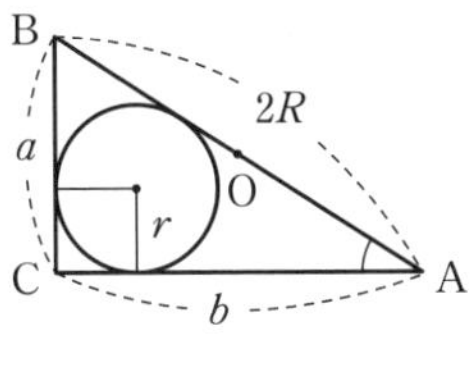

一方，直角三角形ABCの半径rの内接円への各頂点からの接線の長さを調べれば

$$2r = a + b - 2R$$

これに①を代入すれば

$$2r = (2R + r_2 + r_3) - 2R = r_2 + r_3$$

また，**31**により $2r = r_1$ であるから，求める式が得られる。

33

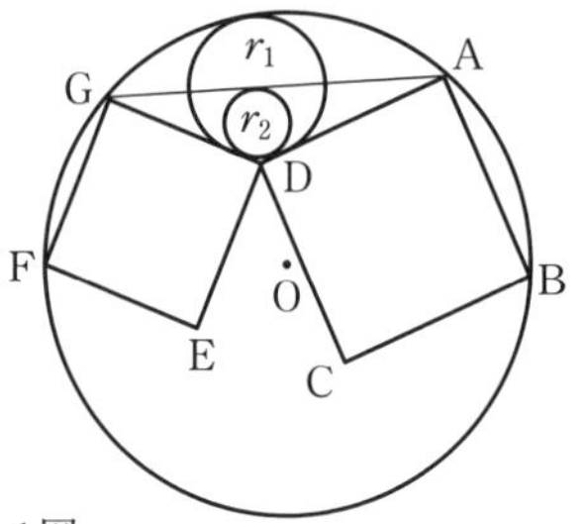

1図

円O(R)の中に図のように大きさの異なる2つの正方形が互いに1つの頂点で接し，かつ円Oとそれぞれ他の2頂点が接しているとする。また，辺AD，DGと円弧AGに内接する円の半径をr_1，△ADGの内接円の半径をr_2とするとき

$$r_1 = 2r_2$$

[証明]

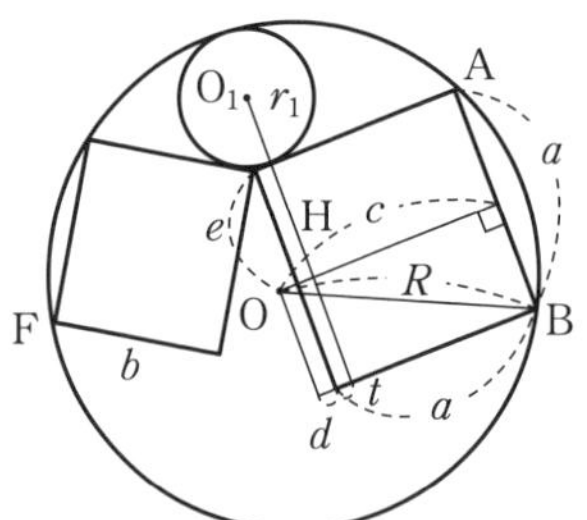

2図

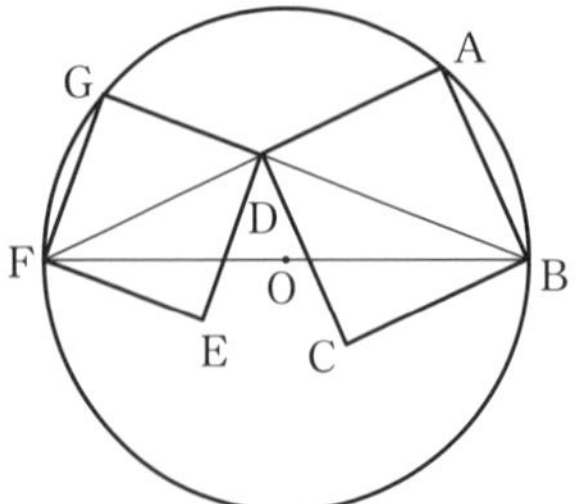

3図

2つの正方形が題意のように入っているのは3図のようにBFが円Oの直径になって，一方の正方形の対角線の延長が他方の正方形の辺に一致している場合に限るのだが，この事実だけを証明するのも難しいようである。また，それが判明していても所要の等式を求めるのもかなり面倒である。

まず，2図によって計算しよう。

正方形の1辺の長さをそれぞれa，bとし，

$$d = c - a \quad \cdots①$$

とおくと，三平方定理から　$d^2 + \left(\dfrac{a}{2}\right)^2 = e^2$，

$$c^2 = R^2 - \left(\frac{a}{2}\right)^2, \qquad c = \frac{\sqrt{4R^2 - a^2}}{2} \quad \cdots②$$

これから

$$e^2=(c-a)^2+\frac{a^2}{4}=\left(\frac{\sqrt{4R^2-a^2}}{2}-a\right)^2+\frac{a^2}{4}$$

整理すると

$$e^2=R^2+a^2-a\sqrt{4R^2-a^2} \qquad \cdots③$$

もう1つの正方形からも同理により

$$e^2=R^2+b^2-b\sqrt{4R^2-b^2} \qquad \cdots④$$

辺々引いて　$a^2-b^2=a\sqrt{4R^2-a^2}-b\sqrt{4R^2-b^2}$　…⑤

これからR，a，bの関係式をなるべく簡単に見やすくしたい。

⑤の両辺に　$a\sqrt{4R^2-a^2}+b\sqrt{4R^2-b^2}$　を掛けると

$$(a^2-b^2)(a\sqrt{4R^2-a^2}+b\sqrt{4R^2-b^2})=a^2(4R^2-a^2)-b^2(4R^2-b^2) \cdots⑥$$

⑥の右辺は

$$4R^2(a^2-b^2)-(a^4-b^4)=(a^2-b^2)(4R^2-a^2-b^2)$$

上式の両辺を a^2-b^2 で割って（$a\neq b$と仮定した）

$$a\sqrt{4R^2-a^2}+b\sqrt{4R^2-b^2}=4R^2-a^2-b^2 \qquad \cdots⑦$$

⑤，⑥から平方根の部分を1つ消去すると

$$2a\sqrt{4R^2-a^2}=(a^2-b^2)+(4R^2-a^2-b^2)$$

ゆえに　$a\sqrt{4R^2-a^2}=2R^2-b^2$

平方して整理すると　$4R^4-4R^2(a^2+b^2)+a^4+b^4=0$

これを $X=2R^2$ の2次方程式とみて，解の公式から

$$2R^2=(a^2+b^2)\pm\sqrt{(a^2+b^2)^2-(a^4+b^4)}$$
$$=a^2+b^2\pm\sqrt{2}ab$$

ここで，$2R^2-a^2$ も $2R^2-b^2$ も正であるから，仮に $a\geqq b$ としておくと，この複号の負をとれば　$2R^2-a^2=b(b-\sqrt{2}a)<0$　となって不合理。

ゆえに　$2R^2=a^2+b^2+\sqrt{2}ab$　…⑧

さて，①と②から⑦を用いて

$$d=c-a=\frac{\sqrt{4R^2-a^2}}{2}-a$$
$$=\frac{\sqrt{a^2+2b^2+2\sqrt{2}ab}}{2}-a=\frac{a+\sqrt{2}b}{2}-a=\frac{b}{\sqrt{2}}-\frac{a}{2} \qquad \cdots⑨$$

4図

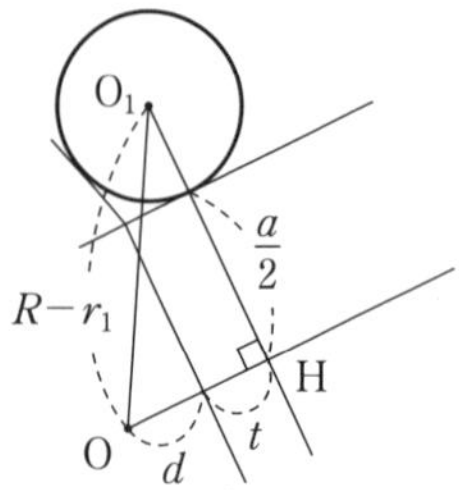

2図の一部分である4図で直角三角形OHO_1に注目しよう。

3辺の長さは $r_1+\frac{a}{2}$，$R-r_1$，$d+t$　であるから，⑨も用いて

$$\left(t+\frac{b}{\sqrt{2}}-\frac{a}{2}\right)^2+\left(r_1+\frac{a}{2}\right)^2=(R-r_1)^2$$

展開してtで整理すると

$$t^2+(\sqrt{2}b-a)t+\left(\frac{b^2}{2}-\frac{ab}{\sqrt{2}}+\frac{a^2}{4}\right)+r_1{}^2+ar_1+\frac{a^2}{4}=R^2-2Rr_1+r_1{}^2$$

あるいは

$$t^2+(\sqrt{2}b-a)t+\frac{a^2+b^2}{2}-\frac{ab}{\sqrt{2}}+ar_1-R^2+2Rr_1=0 \qquad \cdots⑩$$

同様にもう一方の正方形についても進めれば，tに相当するのは，両方の正方形の接点から円O_1への接線の長さであるから同一のものである。ゆえに，⑩のa，bを交換した式も成り立つ。その式を⑩から引けば

$$\{\sqrt{2}(b-a)-(a-b)\}t+(a-b)r_1=0$$

$a-b$ で約して　$t=\dfrac{r_1}{\sqrt{2}+1}$　　ゆえに　$r_1=(\sqrt{2}+1)t$ $\qquad \cdots⑪$

また，⑪を⑩に代入し，⑧も⑩のR^2に代入すると

$$t^2+(\sqrt{2}b-a)t+\frac{a^2+b^2}{2}-\frac{ab}{\sqrt{2}}+(\sqrt{2}+1)at-\frac{a^2+b^2+\sqrt{2}ab}{2}$$
$$+2(\sqrt{2}+1)Rt=0$$

$$t^2+\sqrt{2}(a+b)t-\sqrt{2}ab+2(\sqrt{2}+1)Rt=0$$

最後の項を移項して両辺を平方し，⑧のR^2を代入すると

$$\{t^2+\sqrt{2}(a+b)t-\sqrt{2}ab\}^2=2(\sqrt{2}+1)^2(a^2+\sqrt{2}ab+b^2)t^2$$

展開してtで整理すると

$$t^4+2\sqrt{2}(a+b)t^3+\{-2\sqrt{2}ab+2(a+b)^2-2(3+2\sqrt{2})(a^2+\sqrt{2}ab+b^2)\}t^2$$
$$-4ab(a+b)t+2a^2b^2=0 \qquad \cdots⑫$$

t^2の係数を$a+b$とabでまとめると

$$-2\sqrt{2}ab+2(a+b)^2-2(3+2\sqrt{2})\{(a+b)^2-(2-\sqrt{2})ab\}$$
$$=-4(\sqrt{2}+1)(a+b)^2+4ab$$

ゆえに，⑫から

$$t^4+2\sqrt{2}(a+b)t^3+4\{ab-(\sqrt{2}+1)(a+b)^2\}t^2-4ab(a+b)t+2a^2b^2=0 \quad \cdots⑬$$

この左辺を因数分解すると次のようになる。

$$\{t^2-2(a+b)t+(2-\sqrt{2})ab\}\{t^2+2(\sqrt{2}+1)(a+b)t+(2+\sqrt{2})ab\}=0$$

この第2因子は正であるから，第1因子$=0$ である。

⑪より　　$t=(\sqrt{2}-1)r_1$

ゆえに　　$(\sqrt{2}-1)^2{r_1}^2-2(\sqrt{2}-1)(a+b)r_1+(2-\sqrt{2})ab=0$

$\sqrt{2}-1$で約して

$$(\sqrt{2}-1){r_1}^2-2(a+b)r_1+\sqrt{2}ab=0 \quad \cdots⑭$$

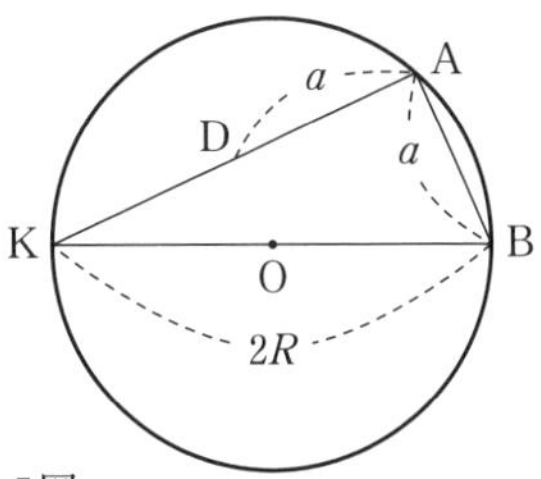

5図

ここで1図に戻ろう。円OのBを通る直径の他端をKとすると，じつは K=F であることを示そう。

まず，AB⊥AKであるから正方形の頂点DはこのAK上にあって AD$=a$

また $AK^2=4R^2-a^2$ に⑧を代入すれば

$$AK^2=2(a^2+b^2+\sqrt{2}ab)-a^2$$
$$=a^2+2\sqrt{2}ab+2b^2$$
$$=(a+\sqrt{2}b)^2$$

ゆえに　　$AK=a+\sqrt{2}b$

したがって　$DK=AK-AD$

$$=(a+\sqrt{2}b)-a=\sqrt{2}b$$

また　$DF=\sqrt{2}b$　でもあるから DK=DF で，KもFも円Oの周上の点であるから一致するはずである。

以上から，1図のA，D，Fは一直線上にあって，じつは3図の形になっていることがわかった。

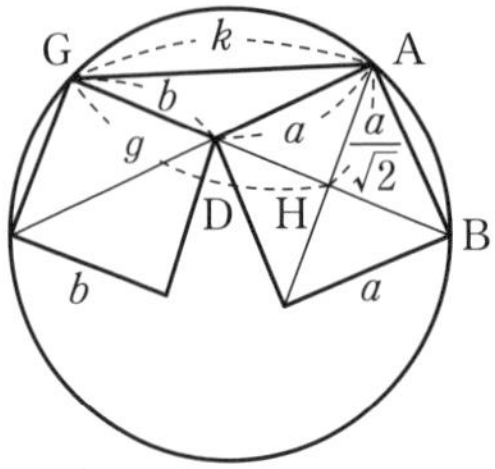

6図

次に，△ADGの内接円の半径r_2を調べよう。

$g=b+\frac{a}{\sqrt{2}}$ であるから

$$k^2=\left(b+\frac{a}{\sqrt{2}}\right)^2+\left(\frac{a}{\sqrt{2}}\right)^2=a^2+\sqrt{2}ab+b^2 \cdots ⑮$$

△ADGの面積をSとすると

$$2S=r_2(a+b+k)$$

または，底辺GD$=b$，高さAH$=\frac{a}{\sqrt{2}}$ とみれば　$2S=\frac{ab}{\sqrt{2}}$　であるから

$$r_2(a+b+k)=\frac{ab}{\sqrt{2}}$$

ゆえに　$\sqrt{2}r_2k=ab-\sqrt{2}(a+b)r_2$

これを平方して⑮を代入すると

$$2r_2{}^2(a^2+\sqrt{2}ab+b^2)=a^2b^2-2\sqrt{2}ab(a+b)r_2+2(a+b)^2r_2{}^2$$

整理すると

$$2(2-\sqrt{2})abr_2{}^2-2\sqrt{2}ab(a+b)r_2+a^2b^2=0$$

abで約して$\sqrt{2}$を掛けると

$$4(\sqrt{2}-1)r_2{}^2-4(a+b)r_2+\sqrt{2}ab=0$$

この方程式は⑭の方程式で $r_1=2r_2$ とおいたものである。

よって，結論が得られた。

［註］(1)　図からわかるように $k^2=\left(\frac{a}{\sqrt{2}}\right)^2+\left(b+\frac{a}{\sqrt{2}}\right)^2=a^2+\sqrt{2}ab+b^2$

で，⑧から　$2R^2=k^2$　すなわち　$k=\sqrt{2}R$　であるから，kは円Oに内接する正方形の1辺になっている。

(2)　⑧は「『続神壁算法』39条にあり（金原本，林集972)」とある。また，金原本にはA，D，Fが一直線と判明したときのr_1，r_2の関係の別証明もあり**5**，**25**などを使っている。

[別証明]　2つの正方形の辺の長さa, bが異なるならば，7図のように正方形があるとき，じつはA，B，Fは一直線上にあり，C，A，Dも一直線上にあることを示そう。

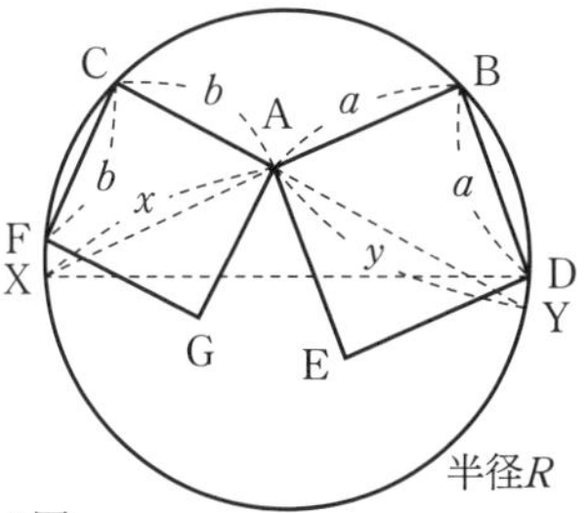

7図

BAの延長が円周と交わる点をX，CAの延長が円周と交わる点をY，各線分の長さを図のようにa, b, x, yをとする。

∠Bは直角であるから，DXは円の直径である。三平方の定理により

$$DX^2 = BD^2 + BX^2$$

すなわち　$(2R)^2 = (x+a)^2 + a^2 = x^2 + 2ax + 2a^2$

同様に，直角三角形FCYにおいて

$$(2R)^2 = (y+b)^2 + b^2 = y^2 + 2by + 2b^2$$

以上から　$x^2 + 2ax + a^2 = y^2 + 2by + 2b^2$　　…①

また，方べきの定理（または　△ABYと△ACXは相似）から

$$\frac{AC}{AX} = \frac{AB}{AY} \qquad \text{すなわち} \quad \frac{b}{x} = \frac{a}{y} \qquad \cdots②$$

ゆえに　　$y = \dfrac{a}{b}x$　　これを①に代入して

$$x^2 + 2ax + a^2 = \left(\frac{a}{b}x\right)^2 + 2b \cdot \frac{a}{b}x + 2b^2$$

$$b^2x^2 + 2a^2b^2 - a^2x^2 - 2b^4 = 0$$

$$(b^2 - a^2)(x^2 - 2b^2) = 0$$

$a \neq b$ であるから　$x^2 - 2b^2 = 0$　　すなわち $x = \sqrt{2}b$

しかるに $AF = \sqrt{2}b$ であるから，XはFと一致しなければならない。

[註]　(1)　この［別証明］は，竹貫登興多によるものを参考にしている。

(2)　Yについても同様にDと一致する。

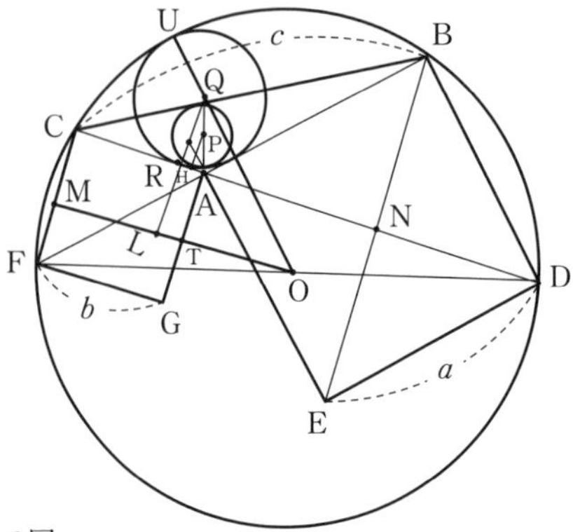

8図

もしF≠Xならば，AF＝AX　であるから，FXの垂直二等分線はAを通るし，また，この円の中心を通るはずである。すなわち直径になっているはずである。これはXDが直径になっていることと矛盾する。

ゆえに　　F＝X

以上から，所題の2つの正方形の相互位置は8図のようになっていることがわかった。

まず，直角三角形FCDから

$$FD^2 = FC^2 + CD^2 \qquad FD = 2R$$

$$FC = AC = b$$

$$CD = CA + AD = b + \sqrt{2}a$$

ゆえに　$(2R)^2 = b^2 + (b + \sqrt{2}a)^2$

よって　$2R^2 = a^2 + \sqrt{2}ab + b^2$ …③

また，直角三角形BNCから

$$BC^2 = BN^2 + NC^2$$

ここで　$BN = \dfrac{a}{\sqrt{2}}$

$$NC = NA + AC = \frac{a}{\sqrt{2}} + b$$

BC＝cとおくと

$$c^2 = \left(\frac{a}{\sqrt{2}}\right)^2 + \left(\frac{a}{\sqrt{2}} + b\right)^2$$

$$= a^2 + \sqrt{2}ab + b^2 = 2R^2 \quad \cdots ④$$

③，④より　$R = \dfrac{c}{\sqrt{2}}$　　…⑤

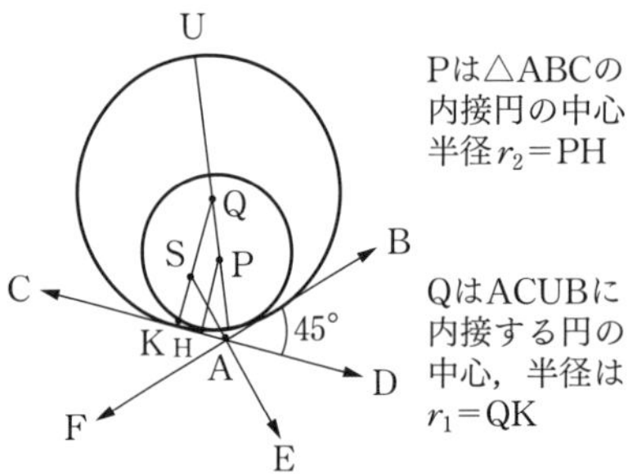

9図

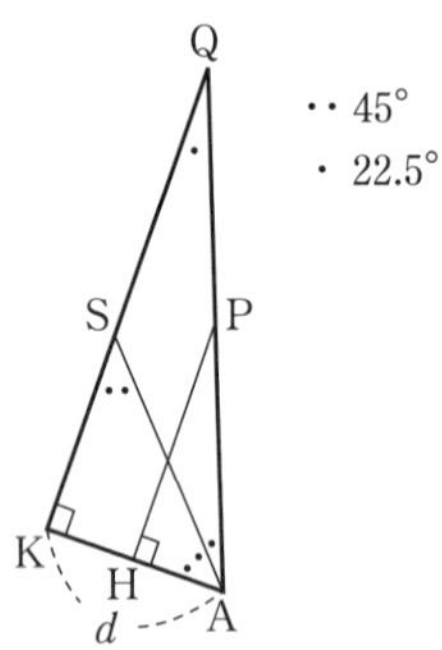

10図

前ページの10図において，点P，QからCDへの垂線の足をそれぞれH，Kとし，AEの延長とQKの交点をSとすると　$AS\perp FB$　である。

$$\angle SAK=\angle SAF-\angle KAF=90°-45°=45°$$

ゆえに，△AKSは∠Kを直角とする直角二等辺三角形である。

また，AQは∠BACの二等分線であるから

$$\angle QAC=\frac{1}{2}\angle BAC=\frac{1}{2}(180°-45°)=67.5°$$

ゆえに　$\angle QAK=\angle QAC=67.5°$　　(10図)

$$\angle QAS=\angle QAK-45°=22.5°$$

$$\angle SQA=\angle KSA-\angle QAS=45°-22.5°=22.5°$$

すなわち，△SQAは二等辺三角形となるから　$SA=SQ$

ゆえに　$QK=QS+SK=\sqrt{2}\cdot AK+AK=(\sqrt{2}+1)d$

ただし，$AK=d$とおいた。

次に　$KL=AT=\frac{1}{2}AG$ であることは　$OL\perp FC$　であるから，OLの延長はCFとその中点Mで交わることからわかる。

ゆえに　$KL=\frac{b}{2}$　　また $TL=AK=d$ であり

$$OT=OM-TM=\frac{1}{2}CD-b=\frac{1}{2}(\sqrt{2}a+b)-b=\frac{1}{2}(\sqrt{2}a-b)$$

$$QL=QK+KL=(\sqrt{2}+1)d+\frac{b}{2}$$

$$OL=OT+TL=\frac{1}{2}(\sqrt{2}a-b)+d$$

$$OQ=OU-QU=OU-QK=R-(\sqrt{2}+1)d$$

これらを　$OL^2+QL^2=OQ^2$ に代入して

$$\left\{\frac{1}{2}(\sqrt{2}a-b)+d\right\}^2+\left\{(\sqrt{2}+1)d+\frac{b}{2}\right\}^2=\{R-(\sqrt{2}+1)d\}^2$$

R^2に③，Rに⑤を代入して，展開し，整理すると

$$d^2+\{\sqrt{2}(a+b)+(2+\sqrt{2})c\}d-\sqrt{2}ab=0$$

これからdについて解くことにするのであるが，まず④を用いて変形しておく。

$$c^2=a^2+\sqrt{2}ab+b^2$$
$$=(a+b)^2-(2-\sqrt{2})ab=(a+b)^2-\sqrt{2}(\sqrt{2}-1)ab$$

ゆえに　$\sqrt{2}(\sqrt{2}-1)ab=(a+b)^2-c^2=(a+b+c)(a+b-c)$

両辺に$\sqrt{2}+1$を掛けて

$$\sqrt{2}ab=(\sqrt{2}+1)(a+b+c)(a+b-c)$$

これを上のdの2次方程式に代入すると

$$d^2+\{\sqrt{2}(a+b+c)+2c\}d-(\sqrt{2}+1)(a+b+c)(a+b-c)=0$$

これから因数分解して

$$\{d-(a+b-c)\}\{d+(\sqrt{2}+1)(a+b+c)\}=0$$

が得られ，第2因子$\neq 0$ であるから，第1因子より

$$d=a+b-c$$

すなわち，図でいえば

$$\mathrm{AK}=a+b-c \qquad \cdots⑥$$

であることがわかった。

一方，△ABCの内接円への頂点A，B，Cからの接線の長さを考えれば

$$\mathrm{AH}=\frac{1}{2}(\mathrm{AB}+\mathrm{AC}-\mathrm{BC})=\frac{1}{2}(a+b-c)$$

ゆえに，⑥のことから

$$\mathrm{AH}=\frac{1}{2}\mathrm{AK}$$

比例から　$\mathrm{PH}=\dfrac{1}{2}\mathrm{QK}$

すなわち　$r_1=2r_2$

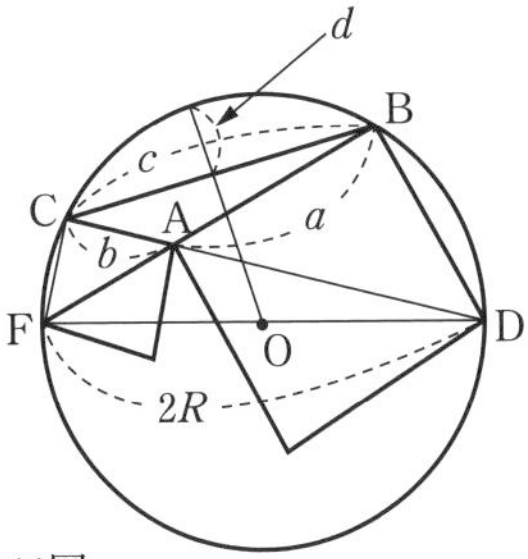

11図

[註] 証明の前半のことから左図のような形であることがわかった。ここで深川英俊氏が「安島の定理」（文献（8））と呼んでいる公式を利用しよう。

すなわち，左図で辺a，bとcを弦とする弧に内接する円の半径をr_1とし，a，b，cを3辺とする三角形の内接円の半径をr_2とするとき

$$\text{(安島の定理)}\quad r_1=r_2+\frac{2d(s-a)(s-b)}{cs} \quad \cdots①$$

ここに，dは辺cに対する矢といわれる線分の長さで　$s=\dfrac{a+b+c}{2}$　である。

さらに，予備事項5（ヘロンの公式）①から得られる公式

$$r_2=\sqrt{\frac{(s-a)(s-b)(s-c)}{s}}$$

を用いると，①は

$$r_1=r_2+r_2\sqrt{\frac{s}{(s-a)(s-b)(s-c)}}\cdot\frac{2d(s-a)(s-b)}{cs}$$

$$=r_2\left\{1+\frac{2d}{c}\sqrt{\frac{(s-a)(s-b)}{s(s-c)}}\right\} \quad \cdots②$$

と表すことができる。

次に，トレミーの定理　BC･FD＋BD･FC＝BF･CD　から

$$c\cdot 2R+ab=(a+\sqrt{2}b)(\sqrt{2}a+b)$$

これから　$2Rc=\sqrt{2}(a^2+b^2+\sqrt{2}ab)$ …③

直角三角形CFDから　$(2R)^2=b^2+(b+\sqrt{2}a)^2$

ゆえに　$2R^2=a^2+b^2+\sqrt{2}ab$ …④

③，④から　$c=\sqrt{2}R$ …⑤

したがって，弦cに対する矢dは

$$\left(\frac{c}{2}\right)^2=d(2R-d)$$

上の式に⑤を代入して　$\dfrac{R^2}{2}=2Rd-d^2$

これを解いて

$$d=\frac{2-\sqrt{2}}{2}R \qquad \cdots ⑥$$

次に　$2s=a+b+c=a+b+\sqrt{2}R$　であるから

$$s-a=\frac{-a+b+\sqrt{2}R}{2}, \qquad s-b=\frac{a-b+\sqrt{2}R}{2}$$

$$s-c=\frac{a+b-\sqrt{2}R}{2}$$

④を用いて

$$(s-a)(s-b)=\frac{2R^2-(a-b)^2}{4}=\frac{\sqrt{2}ab+2ab}{4}=\frac{2+\sqrt{2}}{4}ab$$

$$s(s-c)=\frac{(a+b+\sqrt{2}R)(a+b-\sqrt{2}R)}{4}$$

$$=\frac{(a+b)^2-2R^2}{4}=\frac{2ab-\sqrt{2}ab}{4}=\frac{2-\sqrt{2}}{4}ab$$

これらと⑤，⑥を用いれば，②から

$$r_1=r_2\left\{1+\frac{(2-\sqrt{2})R}{\sqrt{2}R}\sqrt{\frac{2+\sqrt{2}}{4}ab\cdot\frac{4}{(2-\sqrt{2})ab}}\right\}$$

$$=r_2\left(1+\frac{2-\sqrt{2}}{\sqrt{2}}\sqrt{\frac{2+\sqrt{2}}{2-\sqrt{2}}}\right)$$

ここで　$\dfrac{2+\sqrt{2}}{2-\sqrt{2}}=\dfrac{6+4\sqrt{2}}{2}=3+2\sqrt{2}=(\sqrt{2}+1)^2$　であるから（　）の中は

$$1+\frac{2-\sqrt{2}}{\sqrt{2}}(\sqrt{2}+1)=1+(\sqrt{2}-1)(\sqrt{2}+1)=1+1=2$$

よって　$r_1=2r_2$　が示された。

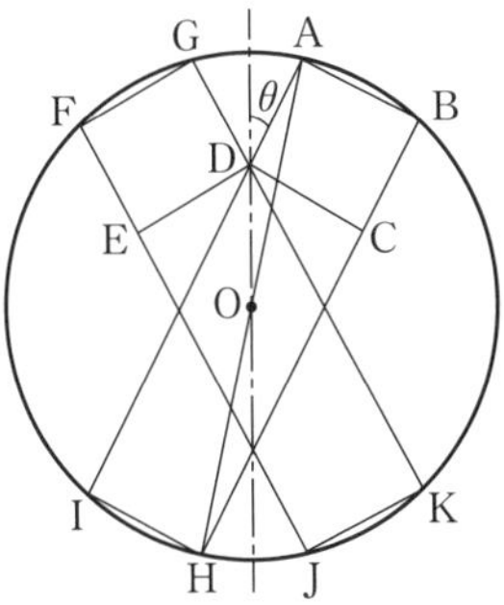

12図

［註］ 原本の仮定でははっきりしないが，解義の途中では2つの正方形の大きさが違うことを利用している。そこで2つの正方形が同じ大きさのときを考察してみよう。このときの結論 $r_1=2r_2$ は必ずしも正しくないのである。

図で正方形ABCDとDEFGはともに1辺の長さをaとする。△ADGはDを頂点とする二等辺三角形であるから，底辺AGの垂直二等分線はDを通り，しかも円の弦AGの垂直二等分線でもあるから，円Oの中心Oを通る。

すなわち，直線DOは円Oの1つの直径で，2つの正方形はこれに対して対称な図形であることがわかる。

次に，BCを延長して円Oと点Hで再び交わらせると，∠Bは直角であるから，AHは円Oの1つの直径になっている。ADを延長して円OとIで再び交わらせると，△AIHもまた直角三角形であり，AI∥BHであることから，2つの直角三角形ABHとHIAは合同である。すなわち，四角形ABHIは長方形である。

同様に，正方形DEFGについて図のように長方形GFJKを考えることができ，この2つの長方形は直線DOに対して互いに対称である。

さらに，扇形のAGDに内接する円の半径をr_1とし，△ADGの内接円の半径をr_2とする。まず，対称軸ODと正方形の辺ADのなす角をθとし，外側の円は前のように半径R，半径r_1の円の中心をNとすると，この円は弧AGとはその中点Mで接するから

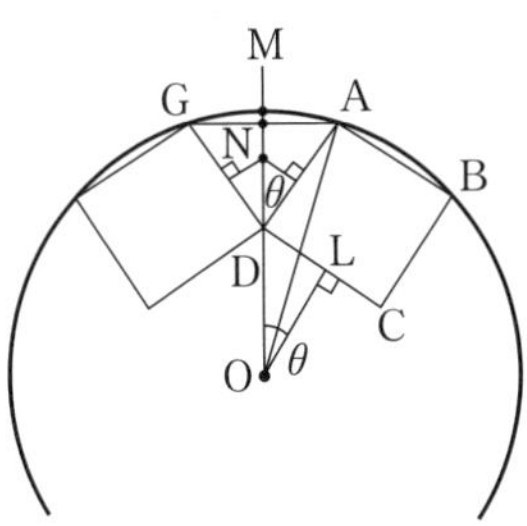

13図

$$\mathrm{MN}=r_1$$

$$\mathrm{ND}=\frac{r_1}{\sin\theta},\qquad \mathrm{DO}=\frac{\mathrm{DL}}{\sin\theta}=\frac{a}{2\sin\theta}$$

ゆえに　$R=\mathrm{OM}=\mathrm{MN}+\mathrm{ND}+\mathrm{DO}$

$$=r_1+\frac{r_1}{\sin\theta}+\frac{a}{2\sin\theta}$$

すなわち　$r_1=\dfrac{2R\sin\theta-a}{2(1+\sin\theta)}$　…①

次に，△ADGの面積を2通りに表示して，内接円の半径r_2を調べよう。

$\angle \mathrm{ADG}=2\theta$ であるから

$$\triangle \mathrm{ADG}=\frac{1}{2}\mathrm{AD}\cdot\mathrm{DG}\sin 2\theta=\frac{1}{2}a^2\sin\theta\cos\theta=a^2\sin\theta\cos\theta$$

また，r_2を用いて

$$\triangle \mathrm{ADG}=\frac{1}{2}r_2(\mathrm{DA}+\mathrm{DG}+\mathrm{AG})=\frac{1}{2}r_2(2a+2a\sin\theta)=r_2a(1+\sin\theta)$$

よって，上のことと合わせて　$r_2=\dfrac{a\sin\theta\cos\theta}{1+\sin\theta}$　…②

△OADにおいて，余弦定理$\mathrm{AO}^2=\mathrm{AD}^2+\mathrm{DO}^2-2\mathrm{AD}\cdot\mathrm{DO}\cos\angle\mathrm{ADO}$　より

$$R^2=a^2+\left(\frac{a}{2\sin\theta}\right)^2-2a\frac{a}{2\sin\theta}\cos(\pi-\theta)=a^2+\frac{a^2}{4\sin^2\theta}+\frac{a^2\cos\theta}{\sin\theta}$$

分母を払って　$4R^2\sin^2\theta=a^2\{1+4\sin\theta(\sin\theta+\cos\theta)\}$　…③

特別な場合として，$\theta=45°$のときは14図のように2つの長方形が十字形になるときで，①，②，③によって求めると

$$R=\frac{\sqrt{10}}{2}a$$

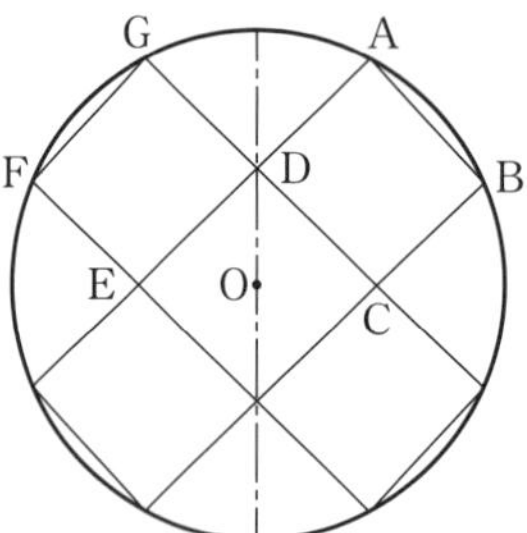

14図

$$r_1=\frac{(\sqrt{10}-\sqrt{2})(\sqrt{2}-1)}{2}a,\quad r_2=\frac{\sqrt{2}(\sqrt{2}-1)}{2}a$$

ゆえに　$\dfrac{r_1}{r_2}=\sqrt{5}-1=1.23606797749\cdots\cdots$

$\theta=30°$のときは　$R=\dfrac{\sqrt{6}+\sqrt{2}}{2}a$

$$r_1=\frac{\sqrt{6}+\sqrt{2}-2}{6}a,\qquad r_2=\frac{\sqrt{3}}{6}a$$

$$\frac{r_1}{r_2}=\frac{3\sqrt{2}+\sqrt{6}-2\sqrt{3}}{3}=1.0760096049\cdots\cdots$$

34

△ABCの外接円を$O(R)$, Aから辺BCへの垂線の足をD, 辺AD, DCと円Oに内接する円を$O_1(r_1)$, 辺AD, BDと円Oに内接する円を$O_2(r_2)$, △ABCの内接円を$O_3(r_3)$とするとき

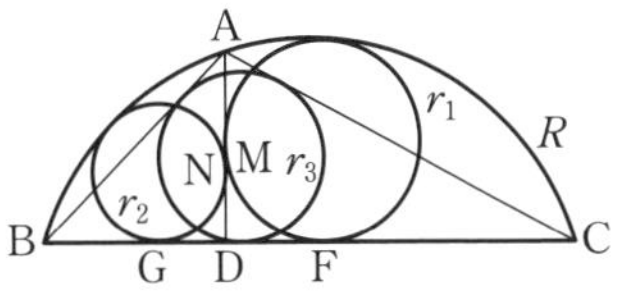

$$2r_3=r_1+r_2$$

[証明]　頂点Aと反対側の弧BCの中点をKとすると，線分AKは頂角Aの二等分線になっているから内接円の中心O_3を通る。また，二等辺三角形OKHとO_1FHを比べると辺OK，O_1FはいずれもBCに垂直である。そしてO，O_1，Hは一直線上にあるから，この二等辺三角形の頂角は等しい。ゆえに，底角も互いに等しい。すなわち，HFとHKは重なる。よって，図のようにH，F，Kは一直線上にある。

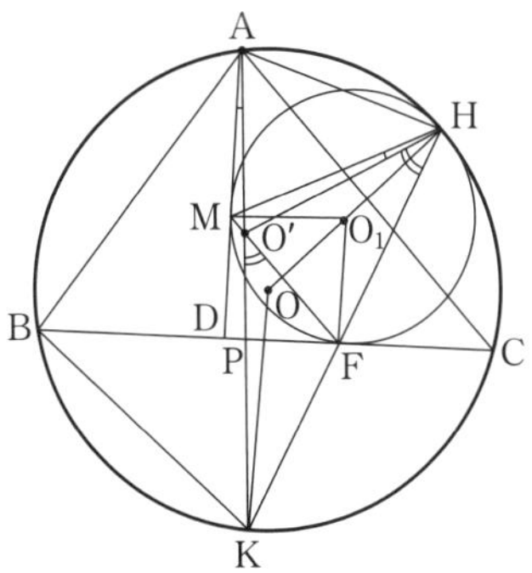

また，左図の部分をみれば∠Hは円Oの弧BKに対する円周角であり，∠FBKは弧KCに対する円周角である。弧BKと弧KCは同一の円周角をもっている。

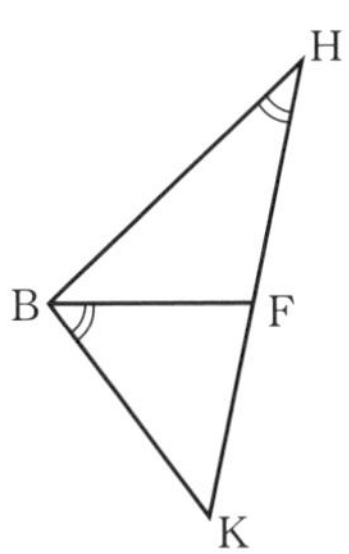

ゆえに　∠H＝∠FBK

したがって，△HBKと△BFKは相似であるから

$$\frac{BK}{FK}=\frac{HK}{BK}\qquad \text{すなわち}\quad BK^2=FK\cdot HK \quad \cdots ①$$

同様に $BK^2=PK\cdot AK$ であるから $FK\cdot HK=PK\cdot AK$ であり，4点A，P，F，Hは同一円周上にあることがわかった。

ゆえに　　∠HAP＝∠HFC

次に，点MとFを結んでAPとの交点をO′とする。じつはO′$=O_3$であることを示そう。

PCは円O_1の接線であるから　　∠HMF＝∠HFC

ゆえに　　∠HMO′＝∠HAO′

すなわち，4点A，M，O′，Hは同一円周上にある。

ゆえに　　∠O′AM＝∠MHO′

ADは円O_1の接線であるから　　∠O′MD＝∠MHF

また　　∠FO′K＝∠AO′M＝∠O′MD－∠O′AM

　　　　∠FHO′＝∠MHF－∠MHO′

ゆえに　　∠FO′K＝∠FHO′

したがって，O′KはH，F，O′を通る円に接する。

ゆえに　　KO′^{2}＝KH・KF　　…②

①と②から　BK＝KO′

同様に　CK＝KO′　すなわちB，O′，CはKを中心とする同一円周上にある。

ゆえに，その円の円周角である∠O′CBは中心角∠O′KBの$\frac{1}{2}$であり，

∠O′KB＝∠AKB＝∠ACBであることは円Oの円周角としてわかるから

$$\angle O'CB=\frac{1}{2}\angle ACB$$

すなわち，CO′は△ABCの1つの頂角∠Cの二等分線である。

すなわち，O′は△ABCの内心O_3であることがわかった。

FMがO_3を通ることがわかったが，左側の円$O_2(r_2)$についても同理である。

四角形O_1FDMは正方形であることに注目すれば　　∠O_3FG＝45°

同様に　　∠O_3GF＝45°

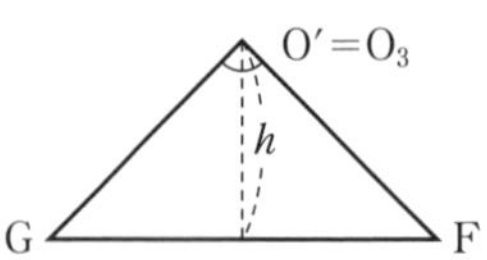

ゆえに　　∠GO_3F＝90°

O_3からGFへの垂線の長さhは内接円O_3の半径r_3に等しく，線分GFの長さは r_1+r_2 である。GF＝$2h$ であるから　$2r_3=r_1+r_2$　が得られた。

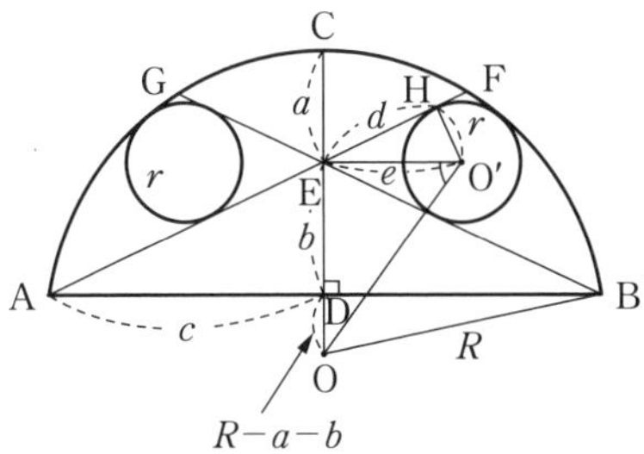

35

図のように円O(R)の弦ABの矢CD上に1点Eをとって，Eと点A，Bを結ぶ2直線が円Oの弧と再び交わる点をそれぞれF，G，円O′(r)とAFの接点をHとすると

$$r=\frac{ab}{a+b}$$

[**証明**]　直角三角形DAEとHEO′は相似であるから　$\dfrac{r}{d}=\dfrac{b}{c}$

ゆえに　$d=\dfrac{cr}{b}$　よって　$e^2=d^2+r^2=\dfrac{c^2r^2}{b^2}+r^2$　…①

直角三角形ODBから　$R^2=(R-a-b)^2+c^2$

ゆえに　$c^2=(a+b)(2R-a-b)$

これを①に代入して

$$e^2=\frac{(a+b)(2R-a-b)r^2+b^2r^2}{b^2} \quad \cdots②$$

が得られる。また直角三角形EOO′から

$$e^2=(R-r)^2-(R-a)^2=(2R-a-r)(a-r) \quad \cdots③$$

②と③から

$$(a+b)(2R-a-b)r^2+b^2r^2=(2R-a-r)(a-r)b^2$$

これをrについて整理し，因数分解すると

$$\{(a+b)r-ab\}\{(2R-a-b)r+(2R-a)b\}=0$$

左辺の第2因子は明らかに0でないから，第1因子＝0　となり，結論が得られた。

36

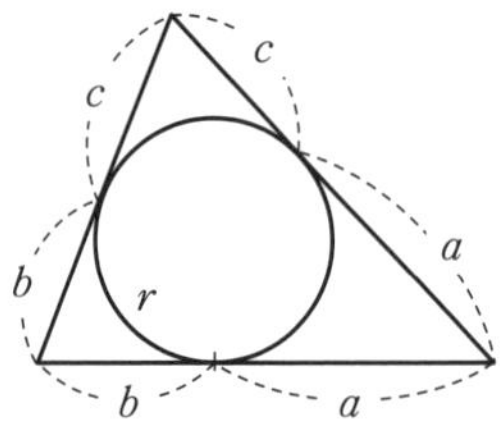

図のように三角形とその内接円があるとき

$$r^2(a+b+c)=abc$$

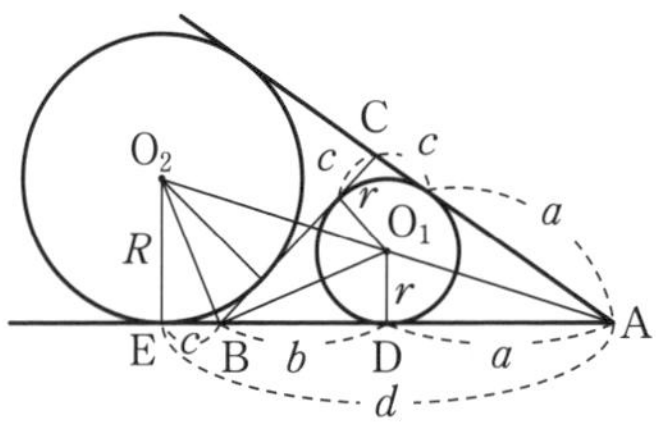

[証明1]　傍接円 $O_2(R)$ をつくる。39系より $\angle O_1BO_2$ は直角であるから，2つの直角三角形 BO_2E と O_1BD は相似である。

ゆえに　$\dfrac{R}{c}=\dfrac{b}{r}$

すなわち　$R=\dfrac{bc}{r}$　…①

また　$\dfrac{AE}{AD}=\dfrac{R}{r}$

ゆえに　$\dfrac{d}{a}=\dfrac{R}{r}$

すなわち　$d=\dfrac{Ra}{r}$　…②

①を②に代入して

$$d=\frac{abc}{r^2}$$

ここで　$d=a+b+c$　を代入すれば求める式が得られる。

[証明2]　この等式は，じつはヘロンの公式（予備事項5）と同じである。3辺の長さが　$a+b$，$b+c$，$c+a$　であるからヘロンの公式より

$$r(a+b+c)=\sqrt{(a+b+c)abc}$$

が得られる。両辺を平方して $a+b+c$ で割ればよい。

[証明3]　図のように円の中心角をα, β, γとすると

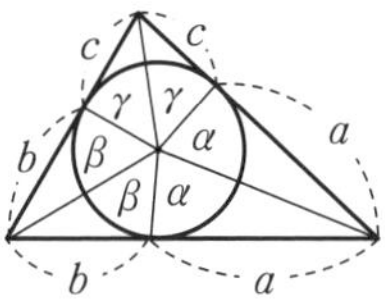

$$\tan\alpha=\frac{a}{r},\quad \tan\beta=\frac{b}{r},\quad \tan\gamma=\frac{c}{r}$$

で，$\alpha+\beta+\gamma=180°$ であるから

$$\tan(\alpha+\beta+\gamma)=0$$

加法定理を2度使えば

$$\tan(\alpha+\beta+\gamma)=\frac{\tan\alpha+\tan(\beta+\gamma)}{1-\tan\alpha\tan(\beta+\gamma)}$$

$$=\frac{\tan\alpha-\tan\alpha\tan\beta\tan\gamma+\tan\beta+\tan\gamma}{1-\tan\beta\tan\gamma-\tan\alpha(\tan\beta+\tan\gamma)}$$

この 分子$=0$ に $\tan\alpha=\frac{a}{r}$，$\tan\beta=\frac{b}{r}$，$\tan\beta=\frac{c}{r}$ を代入すれば

$$\frac{a}{r}-\frac{abc}{r^3}+\frac{b}{r}+\frac{c}{r}=0$$

これより求める式が得られる。

37

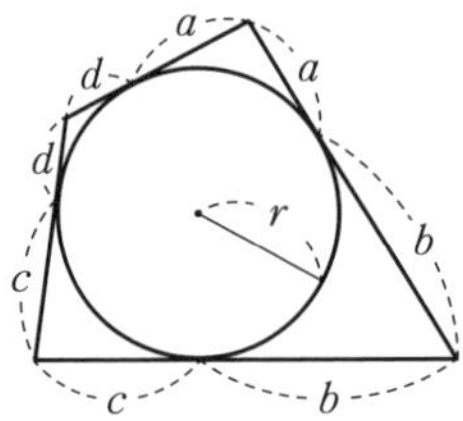

図のように円と外接する四角形があるとき

$$(a+b)cd+(c+d)ab=r^2(a+b+c+d)$$

[証明]　下の図において，△EHO′と△O′FOは相似であるから

$$\frac{r'}{e}=\frac{r-r'}{c+d}\qquad \text{ゆえに}\quad e=\frac{(c+d)r'}{r-r'}\qquad\cdots①$$

△OKCと△CHO′も相似であるから

$$\frac{d}{r'}=\frac{r}{c}\qquad \text{ゆえに}\quad r'=\frac{cd}{r}\qquad\cdots②$$

②を①に代入して　$e=\dfrac{(c+d)cd}{r^2-cd}$　…③

36を△ABEとその内接円O(r)に用いれば

$$\{a+b+(c+d+e)\}r^2=ab(c+d+e)\qquad\cdots④$$

これと③とからeを消去すればよいはずである。

まず　$c+d+e=c+d+\dfrac{(c+d)cd}{r^2-cd}=\dfrac{(c+d)r^2}{r^2-cd}$　…⑤

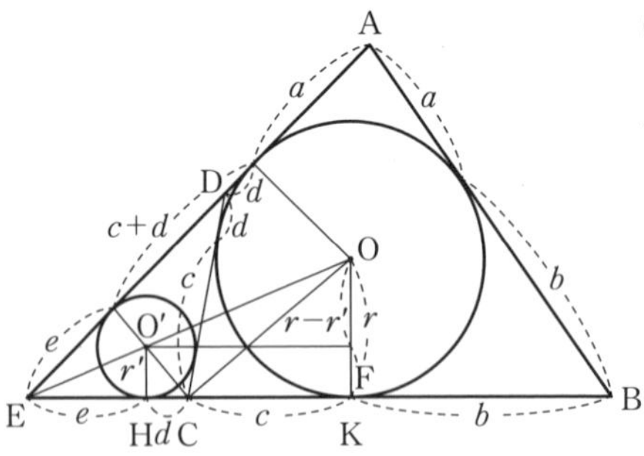

⑤を④に代入して

$$\left\{a+b+\frac{(c+d)r^2}{r^2-cd}\right\}r^2=\frac{ab(c+d)r^2}{r^2-cd}$$

ゆえに

$$(a+b)(r^2-cd)+(c+d)r^2=ab(c+d)$$

これを整理して結論が得られる。

[別証明]　36の［証明3］と同様に，内接円の中心角α，β，γ，δを用いれば $\tan(\alpha+\beta+\gamma+\delta)=0$　より，加法定理を用いて展開して求める等式を得る。

38

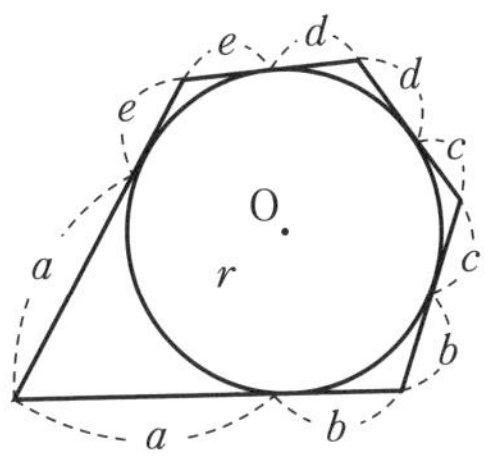

図のように円に外接する五角形があるとき

$r^4(a+b+c+d+e)$
$-r^2(abc+abd+abe+acd+ace+ade$
$+bcd+bce+bde+cde)+abcde=0$

[証明]　接線を延長した下の図において，もう1つ補助円O′(r′)をつくってみると，比例から　$\dfrac{r}{f}=\dfrac{r-r'}{b+c}$

ゆえに　$f=\dfrac{(b+c)r}{r-r'}$

また，39系などを参照して△AOCと△CBO′が相似であるから　$\dfrac{c}{r'}=\dfrac{r}{b}$

ゆえに　$r'=\dfrac{bc}{r}$

よって　$f=\dfrac{(b+c)r}{r-\dfrac{bc}{r}}=\dfrac{(b+c)r^2}{r^2-bc}$　…①

37から　$(d+f)ae+(a+e)df=r^2(a+d+e+f)$　…②

①の式を②に代入してfを消去しよう。

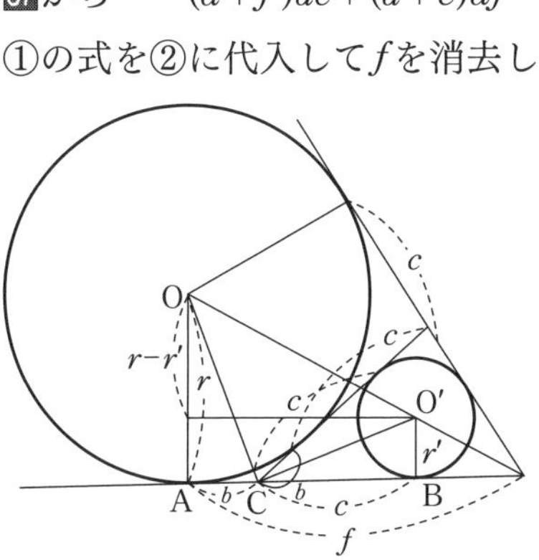

fの入った項を左辺，他を右辺にまとめると

左辺 $=(ae+ad+ed-r^2)f$

$=(ae+ad+ed-r^2)\dfrac{(b+c)r^2}{r^2-bc}$

右辺 $=(a+d+e)r^2-ade$

したがって　右辺－左辺＝0　とし

て分母を払えば

$$\{(a+d+e)r^2-ade\}(r^2-bc)-(ae+ad+ed-r^2)(b+c)r^2=0$$

r^4の係数：　$(a+d+e)+(b+c)$

r^2の係数：　$-ade-(a+d+e)bc-(ae+ad+ed)(b+c)$

rの入らない項：　$ade\cdot bc$

これらをまとめれば，所要の式を得る。

[別証明]　三角関数を用いれば，36の［証明3］，37の［別証明］と同様の考えで，$\tan(\alpha+\beta+\gamma+\delta+\varepsilon)$ の展開から証明できる。

39

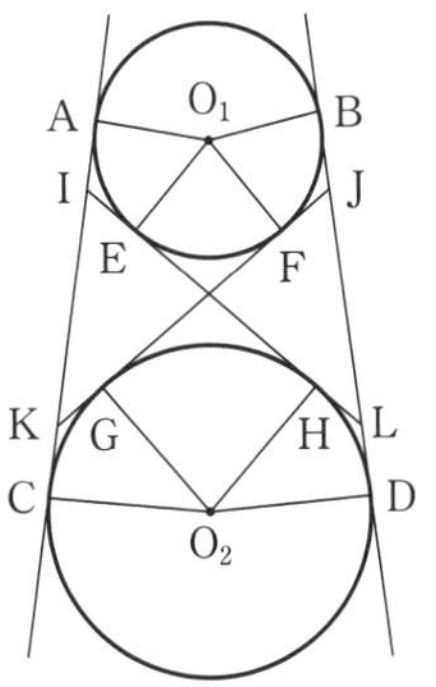

2つの円O_1, O_2が互いに外にあるとき，共通外接線AC, BDと共通内接線EH, FGを考え，これらの接点，または延長との交点を図のように決めると

AI＝IE＝BJ＝JF＝CK＝KG＝DL＝HL

共通外接線と共通内接線の長さの差は

2AI

（系）I, K, L, JはO_1O_2を直径とする円周上にある。

したがって　$\angle O_1IO_2=\angle O_1KO_2=\angle O_1JO_2=\angle O_1LO_2=90^\circ$

［証明］　2つの円の中心を結ぶ直線に対して対称図形であり，また，円外の1点から円への接線の長さが等しいことから　　AI＝IE＝BJ＝JF

したがって，AI＝DLであることを証明すれば後半の全部も等しいことがわかる。

$$AC=AI+IC=AI+IH=AI+(IE+EH)=2AI+EH \quad \cdots①$$

また　$BD=DL+LB=DL+LE=DL+(LH+EH)=2DL+EH \quad \cdots②$

①と②を比べると，AC＝BD であることは対称性からわかるから

AI＝DL が結論される。

内・外共通接線の差は

$$AC-EH=AI+IC-EH=AI+IH-EH$$
$$=AI+(IE+EH)-EH=AI+IE=2AI$$

O_1Iは∠AIEの二等分線，O_2Iは∠EICの二等分線であるから

$$\angle O_1IO_2=\angle O_1IE+\angle EIO_2$$
$$=\frac{1}{2}\angle AIE+\frac{1}{2}\angle EIC=\frac{1}{2}(\angle AIE+\angle EIC)=90^\circ$$

ゆえに，IはO_1O_2を直径とする円周上にある。K, L, Jも同様である。

40

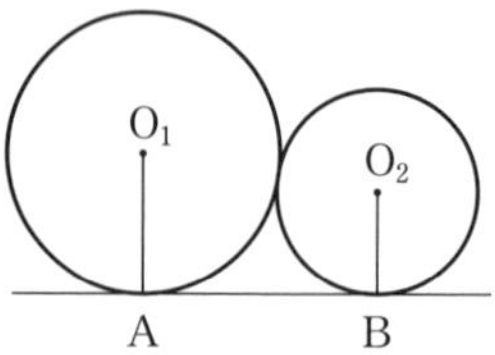

円$O_1(r_1)$と円$O_2(r_2)$が互いに外接しているとき，その共通接線の長さは

$$AB=2\sqrt{r_1r_2}$$

[証明]

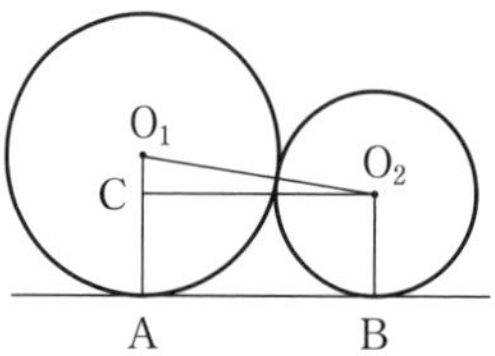

図のように，O_2からO_1Aに垂線を下ろした足をCとすると，$\triangle CO_1O_2$は直角三角形となる。

ゆえに　$O_1O_2{}^2=CO_1{}^2+CO_2{}^2$

ここで　$O_1O_2=r_1+r_2$　　$CO_1=r_1-r_2$

ゆえに　$CO_2{}^2=(r_1+r_2)^2-(r_1-r_2)^2=4r_1r_2$

よって　$AB=CO_2=\sqrt{4r_1r_2}=2\sqrt{r_1r_2}$

[別証明]　2つの円の接点をEとし，そこを通る共通接線が直線ABと交わる点をFとすると　$FE=FA=FB$

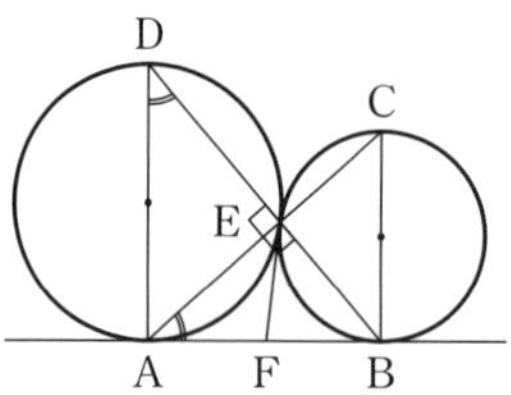

ゆえに，線分ABを直径とする円はEを通ることがわかる。

したがって，$\angle AEB$は直角である。

また，線分ADは円O_1の直径であるから$\angle AED$も直角である。

よって，3点B，E，Dは一直線上にある。

同様にA，E，Cも一直線上にある。すなわち，直線ACとBDは直交している。

2つの直角三角形ABDとBCAは頂角を調べると相似であることがわかる。

ゆえに　$\dfrac{AB}{AD}=\dfrac{BC}{BA}$　　よって　$AB^2=AD\cdot BC$

これから求める式が得られる。

41

円$O_1(r_1)$，$O_2(r_2)$，$O_3(r_3)$が図のように互いに外接し，しかもいずれも1つの直線に接しているとき，$r_1 \geqq r_2 \geqq r_3$とすると

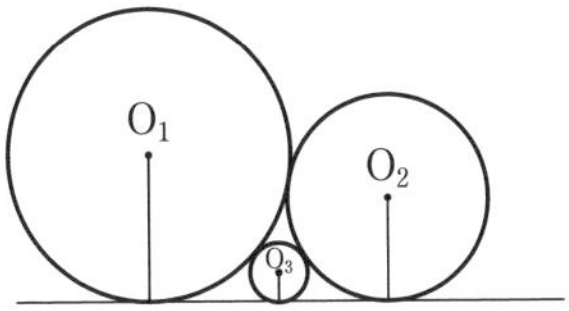

$$\sqrt{r_1}=\frac{\sqrt{r_2 r_3}}{\sqrt{r_2}-\sqrt{r_3}}$$

$$\sqrt{r_2}=\frac{\sqrt{r_1 r_3}}{\sqrt{r_1}-\sqrt{r_3}}$$

$$\sqrt{r_3}=\frac{\sqrt{r_1 r_2}}{\sqrt{r_1}+\sqrt{r_2}}$$

[証明]

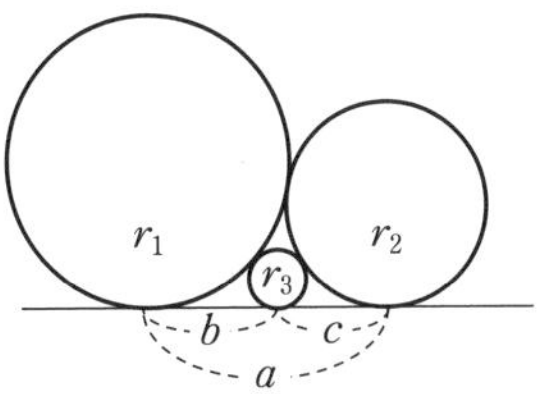

40のことから

$$a=2\sqrt{r_1r_2} \qquad b=2\sqrt{r_1r_3} \qquad c=2\sqrt{r_2r_3}$$

であるから　$a=b+c$　に代入して

$$2\sqrt{r_1r_2}=2\sqrt{r_1r_3}+2\sqrt{r_2r_3} \qquad \cdots ①$$

ゆえに　　$\sqrt{r_1}(\sqrt{r_2}-\sqrt{r_3})=\sqrt{r_2r_3}$

よって　　$\sqrt{r_1}=\dfrac{\sqrt{r_2 r_3}}{\sqrt{r_2}-\sqrt{r_3}}$

また，①から　　$\sqrt{r_2}(\sqrt{r_1}-\sqrt{r_3})=\sqrt{r_1r_3}$

よって，所用の第2式を得ることができる。

また，①から　　$\sqrt{r_1r_2}=(\sqrt{r_1}+\sqrt{r_2})\sqrt{r_3}$

よって，第3式を得ることができる。

42

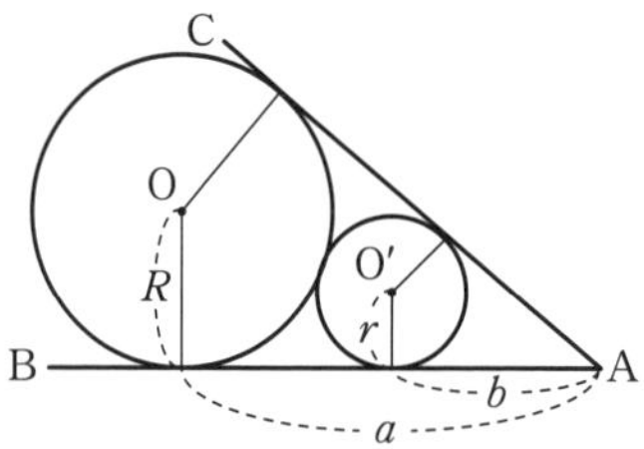

点Aで交わる直線に互いに外接する2つの円O(R)とO′(r)が図のように接している。このとき

$$a=\frac{2R\sqrt{Rr}}{R-r}, \quad b=\frac{2r\sqrt{Rr}}{R-r}$$

［証明］ 40から，円O，O′の共通接線の長さは

$$a-b=2\sqrt{Rr} \quad \cdots ①$$

そして，3点A，O′，Oは一直線上にあるから，比例により

$$\frac{r}{R}=\frac{b}{a}$$

ゆえに　$b=\dfrac{ra}{R}$ …②

②を①に代入すれば

$$a-\frac{ra}{R}=2\sqrt{Rr}$$

よって　$a=\dfrac{2R\sqrt{Rr}}{R-r}$

また，②から　$a=\dfrac{bR}{r}$ を①に代入して

$$\frac{bR}{r}-b=2\sqrt{Rr}$$

よって　$b=\dfrac{2r\sqrt{Rr}}{R-r}$

43

交わらない2つの円の半径をそれぞれr_1, r_4とし，図のように2本の共通外接線と1本の共通内接線を描き，さらに半径がr_2, r_3の円を内接させると，次の式が成り立つ。

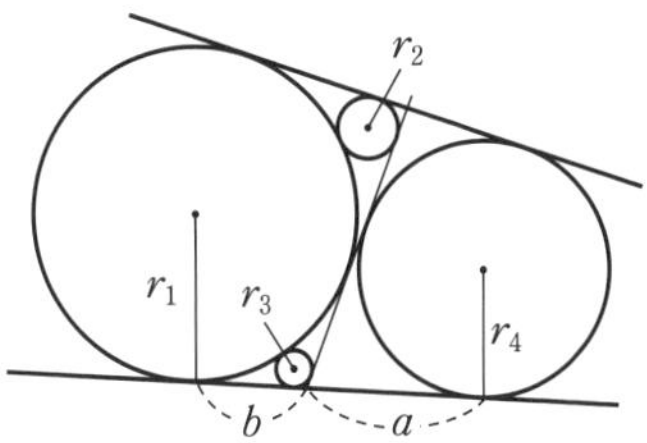

(1)　$r_4=\dfrac{ab}{r_1}$

(2)　$r_4=\dfrac{4{r_1}^2\sqrt{r_2r_3}}{(r_1-r_2)(r_1-r_3)}$

[証明]

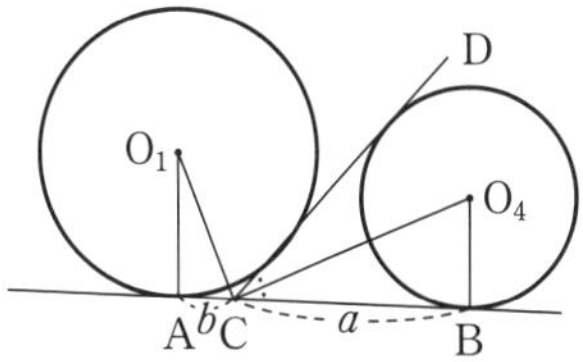

左図で $CO_1 \perp CO_4$ であることなどに注意すれば，2つの直角三角形AO_1CとBCO_4は相似であることがわかる。

ゆえに　$\dfrac{a}{r_4}=\dfrac{r_1}{b}$　　　よって　$r_4=\dfrac{ab}{r_1}$

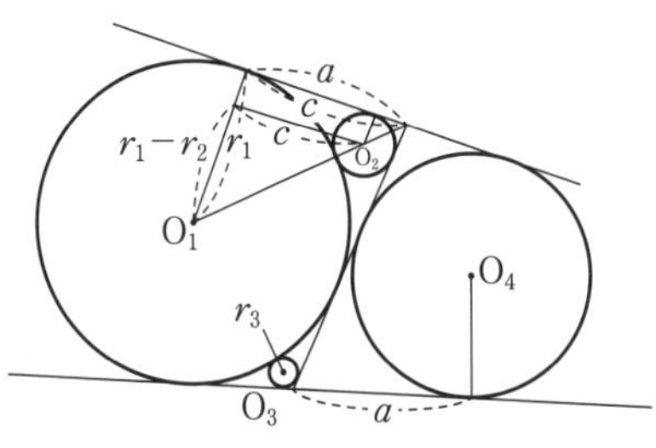

40から　$c=2\sqrt{r_1r_2}$

また，比例から

$$\frac{r_1}{r_1-r_2}=\frac{a}{c}$$

ゆえに　$a=\dfrac{r_1c}{r_1-r_2}=\dfrac{2r_1\sqrt{r_1r_2}}{r_1-r_2}$

円O_1とO_3についても同様にして　　　$b=\dfrac{2r_1\sqrt{r_1r_3}}{r_1-r_3}$

これらを次のように(1)に代入して，(2)を得ることができる。

$$r_4=\frac{1}{r_1}\cdot\frac{2r_1\sqrt{r_1r_2}}{r_1-r_2}\cdot\frac{2r_1\sqrt{r_1r_3}}{r_1-r_3}=\frac{4{r_1}^2\sqrt{r_2r_3}}{(r_1-r_2)(r_1-r_3)}$$

44

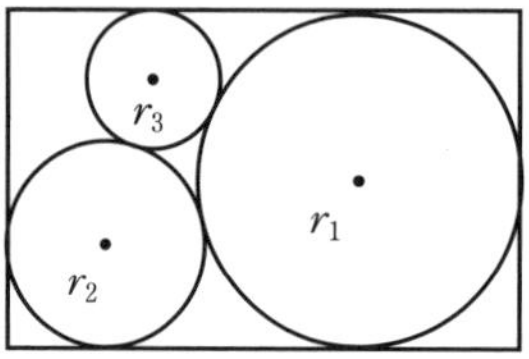

半径がr_1，r_2，r_3の3つの円が図のように長方形の辺に接し，互いに外接しているとき

$$r_1=2\sqrt{r_2 r_3}$$

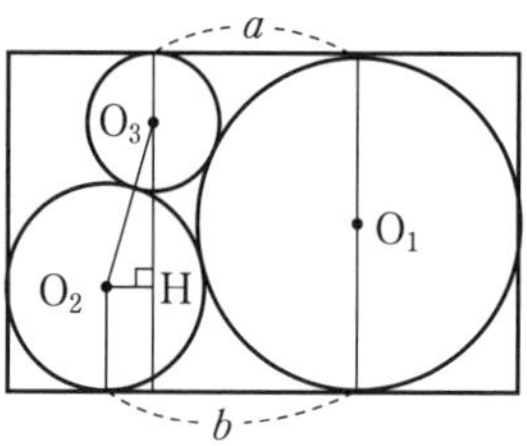

［証明］ 40により

$a=2\sqrt{r_1 r_3}$

$b=2\sqrt{r_1 r_2}$

そして　$O_2H=b-a=2\sqrt{r_1}(\sqrt{r_2}-\sqrt{r_3})$

また　$O_2O_3=r_2+r_3$

$O_3H=2r_1-r_2-r_3$

直角三角形O_2HO_3に三平方の定理を用いて

$$(r_2+r_3)^2=\{2\sqrt{r_1}(\sqrt{r_2}-\sqrt{r_3})\}^2+(2r_1-r_2-r_3)^2$$

これを展開して整理すれば，求める式が得られる。

45

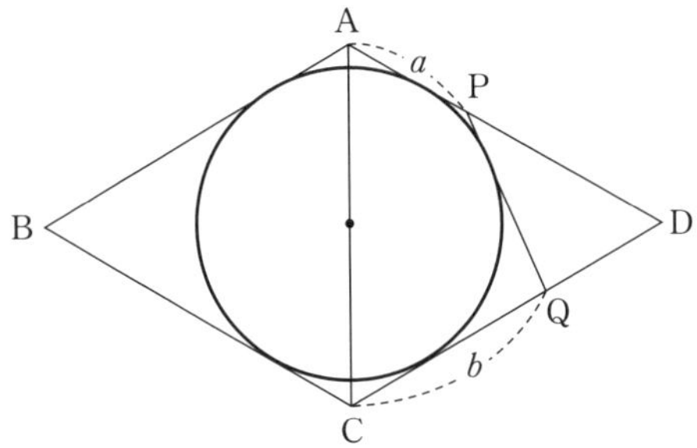

図のように菱形ABCDに内接する円に線分PQが接しているとする。このとき

$$AC^2=4AP\cdot CQ$$

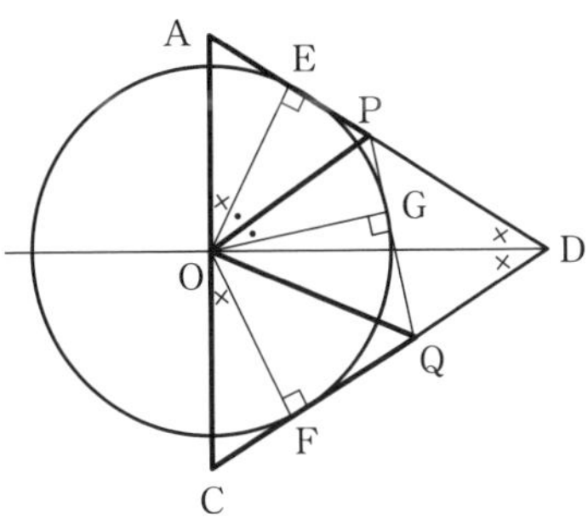

[証明] △OAPと△QCOが相似であることを証明すればよい。

相似であるならば $\dfrac{OA}{AP}=\dfrac{QC}{CO}$

となり，これに $OA=OC=\dfrac{1}{2}AC$

を代入すれば，求める等式になるからである。

さて $\angle AOE=\angle COF=\alpha$

$\angle EOP=\angle GOP=\beta$

$\angle QOG=\angle QOF=\gamma$

とおくと $2(\alpha+\beta+\gamma)=180^\circ$ すなわち $\alpha+\beta+\gamma=90^\circ$

ゆえに $\angle AOP=\alpha+\beta$

$\angle CQO=90^\circ-\gamma=\alpha+\beta$

また，$\angle OAP=\angle OCQ$ であるから，△OAPと△QCOは，対応する角が一致することから，相似である。

46

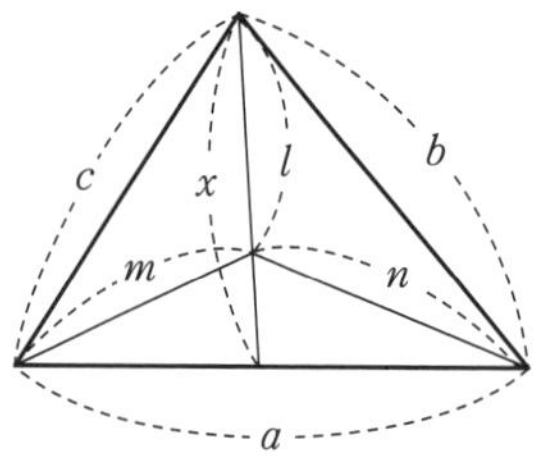

三角形の重心と頂点を結ぶ線分の長さをそれぞれl, m, nとすると

$$l^2=\frac{2b^2+2c^2-a^2}{9}$$

$$m^2=\frac{2c^2+2a^2-b^2}{9}$$

$$n^2=\frac{2a^2+2b^2-c^2}{9}$$

［証明］ この三角形の面積をS, lを延長した中線の長さをxとすると$x=\frac{3}{2}l$である。辺x, $\frac{a}{2}$, bでできる三角形の面積の2倍がSになるから，ヘロンの公式を用いて

$$S=2\sqrt{\frac{\left(x+\frac{a}{2}+b\right)}{2}\cdot\frac{\left(-x+\frac{a}{2}+b\right)}{2}\cdot\frac{\left(x-\frac{a}{2}+b\right)}{2}\cdot\frac{\left(x+\frac{a}{2}-b\right)}{2}}$$

ゆえに $S^2=\frac{1}{4}\left\{-x^2+\left(\frac{a}{2}+b\right)^2\right\}\left\{x^2-\left(\frac{a}{2}-b\right)^2\right\}$

$$4S^2=-x^4+\left(\frac{a^2}{2}+2b^2\right)x^2-\left(\frac{a^2}{4}-b^2\right)^2 \quad \cdots①$$

この式のbをcに代えても成り立つことから

$$4S^2=-x^4+\left(\frac{a^2}{2}+2c^2\right)x^2-\left(\frac{a^2}{4}-c^2\right)^2 \quad \cdots②$$

①−②より

$$0=2(b^2-c^2)x^2+\frac{a^2}{2}(b^2-c^2)-(b^2+c^2)(b^2-c^2)$$

$b \neq c$ ならば，b^2-c^2 で割って　$x=\dfrac{3}{2}l$ を代入すれば

$$0=\frac{9}{2}l^2+\frac{a^2}{2}-(b^2+c^2)$$

これから l^2 の求める式が得られる。

もし $b=c$ ならば，l は a に垂直であるから，三平方の定理より

$$\left(\frac{3}{2}l\right)^2+\left(\frac{a}{2}\right)^2=b^2$$

すなわち　$9l^2=4b^2-a^2=2b^2+2c^2-a^2$

となって形式的には同じである。m，n についても同様である。

47

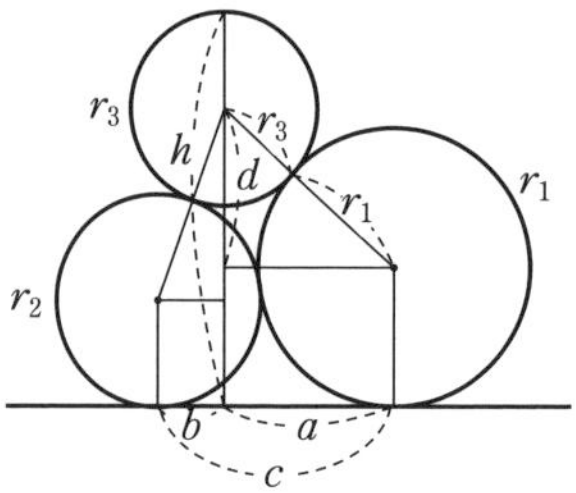

図のように半径 r_1, r_2, r_3 の円が互いに外接しているとき，次の式が成り立つ。

$$(r_1+r_2)h=2r_1r_2+2\sqrt{2r_1r_2r_3h}$$

[証明]

$$d=h-(r_1+r_3)$$

$$a^2=(r_1+r_3)^2-d^2$$

$$=(r_1+r_3)^2-\{h-(r_1+r_3)\}^2=-h^2+2(r_1+r_3)h \quad \cdots①$$

同様に　$b^2=-h^2+2(r_2+r_3)h$　$\cdots②$

40の共通接線の公式から　$c^2=4r_1r_2$　$\cdots③$

また　$c=a+b$　であるから　$b^2=(c-a)^2=c^2+a^2-2ca$

これに①，②，③を代入して

$$-h^2+2(r_2+r_3)h=4r_1r_2-h^2+2(r_1+r_3)h-2ca$$

ゆえに　$ca=2r_1r_2-(r_2-r_1)h$

平方して①，③を代入すると

$$-4r_1r_2\{-h^2+2(r_1+r_3)h\}=4r_1^2r_2^2-4r_1r_2(r_2-r_1)h+(r_2-r_1)^2h^2$$

r_3 を含む項を左辺におき，他を h で整理して右辺にまとめると

$$8r_1r_2r_3h=\{4r_1r_2+(r_1-r_2)^2\}h^2-\{8r_1^2r_2+4r_1r_2(r_2-r_1)\}h+4r_1^2r_2^2$$

$$=(r_1+r_2)^2h^2-4r_1r_2(r_1+r_2)h+4r_1^2r_2^2$$

$$=\{(r_1+r_2)h-2r_1r_2\}^2$$

となるから

$$2\sqrt{2r_1r_2r_3h}=(r_1+r_2)h-2r_1r_2$$

(右辺 $=r_1(h-r_2)+r_2(h-r_1)>0$　に注意)

48

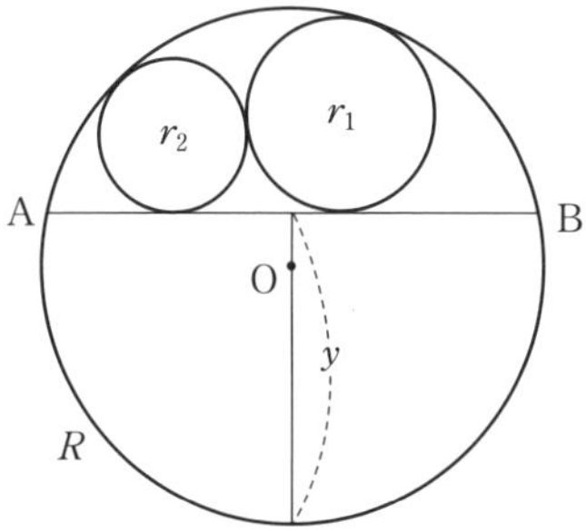

図のように円O(R)の弧と弦ABでできる弓形内に互いに外接する2つの円$O_1(r_1)$，$O_2(r_2)$を内接させる。弦ABに関して円O_1，O_2の反対側にある矢の長さをyとすると，次の式が成り立つ。

$$(r_1+r_2)y+2r_1r_2=2\sqrt{2r_1r_2Ry}$$

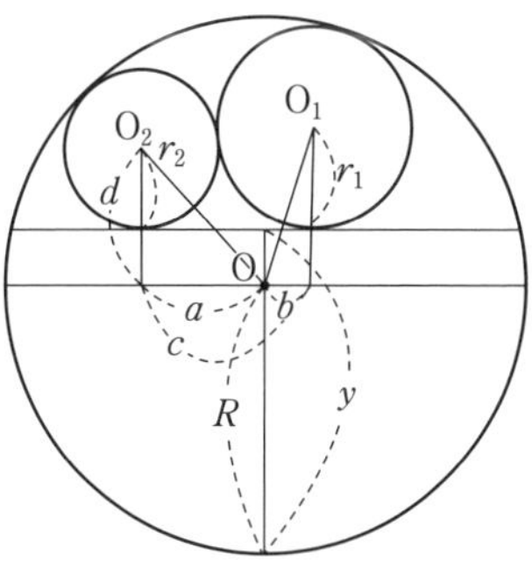

[証明]　図より

$$d=y-R+r_2$$

$$OO_2=R-r_2$$

これらを　$a^2=OO_2{}^2-d^2$　に代入して

$$a^2=(R-r_2)^2-\{y-(R-r_2)\}^2$$

$$=2(R-r_2)y-y^2$$

同様に　$b^2=2(R-r_1)y-y^2$

公式**40**から　　$c^2=4r_1r_2$

また　$a+b=c$　であるから，平方した式　$a^2+b^2+2ab=c^2$　のa^2，b^2，c^2に上の式を代入すると

$$\{2(R-r_2)y-y^2\}+\{2(R-r_1)y-y^2\}+2ab=4r_1r_2$$

ゆえに　　$ab=y^2-(2R-r_1-r_2)y+2r_1r_2$

平方して，またa^2，b^2に上の式を代入すると

$$\{2(R-r_2)y-y^2\}\{2(R-r_1)y-y^2\}=\{y^2-(2R-r_1-r_2)y+2r_1r_2\}^2$$

これをyについて整理すると

$$(r_1+r_2)^2y^2+4r_1r_2(r_1+r_2)y+4r_1{}^2r_2{}^2=8Rr_1r_2y$$

すなわち　$\{(r_1+r_2)y+2r_1r_2\}^2=8Rr_1r_2y$

平方根をとれば求める式が得られる。

49

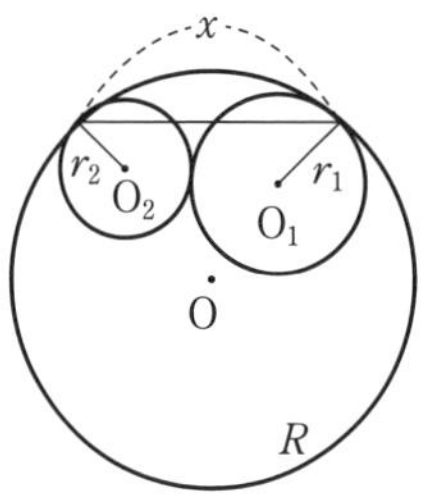

図のように円O(R)に内接する2つの円$O_1(r_1)$と$O_2(r_2)$がまた互いに外接しているとき，円O_1とO，円O_2とOのそれぞれの接点を結ぶ線分の長さをxとすると

$$x^2=\frac{4R^2r_1r_2}{(R-r_1)(R-r_2)}$$

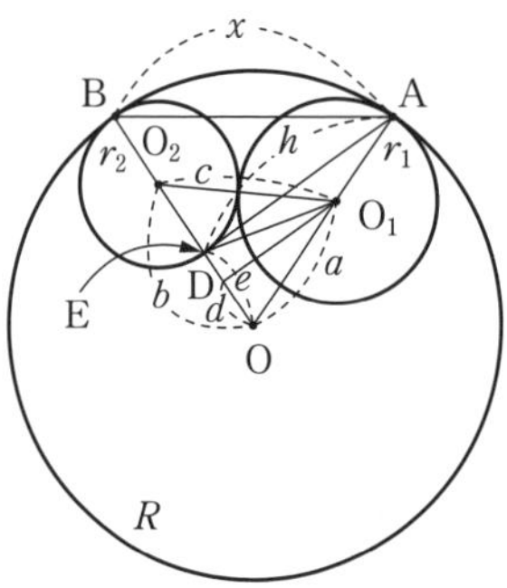

[証明]　左図のように a, b, c を決めると

$$a=R-r_1,\quad b=R-r_2,\quad c=r_1+r_2$$

また，点A，O_1からOBへの垂線の足をそれぞれD, Eとし，OD$=d$, OE$=e$, AE$=h$とすると，$\triangle OO_1O_2$に**20**を用いて

$$d=\frac{a^2+b^2-c^2}{2b}$$

$$=\frac{(R-r_1)^2+(R-r_2)^2-(r_1+r_2)^2}{2(R-r_2)}$$

$$=\frac{R^2-R(r_1+r_2)-r_1r_2}{R-r_2}\qquad\cdots①$$

$\triangle$OAEと$\triangle OO_1D$ は相似であるから　$\dfrac{R}{e}=\dfrac{a}{d}$,　$e=\dfrac{Rd}{a}$

また　　$h^2=R^2-e^2$

よって　　$x^2=h^2+(R-e)^2=2R^2-2Re=2R^2-2R^2\dfrac{d}{a}$

ここに①と $a=R-r_1$ を代入すれば，求める式が得られる。

50

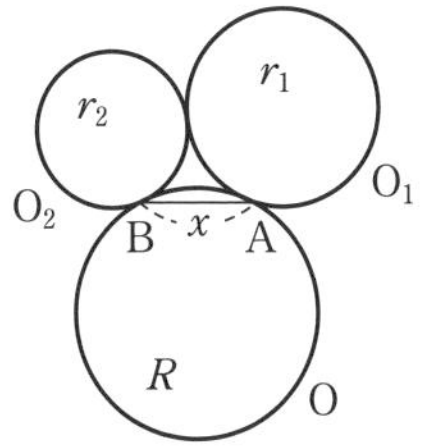

3つの円$O(R)$，$O_1(r_1)$，$O_2(r_2)$が図のように互いに外接しているとする。このとき，円Oと円O_1，O_2との接点A，Bを結ぶ線分の長さをxとすると

$$x^2=\frac{4R^2r_1r_2}{(R+r_1)(R+r_2)}$$

[証明]　前問49と同様である。r_1とr_2の符号を変えたにすぎない。

51

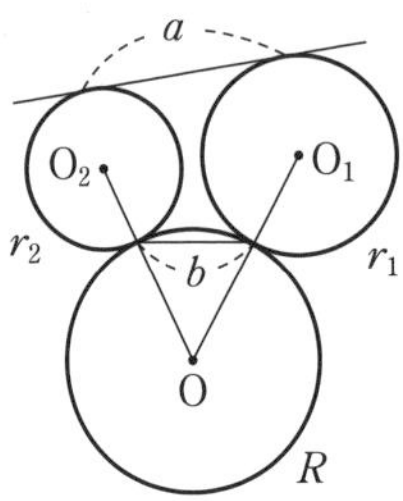

図のように円O(R)に外接する2つの円$O_1(r_1)$，$O_2(r_2)$の共通外接線の長さをaとし，円OとO_1，円OとO_2の接点を結ぶ線分の長さをbとすると

$$b^2=\frac{a^2R^2}{(R+r_1)(R+r_2)}$$

［**証明**］ 余弦定理**20**から

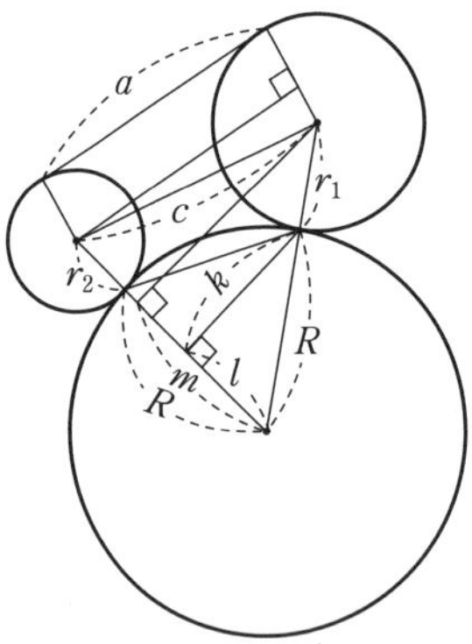

$$m=\frac{(R+r_1)^2+(R+r_2)^2-c^2}{2(R+r_2)} \quad \cdots①$$

比例から $\dfrac{l}{m}=\dfrac{R}{R+r_1}$

ゆえに $l=\dfrac{Rm}{R+r_1} \quad \cdots②$

ここで $b^2=h^2+(R-l)^2$

$h^2=R^2-l^2$

であるから

$$b^2=(R^2-l^2)+(R-l)^2=2R(R-l) \quad \cdots③$$

①を②に代入し，それを③に代入すると

$$b^2=2R\left[R-\frac{R\{(R+r_1)^2+(R+r_2)^2-c^2\}}{2(R+r_1)(R+r_2)}\right]$$

これをまとめると

$$b^2=\frac{R^2\{c^2-(r_1-r_2)^2\}}{(R+r_1)(R+r_2)} \quad \cdots④$$

また $c^2=a^2+(r_1-r_2)^2$ であるから，これを④に代入すれば，求める式が得られる。

52

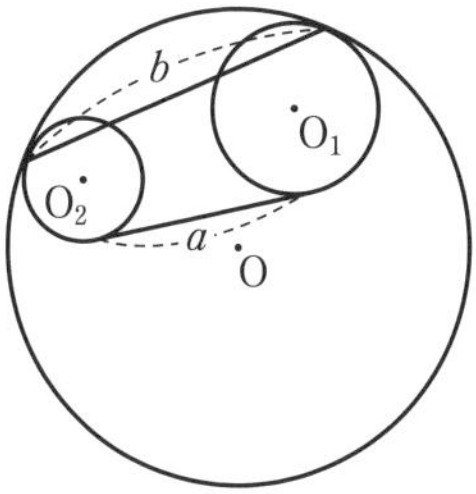

図のように円O(R)に内接する2つの円$O_1(r_1)$と$O_2(r_2)$があるとき，その共通外接線の長さをaとし，円OとO_1の接点と，円OとO_2の接点とを結ぶ線分の長さをbとすると

$$b^2=\frac{a^2R^2}{(R-r_1)(R-r_2)}$$

［証明］ 51の場合と同様である。すなわち，余弦定理20から

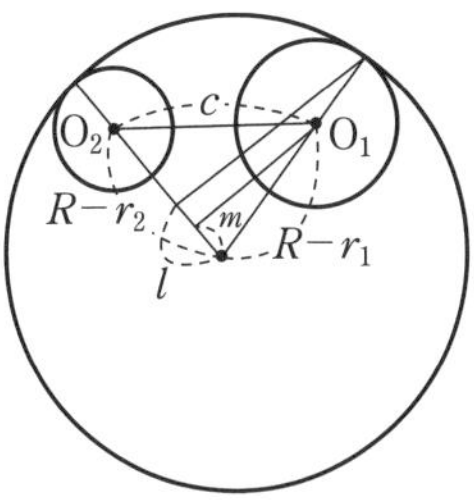

$$m=\frac{(R-r_1)^2+(R-r_2)^2-c^2}{2(R-r_1)}$$

などのように，51の［証明］でr_1，r_2の代わりにそれぞれ$-r_1$，$-r_2$を用い，次の式を利用すれば求める式が得られる。

$$b^2=2R(R-l)$$

$$c^2=a^2+(r_1-r_2)^2$$

53

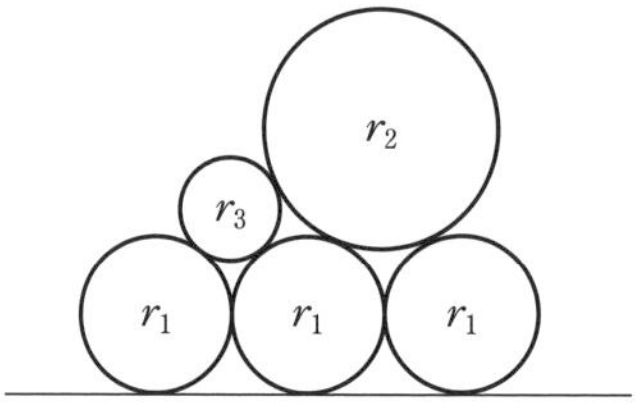

半径r_1の3つの円と半径r_2とr_3の2つの円の合わせて5つの円が図のように接している。このとき次の式が成り立つ。

$$2r_1^2+r_1r_2+r_1r_3=4r_2r_3$$

[証明]

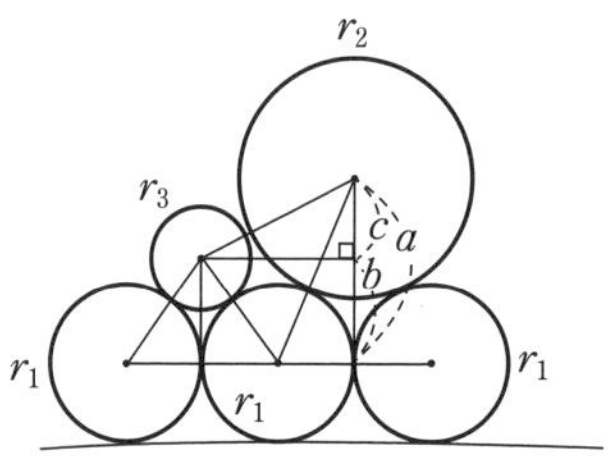

$a^2=(r_1+r_2)^2-r_1^2=r_2^2+2r_1r_2$ …①

$b^2=(r_1+r_3)^2-r_1^2=r_3^2+2r_1r_3$ …②

$c^2=(r_2+r_3)^2-(2r_1)^2$ …③

$a=b+c$ …④

であるから，この4式からa，b，cを消去すればよい。

②，③から　$b^2c^2=r_3(2r_1+r_3)(2r_1+r_2+r_3)(-2r_1+r_2+r_3)$ …⑤

④から　$a^2=(b+c)^2=b^2+c^2+2bc$

ゆえに，①，②，③を用いて

$$\begin{aligned}2bc&=a^2-b^2-c^2\\&=r_2^2+2r_1r_2-r_3^2-2r_1r_3-(r_2+r_3)^2+4r_1^2\\&=2(2r_1+r_2+r_3)(r_1-r_3)\end{aligned}$$ …⑥

⑥の両辺を2で割って，⑤に代入すると

$$(2r_1+r_2+r_3)^2(r_1-r_3)^2=r_3(2r_1+r_3)(2r_1+r_2+r_3)(-2r_1+r_2+r_3)$$

ゆえに　$(2r_1+r_2+r_3)(r_1-r_3)^2=r_3(2r_1+r_3)(-2r_1+r_2+r_3)$

展開してr_3で整理すると，r_3^3，r_3^2の項が消去されて

$$r_1(r_1-4r_2)r_3+r_1^2(2r_1+r_2)=0$$

r_1で割って，求める式が得られる。

54

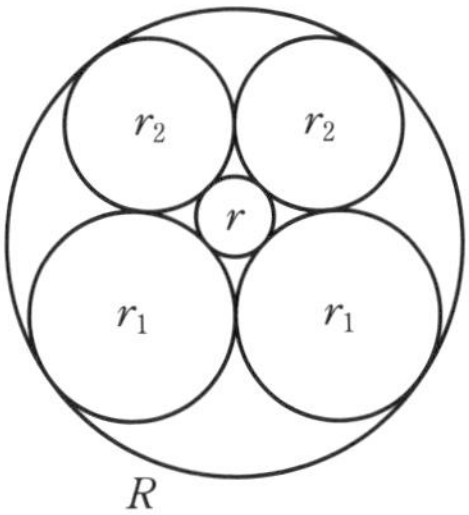

半径Rの円に，半径r_1の円と半径r_2の円が図のようにそれぞれ2つずつ互いに接しながら内接しているとする。このとき中央部に半径rの円を接するように入れると，次の式が成り立つ。

(1) $4r_1^2r_2^2-6R^2r_1r_2+4Rr_1r_2(r_1+r_2)+R^2(r_1^2+r_2^2)=0$

(2) $4r_1^2r_2^2-6r^2r_1r_2-4rr_1r_2(r_1+r_2)+r^2(r_1^2+r_2^2)=0$

[証明]

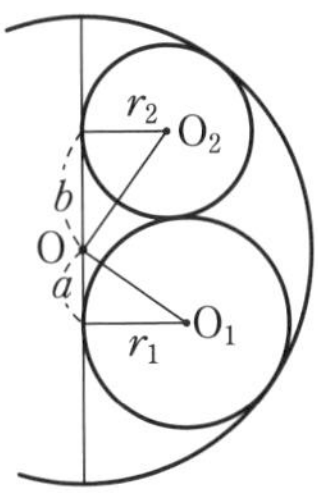

(1) $OO_1=R-r_1$　であるから

$$a^2=OO_1^2-r_1^2$$
$$=(R-r_1)^2-r_1^2=R^2-2Rr_1 \qquad \cdots①$$

同様に　$b^2=R^2-2Rr_2 \qquad \cdots②$

互いに外接する円O_1，O_2の共通接線について，**40**から

$$a+b=2\sqrt{r_1r_2} \qquad \cdots③$$

①，②，③からa，bを消去しよう。

③のbを移項してから両辺を平方すると

$$a^2=4r_1r_2-4\sqrt{r_1r_2}\,b+b^2$$

これに①，②を代入して

$$R^2-2Rr_1=4r_1r_2-4\sqrt{r_1r_2}\,b+R^2-2Rr_2$$

ゆえに　$2\sqrt{r_1r_2}\,b=R(r_1-r_2)+2r_1r_2$

また，平方して②を代入すれば

$$4r_1r_2(R^2-2Rr_2)=R^2(r_1-r_2)^2-4r_1r_2R(r_1-r_2)+4r_1^2r_2^2 \qquad \cdots④$$

④を整理し，まとめれば(1)式を得ることができる。

(2)も同じようにしてできる。

すなわち，Rの代わりにrとおき，r_1，r_2の代わりにそれぞれ$-r_1$，$-r_2$として(1)の式に代入すればよい。

55

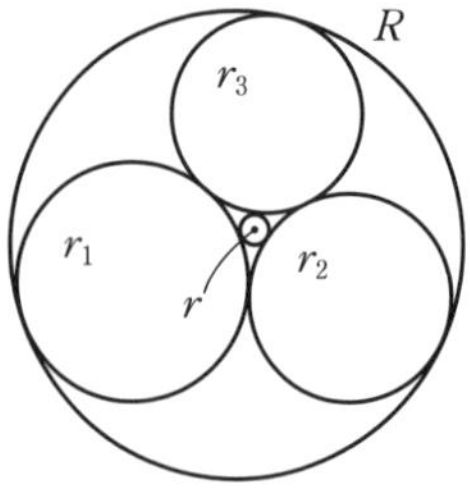

半径がr_1，r_2，r_3の3つの円が図のようにそれぞれ互いに外接していて，この3つの円をともに内接円とする円の半径をRとすると，次の式が成り立つ。

$$r_1^2r_2^2r_3^2+2Rr_1r_2r_3(r_1r_2+r_2r_3+r_3r_1)$$
$$+R^2\{r_1^2r_2^2+r_2^2r_3^2+r_3^2r_1^2-2r_1r_2r_3(r_1+r_2+r_3)\}=0$$

さらにこの場合，半径r_1，r_2，r_3の3つの円にともに外接する円の半径をrとすると，rの満たす式は，上の式のRの代わりに$-r$とすればよい。

証明を述べる前に上の式を変形してみよう。

$R^2r_1^2r_2^2r_3^2$ で割ると

$$\frac{1}{R^2}+\frac{2}{R}\left(\frac{1}{r_1}+\frac{1}{r_2}+\frac{1}{r_3}\right)+\left\{\frac{1}{r_1^2}+\frac{1}{r_2^2}+\frac{1}{r_3^2}-2\left(\frac{1}{r_1r_2}+\frac{1}{r_2r_3}+\frac{1}{r_3r_1}\right)\right\}=0$$

ゆえに

$$\frac{1}{R^2}+\frac{1}{r_1^2}+\frac{1}{r_2^2}+\frac{1}{r_3^2}=-\frac{2}{R}\left(\frac{1}{r_1}+\frac{1}{r_2}+\frac{1}{r_3}\right)+2\left(\frac{1}{r_1r_2}+\frac{1}{r_2r_3}+\frac{1}{r_3r_1}\right)$$

…①

①の両辺に $\frac{1}{R^2}+\frac{1}{r_1^2}+\frac{1}{r_2^2}+\frac{1}{r_3^2}$ を加えると，右辺は

$$\left(\frac{1}{R}\right)^2-\frac{2}{R}\left(\frac{1}{r_1}+\frac{1}{r_2}+\frac{1}{r_3}\right)+\left(\frac{1}{r_1}+\frac{1}{r_2}+\frac{1}{r_3}\right)^2$$

$$=\left\{\frac{1}{R}-\left(\frac{1}{r_1}+\frac{1}{r_2}+\frac{1}{r_3}\right)\right\}^2=\left(-\frac{1}{R}+\frac{1}{r_1}+\frac{1}{r_2}+\frac{1}{r_3}\right)^2$$

よって　$2\left(\frac{1}{R^2}+\frac{1}{{r_1}^2}+\frac{1}{{r_2}^2}+\frac{1}{{r_3}^2}\right)=\left(-\frac{1}{R}+\frac{1}{r_1}+\frac{1}{r_2}+\frac{1}{r_3}\right)^2$

また，rについての式はRを$-r$と置き換えたものであるから

$$2\left(\frac{1}{r^2}+\frac{1}{{r_1}^2}+\frac{1}{{r_2}^2}+\frac{1}{{r_3}^2}\right)=\left(\frac{1}{r}+\frac{1}{r_1}+\frac{1}{r_2}+\frac{1}{r_3}\right)^2$$

となる。

この結果は**デカルトの円理**ともいわれている。

[証明]

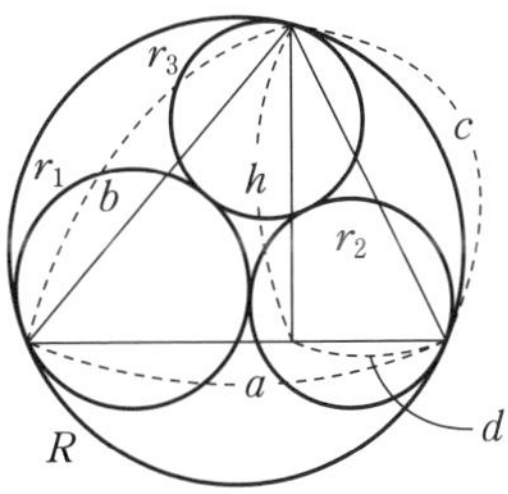

49の式を用いると

$$a^2=\frac{4R^2r_1r_2}{(R-r_1)(R-r_2)}$$

$$b^2=\frac{4R^2r_1r_3}{(R-r_1)(R-r_3)}$$

$$c^2=\frac{4R^2r_2r_3}{(R-r_2)(R-r_3)}$$

また，25から　$h=\frac{bc}{2R}$，　20から　$d=\frac{a^2-b^2+c^2}{2a}$

これらを　$c^2=h^2+d^2$　に代入すると

$$\frac{4R^2r_2r_3}{(R-r_2)(R-r_3)}=\frac{b^2c^2}{4R^2}+\left(\frac{a^2-b^2+c^2}{2a}\right)^2 \quad \cdots①$$

ここで，a^2，b^2，c^2に上で求めた式を代入して計算すればよい。

まず　$\frac{b^2c^2}{4R^2}=\frac{4R^2r_1r_2{r_3}^2}{(R-r_1)(R-r_2)(R-r_3)^2}$

$$\left(\frac{a^2-b^2+c^2}{2a}\right)^2$$

$$=\frac{(R-r_1)(R-r_2)}{4\cdot4R^2r_1r_2}\left\{\frac{4R^2r_1r_2}{(R-r_1)(R-r_2)}-\frac{4R^2r_1r_3}{(R-r_1)(R-r_3)}+\frac{4R^2r_2r_3}{(R-r_2)(R-r_3)}\right\}^2$$

$$=\frac{R^2\{R(r_1r_2-r_1r_3+r_2r_3)-r_1r_2r_3\}^2}{r_1r_2(R-r_1)(R-r_2)(R-r_3)^2}$$

これらを①に代入して分母を払うと

$$4r_1r_2^2r_3(R-r_1)(R-r_3)=4r_1^2r_2^2r_3^2+\{R(r_1r_2-r_1r_3+r_2r_3)-r_1r_2r_3\}^2$$

左辺を右辺に移項してRについて整理すると，R^2の係数は

$$(r_1r_2-r_1r_3+r_2r_3)^2-4r_1r_2^2r_3=r_1^2r_2^2+r_2^2r_3^2+r_3^2r_1^2-2r_1r_2r_3(r_1+r_2+r_3)$$

Rの係数は

$$4r_1r_2^2r_3(r_1+r_3)-2r_1r_2r_3(r_1r_2-r_1r_3+r_2r_3)=2r_1r_2r_3(r_1r_2+r_2r_3+r_3r_1)$$

また，Rを含まない項は

$$4r_1^2r_2^2r_3^2+r_1^2r_2^2r_3^2-4r_1^2r_2^2r_3^2=r_1^2r_2^2r_3^2$$

よって，求める式が得られた。

後半は，49の代わりに50を用いれば，同様に求められる。

［註］『数学セミナー』2004年5月号102ページに一松信氏の解説がある。

また和算家は，方程式の整数解に魅力を感じていたようで，本題では次のような例を得ている。

(1) $R=138$，$r=6$，$r_1=69$，$r_2=46$，$r_3=23$

(2) $R=26376$，$r=1848$，$r_1=13816$，$r_2=12089$，$r_3=10362$

［別証明］（元宮城県宮城第一高等学校・瀧口和也氏の私信による。）

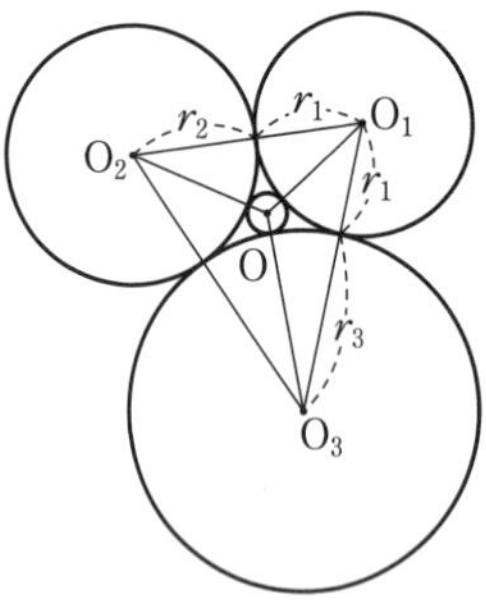

$$\triangle O_1O_2O_3=\triangle OO_1O_2+\triangle OO_2O_3+\triangle OO_3O_1$$

であるから，各三角形の面積をヘロンの公式を用いて表すと

$$\sqrt{r_1r_2r_3(r_1+r_2+r_3)}$$
$$=\sqrt{rr_2r_3(r+r_2+r_3)}$$
$$+\sqrt{rr_3r_1(r+r_3+r_1)}+\sqrt{rr_1r_2(r+r_1+r_2)}$$

となる。$\sqrt{rr_1r_2r_3}$ で割って

$$\sqrt{\frac{r_1+r_2+r_3}{r}}=\sqrt{\frac{r+r_2+r_3}{r_1}}+\sqrt{\frac{r+r_1+r_3}{r_2}}+\sqrt{\frac{r+r_1+r_2}{r_3}}$$

$s=r+r_1+r_2+r_3$ とおくと

$$\sqrt{\frac{s}{r}-1}=\sqrt{\frac{s}{r_1}-1}+\sqrt{\frac{s}{r_2}-1}+\sqrt{\frac{s}{r_3}-1}$$

右辺の第1項を左辺に移項して両辺を平方すると

$$\frac{s}{r}-1-2\sqrt{\left(\frac{s}{r}-1\right)\left(\frac{s}{r_1}-1\right)}+\frac{s}{r_1}-1$$

$$=\frac{s}{r_2}-1+2\sqrt{\left(\frac{s}{r_2}-1\right)\left(\frac{s}{r_3}-1\right)}+\frac{s}{r_3}-1$$

根号を含む項と含まない項を両辺に分けて平方すると

$$s^2\left(\frac{1}{r}+\frac{1}{r_1}-\frac{1}{r_2}-\frac{1}{r_3}\right)^2=4\left\{\sqrt{\left(\frac{s}{r}-1\right)\left(\frac{s}{r_1}-1\right)}+\sqrt{\left(\frac{s}{r_2}-1\right)\left(\frac{s}{r_3}-1\right)}\right\}^2$$

ここで　$A=\frac{1}{r}+\frac{1}{r_1}+\frac{1}{r_2}+\frac{1}{r_3}$

$$B=\frac{1}{r^2}+\frac{1}{{r_1}^2}+\frac{1}{{r_2}^2}+\frac{1}{{r_3}^2}$$

$$C=\frac{1}{rr_1}+\frac{1}{rr_2}+\frac{1}{rr_3}+\frac{1}{r_1r_2}+\frac{1}{r_1r_3}+\frac{1}{r_2r_3}$$

とおいて上の式を展開すると

$$s^2\left\{B+2\left(\frac{1}{rr_1}-\frac{1}{rr_2}-\frac{1}{rr_3}-\frac{1}{r_1r_2}-\frac{1}{r_1r_3}+\frac{1}{r_2r_3}\right)\right\}$$

$$=4\left(\frac{s^2}{rr_1}-\frac{s}{r_1}-\frac{s}{r}+1+\frac{s^2}{r_2r_3}-\frac{s}{r_2}-\frac{s}{r_3}+1\right)$$

$$+8\sqrt{\left(\frac{s}{r}-1\right)\left(\frac{s}{r_1}-1\right)\left(\frac{s}{r_2}-1\right)\left(\frac{s}{r_3}-1\right)}$$

となるから

$$s^2(B-2C)+4sA-8=8\sqrt{\left(\frac{s}{r}-1\right)\left(\frac{s}{r_1}-1\right)\left(\frac{s}{r_2}-1\right)\left(\frac{s}{r_3}-1\right)}\quad\cdots①$$

この両辺をさらに平方して，sでまとめていこう。左辺は

$$s^4(B-2C)^2+16s^2A^2+64+8s^3(B-2C)A-16s^2(B-2C)-64sA$$

$$=(B-2C)^2s^4+8A(B-2C)s^3+16(A^2-B+2C)s^2-64As+64$$

右辺は

$$64\left\{\frac{s^4}{rr_1r_2r_3}-\left(\frac{1}{r_1r_2r_3}+\frac{1}{rr_2r_3}+\frac{1}{rr_3r_1}+\frac{1}{rr_1r_2}\right)s^3+Cs^2-As+1\right\}$$

ここで，s^3 の係数は通分すると $\dfrac{s}{rr_1r_2r_3}$ であるから，じつは{　}の中の第1，第2項は消去されてしまう。

したがって，次の等式が得られる。

$$(B-2C)^2s^4+8A(B-2C)s^3+16(A^2-B-2C)s^2=0$$

ここで　$A^2=B+2C$　を代入すると，第3項＝0で，s^3 で割れば

$$(B-2C)^2s+8A(B-2C)=0$$

$$(B-2C)\{(B-2C)s+8A\}=0 \qquad \cdots②$$

ここで①に戻ってみると，その右辺は正であるから左辺も正である。

すなわち

$$(B-2C)s^2+4As-8>0$$

ゆえに　$\{(B-2C)s+8A\}s-4As-8>0$

$$\{(B-2C)s+8A\}s>4As+8$$

右辺は正であるから，②の左辺の 第2因子>0 である。

したがって　$B-2C=0$

これと前に述べた $A^2=B+2C$　から　$A^2=2B$ が得られる。

R，r_1，r_2，r_3 についての等式も同様である。

56

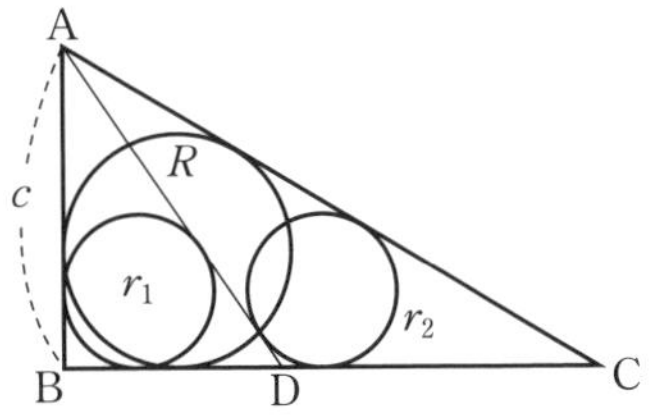

直角三角形ABCの内接円の半径をRとし，直角をはさむ1つの辺BC上に点Dをとって△ABD，△ADCの内接円の半径をそれぞれr_1，r_2とすると

$$c(r_1+r_2)=2r_1r_2+cR$$

[証明]　この結果は，次の**57**の結果の特別な場合であり，直角三角形の性質から特に証明が簡単になるわけでもないので省略する。

57

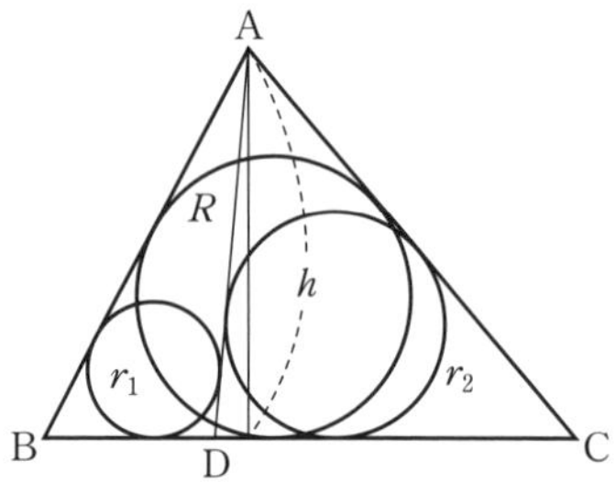

図のように△ABCの辺BC上に点Dをとり，△ABC，△ABD，△ADCの内接円の半径をそれぞれR，r_1，r_2，点Aから辺BCへの高さをhとすると，次の式が成り立つ。

$$h(r_1+r_2)=2r_1r_2+Rh$$

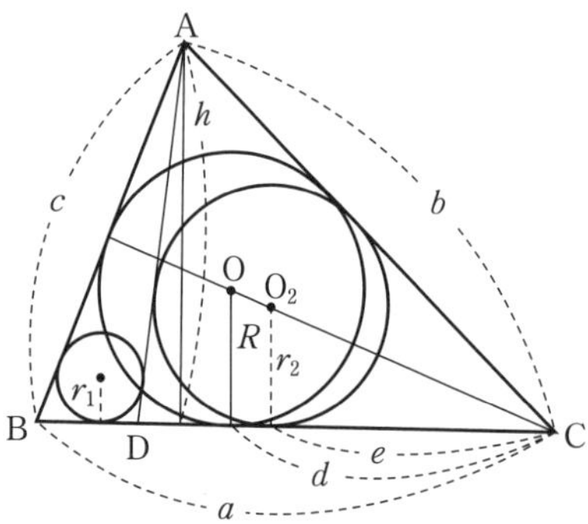

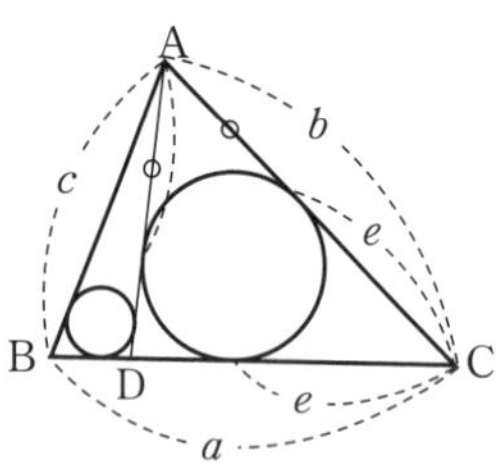

[証明]　左図より

$$d=\frac{a+b-c}{2}$$

比例から　$\dfrac{r_2}{R}=\dfrac{e}{d}$

ゆえに　$e=\dfrac{r_2d}{R}=\dfrac{r_2(a+b-c)}{2R}$

また，△ABDの周の長さは，下の図からわかるように

$$a+b+c-2e$$

であるから，この△ABDの面積は

$$\frac{1}{2}r_1(a+b+c-2e)=\frac{1}{2}r_1\left\{(a+b+c)-(a+b-c)\frac{r_2}{R}\right\} \quad \cdots①$$

同様に，△ADCの面積は

$$\frac{1}{2}r_2\left\{(a+b+c)-(a-b+c)\frac{r_1}{R}\right\} \quad \cdots②$$

△ABCの面積 $\frac{1}{2}ah$ は，①＋②より

$$\frac{1}{2}ah=\frac{1}{2}(a+b+c)(r_1+r_2)-\frac{r_1r_2}{2R}\cdot 2a$$

分母を払って，さらに　$ah=(a+b+c)R$　を用いれば

$$ahR=ah(r_1+r_2)-2ar_1r_2$$

a で割って

$$Rh=h(r_1+r_2)-2r_1r_2$$

よって，結果が示された。

57系

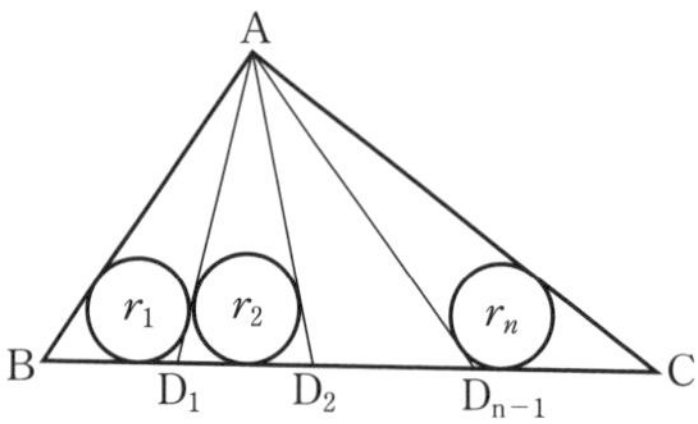

△ABCの点Aから辺BCへの高さをh，内接円の半径をRとし，BC上に図のように順に点D_1, D_2, …, D_{n-1}をとる。このとき，Aを頂点とするn個の$\triangle ABD_1$, $\triangle AD_1D_2$, …, $\triangle AD_{n-1}C$の内接円の半径をそれぞれr_1, r_2, …, r_nとすると

$$\left(1-\frac{2R}{h}\right)=\left(1-\frac{2r_1}{h}\right)\left(1-\frac{2r_2}{h}\right)\cdots\left(1-\frac{2r_n}{h}\right) \qquad \cdots①$$

[証明]　まず57の等式は，次のように変形できることは容易に確かめられる。

$$1-\frac{2R}{h}=\left(1-\frac{2r_1}{h}\right)\left(1-\frac{2r_2}{h}\right)$$

すなわち，①は，$n=2$のときは成り立っている。

ゆえに，$\triangle ABD_2$の内接円の半径をR_2とすると，このことを用いて

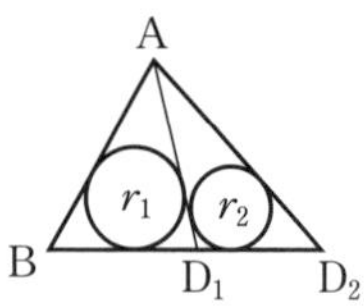

$$1-\frac{2R_2}{h}=\left(1-\frac{2r_1}{h}\right)\left(1-\frac{2r_2}{h}\right) \qquad \cdots②$$

次に，$\triangle ABD_3$の内接円の半径をR_3として，半径R_2とr_3について，同様に57の等式を用いると

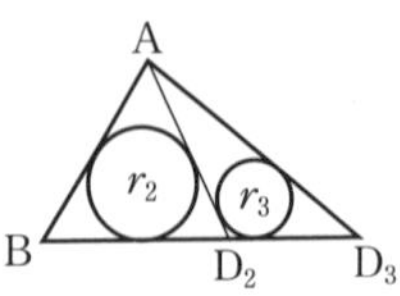

$$1-\frac{2R_3}{h}=\left(1-\frac{2R_2}{h}\right)\left(1-\frac{2r_3}{h}\right)$$

が得られる。これに②を代入すれば

$$1-\frac{2R_3}{h}=\left(1-\frac{2r_1}{h}\right)\left(1-\frac{2r_2}{h}\right)\left(1-\frac{2r_3}{h}\right)$$

となって $n=3$ の場合が示された。次に，$\triangle ABD_4$を考えてR_3，r_4を扱えば $n=4$ の場合が得られる。以下，同様にして証明ができる。

58

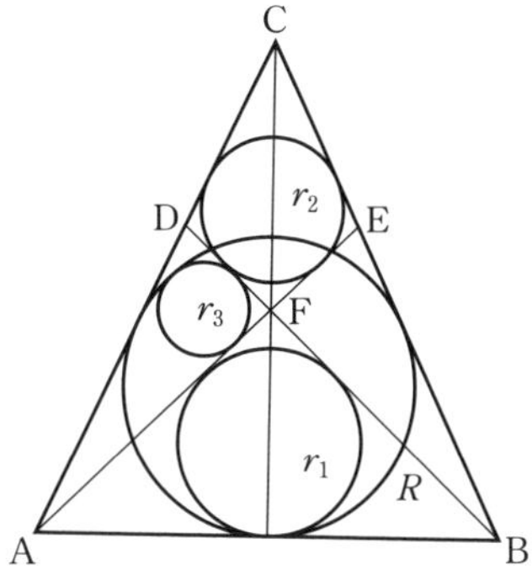

Cを頂点とする二等辺三角形ABCにおいて，図のように同じ長さの線分AE，BDを引き，その交点をFとする（CF⊥ABである）。△ABCの内接円の半径をRとし，△ABF，四角形CDFE，△AFDの内接円の半径をそれぞれr_1，r_2，r_3とすると，次の式が成り立つ。ただし AB＝a とする。

(1)　$R(4r_1r_2+a^2)=a^2(r_1+r_2)$

(2)　$(r_1+r_2)(R+r_1)r_3=2Rr_1r_2$

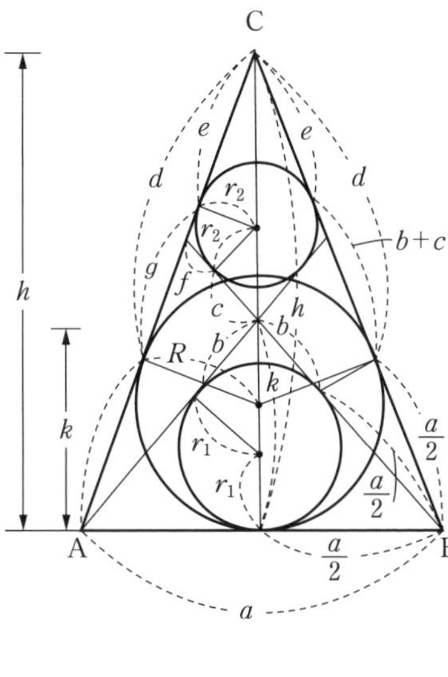

［証明］　(1) **14**を用いると

$$h=\frac{2Ra^2}{a^2-4R^2},\qquad k=\frac{2r_1a^2}{a^2-4r_1^2}$$

比例から　$\dfrac{k}{\frac{a}{2}}=\dfrac{b}{r_1}$

ゆえに　$b=\dfrac{2kr_1}{a}$　…①

$\dfrac{c}{r_2}=\dfrac{b}{r_1}$ から

$$c=\frac{br_2}{r_1}=\frac{2kr_2}{a}\quad\cdots②$$

$\dfrac{r_2}{e}=\dfrac{\frac{a}{2}}{h}$ から　$e=\dfrac{2hr_2}{a}$　…③

また，図から　　$d=(b+c)+e$ $\cdots④$

そして　$\dfrac{d}{R}=\dfrac{h}{\dfrac{a}{2}}$　から　　$ad=2Rh$ $\cdots⑤$

④を⑤に代入して　　$a(b+c+e)=2Rh$ $\cdots⑥$

⑥に①，②，③を代入して

$$k(r_1+r_2)+hr_2=Rh \quad \cdots⑦$$

最初に求めたh，kを⑦に代入して

$$\frac{r_1a^2(r_1+r_2)}{a^2-4r_1{}^2}+\frac{Ra^2r_2}{a^2-4R^2}=\frac{R^2a^2}{a^2-4R^2}$$

a^2で割って分母を払い，Rで整理すると

$$(4r_1r_2+a^2)R^2-r_2(a^2-4r_1{}^2)R-a^2r_1(r_1+r_2)=0$$

因数分解して　$\{(4r_1r_2+a^2)R-a^2(r_1+r_2)\}(R+r_1)=0$

$R+r_1\neq 0$ より　$(4r_1r_2+a^2)R-a^2(r_1+r_2)=0$

これは求める式である。

(2) 点Fと$\mathrm{O}_3(r_3)$の中心を結ぶ直線は，底辺と平行であるから，相似な直角三角形を調べると

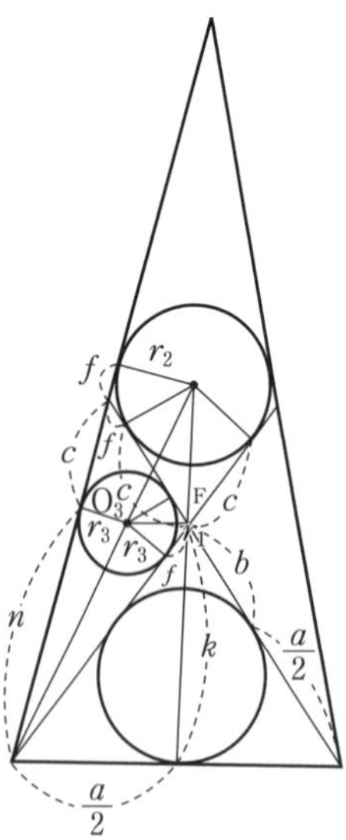

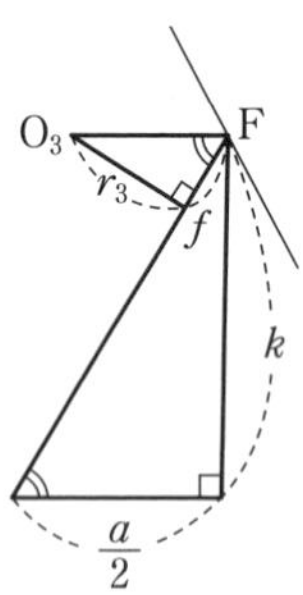

$$\frac{f}{r_3}=\frac{\dfrac{a}{2}}{k}$$

ゆえに

$$f=\frac{ar_3}{2k}=\frac{r_3(a^2-4r_1{}^2)}{4ar_1} \cdots⑧$$

また　$\dfrac{n}{r_3}=\dfrac{n+c+f}{r_2}$　から

$$n=\frac{r_3(c+f)}{r_2-r_3} \quad \cdots⑨$$

また $n+c+f$ は，底辺の左端から円 O_2 への接線の長さであるが，これはもう1本の接線をとって考えると $\dfrac{a}{2}+b+c$ であるともいえる。

ゆえに　$n+f=b+\dfrac{a}{2}$　…⑩

まず，⑨，⑧，②や k の式を用いて計算すると

$$n+f=\frac{r_3(c+f)}{r_2-r_3}+f=\frac{r_3c+r_2f}{r_2-r_3}$$

$$=\frac{1}{r_2-r_3}\left\{\frac{2r_2r_3k}{a}+\frac{r_2r_3(a^2-4r_1^2)}{4r_1a}\right\}$$

$$=\frac{1}{r_2-r_3}\left\{\frac{4r_1r_2r_3a^2}{a(a^2-4r_1^2)}+\frac{(a^2-4r_1^2)r_2r_3}{4r_1a}\right\}$$

$$=\frac{r_2r_3(a^2+4r_1^2)^2}{4r_1a(r_2-r_3)(a^2-4r_1^2)} \quad \cdots ⑪$$

また，①に k の式を代入して

$$b+\frac{a}{2}=\frac{4r_1^2a}{a^2-4r_1^2}+\frac{a}{2}=\frac{a(a^2+4r_1^2)}{2(a^2-4r_1^2)}$$

よって，⑩，⑪に戻って

$$\frac{r_2r_3(a^2+4r_1^2)^2}{4r_1a(r_2-r_3)(a^2-4r_1^2)}=\frac{a(a^2+4r_1^2)}{2(a^2-4r_1^2)}$$

約して分母を払い，整理すると

$$4r_1^2r_2r_3=\{2r_1(r_2-r_3)-r_2r_3\}a^2 \quad \cdots ⑫$$

(1)から

$$4Rr_1r_2=a^2(r_1+r_2-R) \quad \cdots ⑬$$

この⑫，⑬から a^2 を消去し，$4r_1r_2$ で割って

$$r_1r_3(r_1+r_2-R)=R(2r_1r_2-2r_1r_3-r_2r_3)$$

ゆえに　$2Rr_1r_2=r_1^2r_3+r_1r_2r_3+Rr_1r_3+Rr_2r_3$

$$=r_3\{r_1^2+(R+r_2)r_1+Rr_2\}=r_3(R+r_1)(r_1+r_2)$$

よって，(2)も示された。

59

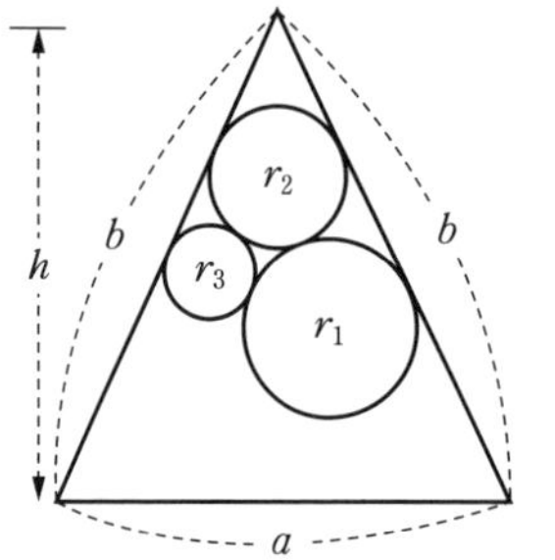

図のように二等辺三角形に半径r_1，r_2，r_3の3つの円が互いに外接して斜辺に接する形で入っているとする。このとき次の式が成り立つ。

$$2(b+h)\sqrt{r_1r_3}$$
$$=a(\sqrt{r_1r_2}+\sqrt{r_2r_3})+2r_2h$$

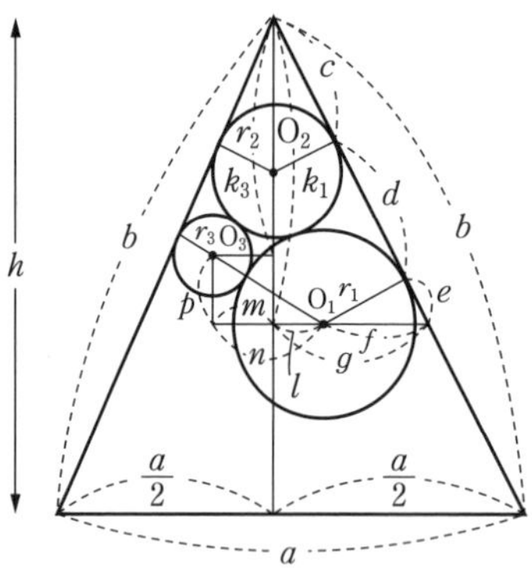

［証明］　dは円O_1，O_2の共通接線であるから，**40**より

$$d=2\sqrt{r_1r_2} \quad \cdots ①$$

また，相似形を考えて

$$\frac{c}{r_2}=\frac{h}{\frac{a}{2}} \text{ から } \quad c=\frac{2r_2h}{a} \quad \cdots ②$$

$$\frac{e}{r_1}=\frac{\frac{a}{2}}{h} \text{ から } \quad e=\frac{ar_1}{2h} \quad \cdots ③$$

$$\frac{f}{r_1}=\frac{b}{h} \text{ から } \quad f=\frac{br_1}{h} \quad \cdots ④$$

また　$\dfrac{h}{b}=\dfrac{k_1}{c+d+e}$ であるから，これに①，③を代入して

$$k_1=\left(c+2\sqrt{r_1r_2}+\frac{ar_1}{2h}\right)\frac{h}{b}$$

同様に，円O_1の代わりに円O_3を考えて

$$k_3=\left(c+2\sqrt{r_2r_3}+\frac{ar_3}{2h}\right)\frac{h}{b}$$

よって　$p=k_1-k_3=\left\{2\sqrt{r_2}(\sqrt{r_1}-\sqrt{r_3})+\dfrac{a(r_1-r_3)}{2h}\right\}\dfrac{h}{b}$　…⑤

また　$\dfrac{g}{\frac{a}{2}}=\dfrac{c+d+e}{b}$ から　$g=\dfrac{(c+d+e)a}{2b}$

ゆえに　$l=g-f=\dfrac{(c+d+e)a}{2b}-\dfrac{br_1}{h}$

$$=\frac{r_2h+a\sqrt{r_1r_2}}{b}+\frac{a^2r_1}{4bh}-\frac{br_1}{h}$$

ここで　$h^2=b^2-\left(\dfrac{a}{2}\right)^2$　すなわち　$4b^2-a^2=4h^2$ を利用すると上の式の後の第2項，第3項の和は

$$\frac{a^2r_1-4b^2r_1}{4bh}=\frac{-4h^2r_1}{4bh}=-\frac{r_1h}{b}$$

となるから

$$l=\frac{r_2h+a\sqrt{r_1r_2}-r_1h}{b}$$

同様にして円O_1の代わりに円O_3についてみれば

$$m=\frac{r_2h+a\sqrt{r_2r_3}-r_3h}{b}$$

ゆえに　$n=l+m=\dfrac{2r_2h+a\sqrt{r_2}(\sqrt{r_1}+\sqrt{r_3})-(r_1+r_3)h}{b}$　…⑥

また $n^2+p^2=(r_1+r_3)^2$ であるから，⑤と⑥をこれに代入してb^2を掛けると

$$\left\{2\sqrt{r_2}(\sqrt{r_1}-\sqrt{r_3})h+\frac{(r_1-r_3)}{2}a\right\}^2+\{(2r_2-r_1-r_3)h+\sqrt{r_2}(\sqrt{r_1}+\sqrt{r_3})a\}^2$$

$=(r_1+r_3)^2b^2$　…⑦

この左辺を展開するとき，h^2の係数をr_2で整理すると

$$4r_2(\sqrt{r_1}-\sqrt{r_3})^2+(2r_2-r_1-r_3)^2$$
$$=4{r_2}^2+\{4(\sqrt{r_1}-\sqrt{r_3})^2-4(r_1+r_3)\}r_2+(r_1+r_3)^2$$
$$=4(r_2-\sqrt{r_1r_3})^2+(r_1-r_3)^2$$　…⑧

とまとめられる。

また，ha の係数は

$$2\sqrt{r_2}(\sqrt{r_1}-\sqrt{r_3})(r_1-r_3)+2(2r_2-r_1-r_3)\sqrt{r_2}(\sqrt{r_1}+\sqrt{r_3})$$
$$=2\sqrt{r_2}(\sqrt{r_1}+\sqrt{r_3})\{(\sqrt{r_1}-\sqrt{r_3})^2+(2r_2-r_1-r_3)\}$$
$$=4\sqrt{r_2}(\sqrt{r_1}+\sqrt{r_3})(r_2-\sqrt{r_1r_3}) \qquad \cdots⑨$$

となり，a^2 の係数は

$$\frac{(r_1-r_3)^2}{4}+r_2(\sqrt{r_1}+\sqrt{r_3})^2 \qquad \cdots⑩$$

となる。⑧，⑨，⑩を⑦に用いて適当に移項すると次のようになる。

$$4(r_2-\sqrt{r_1r_3})^2h^2+4\sqrt{r_2}(\sqrt{r_1}+\sqrt{r_3})(r_2-\sqrt{r_1r_3})ha+r_2(\sqrt{r_1}+\sqrt{r_3})^2a^2$$
$$=(r_1+r_3)^2b^2-(r_1-r_3)^2h^2-\frac{(r_1-r_3)^2}{4}a^2 \qquad \cdots⑪$$

この左辺は

$$\{2(r_2-\sqrt{r_1r_3})h+\sqrt{r_2}(\sqrt{r_1}+\sqrt{r_3})a\}^2 \qquad \cdots⑫$$

であり，右辺は $\frac{a^2}{4}=b^2-h^2$ を⑪に代入すると

$$(r_1+r_3)^2b^2-(r_1-r_3)^2h^2-(r_1-r_3)^2(b^2-h^2)=4r_1r_3b^2 \qquad \cdots⑬$$

となる。

よって，⑫と⑬を平方に開けば

$$2(r_2-\sqrt{r_1r_3})h+\sqrt{r_2}(\sqrt{r_1}+\sqrt{r_3})a=2\sqrt{r_1r_3}\,b$$

となり，整理すれば求める式となる。

60

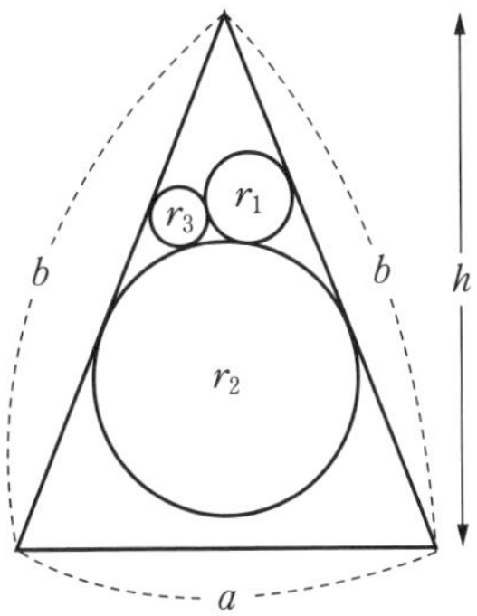

二等辺三角形の底辺，斜辺の長さをそれぞれa，b，高さをhとする。これに図のように半径r_1，r_2，r_3の円が互いに外接し，斜辺に接する形で入っているとき，次の式が成り立つ。

$$2(b+h)\sqrt{r_1r_3}+(\sqrt{r_1r_2}+\sqrt{r_2r_3})a=2r_2h$$

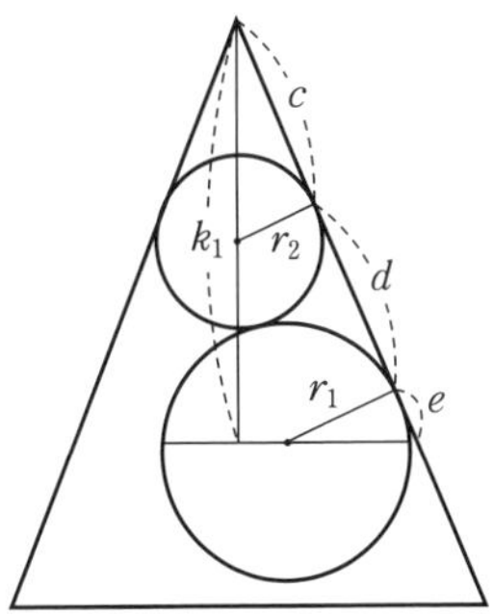

1図

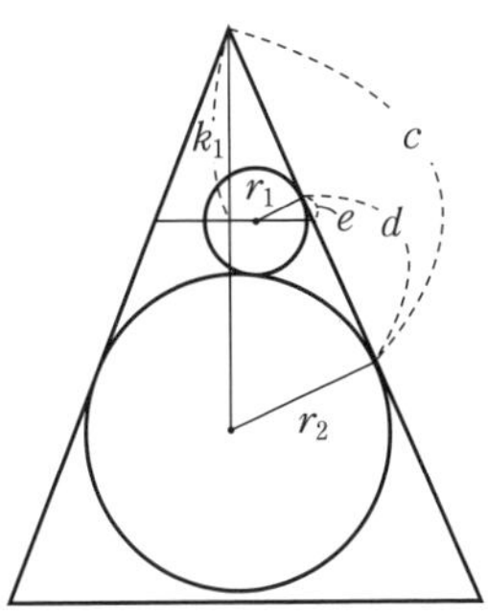

2図

［証明］ 59では左のように記号をつけていたが，これを60にも適用すると，2図のようになる。そしてk_1の計算で出てくる斜辺上の線分の長さ$c+d+e$ は，この60では $c-(d-e)$ すなわち，$c-d+e$ となる。

もう1つの半径r_3の円についても同様のことが考察される。

59のように計算をたどるとわかるように，$\sqrt{r_1r_2}$，$\sqrt{r_2r_3}$ をそれぞれ符号を変えて $-\sqrt{r_1r_2}$，$-\sqrt{r_2r_3}$ とすればよいことがわかる。

$\sqrt{r_1r_3}$ はそのままである。

したがって，59の等式をこのように書き直したものが成り立つ。それが求める等式である。

61

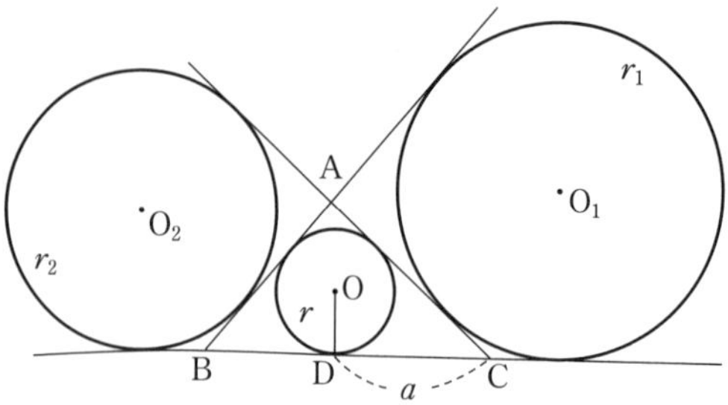

図のように△ABCの内接円をO(r)とし，2つの傍接円O_1(r_1)，O_2(r_2)をつくる。このとき，円Oと底辺BCの接点をDとし，CD$=a$とすると

$$r_1r_2a^2=(r_1+r_2)ra^2+r_1{}^2r^2$$

[証明]

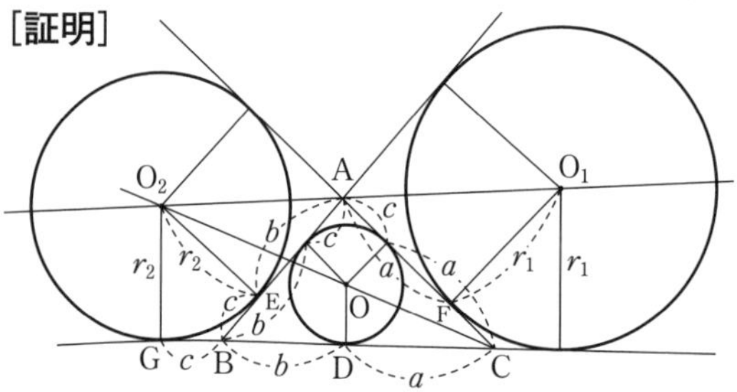

図のようにb，cを決める。直角三角形AEO_2とAFO_1は相似であるから

$$\frac{r_2}{b}=\frac{r_1}{a}$$

ゆえに　$b=\dfrac{r_2a}{r_1}$ …①

また，直角三角形O_2GCとODCも相似であるから

$$\frac{r_2}{a+b+c}=\frac{r}{a} \qquad \text{ゆえに} \quad a+b+c=\frac{r_2a}{r} \qquad \cdots②$$

また，36から　$abc=r^2(a+b+c)$ …③

①，②，③からb，cを消去すれば求める等式が得られる。

実際，①と②から　$c=\left(\dfrac{r_2}{r}-1-\dfrac{r_2}{r_1}\right)a=\dfrac{(r_1r_2-rr_1-rr_2)a}{rr_1}$ …④

④と①を③の左辺に代入し，②を③の右辺に代入すれば

$$a\cdot\frac{r_2a}{r_1}\cdot\frac{(r_1r_2-rr_1-rr_2)a}{rr_1}=r^2\cdot\frac{r_2a}{r}$$

これを整理すれば，求める式が得られる。

62

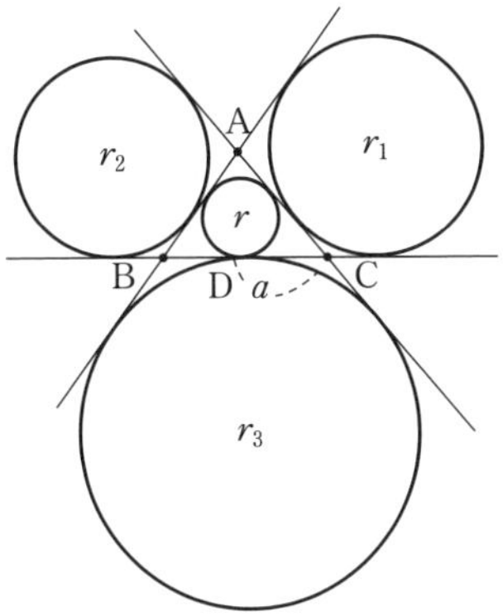

△ABCの内接円，傍接円を図のようにつくり，半径をそれぞれr, r_1, r_2, r_3とする。また，内接円が辺BCと接する点をDとするとき，CD$=a$とおくと，次の式が成り立つ。

(1)　$r_1{}^2r_3{}^2=a^2(r_1r_2+r_2r_3+r_3r_1)$

(2)　$r_1r_2r_3=r(r_1r_2+r_2r_3+r_3r_1)$

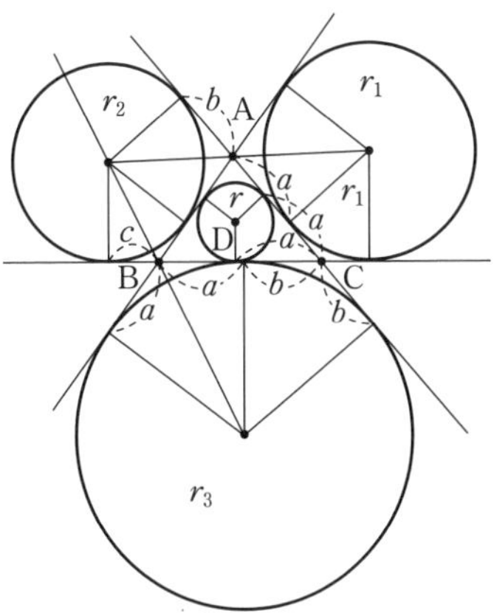

[証明]　図のようにb, cを決める。**61**のときと同じであるから　$b=\dfrac{r_2a}{r_1}$ …①

半径r_2, r_3の傍接円についても同様に

$$c=\frac{r_2a}{r_3} \qquad \cdots②$$

さらに　$a+b+c=\dfrac{r_2a}{r}$ …③

①，②を③に代入して

$$a+\frac{r_2a}{r_1}+\frac{r_2a}{r_3}=\frac{r_2a}{r}$$

ゆえに　$r_1r_2r_3=r(r_1r_2+r_2r_3+r_3r_1)$　よって，(2)が得られた。

次に，**61**の等式に(2)から得られる $r=\dfrac{r_1r_2r_3}{r_1r_2+r_2r_3+r_3r_1}$ を代入して

$$r_1r_2a^2=\frac{(r_1+r_2)r_1r_2r_3a^2}{r_1r_2+r_2r_3+r_3r_1}+r_1{}^2\cdot\frac{r_1{}^2r_2{}^2r_3{}^2}{(r_1r_2+r_2r_3+r_3r_1)^2}$$

分母を払い，共通因子で約分し，a^2でまとめれば，(1)が得られる。

63

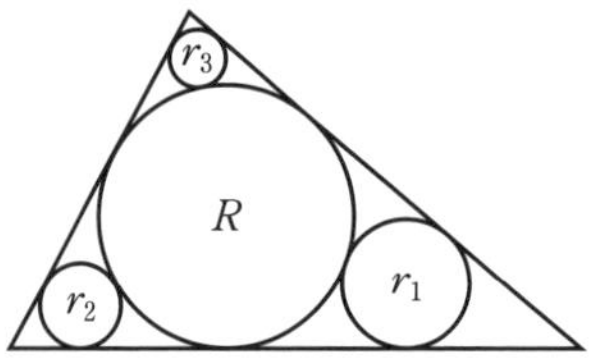

三角形の内接円と各頂点の間に図のように3つの円を内接させる。このとき，内接円の半径をR, 他の3つの円の半径をそれぞれr_1, r_2, r_3とすると

$$R=\sqrt{r_1r_2}+\sqrt{r_2r_3}+\sqrt{r_3r_1}$$

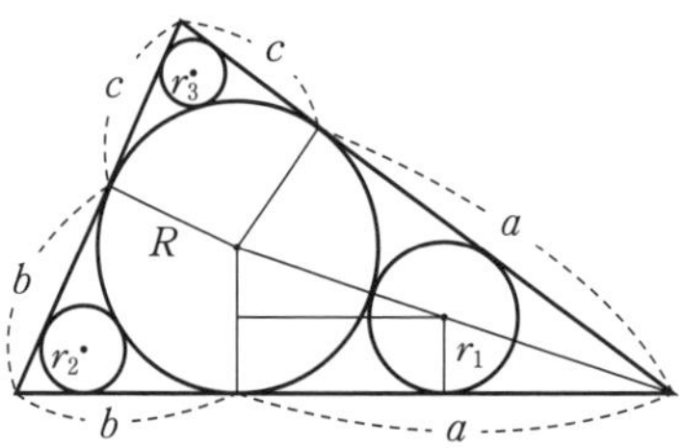

［証明］ 36から

$$abc=R^2(a+b+c) \qquad \cdots①$$

42から

$$\left.\begin{aligned} a&=\frac{2R\sqrt{Rr_1}}{R-r_1}\\ b&=\frac{2R\sqrt{Rr_2}}{R-r_2}\\ c&=\frac{2R\sqrt{Rr_3}}{R-r_3}\end{aligned}\right\} \qquad \cdots②$$

②を①に代入すると

$$\frac{8R^4\sqrt{R}\sqrt{r_1r_2r_3}}{(R-r_1)(R-r_2)(R-r_3)}=R^2(2R\sqrt{R})\left(\frac{\sqrt{r_1}}{R-r_1}+\frac{\sqrt{r_2}}{R-r_2}+\frac{\sqrt{r_3}}{R-r_3}\right)$$

$2R^3\sqrt{R}$ で割って分母を払うと

$$4R\sqrt{r_1r_2r_3}=\sqrt{r_1}(R-r_2)(R-r_3)+\sqrt{r_2}(R-r_3)(R-r_1)+\sqrt{r_3}(R-r_1)(R-r_2)$$

Rで整理すると

$$\begin{aligned}&(\sqrt{r_1}+\sqrt{r_2}+\sqrt{r_3})R^2\\ &\quad-\{\sqrt{r_1}(r_2+r_3)+\sqrt{r_2}(r_3+r_1)+\sqrt{r_3}(r_1+r_2)+4\sqrt{r_1r_2r_3}\}R\\ &\qquad+\sqrt{r_1}r_2r_3+\sqrt{r_2}r_3r_1+\sqrt{r_3}r_1r_2=0\end{aligned} \qquad \cdots③$$

ここで　　　$A=\sqrt{r_1}+\sqrt{r_2}+\sqrt{r_3}$

$B=\sqrt{r_1 r_2}+\sqrt{r_2 r_3}+\sqrt{r_3 r_1}$

$C=\sqrt{r_1 r_2 r_3}$

とおくと，③は

$$AR^2-(AB+C)R+BC=0$$

すなわち　$(AR-C)(R-B)=0$

ここで，左辺の 第1因子$\neq 0$ ならば 第2因子$=0$ で，求める式である。

そこで，第1因子がもし0であるとして，$0<r_3 \leqq r_2 \leqq r_1$とすると

$$R=\frac{\sqrt{r_1 r_2 r_3}}{\sqrt{r_1}+\sqrt{r_2}+\sqrt{r_3}}<\frac{\sqrt{r_1 r_2 r_3}}{\sqrt{r_1}}=\sqrt{r_2 r_3} \leqq \sqrt{r_1 r_1}=r_1$$

$R>r_1$であるから，これは矛盾する。ゆえに，第1因子は0ではない。

(川北解義　文献(2)には，このような断り書きはない。)

64

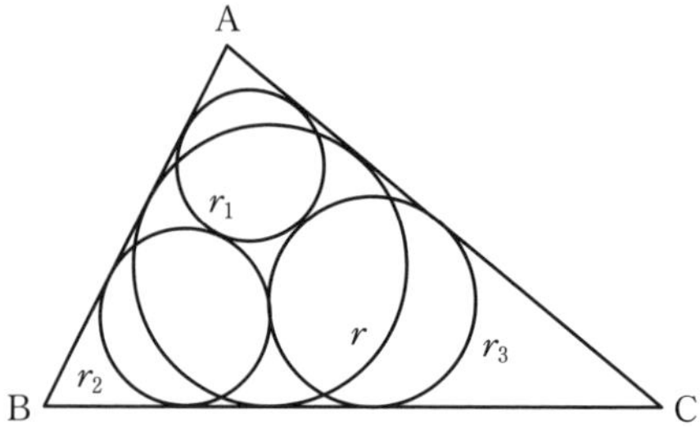

図のように△ABCの2つの辺に接し，互いに外接する3つの円の半径をr_1, r_2, r_3とし，また，内接円の半径をrとすると，次の等式が成り立つ。

(1)　$2\sqrt{r_1r_2r_3}=r(\sqrt{r_1}+\sqrt{r_2}+\sqrt{r_3}-\sqrt{r_1+r_2+r_3})$

(2)　$\sqrt{r_1r_2r_3}(\sqrt{r_1}+\sqrt{r_2}+\sqrt{r_3}+\sqrt{r_1+r_2+r_3})$
$=r(\sqrt{r_1r_2}+\sqrt{r_2r_3}+\sqrt{r_3r_1})$

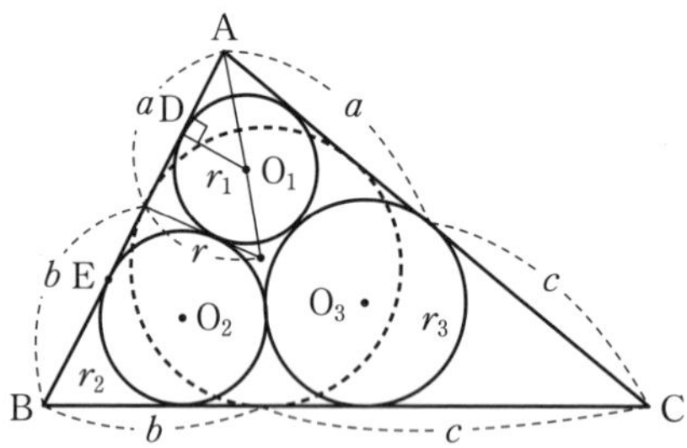

［証明］　比例から

$$\frac{\mathrm{AD}}{a}=\frac{r_1}{r}$$

ゆえに　$\mathrm{AD}=\dfrac{ar_1}{r}$

同様に　$\mathrm{BE}=\dfrac{br_2}{r}$

40から　$\mathrm{DE}=2\sqrt{r_1r_2}$

また　$\mathrm{AD}+\mathrm{DE}+\mathrm{BE}=a+b$

ゆえに　$\dfrac{ar_1}{r}+2\sqrt{r_1r_2}+\dfrac{br_2}{r}=a+b$

整理して　$(r-r_1)a+(r-r_2)b=2r\sqrt{r_1r_2}$　…①

同様に　$(r-r_2)b+(r-r_3)c=2r\sqrt{r_2r_3}$　…②

$(r-r_3)c+(r-r_1)a=2r\sqrt{r_3r_1}$　…③

36から　$abc=r^2(a+b+c)$　…④

①～④からa, b, cを消去すれば，求める等式が得られるはずである。

①＋③－②により

$$a=\frac{r(\sqrt{r_3r_1}+\sqrt{r_1r_2}-\sqrt{r_2r_3})}{r-r_1}$$

b，cも同様にして求められる。簡単のため

$$\left.\begin{aligned}L&=\sqrt{r_1r_2}-\sqrt{r_2r_3}+\sqrt{r_3r_1}\\M&=\sqrt{r_1r_2}+\sqrt{r_2r_3}-\sqrt{r_3r_1}\\N&=-\sqrt{r_1r_2}+\sqrt{r_2r_3}+\sqrt{r_3r_1}\end{aligned}\right\}\qquad\cdots⑤$$

とおくと

$$a=\frac{rL}{r-r_1},\qquad b=\frac{rM}{r-r_2},\qquad c=\frac{rN}{r-r_3}$$

④に代入すれば

$$\frac{r^3LMN}{(r-r_1)(r-r_2)(r-r_3)}=r^2\left(\frac{rL}{r-r_1}+\frac{rM}{r-r_2}+\frac{rN}{r-r_3}\right)$$

整理して

$$LMN=L(r-r_2)(r-r_3)+M(r-r_3)(r-r_1)+N(r-r_1)(r-r_2)$$

(右辺)－(左辺)＝0　をつくり，rについて整理すれば

$$\begin{aligned}&(L+M+N)r^2-\{L(r_2+r_3)+M(r_3+r_1)+N(r_1+r_2)\}r\\&\qquad+Lr_2r_3+Mr_3r_1+Nr_1r_2-LMN=0\qquad\cdots⑥\end{aligned}$$

このrについての2次方程式の各係数を計算しよう。⑤から

$$L+M+N=\sqrt{r_1r_2}+\sqrt{r_2r_3}+\sqrt{r_3r_1}$$

$$\begin{aligned}&L(r_2+r_3)+M(r_3+r_1)+N(r_1+r_2)\\&\quad=(\sqrt{r_1r_2}-\sqrt{r_2r_3}+\sqrt{r_3r_1})(r_2+r_3)\\&\qquad+(\sqrt{r_1r_2}+\sqrt{r_2r_3}-\sqrt{r_3r_1})(r_3+r_1)\\&\qquad+(-\sqrt{r_1r_2}+\sqrt{r_2r_3}+\sqrt{r_3r_1})(r_1+r_2)\\&\quad=2(r_1\sqrt{r_2r_3}+r_2\sqrt{r_3r_1}+r_3\sqrt{r_1r_2})\end{aligned}$$

$$\begin{aligned}&Lr_2r_3+Mr_3r_1+Nr_1r_2\\&\quad=(\sqrt{r_1r_2}-\sqrt{r_2r_3}+\sqrt{r_3r_1})r_2r_3\\&\qquad+(\sqrt{r_1r_2}+\sqrt{r_2r_3}-\sqrt{r_3r_1})r_3r_1\\&\qquad+(-\sqrt{r_1r_2}+\sqrt{r_2r_3}+\sqrt{r_3r_1})r_1r_2\end{aligned}$$

$$
\begin{aligned}
LMN &= (\sqrt{r_1r_2}-\sqrt{r_2r_3}+\sqrt{r_3r_1})(\sqrt{r_1r_2}+\sqrt{r_2r_3}-\sqrt{r_3r_1})N \\
&= \{r_1r_2-(\sqrt{r_2r_3}-\sqrt{r_3r_1})^2\}N \\
&= (r_1r_2-r_2r_3-r_3r_1+2r_3\sqrt{r_1r_2})(-\sqrt{r_1r_2}+\sqrt{r_2r_3}+\sqrt{r_3r_1}) \\
&= -r_1r_2\sqrt{r_1r_2}+r_2r_3\sqrt{r_1r_2}+r_3r_1\sqrt{r_1r_2}-2r_1r_2r_3 \\
&\qquad +r_1r_2\sqrt{r_2r_3}-r_2r_3\sqrt{r_2r_3}-r_3r_1\sqrt{r_2r_3}+2r_2r_3\sqrt{r_1r_3} \\
&\qquad +r_1r_2\sqrt{r_3r_1}-r_2r_3\sqrt{r_3r_1}-r_3r_1\sqrt{r_3r_1}+2r_3r_1\sqrt{r_2r_3} \\
&= r_2r_3(\sqrt{r_1r_2}-\sqrt{r_2r_3}+\sqrt{r_3r_1})+r_3r_1(\sqrt{r_1r_2}+\sqrt{r_2r_3}-\sqrt{r_3r_1}) \\
&\qquad +r_1r_2(-\sqrt{r_1r_2}+\sqrt{r_2r_3}+\sqrt{r_3r_1})-2r_1r_2r_3 \\
&= Lr_2r_3+Mr_3r_1+Nr_1r_2-2r_1r_2r_3
\end{aligned}
$$

ゆえに　$Lr_2r_3+Mr_3r_1+Nr_1r_2-LMN=2r_1r_2r_3$　…⑦

すなわち，rの2次方程式⑥は

$$
(\sqrt{r_1r_2}+\sqrt{r_2r_3}+\sqrt{r_3r_1})r^2-2(r_1\sqrt{r_2r_3}+r_2\sqrt{r_3r_1}+r_3\sqrt{r_1r_2})r +2r_1r_2r_3=0 \quad \cdots ⑧
$$

となる。判別式の部分を計算しよう。

$$
\begin{aligned}
\frac{D}{4} &= (r_1\sqrt{r_2r_3}+r_2\sqrt{r_3r_1}+r_3\sqrt{r_1r_2})^2-2r_1r_2r_3(\sqrt{r_1r_2}+\sqrt{r_2r_3}+\sqrt{r_3r_1}) \\
&= r_1{}^2r_2r_3+r_1r_2{}^2r_3+r_1r_2r_3{}^2 \\
&\qquad +2r_1r_2r_3\sqrt{r_1r_2}+2r_1r_2r_3\sqrt{r_3r_1}+2r_1r_2r_3\sqrt{r_2r_3} \\
&\qquad -2r_1r_2r_3(\sqrt{r_1r_2}+\sqrt{r_2r_3}+\sqrt{r_3r_1}) \\
&= r_1r_2r_3(r_1+r_2+r_3)
\end{aligned}
$$

ゆえに　$r=\dfrac{r_1\sqrt{r_2r_3}+r_2\sqrt{r_3r_1}+r_3\sqrt{r_1r_2}\pm\sqrt{r_1r_2r_3(r_1+r_2+r_3)}}{\sqrt{r_1r_2}+\sqrt{r_2r_3}+\sqrt{r_3r_1}}$　…⑨

ここで特に，△ABCが正三角形 $r_1=r_2=r_3$ であるとすると，方程式⑧は

$$
3r_1r^2-6r_1{}^2r+2r_1{}^3=0
$$

すなわち　$r=\dfrac{3\pm\sqrt{3}}{3}r_1$

となるから，複号の－をとれば $r<r_1$ となり，不合理である。

よって，複号は＋を採用すると，⑨の分母を払って(2)が得られる。

(2)の両辺に $\sqrt{r_1}+\sqrt{r_2}+\sqrt{r_3}-\sqrt{r_1+r_2+r_3}$ を掛けると，左辺からは

$$\sqrt{r_1r_2r_3}\{(\sqrt{r_1}+\sqrt{r_2}+\sqrt{r_3})^2-(r_1+r_2+r_3)\}$$
$$=2\sqrt{r_1r_2r_3}(\sqrt{r_1r_2}+\sqrt{r_2r_3}+\sqrt{r_1r_3})$$

が得られるが，右辺は

$$r(\sqrt{r_1r_2}+\sqrt{r_2r_3}+\sqrt{r_3r_1})(\sqrt{r_1}+\sqrt{r_2}+\sqrt{r_3}-\sqrt{r_1+r_2+r_3})$$

となり，左辺との共通因子を約分すれば(1)が得られる。

[註1]　⑤から⑦が得られる［別証明］をしよう。

簡単のため

$$a=\sqrt{r_2r_3},\quad b=\sqrt{r_3r_1},\quad c=\sqrt{r_1r_2}$$

とおく（［証明］のはじめに用いたa，b，cとは別である）。

このとき

$$L=-a+b+c,\quad M=a-b+c,\quad N=a+b-c$$

であり　$abc=r_1r_2r_3$　である。

したがって，証明すべき式⑦は

$$a^2L+b^2M+c^2N=2abc+LMN \qquad \cdots⑩$$

となり，これはaの式としてみると3次式であるから　$a=0$，b，c，$b+c$　の4つの値について，⑩が正しければ，実は恒等式であることがわかる。

それぞれを調べよう。

$a=0$のとき，⑩の左辺$=b^2(-b+c)+c^2(b-c)=(b-c)(c^2-b^2)$

また　　　　　　右辺$=(b+c)(-b+c)(b-c)=(b-c)(c^2-b^2)$

$a=b$のとき　$L=M=c$，$N=2a-c$ であるから 左辺＝右辺 となる。

左辺$=a^2c+a^2c+c^2(2a-c)=2a^2c+2ac^2-c^3$

右辺$=2a^2c+c^2(2a-c)=2a^2c+2ac^2-c^3$

$a=c$も同様で，$a=b+c$　のときは　$L=0$，$M=2c$，$N=2b$　で

左辺$=2b^2c+2c^2b=2bc(b+c)$

右辺$=2(b+c)bc$

で，やはり成り立つ。よって，⑦が示された。

[**註2**]　和算家は解答の数値が整数などのような綺麗な数になることを好んだ。この問題について，安島直円著『南山子三円術』(1768年) では，次のような数値例をあげている。

$r=160, \quad r_1=128, \quad r_2=112.5, \quad r_3=72$

のとき

BC＝507,　AC＝375,　AB＝251

Aから円O_1への接線の長さ＝90

Bから円O_2への接線の長さ＝96

Cから円O_3への接線の長さ＝120

また，和算家は無理数などを小数表示するとき，その最後の数字のあとに「有奇」と書き添えている。そしてこのような表し方より，むしろ近似値を分数で表すことを心掛けた。例えば，よく知られているように，円周率は $\frac{22}{7}$ または $\frac{355}{113}$ などと表すことを尊重した。

65

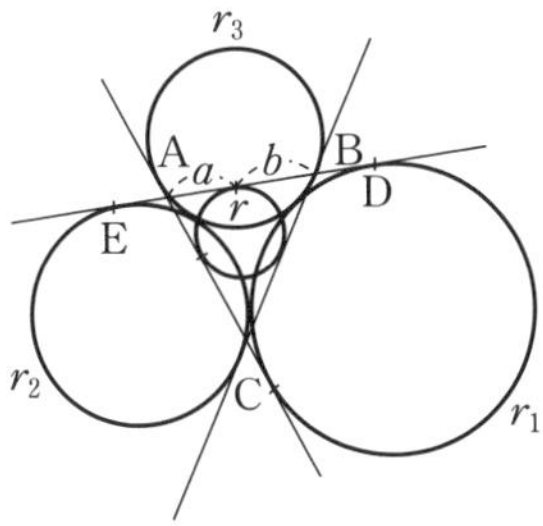

△ABCの各辺の延長を図のように考えて，傍接円のような形で3つの円 $O_1(r_1)$，$O_2(r_2)$，$O_3(r_3)$ が互いに外接しているとする。△ABCの内接円を $O(r)$ とするとき，次の式が成り立つ。

(1) $r(\sqrt{r_1r_2}+\sqrt{r_2r_3}+\sqrt{r_3r_1})$
$$=\sqrt{r_1r_2r_3}\,(\sqrt{r_1}+\sqrt{r_2}+\sqrt{r_3}-\sqrt{r_1+r_2+r_3})$$

(2) $2\sqrt{r_1r_2r_3}=r(\sqrt{r_1}+\sqrt{r_2}+\sqrt{r_3}+\sqrt{r_1+r_2+r_3})$

[証明] これは**64**と同じ方法で証明できる。まず

$$\frac{\mathrm{AD}}{a}=\frac{r_1}{r} \quad から \quad \mathrm{AD}=\frac{ar_1}{r}$$

$$\frac{\mathrm{BE}}{b}=\frac{r_2}{r} \quad から \quad \mathrm{BE}=\frac{br_2}{r}$$

そして　$\mathrm{ED}=2\sqrt{r_1r_2}$ であるから

$$\mathrm{AB}=a+b=\mathrm{AD}+\mathrm{BE}-\mathrm{DE}=\frac{ar_1}{r}+\frac{br_2}{r}-2\sqrt{r_1r_2}$$

ゆえに　$(r_1-r)a+(r_2-r)b=2r\sqrt{r_1r_2}$

これは**64**の①と左辺の符号が異なるだけで，④はこの**65**でも成り立つ。

$$abc=r^2(a+b+c)$$

よって，計算は符号に注意するだけで**64**と同様であり

$$a=\frac{r(\sqrt{r_3r_1}+\sqrt{r_1r_2}-\sqrt{r_2r_3})}{r_1-r}$$

と分母の符号が異なるだけである。L，M，Nは**64**と同じとすると

$$LMN=L(r_2-r)(r_3-r)+M(r_3-r)(r_1-r)+N(r_1-r)(r_2-r)$$

が得られ，これは64の⑥を導いたのと同一式である。
そして⑨の複号は，いまの場合は当然－をとることになる。
整理して(1)が得られる。
また，その(1)の両辺に

$$\sqrt{r_1}+\sqrt{r_2}+\sqrt{r_3}+\sqrt{r_1+r_2+r_3}$$

を掛けると前題と同様にして(2)が得られる。

66

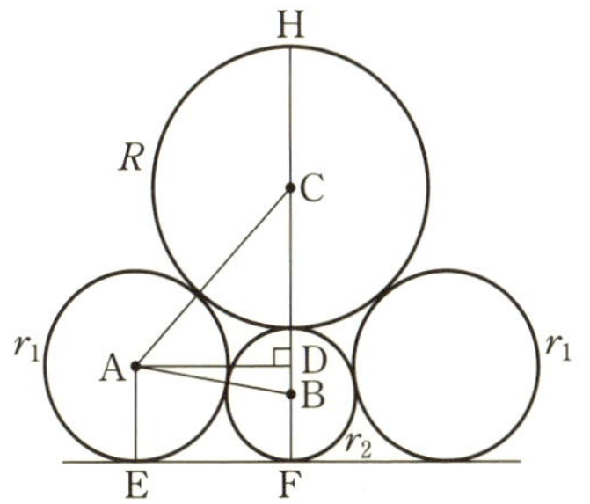

半径r_1の2つの円の間に半径r_2（$r_2<r_1$）の円が挟まれて図のように1つの直線に接しているとき，これら3つの円に接する円の半径をRとすると

$$R=\frac{r_2^2}{r_1-r_2}$$

［証明］　△ABCに余弦定理**20**を用いると

$$AC^2=AB^2+BC^2-2BD\cdot BC$$

この式に　$AC=r_1+R,\quad AB=r_1+r_2,\quad BC=r_2+R,$

$$BD=FD-BF=EA-BF=r_1-r_2$$

を代入すれば

$$(r_1+R)^2=(r_1+r_2)^2+(r_2+R)^2-2(r_1-r_2)(r_2+R)$$

ゆえに　$4r_1R-4r_2R=4r_2^2$

これより，求める式が得られる。

［註1］　$r_2>r_1$のときは，半径Rの円に他の3つの円が内接する形になり，同じ方針で求められるが，それは上の証明においてRの代わりに$-R$とした式になることを確かめておきたい。このことによってr_1，r_2の大小に関係なく所要の式が成り立っていることがわかる。ただし $r_1\neq r_2$ とする。

［註2］　**47**が適用できる。$FH=h$ であるから，**47**より　$h=2(r_2+R)$

$$2(r_1+r_2)(r_2+R)=2r_1r_2+2\sqrt{2r_1r_2R\cdot 2(r_2+R)}$$

Rについて整理すると

$$(r_2-r_1)^2R^2+2r_2^2(r_2-r_1)R+r_2^4=0$$

すなわち　$(r_2-r_1)R+r_2^2=0$　が得られる。

67

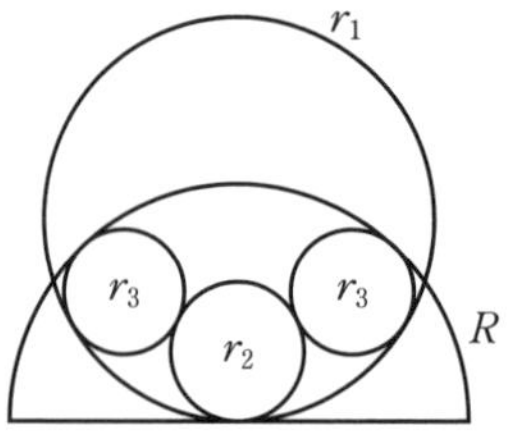

図のように半径Rの半円の中心でこの直径に接する2つの円の半径をr_1, r_2とする。さらに，この3つの円に接する半径r_3の2つの円を描くとき，次の式が成り立つ。

$$(r_1-r_2)R^2-2(r_1-r_2)r_3R-4r_1r_2r_3=0$$

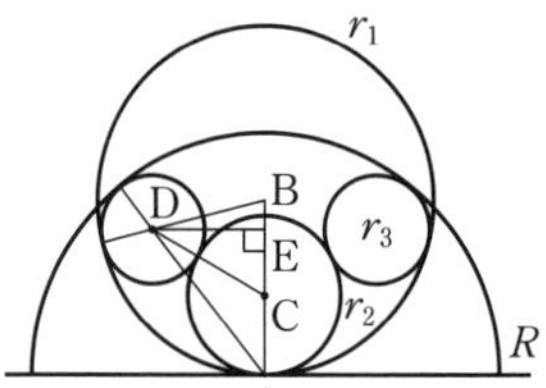

[証明]　余弦定理**20**を△DABと△DCBに用いると

$$DA^2=BD^2+AB^2-2AB\cdot BE$$
$$DC^2=BD^2+CB^2-2CB\cdot BE$$

ここで

$$DA=R-r_3$$
$$BD=r_1-r_3$$
$$DC=r_2+r_3,$$
$$AB=r_1$$
$$CB=r_1-r_2$$

を代入して，2BEを2通りの形で求めて等式をつくると

$$\frac{(R-r_3)^2-(r_1-r_3)^2-r_1{}^2}{r_1}=\frac{(r_2+r_3)^2-(r_1-r_3)^2-(r_1-r_2)^2}{r_1-r_2}$$

分母を払ってRについて整理すれば，求める式が得られる。

68

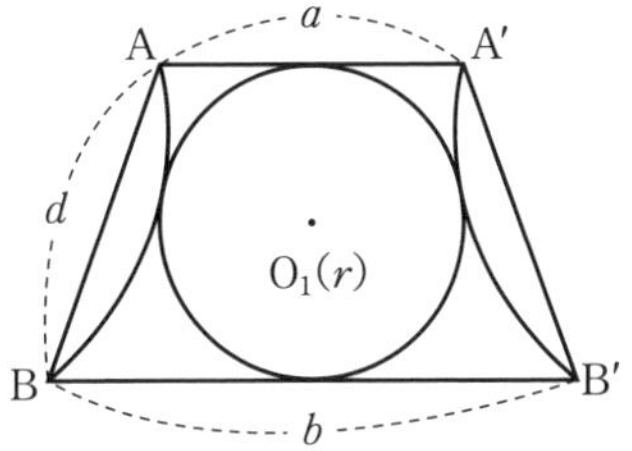

等脚台形ABB′A′において，上底AA′$=a$，下底BB′$=b$，平行でない辺AB$=$A′B′$=d$とし，上底，下底にそれぞれの中点で接する円を$\mathrm{O}_1(r)$とする(すなわちこの等脚台形の高さは$2r$)。
このとき，円O_1に接し，A, Bを通る円O_2の弦ABに対する矢をyとすると

$$y=\frac{(a+b-2d)d}{8r}$$

[証明]（川北朝鄰著『算法助術解義』 文献（2）による。）
所題の台形の左半分だけを描いておく。求める矢は図の HF$=y$ でもある。

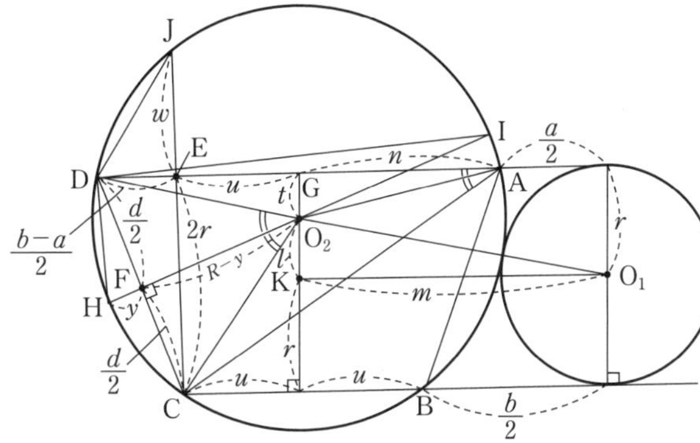

円O_2で，円周角と中心角を比較してわかるように，直角三角形AECとO_2FCは相似であるから

$$\frac{\mathrm{AE}}{\mathrm{EC}}=\frac{\mathrm{O}_2\mathrm{F}}{\mathrm{FC}}$$

ゆえに　$\dfrac{n+u}{2r}=\dfrac{R-y}{\dfrac{d}{2}}$　すなわち　$n+u=\dfrac{4r(R-y)}{d}$　…①

GはADの中点であるから

$n=u+\dfrac{b-a}{2}$　すなわち　$n-u=\dfrac{b-a}{2}$　…②

①，②を辺々加えて2で割れば

$n=\dfrac{2r(R-y)}{d}+\dfrac{b-a}{4}$　…③

また　$DF^2=HF\cdot FI$　であるから

$$\left(\frac{d}{2}\right)^2=y(2R-y)$$

ゆえに　$R=\dfrac{d^2+4y^2}{8y}$　…④

④を③に代入して

$n=\dfrac{2r}{d}\left(\dfrac{d^2+4y^2}{2y}-y\right)+\dfrac{b-a}{4}=\dfrac{rd}{4y}-\dfrac{ry}{d}-\dfrac{a}{4}+\dfrac{b}{4}$　…⑤

26より　$AE\cdot ED=EC\cdot EJ$　であるから

$$(n+u)\frac{b-a}{2}=2rw$$

これに①を代入して

$w=\dfrac{4r(R-y)(b-a)}{4rd}=\dfrac{(R-y)(b-a)}{d}$　…⑥

直線BO_2Jは円O_2の直径であり　$BK=KC=KE$　で，$\angle C$は直角であるから，3点B，K，Eは一直線上にある。

線分BO_2J，BKEとJEのつくる三角形を考えると，比例から

$$w=2l$$

したがって，⑥と④を用いて

$$\mathrm{O_2G} = t = r - l = r - \frac{w}{2}$$

$$= r - \frac{(R-y)(b-a)}{2d} = r - \frac{d(b-a)}{16y} + \frac{y(b-a)}{4d} \qquad \cdots ⑦$$

直角三角形$\mathrm{O_1KO_2}$に三平方の定理を用いて

$$0 = l^2 + m^2 - (R+r)^2$$

これに　$l = r - t$，$m = n + \dfrac{a}{2}$ を代入し，$R^2 = t^2 + n^2$　を用いると

$$0 = (r-t)^2 + \left(n + \frac{a}{2}\right)^2 - (R+r)^2 = -2rt + na + \frac{a^2}{4} - 2Rr$$

これに④，⑤，⑦を代入すると，まず $\dfrac{a^2}{4}$ が消去される。整理すると

$$0 = -16dr^2y + (a+b)d^2r - 4(a+b)ry^2 + 2abdy - 2d^3r - 8dry^2$$

これをyの2次方程式として解くために，根号を避ける式変形をする。

まず，直角三角形CDEから　　$(2r)^2 = d^2 - \left(\dfrac{b-a}{2}\right)^2$

ゆえに　$-8dr^2y = -2dy(2r)^2 = -\dfrac{1}{2}dy\{4d^2 - (b-a)^2\}$

これを前の式の右辺の第1項の半分に代入すると

$$0 = -8dr^2y - 2d^3y + \underline{\frac{(b-a)^2}{2}dy} + (a+b)d^2r - 4(a+b)ry^2$$

$$+ \underline{2abdy} - 2d^3r - 8dry^2$$

この 〰〰〰 の部分をまとめ，第2項に　$-(a+b)d^2y$　を加え，第4項に $(a+b)d^2y$　を加えれば（左辺と右辺を交換して）

$$\underset{\text{㋑}}{-8dr^2y} \underset{\text{㋺}}{- 2d^3y} \underset{\text{㋺}}{- (a+b)d^2y} + \underset{\text{㋩}}{\frac{(a+b)^2}{2}dy} + \underset{\text{㋩}}{(a+b)d^2r} + \underset{\text{㋩}}{(a+b)d^2y}$$

$$\underset{\text{㋑}}{-4(a+b)ry^2} \underset{\text{㋺}}{- 2d^3r} \underset{\text{㋑}}{- 8dry^2} = 0$$

ここで，㋑，㋺，㋩をそれぞれまとめれば

$$-8ry\left(dr+\frac{a+b}{2}y+dy\right)-2d^2\left(dy+\frac{a+b}{2}y+dr\right)$$

$$+(a+b)d\left(\frac{a+b}{2}y+dr+dy\right)=0$$

となり，各項の共通因子（〜）で割れば

$$-8ry-2d^2+(a+b)d=0$$

これから求める式が得られる。

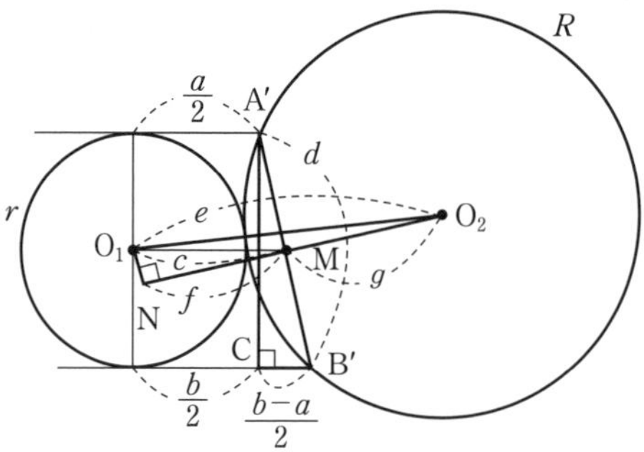

［別証明］（川北朝鄰著『算法助術解義』（林集書794）を直した。）問題の台形の右半分の図を描く。台形の2つの斜辺の中点を結ぶ線分の長さを$2c$とすると，左図で

$$c=\mathrm{O_1M}=\frac{a+b}{4} \qquad \cdots①$$

また

$$e=\mathrm{O_1O_2}=R+r \qquad \cdots②$$

弦A′B′の中点Mと$\mathrm{O_2}$を結ぶ直線に$\mathrm{O_1}$から垂線を下ろした足をNとすると，直角三角形$\mathrm{O_1NM}$とB′CA′が相似であるから

$$\frac{c}{f}=\frac{d}{2r}$$

①を用いて　$f=\dfrac{2cr}{d}=\dfrac{(a+b)r}{2d}$ $\cdots③$

また，A′B′の矢のy（図には無記入）とgを加えればRとなるから

$$R=y+g$$

また，直角三角形$\mathrm{A'MO_2}$から　$R^2=\left(\dfrac{d}{2}\right)^2+g^2$ $\cdots④$

したがって　$(y+g)^2=\dfrac{d^2}{4}+g^2$

これから　　$g=\dfrac{d^2}{8y}-\dfrac{y}{2}$　　　…⑤

また，三平方の定理をくりかえし用いると

$$e^2=O_1O_2{}^2=O_1N^2+NO_2{}^2=(c^2-f^2)+(f+g)^2=c^2+g^2+2fg \qquad \cdots⑥$$

（余弦定理を$\triangle O_1O_2M$に用いたといってもよい。）

また，一方④から

$$e^2=(R+r)^2=\frac{d^2}{4}+g^2+2Rr+r^2 \qquad \cdots⑦$$

これと⑥を比較して

$$c^2+2fg=\frac{d^2}{4}+2Rr+r^2 \qquad \cdots⑧$$

そして⑤を用いると $R=y+g=\dfrac{d^2}{8y}+\dfrac{y}{2}$ となるから，これと①，③，⑤

を⑧に代入すると

$$\frac{(a+b)^2}{4}+2\cdot\frac{(a+b)r}{2d}\left(\frac{d^2}{8y}-\frac{y}{2}\right)=\frac{d^2}{4}+2\left(\frac{d^2}{8y}+\frac{y}{2}\right)r+r^2$$

$16dy$を掛けて分母を払い，右辺にまとめてyで整理すると

$$-(a+b)^2dy-2(a+b)rd^2+8(a+b)ry^2=4d^3y+16rdy^2+4rd^3+16r^2dy=0$$

すなわち

$$8r(a+b+2d)y^2-\{(a+b)^2-4d^2-16r^2\}dy-2r(a+b-2d)d^2=0$$

因数分解すれば

$$\{8ry-(a+b-2d)d\}\{(a+b+2d)y+2rd\}=0$$

左辺の第2因子は正であるから，第1因子$=0$

これから求める式が得られる。

69

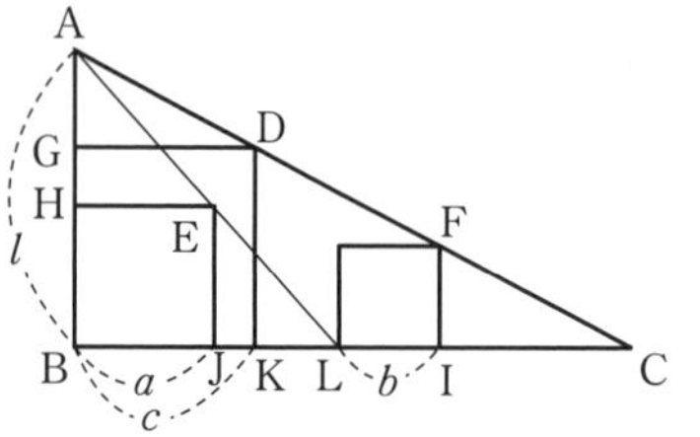

図のように直角三角形内に3つの正方形があるとき

$$b(l-a)=l(c-a)$$

[証明] $\dfrac{AG}{GD}=\dfrac{AB}{BC}=\dfrac{FI}{IC}$

すなわち $\dfrac{l-c}{c}=\dfrac{l}{BC}=\dfrac{b}{IC}$

ゆえに $BC=\dfrac{cl}{l-c}$ $IC=\dfrac{bc}{l-c}$

よって $BL=BC-IC-IL=\dfrac{cl}{l-c}-\dfrac{bc}{l-c}-b=\dfrac{l(c-b)}{l-c}$ …①

また $\dfrac{AH}{HE}=\dfrac{AB}{BL}$

すなわち $\dfrac{l-a}{a}=\dfrac{l}{BL}$

ゆえに $BL=\dfrac{al}{l-a}$ …②

①＝②として整理すると

$$\frac{l(c-b)}{l-c}=\frac{al}{l-a}$$

ゆえに $(c-b)(l-a)=a(l-c)$

これから求める式が得られる。

70

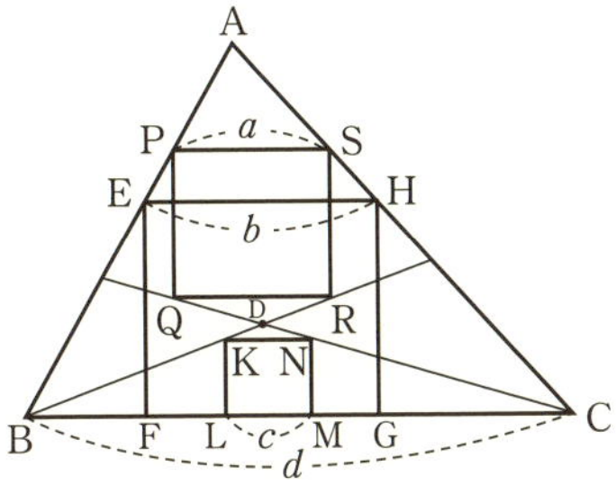

図のように△ABC内に1辺が底辺BCに平行な正方形PQRSをつくり，BC上に1辺をもち，この三角形に内接する正方形をEFGHとする。CQとBRの交点をDとする。また，△DBCについても辺BC上に1辺をもち内接する正方形KLMNをつくる。正方形の辺の長さを図のようにa，b，cとし，BC$=d$とすると

$$d^2(a-b+c)=abc$$

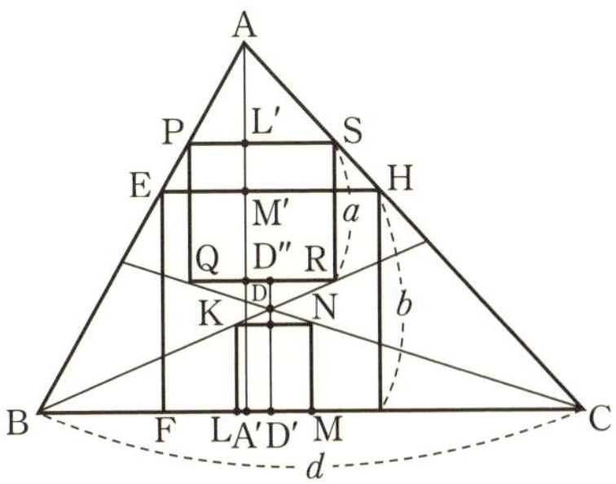

[証明]　AとDからBCに垂線を下ろしてその足や交点を図のように決めると，△ABCと△AEHは相似であるから

$$\frac{\mathrm{AA'}}{\mathrm{BC}}=\frac{\mathrm{AM'}}{\mathrm{EH}}$$

ゆえに　$$\frac{\mathrm{AA'}}{d}=\frac{\mathrm{AA'}-b}{b}$$

$$\mathrm{AA'}=\frac{bd}{d-b} \qquad \cdots①$$

△ABCと△APS は相似であるから

$$\frac{\mathrm{AA'}}{\mathrm{AL'}}=\frac{\mathrm{BC}}{\mathrm{PS}}$$

ゆえに　$$\mathrm{AL'}=\mathrm{AA'}\cdot\frac{\mathrm{PS}}{\mathrm{BC}}=\frac{bd}{d-b}\cdot\frac{a}{d}=\frac{ab}{d-b} \qquad \cdots②$$

△DBCと△DKNは相似であるから，①と同様にして

$$\mathrm{DD}' = \frac{cd}{d-c} \qquad \cdots ③$$

また，△DBCと△DRQは相似であるから

$$\frac{\mathrm{DD}'}{\mathrm{DD}''} = \frac{\mathrm{BC}}{\mathrm{RQ}}$$

ゆえに，③を用いて

$$\mathrm{DD}'' = \frac{cd}{d-c} \cdot \frac{a}{d} = \frac{ca}{d-c} \qquad \cdots ④$$

①，②，③，④を

$$\mathrm{AA}' = \mathrm{AL}' + a + \mathrm{DD}'' + \mathrm{DD}'$$

に代入して

$$\frac{bd}{d-b} = \frac{ab}{d-b} + a + \frac{ca}{d-c} + \frac{cd}{d-c}$$

分母を払って d について整理して，求める式が得られる。

71

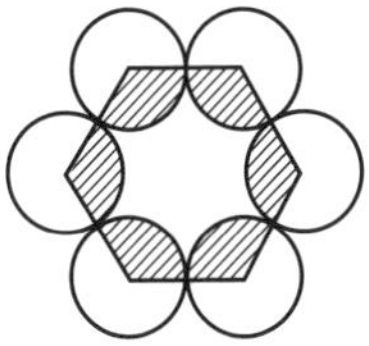

1辺の長さaの正n角形の各頂点を中心として半径$\dfrac{a}{2}$の円を描くと，図のように外接する円がn個できる。これらの円のうちもとの正n角形内にある部分の総面積は

$$\frac{n-2}{8}\pi a^2$$

[証明]　凸n角形の内角の和は　　$(n-2)\pi$

(1つの頂点から対角線は$n-3$個引けて$n-2$個の三角形に分けられる。したがって，それらの内角の和πを全部合わせれば　　$(n-2)\pi$　)

ゆえに，1つの内角は　　$\dfrac{n-2}{n}\pi$

1つの扇形の面積は半径r，中心角θ（ラジアン）とすれば　　$\dfrac{1}{2}\theta r^2$

ゆえに，図の1つの扇形の面積は

$$\frac{1}{2}\cdot\frac{n-2}{n}\pi\left(\frac{a}{2}\right)^2$$

よって，n個では　　$n\cdot\dfrac{1}{2}\left(\dfrac{n-2}{n}\right)\pi\left(\dfrac{a}{2}\right)^2=\dfrac{n-2}{8}\pi a^2$

[註]　正多角形でない凸n角形のときでも，辺の長さがみな等しいものなら結果は同じである。それは内角の和を$\theta_1+\theta_2+\cdots+\theta_n$とすると，この値は上述のように$(n-2)\pi$であるから，所要の総面積は

$$\frac{1}{2}\theta_1\left(\frac{a}{2}\right)^2+\frac{1}{2}\theta_2\left(\frac{a}{2}\right)^2+\cdots+\frac{1}{2}\theta_n\left(\frac{a}{2}\right)^2=\frac{1}{8}(\theta_1+\cdots+\theta_n)a^2=\frac{n-2}{8}\pi a^2$$

となるからである。

72

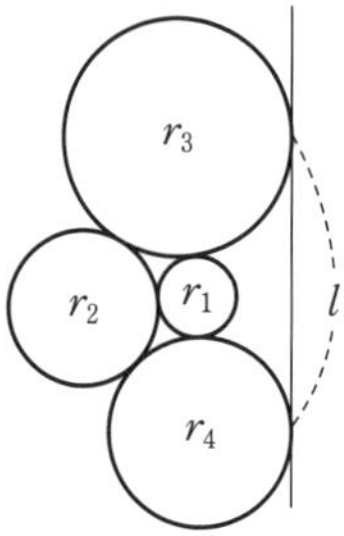

図のように外接している4つの円$O_1(r_1)$, $O_2(r_2)$, $O_3(r_3)$, $O_4(r_4)$ があるとき，円O_3, O_4の共通接線の長さをlとすると，次の式が成り立つ。

(1)　$(r_1+r_2)l=2\sqrt{r_1r_2}\{\sqrt{(r_1+r_2+r_3)r_4}+\sqrt{(r_1+r_2+r_4)r_3}\}$

(2)　$(r_1+r_2)^2l^2=4r_1r_2\{(r_1+r_2+r_3)r_4+(r_1+r_2+r_4)r_3+2\sqrt{(r_1+r_2+r_3)(r_1+r_2+r_4)r_3r_4}\}$

(3)　$(r_1+r_2)^2l^4-8r_1r_2\{(r_1+r_2)(r_3+r_4)+2r_3r_4\}l^2+16r_1{}^2r_2{}^2(r_3-r_4)^2=0$

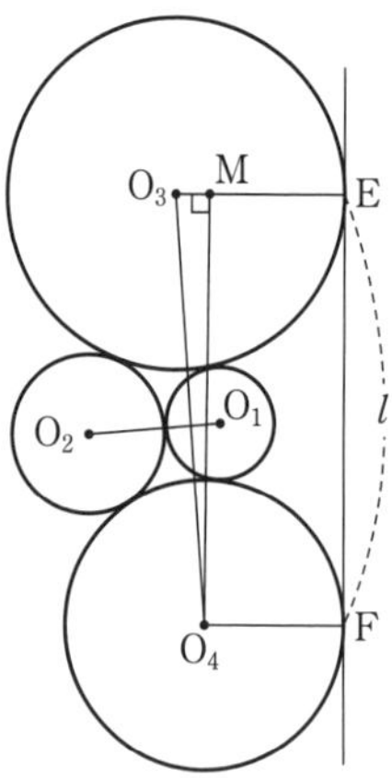

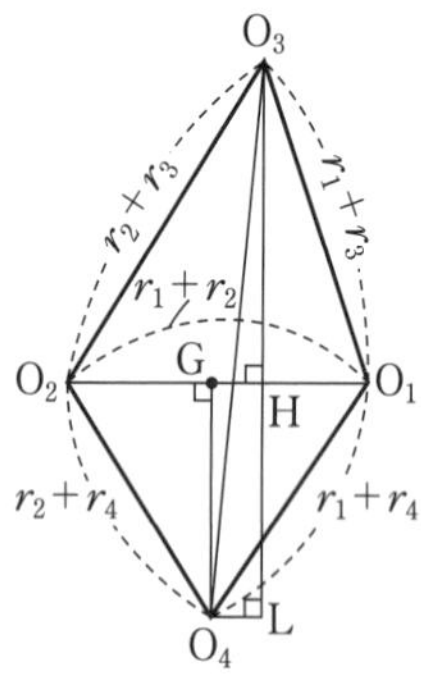

[証明]　$\triangle O_1O_2O_3$に余弦定理**20**を用いて

$$O_1H=\frac{O_1O_2{}^2+O_1O_3{}^2-O_2O_3{}^2}{2O_1O_2}$$

ここで　$O_1O_2=r_1+r_2$

$O_1O_3=r_1+r_3$

$O_2O_3=r_2+r_3$

を上の式に代入して

$$O_1H=\frac{(r_1+r_2)^2+(r_1+r_3)^2-(r_2+r_3)^2}{2(r_1+r_2)} \quad \cdots①$$

また，$\triangle O_1O_2O_3$の面積Sはヘロンの公式から　$S=\sqrt{(r_1+r_2+r_3)r_1r_2r_3}$

となり，また $S=\frac{1}{2}O_1O_2\cdot O_3H$ であることから，①を用いて

$$O_3H=\frac{2S}{O_1O_2}=\frac{2\sqrt{(r_1+r_2+r_3)r_1r_2r_3}}{r_1+r_2} \quad \cdots②$$

同様に，O_3の代わりにO_4として，$\triangle O_1O_2O_4$について

$$O_4G=\frac{2\sqrt{(r_1+r_2+r_4)r_1r_2r_4}}{r_1+r_2} \qquad \cdots③$$

が成り立つ。次に，$\triangle O_1O_2O_4$に余弦定理**20**を用いて

$$O_1G=\frac{(r_1+r_2)^2+(r_1+r_4)^2-(r_2+r_4)^2}{2(r_1+r_2)} \qquad \cdots④$$

点Lを$O_3H\perp O_4L$となるようにとると，直角三角形O_3LO_4から

$$O_4L=GH=O_1G-O_1H$$

$$=\frac{(r_1+r_2)^2+(r_1+r_4)^2-(r_2+r_4)^2-(r_1+r_2)^2-(r_1+r_3)^2+(r_2+r_3)^2}{2(r_1+r_2)}$$

$$=\frac{(r_1-r_2)(r_4-r_3)}{r_1+r_2} \qquad \cdots⑤$$

同様に $O_3L=O_3H+HL=O_3H+O_4G$ に②，③を用いて

$$O_3L=\frac{2\left\{\sqrt{(r_1+r_2+r_3)r_1r_2r_3}+\sqrt{(r_1+r_2+r_4)r_1r_2r_4}\right\}}{r_1+r_2} \qquad \cdots⑥$$

さて $O_3O_4{}^2=O_4L^2+O_3L^2$ であるから

$$l^2=EF^2=O_4M^2=O_3O_4{}^2-O_3M^2=O_4L^2+O_3L^2-O_3M^2$$

これに⑤，⑥と $O_3M=r_3-r_4$ を代入すると，分母を払って

$$(r_1+r_2)^2l^2=(r_1-r_2)^2(r_3-r_4)^2+4r_1r_2\{\sqrt{(r_1+r_2+r_3)r_3}+\sqrt{(r_1+r_2+r_4)r_4}\}^2-(r_1+r_2)^2(r_3-r_4)^2$$

$$=4r_1r_2[\{\sqrt{(r_1+r_2+r_3)r_3}+\sqrt{(r_1+r_2+r_4)r_4}\}^2-(r_3-r_4)^2] \qquad \cdots⑦$$

と変形され，{　} の中は平方を展開して計算すれば

$$(r_1+r_2+r_4)r_3+(r_1+r_2+r_3)r_4+2\sqrt{(r_1+r_2+r_3)(r_1+r_2+r_4)r_3r_4}$$

となる。これを⑦に戻せば(2)が得られる。

また，(2)の{　}の部分は平方の形に直せるから，平方根をとれば(1)となる。

さらに，(2)で根号を含む項のみを右辺に残し，他をみな左辺に移して両辺を平方し，$(r_1+r_2)^2$で約して(3)が得られる。

72系

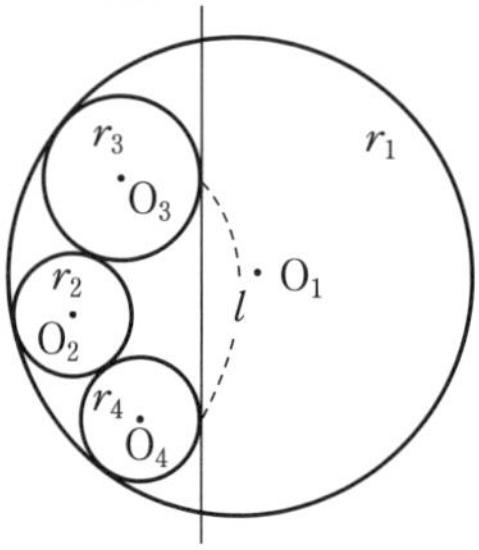

図のように円$O_1(r_1)$に内接し，次々に外接する3つの円$O_3(r_3)$，$O_2(r_2)$，$O_4(r_4)$があるとき，円O_3とO_4の共通外接線の長さをlとすると

(1)　$(r_1-r_2)l=2\sqrt{r_1r_2}\{\sqrt{(r_1-r_2-r_4)r_3}+\sqrt{(r_1-r_2-r_3)r_4}\}$

(2)　$$(r_1-r_2)^2l^2=4r_1r_2\{(r_1-r_2-r_3)r_4+(r_1-r_2-r_4)r_3+2\sqrt{(r_1-r_2-r_3)(r_1-r_2-r_4)r_3r_4}\}$$

(3)　$$(r_1-r_2)^2l^4+8r_1r_2\{2r_3r_4-(r_1-r_2)(r_3+r_4)\}l^2+16{r_1}^2{r_2}^2(r_3-r_4)^2=0$$

[証明]　$O_1O_2=r_1-r_2$，　$O_1O_3=r_1-r_3$，　$O_2O_3=r_2+r_3$，　$O_1O_4=r_1-r_4$

となり，72の証明の中で，r_1はそのままでr_2，r_3，r_4の符号を変えたものになっている。

例えば $S=\triangle O_1O_2O_3=\sqrt{r_1r_2r_3(s-r_2-r_3)}$ なども得られる。

これら以外の計算も同様である。

したがって，72の式をこのように変換すれば求めるものが得られる。

結果的には72でr_1の代わりに$-r_1$とし，r_2，r_3，r_4はそのままとしても72の等式が得られる，といってもよい。（この系は77の［証明］で利用する。）

73

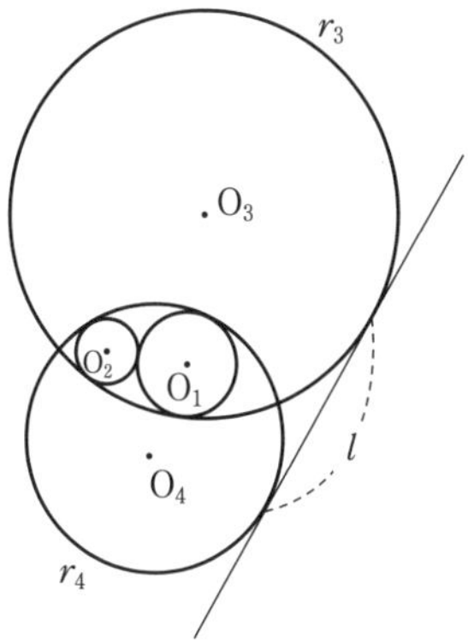

4つの円$O_1(r_1)$, $O_2(r_2)$, $O_3(r_3)$, $O_4(r_4)$が図のように, 互いに内接または外接し合っているとき, O_3とO_4の共通接線の長さをlとすると, 次の式が成り立つ。

(1) $(r_1+r_2)l=2\sqrt{(r_3-r_1-r_2)r_1r_2r_4}+2\sqrt{(r_4-r_1-r_2)r_1r_2r_3}$

(2) $(r_1+r_2)^2l^2=4(r_3-r_1-r_2)r_1r_2r_4+4(r_4-r_1-r_2)r_1r_2r_3$
$+8r_1r_2\sqrt{(r_3-r_1-r_2)(r_4-r_1-r_2)r_3r_4}$

(3) $16(r_3-r_4)^2r_1{}^2r_2{}^2+8(r_1+r_2)(r_3+r_4)r_1r_2l^2$
$-16r_1r_2r_3r_4l^2+(r_1+r_2)^2l^4=0$

[証明] $O_1O_2=r_1+r_2$, $O_1O_3=r_3-r_1$, $O_1O_4=r_4-r_1$, $O_2O_3=r_3-r_2$ であり, $\triangle O_1O_2O_3$の面積は, ヘロンの公式より $\sqrt{(r_3-r_1-r_2)r_1r_2r_3}$ となることから, **72**の証明を注意してたどれば, **72**の結論の式で

r_1+r_3, r_2+r_3, $r_1+r_2+r_3$

をそれぞれ　r_3-r_1, r_3-r_2, $r_3-r_1-r_2$

で置き換え, r_4の入ったものも同様に置き換えればよいことがわかる。

74

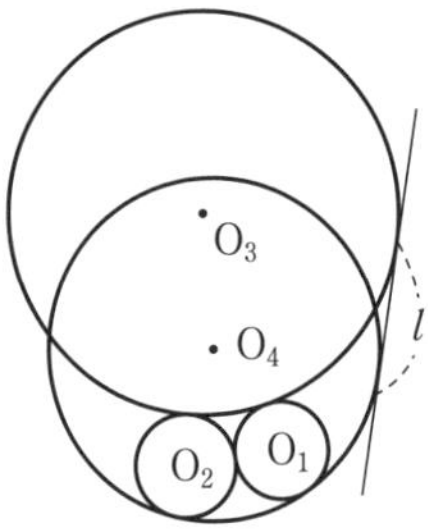

図のように内接あるいは外接している円 $O_1(r_1)$, $O_2(r_2)$, $O_3(r_3)$, $O_4(r_4)$ があるとき，円 O_3 と O_4 の共通外接線の長さを l とする。

このとき　$A=\sqrt{4r_3r_4-l^2}$　とおくと

(1)　$(r_3+r_4)^2r_1^2r_2^2-8\{(r_1+r_2)(r_3-r_4)r_1r_2+2r_1r_2r_3r_4\}A^2+(r_1+r_2)^2A^4=0$

(2)　$(r_1+r_2)^2A^2$
$=4r_1r_2r_4(r_1+r_2+r_3)+4r_1r_2r_3(r_4-r_1-r_2)+8r_1r_2\sqrt{(r_1+r_2+r_3)(r_4-r_1-r_2)r_3r_4}$

(3)　$(r_1+r_2)A$
$=2\{\sqrt{(r_1+r_2+r_3)r_1r_2r_4}+\sqrt{(r_4-r_1-r_2)r_1r_2r_3}\}$

[証明]　(2)の右辺を平方の形に直せば(3)が得られる。

また，(2)の根号のついた項のみを右辺に残し，他の項を左辺に移項して両辺を平方すると，互いに消去される項があり，$(r_1+r_2)^2$ で両辺が約分でき，整理すれば(1)が得られる。したがって，(2)を証明すればよい。

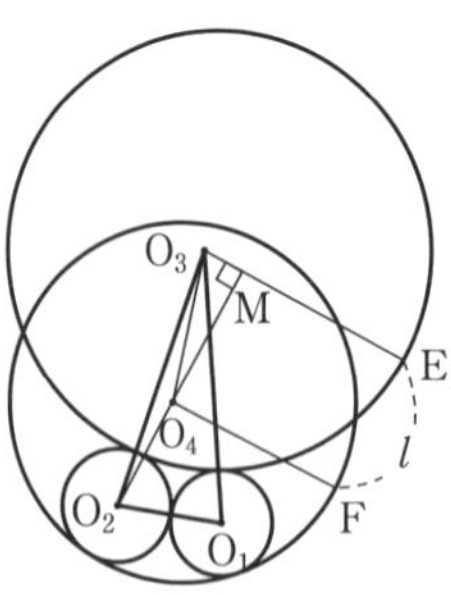

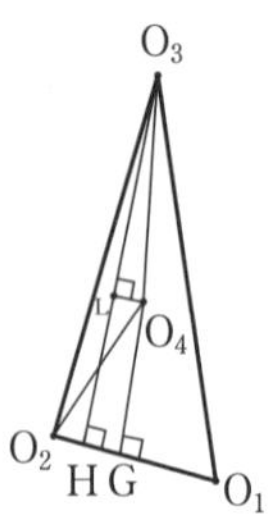

この証明は72とほとんど同じである。左図を参照しながら72の［証明］の①，……，⑥に相当する等式を導き出そう。

円の間の内接，外接関係に注目すればよいので要点だけを述べることにする。

①，②は全く同じである。すなわち

$$\mathrm{O_1H}=\frac{(r_1+r_2)^2+(r_1+r_3)^2-(r_2+r_3)^2}{2(r_1+r_2)} \qquad \cdots①$$

$$\mathrm{O_3H}=\frac{2\sqrt{(r_1+r_2+r_3)r_1r_2r_3}}{r_1+r_2} \qquad \cdots②$$

さらに$\mathrm{O_1O_4}=r_4-r_1$，$\mathrm{O_2O_4}=r_4-r_2$などに注意すれば

$$\mathrm{O_4G}=\frac{2\sqrt{(r_4-r_1-r_2)r_1r_2r_3}}{r_1+r_2} \qquad \cdots③$$

$$\mathrm{O_1G}=\frac{(r_1+r_2)^2+(r_4-r_1)^2-(r_4-r_2)^2}{2(r_1+r_2)} \qquad \cdots④$$

したがって

$$\mathrm{O_4L}=\mathrm{GH}=\mathrm{O_1H}-\mathrm{O_1G}=\frac{(r_2-r_1)\cdot(r_3+r_4)}{r_1+r_2} \qquad \cdots⑤$$

$$\begin{aligned}\mathrm{O_3L}&=\mathrm{O_3H}-\mathrm{LH}=\mathrm{O_3H}-\mathrm{O_4G}\\ &=\frac{2\left\{\sqrt{(r_1+r_2+r_3)r_1r_2r_3}-\sqrt{(r_4-r_1-r_2)r_1r_2r_4}\right\}}{r_1+r_2}\end{aligned} \qquad \cdots⑥$$

これらを次の式に代入しよう。

$$l^2=\mathrm{EF}^2=\mathrm{O_4M}^2=\mathrm{O_3O_4}^2-\mathrm{O_3M}^2=\mathrm{O_4L}^2+\mathrm{O_3L}^2-\mathrm{O_3M}^2$$

ここで　　$\mathrm{O_3M}=\mathrm{O_3E}-\mathrm{ME}=\mathrm{O_3E}-\mathrm{O_4F}=r_3-r_4$

よって，⑤，⑥を代入して分母を払うと

$$\begin{aligned}&(r_1+r_2)^2l^2\\ &=(r_2-r_1)^2(r_3+r_4)^2+4\{\sqrt{(r_1+r_2+r_3)r_1r_2r_3}-\sqrt{(r_4-r_1-r_2)r_1r_2r_4}\}^2\\ &\qquad-(r_1+r_2)^2(r_3-r_4)^2\end{aligned}$$

右辺の第2項を展開して根号の残っている項を先にまとめておくと

$$\begin{aligned}(r_1+r_2)^2l^2=&-8r_1r_2\sqrt{(r_1+r_2+r_3)(r_4-r_1-r_2)r_3r_4}\\ &+4(r_1+r_2+r_3)r_1r_2r_3+4(r_4-r_1-r_2)r_1r_2r_4\\ &+(r_2-r_1)^2(r_3+r_4)^2-(r_1+r_2)^2(r_3-r_4)^2\end{aligned} \qquad \cdots⑦$$

この右辺の最後の4項をまとめれば

$$-4r_1r_2r_3\{(r_1+r_2+r_3)r_4+(r_4-r_1-r_2)r_3\}+4r_3r_4(r_1+r_2)^2$$

となるので，上の⑦から

$$
\begin{aligned}
(r_1+r_2)^2l^2=&-8r_1r_2\sqrt{(r_1+r_2+r_3)(r_4-r_1-r_2)r_3r_4}\\
&-4r_1r_2r_3\{(r_1+r_2+r_3)r_4+(r_4-r_1-r_2)r_3\}\\
&+4(r_1+r_2)^2r_3r_4
\end{aligned}
$$

ここで $l^2=4r_3r_4-A^2$ を入れれば(2)が得られる。

75は，**74**の O_3 と O_4 の名称を変えたにすぎない。原著の等式も r_3 と r_4 を交換したものになっている。ここでは省略する。

76

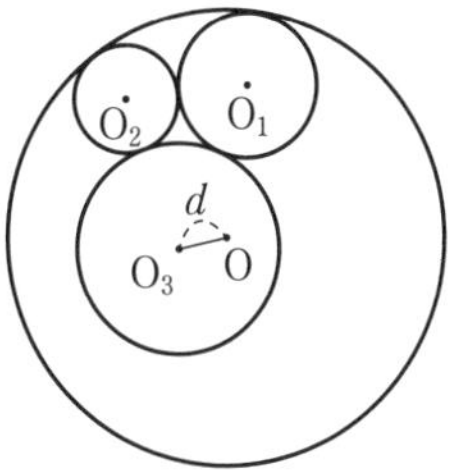

図のように円O(R)の内部に互いに外接する3つの円$O_1(r_1)$, $O_2(r_2)$, $O_3(r_3)$があり，円O_1, O_2は円Oに内接し，O_3と外接している。このとき$OO_3=d$とすると，次の式が成り立つ。

(1) $$(r_1+r_2)\sqrt{(R+r_3)^2-d^2}$$
$$=2\sqrt{r_1r_2}\{\sqrt{(r_1+r_2+r_3)R}+\sqrt{(R-r_1-r_2)r_3}\}$$

(2) $$(r_1+r_2)^2\{(R+r_3)^2-d^2\}$$
$$=4r_1r_2\{(r_1+r_2+r_3)R+(R-r_1-r_2)r_3$$
$$+2\sqrt{(r_1+r_2+r_3)(R-r_1-r_2)Rr_3}\}$$

(3) $$16r_1{}^2r_2{}^2(R+r_3)^2$$
$$-8r_1r_2\{(R+r_3)^2-d^2\}\{(r_1+r_2)(R-r_3)+2Rr_3\}$$
$$+(r_1+r_2)^2\{(R+r_3)^2-d^2\}=0$$

[註] この等式は，円O_3が特に円Oに内接するときは $d=R-r_3$ であって，(3)は，55の等式と同じであることが確かめられる。すなわち，76は55の拡張である。

[証明] $\triangle O_1O_2O_3$の辺は $O_1O_2=r_1+r_2$, $O_2O_3=r_2+r_3$, $O_3O_1=r_3+r_1$

余弦定理20を用いて $$O_2G=\frac{O_1O_2{}^2+O_2O_3{}^2-O_1O_3{}^2}{2O_1O_2}$$
$$=\frac{(r_1+r_2)^2+(r_2+r_3)^2-(r_1+r_3)^2}{2(r_1+r_2)}$$

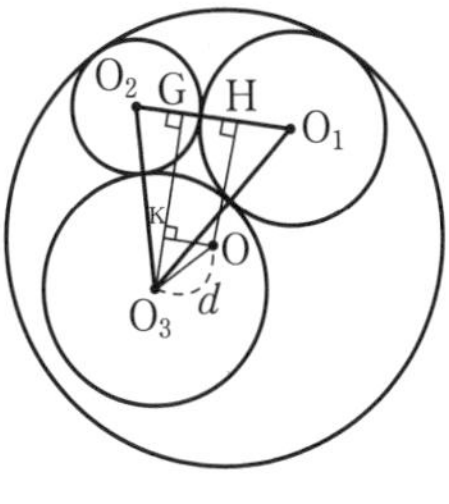

また，$\triangle O_1O_2O_3$の面積 $S=\frac{1}{2}O_1O_2\cdot O_3G$ または，ヘロンの公式より $S=\sqrt{(r_1+r_2+r_3)r_1r_2r_3}$ となることは，例えば72の証明でも用いたことである。

ゆえに　$O_3G=\dfrac{2S}{O_1O_2}=\dfrac{2\sqrt{(r_1+r_2+r_3)r_1r_2r_3}}{r_1+r_2}$

$\triangle OO_1O_2$の辺はそれぞれr_1+r_2，$R-r_1$，$R-r_2$であるから，同様にして

$$O_2H=\frac{(r_1+r_2)+(R-r_2)^2-(R-r_1)^2}{2(r_1+r_2)}\qquad OH=\frac{2\sqrt{(R-r_1-r_2)Rr_1r_2}}{r_1+r_2}$$

直角三角形OKO_3において，三平方定理を用いるために各辺を求めると

$$OK=GH=O_2H-O_2G=\frac{(R+r_3)(r_1-r_2)}{r_1+r_2}$$

$$O_3K=O_3G-OH=\frac{2\sqrt{(r_1+r_2+r_3)r_1r_2r_3}-2\sqrt{(R-r_1-r_2)Rr_1r_2}}{r_1+r_2}$$

$O_3O=d$であるから

$$d^2=\frac{(R+r_3)^2(r_1-r_2)^2+4r_1r_2\{\sqrt{(r_1+r_2+r_3)r_3}-\sqrt{(R-r_1-r_2)R}\}^2}{(r_1+r_2)^2}$$

分母を払って$\{\quad\}^2$を展開し，根号を含まない項はすべて左辺に集めると

$$(r_1+r_2)^2d^2-(R+r_3)^2(r_1-r_2)^2-4r_1r_2r_3(r_1+r_2+r_3)-4Rr_1r_2(R-r_1-r_2)$$

となり，$(r_1-r_2)^2$ を $(r_1+r_2)^2-4r_1r_2$ としてまとめると

$$-(r_1+r_2)^2\{(R+r_3)^2-d^2\}+4r_1r_2\{(r_1+r_2+r_3)R+(R-r_1-r_2)r_3\}\quad\cdots①$$

根号を含む項は　$-8r_1r_2\sqrt{(r_1+r_2+r_3)(R-r_1-r_2)Rr_3}$　…②

①＝②として，次の等式が得られる。右辺を展開すれば（2）が得られる。

$$(r_1+r_2)^2\{(R+r_3)^2-d^2\}=4r_1r_2\{\sqrt{(r_1+r_2+r_3)R}+\sqrt{(R-r_1-r_2)r_3}\}^2$$

また，①^2−②^2=0として，簡単のため $A=(R+r_3)^2-d^2$ とおくと，左辺でA^2の係数は $(r_1+r_2)^2$ であり，Aの係数は

$$-8r_1r_2(r_1+r_2)^2\{(r_1+r_2+r_3)R+(R-r_1-r_2)r_3\}$$
$$=-8r_1r_2(r_1+r_2)^2\{(r_1+r_2)(R-r_3)+2Rr_3\}$$

Aの入らない項は

$$16r_1^2r_2^2\{(r_1+r_2+r_3)R+(R-r_1-r_2)r_3\}^2-16r_1^2r_2^2(r_1+r_2+r_3)(R-r_1-r_2)Rr_3$$
$$=16r_1^2r_2^2(r_1+r_2)^2(R+r_3)^2$$

と変形される。

よって，$(r_1+r_2)^2$ で割れば（3）が得られる。

77

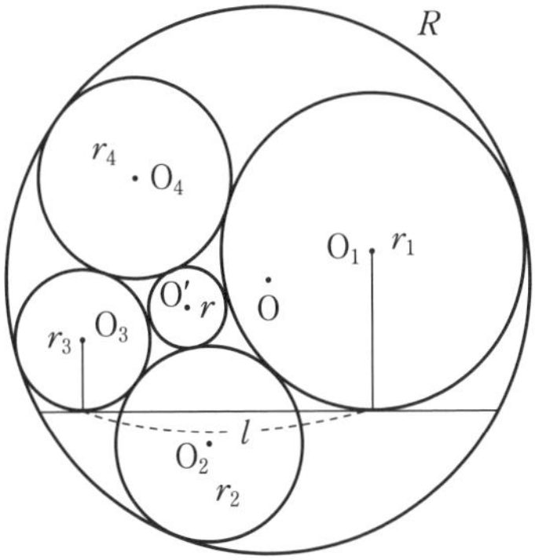

円 $O_1(r_1)$，$O_2(r_2)$，$O_3(r_3)$，$O_4(r_4)$ が図のように次々外接し，円 $O(R)$ に内接，$O'(r)$ に外接しているとすると，次の式が成り立つ。

$$\frac{1}{r_1}+\frac{1}{r_3}=\frac{1}{r_2}+\frac{1}{r_4}$$

（原書には，次ページの③，④，⑥の式も記載されている。また，結論の式にはR，rが含まれていないことに注意する。）

［証明］ 72の結果を利用する。いま，上の図の円 $O(R)$ と円 $O(r_4)$ を外した図を考えよう。そして72の図で共通外接線 l が描かれているが，もう1本の共通外接線もまた長さは l であって，72（3）から次の式が成り立つことがわかる。

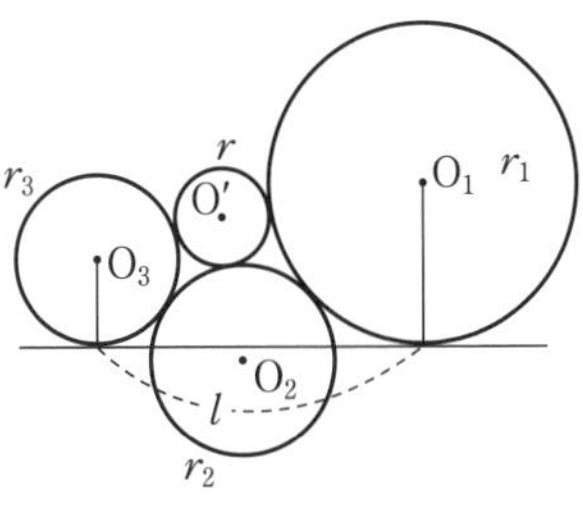

$$(r+r_2)^2l^4-8rr_2\{(r+r_2)(r_3+r_1)+2r_3r_1\}l^2+16r^2r_2{}^2(r_3-r_1)^2=0 \quad \cdots①$$

この式を r_2 で整理しよう。便宜上 r_2 を x と置き換えておくと

$$\{l^4+16r^2(r_3-r_1)^2-8(r_1+r_3)rl^2\}x^2$$
$$+\{2rl^4-8r^2(r_3+r_1)l^2-16rr_1r_3l^2\}x+r^2l^4=0 \quad \cdots②$$

このことは上の図で $O(r_4)$ の代わりに $O(r_2)$ を外しても同様で，①の r_2 を

r_4と置き換えた式が成り立つ。lは同一である。すなわち，r_2，r_4は②の2つの解であるといえる。

一般に，2次方程式 $Ax^2+Bx+C=0$ の解がα, βならば，解と係数の関係から　$\alpha+\beta=-\dfrac{B}{A}$,　$\alpha\beta=\dfrac{C}{A}$

ゆえに　$A(\alpha+\beta)=-B$,　$A\alpha\beta=C$

前者に$\alpha\beta$を，後者に$(\alpha+\beta)$を掛けて辺々引くと

$$B\alpha\beta+C(\alpha+\beta)=0$$

が得られる。

このことをr_2，r_4を解にもつ2次方程式②に用いれば

$$\{2rl^4-8r^2(r_3+r_1)l^2-16rr_1r_3l^2\}r_2r_4+r^2l^4(r_2+r_4)=0$$

rl^2で割って

$$\{2l^2-8r(r_3+r_1)-16r_1r_3\}r_2r_4+rl^2(r_2+r_4)=0$$

ゆえに　$\{r(r_2+r_4)+2r_2r_4\}l^2=8\{(r_1+r_3)rr_2r_4+2r_1r_2r_3r_4\}$　…③

次に，円O′の代わりに円O(R)を考えれば，**72系**が利用できる。(③のrの代わりに$-R$としたといってもよい。)

$$\{-R(r_2+r_4)+2r_2r_4\}l^2=8\{-(r_1+r_3)Rr_2r_4+2r_1r_2r_3r_4\} \quad \cdots④$$

③－④から　$(r+R)(r_2+r_4)l^2=8(r_1+r_3)(R+r)r_2r_4$

$R+r$ で割って

$$(r_2+r_4)l^2=8(r_1+r_3)r_2r_4 \quad \cdots⑤$$

③－⑤r として

$$2r_2r_4l^2=16r_1r_2r_3r_4$$

ゆえに　$l^2=8r_1r_3$　…⑥

⑥を⑤に代入して

$$(r_2+r_4)8r_1r_3=8(r_1+r_3)r_2r_4$$

$8r_1r_2r_3r_4$で割れば

$$\frac{1}{r_4}+\frac{1}{r_2}=\frac{1}{r_3}+\frac{1}{r_1}$$

よって，求める式が得られた。

78

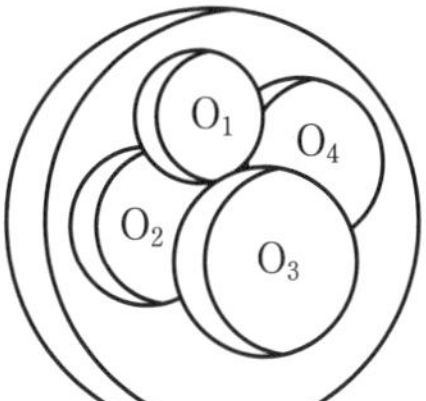

4つの球$O_1(r_1)$, $O_2(r_2)$, $O_3(r_3)$, $O_4(r_4)$が図のように互いに外接しているとき，この4つの球すべてが内接するような球$O(R)$について，次の等式が成り立つ。

$$\begin{aligned}&r_1{}^2r_2{}^2r_3{}^2r_4{}^2+Rr_1r_2r_3r_4(r_1r_2r_3+r_1r_2r_4+r_1r_3r_4+r_2r_3r_4)\\&\quad-R^2r_1r_2r_3r_4(r_1r_2+r_1r_3+r_1r_4+r_2r_3+r_2r_4+r_3r_4)\\&\quad+R^2(r_1{}^2r_2{}^2r_3{}^2+r_1{}^2r_2{}^2r_4{}^2+r_1{}^2r_3{}^2r_4{}^2+r_2{}^2r_3{}^2r_4{}^2)=0\end{aligned}$$

この等式は**55**の等式を3次元の場合に拡張したものである。
等式を$R^2r_1{}^2r_2{}^2r_3{}^2r_4{}^2$で割って整理し直せば，次のようになる。

$$\left(-\frac{1}{R}+\frac{1}{r_1}+\frac{1}{r_2}+\frac{1}{r_3}+\frac{1}{r_4}\right)^2=3\left(\frac{1}{R^2}+\frac{1}{r_1{}^2}+\frac{1}{r_2{}^2}+\frac{1}{r_3{}^2}+\frac{1}{r_4{}^2}\right)$$

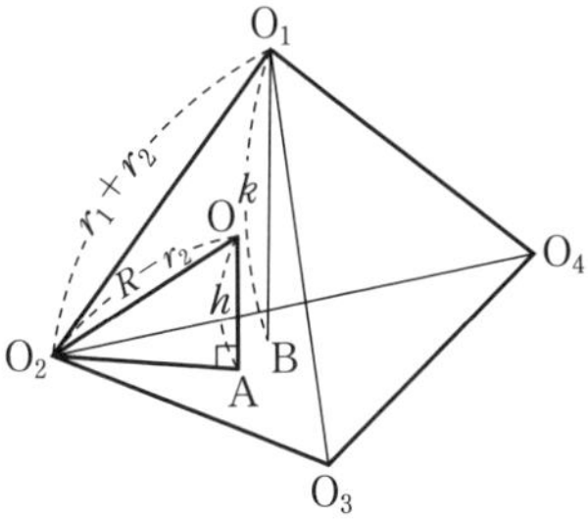

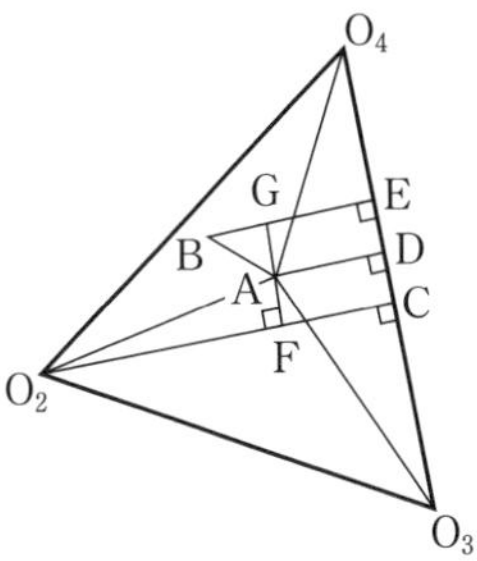

[証明]　4つの球O_1, O_2, O_3, O_4の中心を結んでできる四面体を考える。その1つの面$O_2O_3O_4$へ球Oの中心から下ろした垂線の足をA，O_1から下ろした垂線の足をBとし，$OA=h$，$O_1B=k$ とする。
まず，直角三角形OAO_2，OAO_3，OAO_4から

$$O_2A^2=OO_2{}^2-OA^2=(R-r_2)^2-h^2 \quad \cdots①$$

$$O_3A^2=(R-r_3)^2-h^2 \quad \cdots②$$

$$O_4A^2=(R-r_4)^2-h^2 \quad \cdots③$$

が成り立つ。
次に，$\triangle O_2O_3O_4$に余弦定理**20**を用いると

$$O_2O_3=r_2+r_3$$

などから

$$\mathrm{O_3C}=\frac{\mathrm{O_2O_3}^2+\mathrm{O_3O_4}^2-\mathrm{O_2O_4}^2}{2\mathrm{O_3O_4}}=\frac{(r_2+r_3)^2+(r_3+r_4)^2-(r_2+r_4)^2}{2(r_3+r_4)}$$

$$=\frac{(r_2+r_3+r_4)r_3-r_2r_4}{r_3+r_4} \qquad \cdots ④$$

また，$\triangle \mathrm{AO_3O_4}$において，同様に②，③を用いて

$$\mathrm{O_3D}=\frac{\mathrm{O_3O_4}^2+\mathrm{O_3A}^2-\mathrm{O_4A}^2}{2\mathrm{O_3O_4}}$$

$$=\frac{(r_3+r_4)^2+\{(R-r_3)^2-h^2\}-\{(R-r_4)^2-h^2\}}{2(r_3+r_4)}$$

$$=\frac{(r_3+r_4-R)r_3+Rr_4}{r_3+r_4} \qquad \cdots ⑤$$

また，$\triangle \mathrm{BO_3O_4}$を考えると，①などのときと同様に

$$\left.\begin{aligned}\mathrm{O_3B}^2&=\mathrm{O_1O_3}^2-\mathrm{O_1B}^2=(r_1+r_3)^2-k^2\\ \mathrm{O_4B}^2&=\mathrm{O_1O_4}^2-\mathrm{O_1B}^2=(r_1+r_4)^2-k^2\end{aligned}\right\} \qquad \cdots ⑥$$

次に，$\mathrm{O_3E}$を求めるには，$\mathrm{O_3D}$を求めるのに$\triangle \mathrm{AO_3O_4}$を用いたことと同様に$\triangle \mathrm{BO_3O_4}$を利用すればよい。

したがって，②，③の代わりが⑥であって，結局⑤の式で $R-r_3$，$R-r_4$ をそれぞれ r_1+r_3，r_1+r_4 で置き換えたものが得られる。結果的にはRを$-r_1$で置き換えた，といってもよい。

ゆえに　$$\mathrm{O_3E}=\frac{(r_1+r_3+r_4)r_3-r_1r_4}{r_3+r_4} \qquad \cdots ⑦$$

④より　$$\mathrm{O_2C}^2=\mathrm{O_2O_3}^2-\mathrm{O_3C}^2=(r_2+r_3)^2-\left\{\frac{(r_2+r_3+r_4)r_3-r_2r_4}{r_3+r_4}\right\}^2$$

$$=\frac{4r_2r_3r_4(r_2+r_3+r_4)}{(r_3+r_4)^2} \qquad \cdots ⑧$$

また，②，⑤から

$$\mathrm{AD}^2=\mathrm{O_3A}^2-\mathrm{O_3D}^2=(R-r_3)^2-h^2-\left\{\frac{(r_3+r_4-R)r_3+Rr_4}{r_3+r_4}\right\}^2$$

$$=\frac{4Rr_3r_4(R-r_3-r_4)}{(r_3+r_4)^2}-h^2 \qquad \cdots ⑨$$

次に，⑥，⑦から

$$BE^2=O_3B^2-O_3E^2=(r_1+r_3)^2-k^2-\left\{\frac{(r_1+r_3+r_4)r_3-r_1r_4}{r_3+r_4}\right\}^2$$

$$=\frac{4r_1r_3r_4(r_1+r_3+r_4)}{(r_3+r_4)^2}-k^2 \qquad \cdots⑩$$

（⑧の計算参照，r_2をr_1とした。）

点Aを通って線分FGをO_3O_4に平行に引くと，△O_2FAは直角三角形であるから　$O_2A^2=O_2F^2+AF^2$

そして　$O_2F=O_2C-FC=O_2C-AD$

これに⑧，⑨を代入し，また④，⑤から

$$AF=CD=O_3D-O_3C$$

$$=\frac{(r_3+r_4-R)r_3+Rr_4}{r_3+r_4}-\frac{(r_2+r_3+r_4)r_3-r_2r_4}{r_3+r_4}$$

$$=\frac{(R+r_2)(r_4-r_3)}{r_3+r_4}$$

①から

$$(R-r_2)^2-h^2$$

$$=\left\{\frac{\sqrt{4r_2r_3r_4(r_2+r_3+r_4)}-\sqrt{4Rr_3r_4(R-r_3-r_4)-h^2(r_3+r_4)^2}}{r_3+r_4}\right\}^2$$

$$+\frac{(R+r_2)^2(r_3-r_4)^2}{(r_3+r_4)^2}$$

{ }を展開して分母を払い，無理数の項を左辺，有理数の項を右辺に集めると

$$左辺=4\sqrt{r_2r_3r_4(r_2+r_3+r_4)}\cdot\sqrt{4Rr_3r_4(R-r_3-r_4)-h^2(r_3+r_4)^2}$$

$$右辺=-(R-r_2)^2(r_3+r_4)^2+h^2(r_3+r_4)^2+4r_2r_3r_4(r_2+r_3+r_4)$$

$$+4Rr_3r_4(R-r_3-r_4)-h^2(r_3+r_4)^2+(R+r_2)^2(r_3-r_4)^2$$

$$=4\{Rr_2(r_3^2+r_4^2)-r_3r_4(r_3+r_4)(R-r_2)\} \qquad \cdots⑪$$

よって，両辺を4で割ってから平方してh^2を求めると

$$h^2=\frac{4Rr_2r_3^2r_4^2(r_2+r_3+r_4)(R-r_3-r_4)-(⑪\div 4)^2}{r_2r_3r_4(r_2+r_3+r_4)(r_3+r_4)^2} \qquad \cdots⑫$$

この分子を計算しよう。 r_3+r_4 をまとめておくようにする。

$$4Rr_2r_3^2r_4^2\{r_2+(r_3+r_4)\}\{R-(r_3+r_4)\}$$
$$-\{Rr_2(r_3^2+r_4^2)-r_3r_4(r_3+r_4)(R-r_2)\}^2 \cdots ⑬$$

Rについて整理しよう。R^2の係数は

$$4r_2r_3^2r_4^2\{r_2+(r_3+r_4)\}-r_2^2(r_3^2+r_4^2)^2-r_3^2r_4^2(r_3+r_4)^2$$
$$+2r_2r_3r_4(r_3^2+r_4^2)(r_3+r_4)$$
$$=4r_2^2r_3^2r_4^2+4r_2r_3^2r_4^2(r_3+r_4)-r_2^2\{(r_3+r_4)^2-2r_3r_4\}^2-r_3^2r_4^2(r_3+r_4)^2$$
$$+2r_2r_3r_4\{(r_3+r_4)^2-2r_3r_4\}(r_3+r_4)$$

(r_3+r_4) で整理するために $K=r_3+r_4$ とおくと，上の式はKの4次式で，K^4の係数は $-r_2^2$，K^3の係数は $2r_2r_3r_4$，K^2の係数は $4r_2^2r_3r_4-r_3^2r_4^2$

Kの係数は　$4r_2r_3^2r_4^2-2r_2r_3r_4\cdot 2r_3r_4=0$

Kを含まない項は　$4r_2^2r_3^2r_4^2-r_2^2\cdot 4r_3^2r_4^2=0$

ゆえに，⑬のR^2の係数は

$$-r_2^2K^4+2r_2r_3r_4K^3+(4r_2^2r_3r_4-r_3^2r_4^2)K^2$$
$$=K^2\{-r_2^2(r_3+r_4)^2+2r_2r_3r_4(r_3+r_4)+4r_2^2r_3r_4-r_3^2r_4^2\}$$
$$=K^2\{2r_2r_3r_4(r_2+r_3+r_4)-(r_2^2r_3^2+r_2^2r_4^2+r_3^2r_4^2)\}$$

また，⑬のRの係数は

$$-4r_2r_3^2r_4^2(r_2+K)K-\{2r_2(r_3^2+r_4^2)r_2r_3r_4K-2r_3^2r_4^2r_2K^2\}$$
$$=-4r_2^2r_3^2r_4^2K-4r_2r_3^2r_4^2K^2-\{2r_2^2r_3r_4K(K^2-2r_3r_4)-2r_2r_3^2r_4^2K^2\}$$
$$=-2r_2^2r_3r_4K^3-2r_2r_3^2r_4^2K^2$$
$$=-2K^2r_2r_3r_4(r_2K+r_3r_4)$$
$$=-2K^2r_2r_3r_4(r_2r_3+r_2r_4+r_3r_4)$$

⑬のRを含まない項は $-K^2r_2^2r_3^2r_4^2$ である。よって⑬は

$$K^2\{2r_2r_3r_4(r_2+r_3+r_4)-(r_2^2r_3^2+r_2^2r_4^2+r_3^2r_4^2)\}R^2$$
$$-2K^2r_2r_3r_4(r_2r_3+r_2r_4+r_3r_4)R-K^2r_2^2r_3^2r_4^2$$
$$=K^2[4R^2r_2r_3r_4(r_2+r_3+r_4)-\{2R^2r_2r_3r_4(r_2+r_3+r_4)$$
$$+2Rr_2r_3r_4(r_2r_3+r_2r_4+r_3r_4)+(r_2^2r_3^2+r_2^2r_4^2+r_3^2r_4^2)R^2+r_2^2r_3^2r_4^2\}]$$
$$=K^2[4R^2r_2r_3r_4(r_2+r_3+r_4)-\{R(r_2r_3+r_2r_4+r_3r_4)+r_2r_3r_4\}^2]$$

ゆえに，⑬に代入するとK^2は分母・分子で約分されて

$$h^2=\frac{4R^2r_2r_3r_4(r_2+r_3+r_4)-\{R(r_2r_3+r_2r_4+r_3r_4)+r_2r_3r_4\}^2}{r_2r_3r_4(r_2+r_3+r_4)}\cdots⑭$$

k^2も同様で前に考察したように，⑭でRの代わりに$-r_1$とおけばよい。すなわち

$$k^2=\frac{4r_1{}^2r_2r_3r_4(r_2+r_3+r_4)-\{r_1(r_2r_3+r_2r_4+r_3r_4)-r_2r_3r_4\}^2}{r_2r_3r_4(r_2+r_3+r_4)}\cdots⑮$$

次に，$\mathrm{OA}/\!/\mathrm{O_1B}$であるから，Oから$\mathrm{O_1B}$への垂線の足をNとすると

$$\mathrm{O_1O^2=O_1N^2+ON^2}$$

また　$\mathrm{O_1N=O_1B-NB=O_1B-OA}=k-h$

$$\mathrm{ON^2=AB^2=BG^2+AG^2}$$

⑨，⑩から　$\mathrm{BG=BE-GE=BE-AD}$

$$=\sqrt{\frac{4r_1r_3r_4(r_1+r_3+r_4)}{(r_3+r_4)^2}-k^2}-\sqrt{\frac{4Rr_3r_4(R-r_3-r_4)}{(r_3+r_4)^2}-h^2}$$

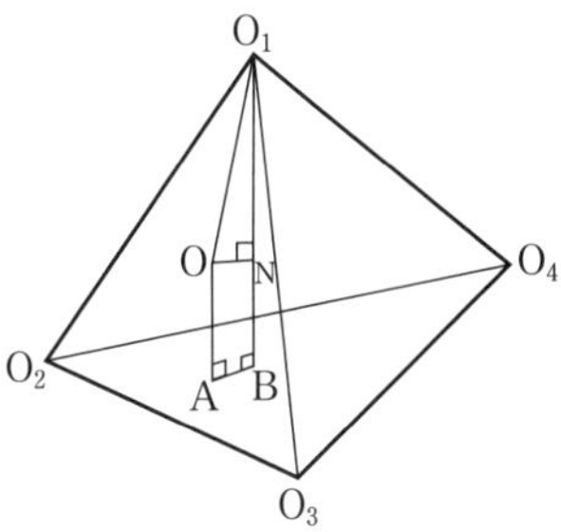

⑦と⑤とから

$$\mathrm{AG=DE=O_3E-O_3D}$$

$$=\frac{(r_1+r_3+r_4)r_3-r_1r_4}{r_3+r_4}$$

$$-\frac{(r_3+r_4-R)r_3+Rr_4}{r_3+r_4}$$

$$=\frac{(R+r_1)(r_3-r_4)}{r_3+r_4}$$

これらを　$\mathrm{O_1O^2=O_1N^2+BG^2+AG^2}$　に代入すると

$$\mathrm{O_1O^2}=(R-r_1)^2$$

$$=(k-h)^2+\left\{\sqrt{\frac{4r_1r_3r_4(r_1+r_3+r_4)}{(r_3+r_4)^2}-k^2}-\sqrt{\frac{4Rr_3r_4(R-r_3-r_4)}{(r_3+r_4)^2}-h^2}\right\}^2$$

$$+\frac{(R+r_1)^2(r_3-r_4)^2}{(r_3+r_4)^2}$$

右辺の{　}を展開して，分母を払うと

$$(R-r_1)^2(r_3+r_4)^2$$
$$=-2kh(r_3+r_4)^2+(R+r_1)^2(r_3-r_4)^2$$
$$-2\sqrt{4r_1r_3r_4(r_1+r_3+r_4)-k^2(r_3+r_4)^2}\sqrt{4Rr_3r_4(R-r_3-r_4)-h^2(r_3+r_4)^2}$$
$$+4r_1r_3r_4(r_1+r_3+r_4)+4Rr_3r_4(R-r_3-r_4) \qquad \cdots⑯$$

ここで根号の中のh^2，k^2に⑭，⑮を用いて計算すると

$$4r_1r_3r_4(r_1+r_3+r_4)-k^2(r_3+r_4)^2$$
$$=4r_1r_3r_4(r_1+r_3+r_4)$$
$$-\frac{(r_3+r_4)^2[4r_1{}^2r_2r_3r_4(r_2+r_3+r_4)-\{r_1(r_2r_3+r_2r_4+r_3r_4)-r_2r_3r_4\}^2]}{r_2r_3r_4(r_2+r_3+r_4)}$$

通分して分子を整理しよう。$r_3+r_4=K$ とおくと，分子は

$$4r_1r_2r_3{}^2r_4{}^2(r_1+K)(r_2+K)-K^2\{4r_1{}^2r_2r_3r_4(r_2+K)-(r_1r_2K+r_1r_3r_4-r_2r_3r_4)^2\}$$

これをKで整理すると

$$r_1{}^2r_2{}^2K^4-2r_1r_2r_3r_4(r_1+r_2)K^3+\{r_3{}^2r_4{}^2(r_1+r_2)^2-4r_1{}^2r_2{}^2r_3r_4\}K^2$$
$$+4r_1r_2r_3{}^2r_4{}^2(r_1+r_2)K+4r_1{}^2r_2{}^2r_3{}^2r_4{}^2$$
$$=\{r_1r_2K^2-r_3r_4(r_1+r_2)K-2r_1r_2r_3r_4\}^2$$

となる。(4次式の因数分解は一般には難しいが，4次の項と定数項からK^2についての完全平方式をつくって調節をするとよい。)

⑯のもう1つの根号についても同様であるから，これらを⑯に代入してkhを含む項を左辺に他を右辺に集めれば

$$2khK^2=-(R-r_1)^2K^2+(R+r_1)^2(K^2-4r_3r_4)$$
$$-2\left\{\frac{r_1r_2K^2-r_3r_4(r_1+r_2)K-2r_1r_2r_3r_4}{\sqrt{r_2r_3r_4(r_2+K)}}\right\}$$
$$\cdot\left\{\frac{-Rr_2K^2+r_3r_4(R-r_2)K+2Rr_2r_3r_4}{\sqrt{r_2r_3r_4(r_2+K)}}\right\}$$
$$+4r_1r_3r_4(r_1-K)+4Rr_3r_4(R-K)$$

分母を払って両辺を2で割ると

$$khK^2r_2r_3r_4(r_2+K)=2Rr_1K^2r_2r_3r_4(r_2+K)-2(R+r_1)^2r_2r_3{}^2r_4{}^2(r_2+K)$$
$$-\{r_1r_2K^2-r_3r_4(r_1+r_2)K-2r_1r_2r_3r_4\}\{-Rr_2K^2+r_3r_4(R-r_2)K+2Rr_2r_3r_4\}$$
$$+2r_1r_2r_3{}^2r_4{}^2(r_1+K)(r_2+K)+2Rr_2r_3{}^2r_4{}^2(R-K)(r_2+K)$$

この右辺はKの4次式であるが，展開してKで整理すると，定数項と1次の項はなくなって

$$Rr_1r_2{}^2K^4+r_2{}^2r_3r_4(r_1-R)K^3$$
$$+r_3r_4(-Rr_2r_3r_4+r_1r_2r_3r_4-r_2{}^2r_3r_4+Rr_1r_3r_4-2Rr_1r_2{}^2)K^2$$

ゆえに，K^2で約分して，結局⑯から次の式が得られたことになる。

$$hkr_2r_3r_4(r_2+K)=Rr_1r_2{}^2K^2+r_2{}^2r_3r_4(r_1-R)K+(R+r_2)(r_1-r_2)r_3{}^2r_4{}^2$$
$$-2Rr_1r_2{}^2r_3r_4 \qquad \cdots⑰$$

両辺をもう一度平方してh，kに⑭，⑮を代入する。左辺から

$$h^2k^2r_2{}^2r_3{}^2r_4{}^2(r_2+K)^2$$
$$=[4R^2r_2r_3r_4(r_2+K)-\{R(r_2K+r_3r_4)+r_2r_3r_4\}^2]$$
$$\cdot[4r_1{}^2r_2r_3r_4(r_2+K)-\{r_1(r_2K+r_3r_4)-r_2r_3r_4\}^2]\cdots⑱$$

この式と⑰の右辺の平方とが等しい，とした式を整理すれば求める結論の式が得られる（だが，かなり面倒である）。

$$r_2+r_3+r_4=r_2+K=A \qquad r_2r_3+r_2r_4+r_3r_4=r_2K+r_3r_4=B \qquad r_2r_3r_4=C$$

とおくと，⑱は

$$\{4R^2AC-(RB+C)^2\}\{4r_1{}^2AC-(r_1B-C)^2\} \qquad \cdots⑲$$

となる。⑰の右辺は，さらにRの1次式として式変形すると

$$Rr_1r_2{}^2(A-r_2)^2+Cr_2(r_1-R)(A-r_2)+(R+r_2)(r_1-r_2)r_3{}^2r_4{}^2-2Rr_1r_2C$$
$$=R\{r_1r_2{}^2(r_3+r_4)^2-\underset{\text{イ}}{\underline{Cr_2(r_3+r_4)}}+r_1r_3{}^2\cdot r_4{}^2-\underset{\text{イ}}{\underline{Cr_3r_4}}-2Cr_1r_2\}$$
$$+Cr_1r_2(A-r_2)+r_2(r_1-r_2)r_3{}^2r_4{}^2$$
$$=R\{\underset{\text{ハ}}{\underline{r_1r_2{}^2r_3{}^2}}+\underset{\text{ロ}}{\underline{2r_1r_2{}^2r_3r_4}}+\underset{\text{ハ}}{\underline{r_1r_2{}^2r_4{}^2}}-\underset{\text{イ}}{\underline{BC}}+\underset{\text{ハ}}{\underline{r_1r_3{}^2r_4{}^2}}-2Cr_1r_2\}$$
$$+Cr_1(\underset{\text{ニ}}{\underline{Ar_2-r_2{}^2+r_3r_4}})-C^2$$
$$=R\{\underset{\text{ハ}}{\underline{r_1(r_2{}^2r_3{}^2+r_2{}^2r_4{}^2+r_3{}^2r_4{}^2)}}-\underset{\text{イ}}{\underline{BC}}\}+\underset{\text{ニ}}{\underline{B}}Cr_1-C^2 \quad \text{（ロは消去される）}$$
$$=R\{r_1(B^2-2AC)-BC\}+BCr_1-C^2$$
$$=Rr_1(B^2-2AC)+BC(r_1-R)-C^2=(RB+C)(r_1B-C)-2Rr_1AC$$

ゆえに　⑲－⑰^2＝0　は，次のようになる。

$$\{4R^2AC-(RB+C)^2\}\{4r_1{}^2AC-(r_1B-C)^2\}$$
$$-\{(RB+C)(r_1B-C)-2Rr_1AC\}^2=0$$

展開すると

$$16R^2r_1{}^2A^2C^2-4r_1{}^2AC(RB+C)^2-4R^2AC(r_1B-C)^2+\underline{(RB+C)^2(r_1B-C)^2}$$
$$-\underline{(RB+C)^2(r_1B-C)^2}+4Rr_1AC(RB+C)(r_1B-C)-4R^2r_1{}^2A^2C^2=0$$

$4AC$で割ると

$$4R^2r_1{}^2AC-r_1{}^2(RB+C)^2-R^2(r_1B-C)^2$$
$$+Rr_1(Rr_1B^2+r_1BC-RBC-C^2)-R^2r_1{}^2AC=0$$

これをRについて整理すると

$$R^2\{3r_1{}^2AC-r_1{}^2B^2-(r_1B-C)^2+r_1{}^2B^2-r_1BC\}$$
$$+R\{-2r_1{}^2BC+r_1{}^2BC-r_1C^2\}-r_1{}^2C^2=0$$

すなわち

$$R^2\{3r_1{}^2AC-r_1{}^2B^2+r_1BC-C^2\}-Rr_1C(r_1B+C)-r_1{}^2C^2=0$$

ここでA，B，Cをもとの定義に戻せばR^2の係数は

$$\underset{イ}{\underline{3r_1{}^2(r_2+r_3+r_4)r_2r_3r_4}}-\underset{ロ}{\underline{r_1{}^2(r_2r_3+r_2r_4+r_3r_4)^2}}$$
$$+\underset{イ}{\underline{r_1r_2r_3r_4(r_2r_3+r_2r_4+r_3r_4)}}-\underset{ニ}{\underline{r_2{}^2r_3{}^2r_4{}^2}}$$
$$=\underset{イ}{\underline{r_1r_2r_3r_4\{3r_1(r_2+r_3+r_4)+(r_2r_3+r_2r_4+r_3r_4)\}}}$$
$$-\{\underset{ロ}{\underline{r_1{}^2(r_2{}^2r_3{}^2+r_2{}^2r_4{}^2+r_3{}^2r_4{}^2)+2r_1{}^2r_2r_3r_4(r_2+r_3+r_4)}}\}-r_2{}^2r_3{}^2r_4{}^2$$
$$=\underset{ハ}{\underline{r_1{}^2r_2r_3r_4(r_2+r_3+r_4)}}-\underset{ニ}{\underline{r_1{}^2(r_2{}^2r_3{}^2+r_2{}^2r_4{}^2+r_3{}^2r_4{}^2)}}$$
$$+\underset{ハ}{\underline{r_1r_2r_3r_4(r_2r_3+r_2r_4+r_3r_4)}}-\underset{ニ}{\underline{r_2{}^2r_3{}^2r_4{}^2}}$$
$$=\underset{ハ}{\underline{r_1r_2r_3r_4(r_1r_2+r_1r_3+r_1r_4+r_2r_3+r_2r_4+r_3r_4)}}$$
$$-\underset{ニ}{\underline{(r_1{}^2r_2{}^2r_3{}^2+r_1{}^2r_2{}^2r_4{}^2+r_1{}^2r_3{}^2r_4{}^2+r_2{}^2r_3{}^2r_4{}^2)}}$$

また，Rの係数は

$$-r_1C(r_1B+C)=-r_1r_2r_3r_4(r_1r_2r_3+r_1r_2r_4+r_1r_3r_4+r_2r_3r_4)$$

Rを含まない項は　$-r_1{}^2r_2{}^2r_3{}^2r_4{}^2$

となり，求める式が得られた。

79

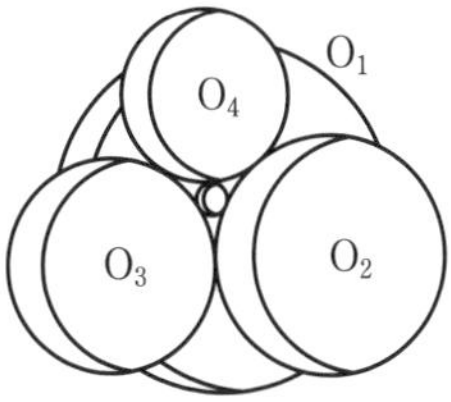

図のように4つの球$O_1(r_1)$，$O_2(r_2)$，$O_3(r_3)$，$O_4(r_4)$が互いに外接するとき，この4つの球すべてに外接する球を$O(r)$とすると，次の式が成り立つ。

$$
\begin{aligned}
{r_1}^2{r_2}^2{r_3}^2{r_4}^2 - rr_1r_2r_3r_4(r_1r_2r_3+r_1r_2r_4+r_1r_3r_4+r_2r_3r_4)\\
-r^2r_1r_2r_3r_4(r_1r_2+r_1r_3+r_1r_4+r_2r_3+r_2r_4+r_3r_4)\\
+r^2({r_1}^2{r_2}^2{r_3}^2+{r_1}^2{r_2}^2{r_4}^2+{r_1}^2{r_3}^2{r_4}^2+{r_2}^2{r_3}^2{r_4}^2)=0
\end{aligned}
$$

または

$$
\left(\frac{1}{r}+\frac{1}{r_1}+\frac{1}{r_2}+\frac{1}{r_3}+\frac{1}{r_4}\right)^2=3\left(\frac{1}{r^2}+\frac{1}{{r_1}^2}+\frac{1}{{r_2}^2}+\frac{1}{{r_3}^2}+\frac{1}{{r_4}^2}\right)
$$

[証明]　前問と同様で，内接が外接に代わっただけである。同じ考察からわかるように $OO_1=r+r_1$，$OO_2=r+r_2$ などとなっただけであるから，前問の［証明］の $R-r_1$，$R-r_2$ などをそれぞれ $r+r_1$，$r+r_2$ などに代えるだけである。すなわちRをrに代え，r_1，r_2，r_3，r_4の符号をすべて代えればよい。結果からみればr_1，r_2，r_3，r_4はそのままでRを$-r$に代えたといってもよい。

80

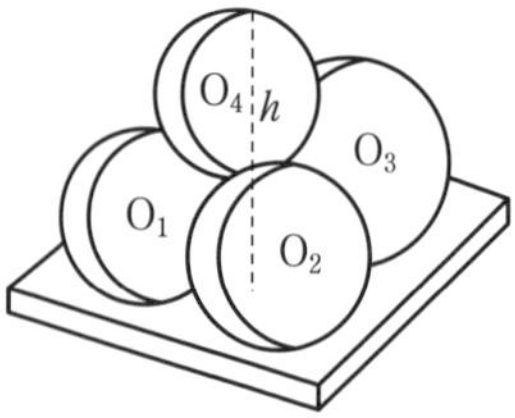

図のように互いに外接する3つの球$O_1(r_1)$，$O_2(r_2)$，$O_3(r_3)$ が1つの平面上にあり，この3つの球の上に球$O_4(r_4)$ がのっているとき，この球O_4の最頂点と平面との距離をhとすると，次の式が成り立つ。

$$4r_1^2r_2^2r_3^2-2r_1r_2r_3(r_1r_2+r_1r_3+r_2r_3)h$$
$$+2r_4(r_1^2r_2^2+r_1^2r_3^2+r_2^2r_3^2)h-4r_1r_2r_3r_4(r_1+r_2+r_3)h$$
$$+r_1r_2r_3(r_1+r_2+r_3)h^2=0$$

[証明]

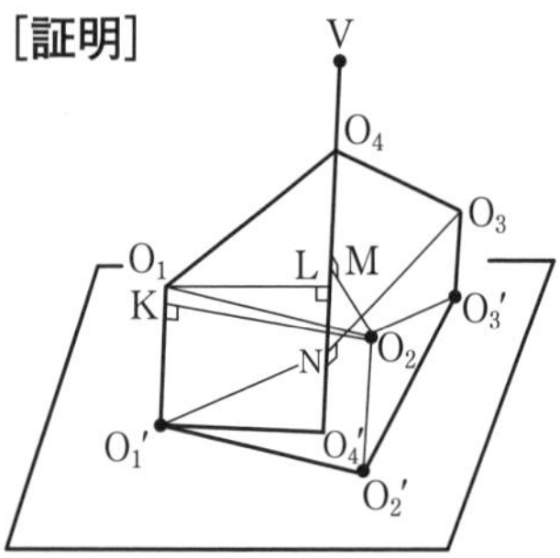

4つの球の中心O_1，O_2，O_3，O_4から下の平面へ下ろした垂線の足をそれぞれO_1'，O_2'，O_3'，O_4'とする。

また，垂線O_4O_4'の延長が球面O_4の頂点Vで交わるものとし $VO_4'=h$ とする。

O_1，O_2，O_3からこの垂線VO_4'へ下ろした垂線の足をそれぞれL，M，Nとする。

直角三角形O_1O_4Lにおいて

$$O_4L=VO_4'-VO_4-O_1O_1'=h-r_4-r_1$$
$$O_1O_4=r_1+r_4$$

ゆえに　$O_1L^2=O_1O_4^2-O_4L^2=(r_1+r_4)^2-(h-r_1-r_4)^2$

$$=(2r_1+2r_4-h)h$$

同様に　$O_2M^2=(2r_2+2r_4-h)h$

$$O_3N^2=(2r_3+2r_4-h)h$$

O_2からO_1O_1'への垂線の足をKとして，直角三角形O_1KO_2を考えると

$$O_1O_2=r_1+r_2,\qquad O_1K=r_1-r_2$$

$$\mathrm{O_1'O_2'}=\mathrm{O_2K}=\sqrt{\mathrm{O_1O_2}^2-\mathrm{O_1K}^2}=\sqrt{(r_1+r_2)^2-(r_1-r_2)^2}=2\sqrt{r_1r_2}$$

同様に　$\mathrm{O_1'O_3'}=2\sqrt{r_1r_3}$，　$\mathrm{O_2'O_3'}=2\sqrt{r_2r_3}$

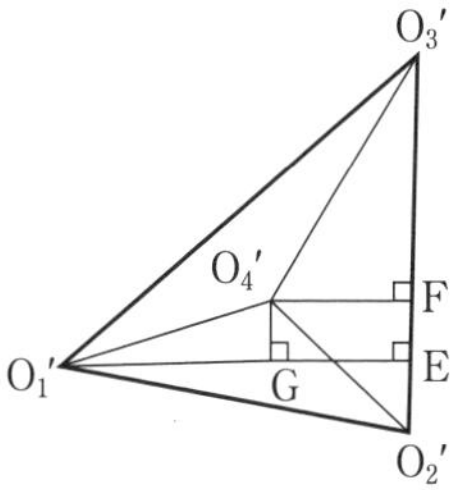

次に，平面$\mathrm{O_1'O_2'O_3'}$上で考えよう。

$\mathrm{O_1'}$，$\mathrm{O_4'}$から$\mathrm{O_2'O_3'}$への垂直の足をそれぞれE，Fとし，$\mathrm{O_4'}$から$\mathrm{O_1'E}$への垂線の足をGとする。

余弦定理20から

$$\mathrm{O_2'E}=\frac{\mathrm{O_2'O_3'}^2+\mathrm{O_1'O_2'}^2-\mathrm{O_1'O_3'}^2}{2\mathrm{O_2'O_3'}}$$

$$=\frac{4r_1r_2+4r_2r_3-4r_1r_3}{4\sqrt{r_2r_3}}$$

ゆえに　$\mathrm{O_2'E}=\dfrac{r_1r_2+r_2r_3-r_1r_3}{\sqrt{r_2r_3}}$

また　$\mathrm{O_2'F}=\dfrac{\mathrm{O_2'O_3'}^2+\mathrm{O_2'O_4'}^2-\mathrm{O_3'O_4'}^2}{2\mathrm{O_2'O_3'}}$

$\mathrm{O_2'O_4'}=\mathrm{O_2M}$　　$\mathrm{O_3'O_4'}=\mathrm{O_3N}$

ゆえに　$\mathrm{O_2'F}=\dfrac{4r_2r_3+2r_2h-2r_3h}{4\sqrt{r_2r_3}}$

よって　$\mathrm{O_2'F}=\dfrac{2r_2r_3+(r_2-r_3)h}{2\sqrt{r_2r_3}}$

直角三角形$\mathrm{O_1'O_2'E}$において

$$\mathrm{O_1'E}^2=\mathrm{O_1'O_2'}^2-\mathrm{O_2'E_2}=4r_1r_2-\frac{(r_1r_2+r_2r_3-r_1r_3)^2}{r_2r_3}$$

$$=\frac{2r_1r_2r_3(r_1+r_2+r_3)-(r_1^2r_2^2+r_2^2r_3^2+r_3^2r_1^2)}{r_2r_3}$$

$$\mathrm{O_4'F}^2=\mathrm{O_2'O_4'}^2-\mathrm{O_2'F}^2=\mathrm{O_2M}^2-\mathrm{O_2'F}^2$$

$$=(2r_2+2r_4-h)h-\frac{\{2r_2r_3+(r_2-r_3)h\}^2}{4r_2r_3}$$

$$=\frac{8r_2r_3r_4h-(2r_2r_3-r_2h-r_3h)^2}{4r_2r_3}$$

直角三角形$O_1'O_4'G$において　　$O_1'O_4'^2=O_1'G^2+O_4'G^2$

これに　　$O_1'O_4'=O_1L$　　$O_1'G=O_1'E-GE=O_1'E-O_4'F$

$O_4'G=EF=O_2'F-O_2'E$

の式を代入する。

$$O_1'G_2=\left\{\frac{\sqrt{2r_1r_2r_3(r_1+r_2+r_3)-(r_1^2r_2^2+r_2^2r_3^2+r_3^2r_1^2)}}{\sqrt{r_2r_3}}\right.$$

$$\left.-\frac{\sqrt{8r_2r_3r_4h-(2r_2r_3-r_2h-r_3h)^2}}{-2\sqrt{r_2r_3}}\right\}^2$$

$$O_4'G^2=\left\{\frac{2r_2r_3+(r_2-r_3)h}{2\sqrt{r_2r_3}}-\frac{r_1r_2+r_2r_3-r_1r_3}{\sqrt{r_2r_3}}\right\}^2$$

ゆえに

$$(2r_1+2r_4-h)h=\frac{1}{4r_2r_3}\{2\sqrt{2r_1r_2r_3(r_1+r_2+r_3)-(r_1^2r_2^2+r_2^2r_3^2+r_3^2r_1^2)}$$

$$-\sqrt{8r_2r_3r_4h-(2r_2r_3-r_2h-r_3h)^2}\}^2$$

$$+\frac{1}{4r_2r_3}\{\underline{2r_2r_3}+(r_2-r_3)h-2(r_1r_2+\underline{r_2r_3}-r_1r_3)\}^2$$

分母を払って右辺の括弧の部分（下線の項は消去される）を展開すると

$$\begin{aligned}右辺=&4\{2r_1r_2r_3(r_1+r_2+r_3)-(r_1^2r_2^2+r_2^2r_3^2+r_3^2r_1^2)\}\\&+\{8r_2r_3r_4h-(2r_2r_3-r_2h-r_3h)^2\}\\&-4\sqrt{2r_1r_2r_3(r_1+r_2+r_3)-(r_1^2r_2^2+r_2^2r_3^2+r_3^2r_1^2)}\\&\cdot\sqrt{8r_2r_3r_4h-(2r_2r_3-r_2h-r_3h)^2}+(r_2h-r_3h-2r_1r_2+2r_1r_3)^2\end{aligned}$$

ここの無理数の項を左辺に移し，左辺の項を右辺に移して整理すると消去される項も多く次のようになる。

$$右辺=8r_2r_3(r_1r_2+r_1r_3-r_2r_3)+4(-r_1r_2^2-r_1r_3^2+r_2^2r_3+r_2r_3^2)h$$

両辺を共に4で割って平方すると次の等式を得る。

$$\{2r_1r_2r_3(r_1+r_2+r_3)-(r_1^2r_2^2+r_1^2r_3^2+r_2^2r_3^2)\}\{8r_2r_3r_4h-(2r_2r_3-r_2h-r_3h)^2\}$$
$$=\{2r_2r_3(r_1r_2+r_1r_3-r_2r_3)+(-r_1r_2^2-r_1r_3^2+r_2^2r_3+r_2r_3^2)h\}^2$$

項を全部左辺に移してhの2次式とみて整理する。$r_2+r_3=K$ とおくと

$$\{2r_1r_2r_3(r_1+r_2+r_3)-(r_1^2r_2^2+r_1^2r_3^2+r_2^2r_3^2)\}8r_2r_3r_4h$$
$$-\{2r_1r_2r_3(r_1+K)-r_1^2(K^2-2r_2r_3)-r_2^2r_3^2)\}(2r_2r_3-hK)^2$$
$$-4r_2^2r_3^2(r_1K-r_2r_3)^2-\{-r_1(K^2-2r_2r_3)+r_2r_3K\}^2h^2$$
$$-4r_2r_3(r_1K-r_2r_3)\{-r_1(K^2-2r_2r_3)+r_2r_3K\}h=0$$

左辺はhの2次式であるからh^2，h，h^0の係数をそれぞれ計算しよう。

$$h^2:-\{-r_1^2K^2+2r_1r_2r_3K+2r_1^2r_2r_3+2r_1^2r_2r_3-r_2^2r_3^2\}K^2$$
$$-(-r_1K^2+r_2r_3K+2r_1r_2r_3)^2$$
$$=-\{-r_1^2K^4+2r_1r_2r_3K^3+(4r_1^2r_2r_3-r_2^2r_3^2)K^2\}$$
$$-\{r_1^2K^4+r_2^2r_3^2K^2+4r_1^2r_2^2r_3^2-2r_1r_2r_3K^3-4r_1^2r_2r_3K^2+4r_1r_2^2r_3^2K\}$$
$$=-4r_1r_2^2r_3^2(r_1+K)$$

$$h:8\{2r_1r_2r_3(r_1+r_2+r_3)-(r_1^2r_2^2+r_1^2r_3^2+r_2^2r_3^2)\}r_2r_3r_4$$
$$+(-r_1^2K^2+2r_1r_2r_3K+4r_1^2r_2r_3-r_2^2r_3^2)4r_2r_3K$$
$$-4r_2r_3(r_1K-r_2r_3)(-r_1K^2+r_2r_3K+2r_1r_2r_3)$$
$$=8\{2r_1r_2r_3(r_1+r_2+r_3)-(r_1^2r_2^2+r_1^2r_3^2+r_2^2r_3^2)\}r_2r_3r_4+H$$

とおいてHの部分をKについて整理すると，K^3の項はなくなって

$$H=K^2(8r_1r_2^2r_3^2-4r_1r_2^2r_3^2-4r_1r_2^2r_3^2)$$
$$+K(16r_1^2r_2^2r_3^2-4r_2^3r_3^3-8r_1^2r_2^2r_3^2+4r_2^3r_3^3)+8r_1r_2^3r_3^3$$
$$=8r_1^2r_2^2r_3^2K+8r_1r_2^3r_3^3$$
$$=8r_1r_2^2r_3^2(Kr_1+r_2r_3)$$

$$h^0:-4r_2^2r_3^2(2r_1^2r_2r_3+2r_1^2r_2r_3-r_2^2r_3^2)-4r_2^4r_3^4=-16r_1^2r_2^3r_3^3$$

したがって，以上をまとめると

$$-4r_1r_2^2r_3^2(r_1+r_2+r_3)h^2$$
$$+8r_2r_3r_4\{2r_1r_2r_3(r_1+r_2+r_3)-(r_1^2r_2^2+r_1^2r_3^2+r_2^2r_3^2)\}h$$
$$+8r_1r_2^2r_3^2(r_1r_2+r_1r_3+r_2r_3)h-16r_1^2r_2^2r_3^2=0$$

$-4r_2r_3$で割れば，求める等式が得られる。

81

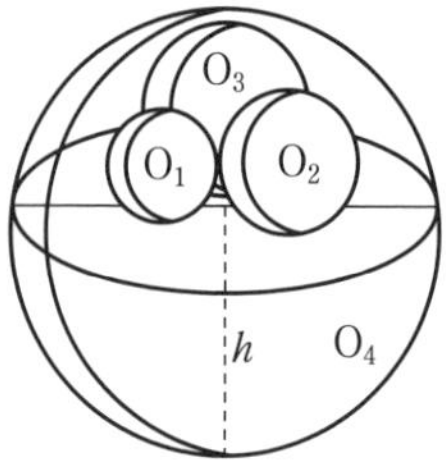

図のように，互いに外接する3つの球 $O_1(r_1)$，$O_2(r_2)$，$O_3(r_3)$ が1つの平面上にあり，そしてこの3つの球が球 O_4 (r_4) に内接しているとする。このとき，この3つの球と平面の反対側にある球 O_4 の頂点から平面までの距離を h とすると，次の式が成り立つ。

$$4r_1^2r_2^2r_3^2+2r_1r_2r_3(r_1r_2+r_1r_3+r_2r_3)h +2r_4(r_1^2r_2^2+r_1^2r_3^2+r_2^2r_3^2)h-4r_1r_2r_3r_4(r_1+r_2+r_3)h +r_1r_2r_3(r_1+r_2+r_3)h^2=0$$

［証明］　これは，80の外接が内接に代わっただけであるから

$$r_1+r_4,\quad r_2+r_4,\quad r_3+r_4$$

がそれぞれ　$r_4-r_1,\quad r_4-r_2,\quad r_4-r_3$

と代わっただけである。

換言すれば，80の r_1，r_2，r_3 はみな符号を代えればよい。

82

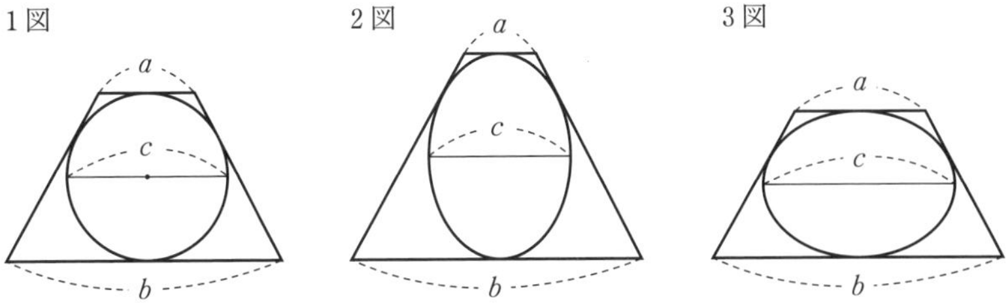

図のように等脚台形（上底a，下底bとする）に円または楕円が内接しているとする。

（i） 円の場合はその直径をc

（ii） 楕円の場合は上底，下底に平行な長軸または短軸の長さをc

とすると，次の式が成り立つ。

$$c^2 = ab$$

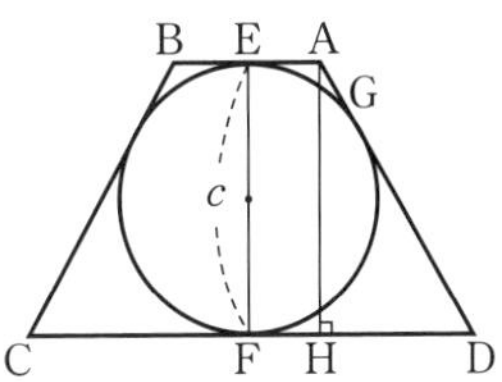

［証明］ まず，円の場合を調べる。

$$\mathrm{AD} = \mathrm{AG} + \mathrm{GD} = \mathrm{AE} + \mathrm{FD} = \frac{a}{2} + \frac{b}{2}$$

AからCDへの垂線の足をHとすると

$$\mathrm{AH} = \mathrm{EF} = c$$

$$\mathrm{HD} = \mathrm{FD} - \mathrm{FH} = \mathrm{FD} - \mathrm{EA} = \frac{b}{2} - \frac{a}{2}$$

直角三角形AHDにおいて，三平方の定理を用いると

$$\mathrm{AD}^2 = \mathrm{AH}^2 + \mathrm{HD}^2 \qquad \text{すなわち} \qquad \left(\frac{a}{2} + \frac{b}{2}\right)^2 = c^2 + \left(\frac{b}{2} - \frac{a}{2}\right)^2$$

これを整理すれば $c^2 = ab$ となる。

次に楕円の場合は，2図を参照していえば，この図を垂直方向に c：(長軸)の比で縮めれば楕円は直径cの円になる。台形の上底，下底は変わらない。ゆえに，上述の式はそのまま成り立つ。3図のときも同様である。

83

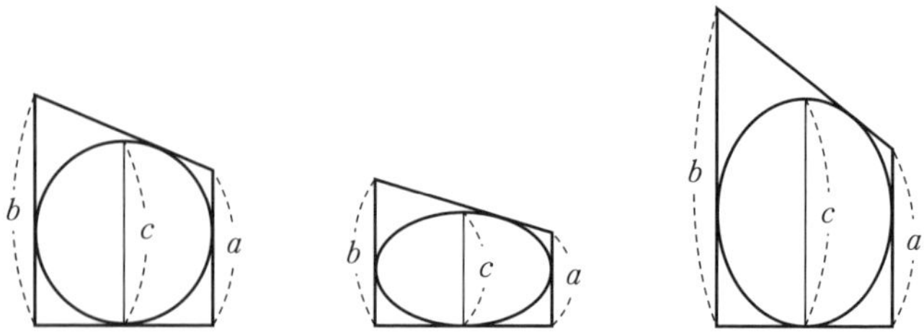

図のように斜辺に対する辺が上底と下底に直交する台形を考え，これに内接し，長軸または短軸が，上底下底と平行な楕円をつくる。

上底，下底の長さをそれぞれa，b，これに平行な楕円の軸の長さをcとすると，次の式が成り立つ。

$$c=\frac{2ab}{a+b}$$

[証明]　円になっている場合を調べる。

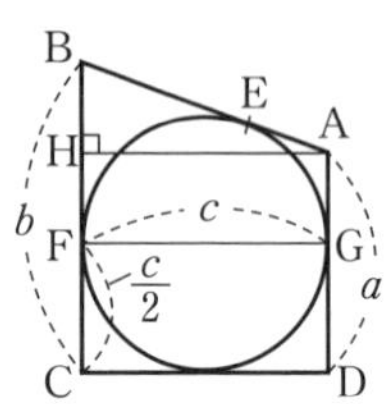

$$BH=BC-HC=BC-AD=b-a$$

$$AH=FG=c$$

$$\begin{aligned}AB&=AE+EB\\&=AG+FB\\&=(AD-GD)+(BC-FC)\\&=\left(a-\frac{c}{2}\right)+\left(b-\frac{c}{2}\right)=a+b-c\end{aligned}$$

これらを　$AB^2=BH^2+AH^2$　に代入して

$$(a+b-c)^2=(b-a)^2+c^2$$

これを整理すれば求める式が得られる。

一般の楕円の場合は，長さがcでない方の軸の長さをdとするとき，この図形をcの軸の方向に$\dfrac{d}{c}$倍すれば楕円は直径dの円になる。そして台形の上底，下底の長さa，bはそれぞれ$\dfrac{ad}{c}$，$\dfrac{bd}{c}$となる。

したがって，上述の円の場合から

$$d=\frac{2\dfrac{ad}{c}\cdot\dfrac{bd}{c}}{\dfrac{ad}{c}+\dfrac{bd}{c}}$$

これを整理すれば，やはり $c=\dfrac{2ab}{a+b}$ が得られる。

84

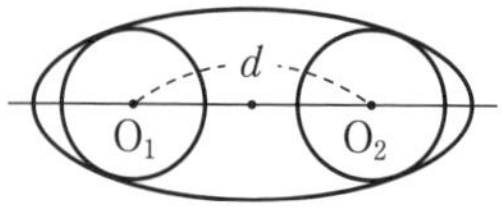

図のように長軸$2a$，短軸$2b$の楕円に2つの円$O_1(r)$，$O_2(r)$が内接しているとき，その中心間の距離を$O_1O_2=d$ とすると

$$d^2=\frac{4(a^2-b^2)(b^2-r^2)}{b^2}$$

[証明] 座標を用いて解いてみる。

$$楕円：\frac{x^2}{a^2}+\frac{y^2}{b^2}=1 \qquad \cdots①$$

円の方程式は，中心が$\left(\pm\frac{d}{2},\ 0\right)$であるから一方を考えて，その方程式を

$$\left(x-\frac{d}{2}\right)^2+y^2=r^2 \qquad \cdots②$$

とする。②からy^2を求めて①に代入すると

$$\frac{x^2}{a^2}+\frac{1}{b^2}\left\{r^2-\left(x-\frac{d}{2}\right)^2\right\}=1$$

これがxについて重解をもつはずである。このxについての2次方程式は

$$b^2x^2+a^2\left(r^2-x^2+dx-\frac{d^2}{4}\right)=a^2b^2$$

$$(a^2-b^2)x^2-a^2dx+a^2b^2-a^2r^2+\frac{a^2d^2}{4}=0$$

となる。判別式$=a^4d^2-4(a^2-b^2)\left(a^2b^2-a^2r^2+\frac{a^2d^2}{4}\right)=0$

これをa^2で約して整理すれば，求める式が得られる。

[別証明]

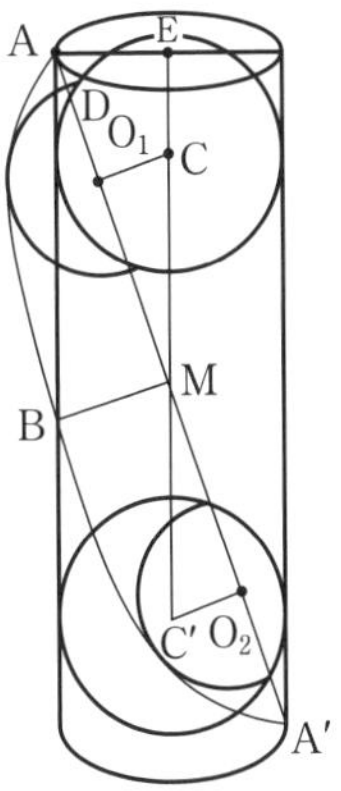

楕円の短軸$2b$を直径にもつ円柱を考える。これを1つの平面で切断するとき，楕円ができるからその長軸が$2a$となるようにつくる。左図はそのイメージである。AA′が楕円の長軸で，Mはその中点で円柱の中心線上にある。点Aを通る円柱の直角切断面は円であるが，その中心をEとする。また，楕円に内接している円O_1の中心からこの切断面に垂線を引けば円柱の中心線と交わるから，その交点をCとする。Cを中心とする半径bの球をつくると，それの切断面が円O_1になっているわけである。

したがって，この円O_1と長軸AA′との交点をDとすると，Dは球面C上にあるから　$CD=b$　である。

また，左図のようないくつかの線分の長さは仮定からのものである。

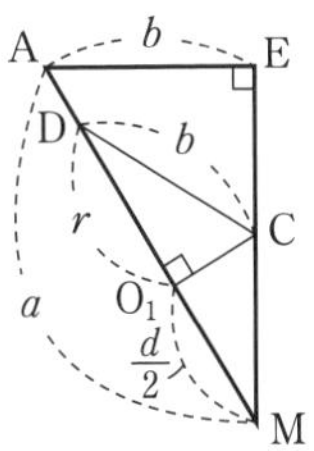

直角三角形CO_1DとAEMにおいて

$$CO_1{}^2=b^2-r^2 \qquad EM^2=a^2-b^2$$

また，直角三角形AEMとCO_1Mが相似であるから

$$\frac{AE}{EM}=\frac{CO_1}{O_1M}$$

平方して上述の値を代入すれば

$$\frac{b^2}{a^2-b^2}=\frac{b^2-r^2}{\left(\frac{d}{2}\right)^2}$$

これから求める式が得られる。

85

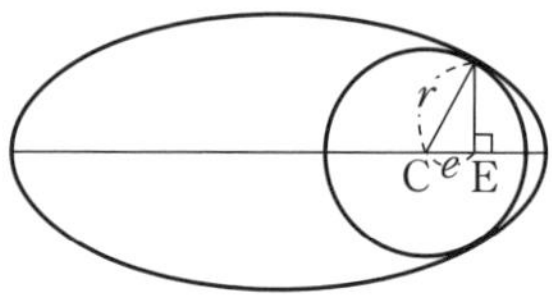

長軸$2a$，短軸$2b$の楕円に半径rの円が図のように接しているとき，接点から長軸へ下ろした垂線の足Eと円の中心Cとの距離eは，次の式で与えられる。

$$e=\frac{b\sqrt{b^2-r^2}}{\sqrt{a^2-b^2}}$$

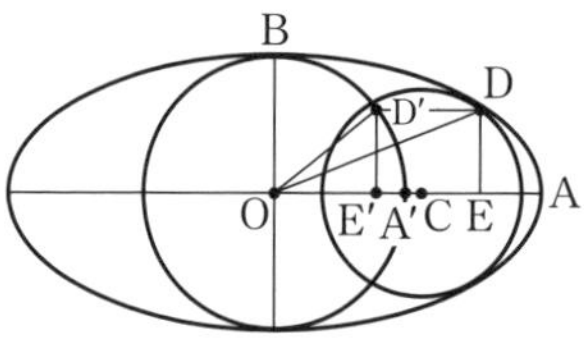

[証明]　楕円と半径rの円の接点の1つをDとする。短軸を直径とする円Oを図のように描き，Dから長軸への垂線の足をE，Dから長軸に平行線を引き，円Oとの交点をD′とする。

いま，この図形を長軸の方向に短軸に向かって$\frac{b}{a}$倍に縮めれば，楕円は円Oになる。すなわち，AはA′へ，DはD′に移る。またEがE′に移るとすれば，四角形DEE′D′は長方形である。

84の結果から　　$d=\mathrm{OC}=\frac{\sqrt{(a^2-b^2)(b^2-r^2)}}{b}$　　…①

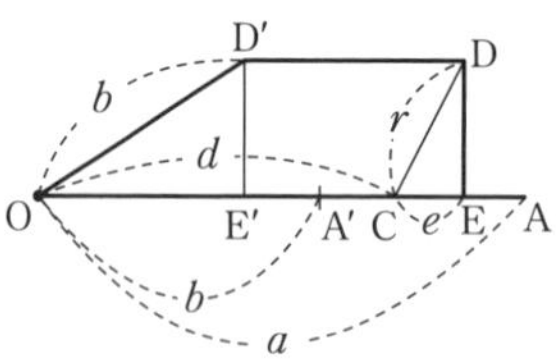

直角三角形CEDから

$$\mathrm{DE}^2=\mathrm{CD}^2-\mathrm{CE}^2=r^2-e^2 \qquad \cdots②$$

また，縮小でEがE′に移ったのであるから

$$\mathrm{OE}'=\mathrm{OE}\cdot\frac{b}{a}=\frac{b}{a}(d+e) \qquad \cdots③$$

直角三角形D′OE′から

$$\mathrm{OD}'^2=\mathrm{D}'\mathrm{E}'^2+\mathrm{OE}'^2$$

であるから　OD′$=b$，D′E′ ＝DE　などに①，②，③を代入して

$$b^2=(r^2-e^2)+\frac{b^2}{a^2}\left\{\frac{\sqrt{(a^2-b^2)(b^2-r^2)}}{b}+e\right\}^2$$

分母を払い，展開してeで整理すると

$$(a^2-b^2)e^2-2b\sqrt{(a^2-b^2)(b^2-r^2)}\cdot e+b^2(b^2-r^2)=0$$

すなわち　$(\sqrt{a^2-b^2}\,e-b\sqrt{b^2-r^2}\,)^2=0$

よって，求める式が得られる。

[別証明]　座標を用いてみよう。楕円を

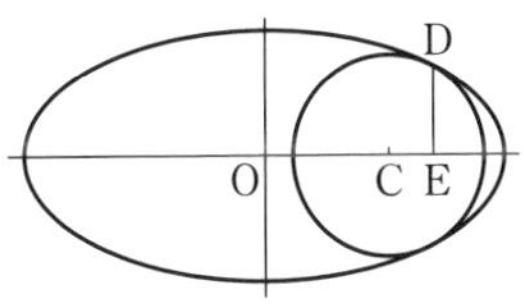

$$\frac{x^2}{a^2}+\frac{y^2}{b^2}=1 \qquad \cdots ①$$

とし，円の中心をC$(c,\ 0)$とすると，円は

$$(x-c)^2+y^2=r^2$$

これが①と接するから，yを消去した式

$$\frac{x^2}{a^2}+\frac{r^2-(x-c)^2}{b^2}=1$$

すなわち　$(a^2-b^2)x^2-2a^2cx+a^2b^2-a^2r^2+a^2c^2=0$ 　$\cdots ②$

が重解をもつ。

すなわち　$a^4c^2-(a^2-b^2)(a^2b^2-a^2r^2+a^2c^2)=0$

a^2で割って整理すると

$$c^2=\frac{(a^2-b^2)(b^2-r^2)}{b^2} \qquad (=\mathrm{OC}^2) \qquad \cdots ③$$

このときの②の重解がOEである。③も用いて

$$\mathrm{OE}=\frac{a^2c}{a^2-b^2}=\frac{a^2\sqrt{b^2-r^2}}{b\sqrt{a^2-b^2}} \qquad \cdots ④$$

よって　　$e=\mathrm{CE}=\mathrm{OE}-\mathrm{OC}$

$$=\frac{a^2\sqrt{b^2-r^2}}{b\sqrt{a^2-b^2}}-\frac{\sqrt{a^2-b^2}\sqrt{b^2-r^2}}{b}=\frac{b\sqrt{b^2-r^2}}{\sqrt{a^2-b^2}}$$

86

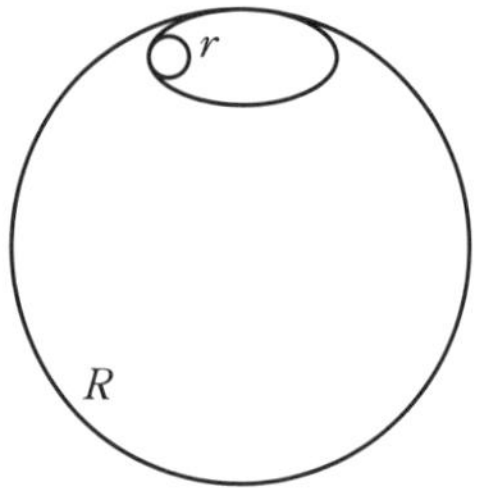

長軸$2a$，短軸$2b$の楕円の長軸の端点のみでこれに内接する円のうち，半径rの最大なものは

$$r=\frac{b^2}{a}$$

また，短軸の端点でこの楕円を内接させる円のうち，半径Rの最小なものは

$$R=\frac{a^2}{b}$$

である。

［証明］ 一般に，楕円と円とは交点が4つあるが，例えば85の［証明］でいえば，点Dでは2つの交点が一致して接した形になっており，またDの長軸についての対称点でも同様と考えられる。

したがって，もしこの点Dが長軸の端点Aに近づけば極限的にAで4つの交点が一致する場合と考えられる。そのときの半径をrとすれば，85の［証明］でいえば　OE＝OA　となっている。

ゆえに，85の［別証明］④から

$$\frac{a^2\sqrt{b^2-r^2}}{b\sqrt{a^2-b^2}}=a$$

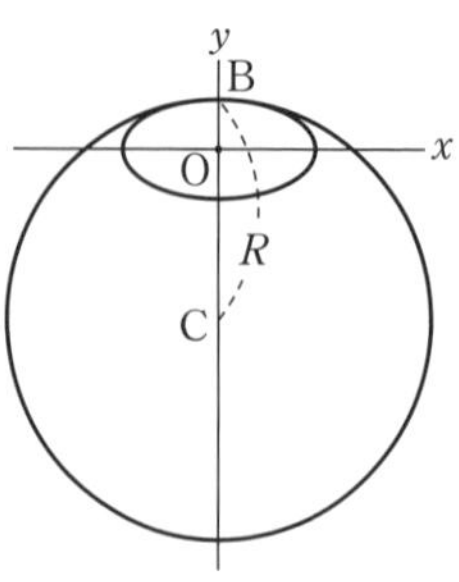

平方して分母を払って整理すれば $r=\dfrac{b^2}{a}$ を得る。

半径がこれより小さい円ならば端点で接することは図形的にも明らかである。

後半も同様の議論をくりかえせばよいのであるが，一応，直接計算してみよう。

楕円の方程式を

$$b^2x^2+a^2y^2=a^2b^2 \quad \cdots①$$

とし，円の中心Cはy軸上，半径をRとすると C(0, $b-R$) であるから方程式は

$$x^2+(y+R-b)^2=R^2 \quad \cdots②$$

である。①，②が点B以外に交点をもたない条件を求めてみよう。

②からx^2を①に代入すると

$$(a^2-b^2)y^2-2(R-b)b^2y-b^4+2b^3R-a^2b^2=0$$

が得られる。これは $y=b$ では成り立っているが，他に解がないということは，判別式＝0 となることであるから

$$(R-b)^2b^4-(a^2-b^2)(-b^4+2b^3R-a^2b^2)=0$$

b^2で割って，Rについて整理すると

$$b^2R^2-2a^2bR+a^4=0$$

ゆえに　$(bR-a^2)^2=0$

よって　$R=\dfrac{a^2}{b}$

Rがこの値より大きければ，点Bだけで接する円になっていることは明らかである。したがって，これが最小であることもわかる。

［註］ 原著では上のr，Rの値をそれぞれ「極小径」，「極大径」といっている。長軸，短軸の端点における楕円の曲率円といわれるものである。

87

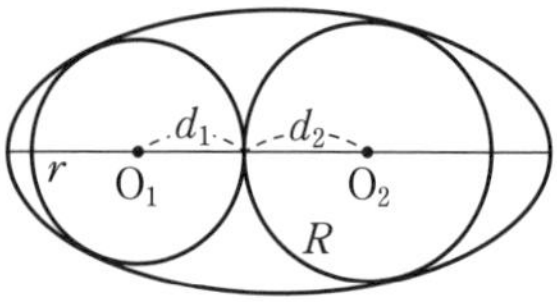

長軸$2a$，短軸$2b$の楕円に，図のように互いに外接する2つの円$O_1(r)$，$O_2(R)$が内接しているとすると

$$a^4(R-r)^2=4b^2(a^2b^2-a^2rR-b^4)$$

［証明］ **84**の公式から，楕円の中心から円O_1，O_2までの距離をそれぞれd_1, d_2とすると

$$d_1=\frac{\sqrt{(a^2-b^2)(b^2-r^2)}}{b}, \qquad d_2=\frac{\sqrt{(a^2-b^2)(b^2-R^2)}}{b}$$

また，円O_1とO_2は外接しているから

$$O_1O_2=R+r$$

$$d_1+d_2=R+r$$

ゆえに　$\sqrt{a^2-b^2}(\sqrt{b^2-r^2}+\sqrt{b^2-R^2})=b(R+r)$

これを変形していけば求められるはずである。移項して

$$\sqrt{a^2-b^2}\sqrt{b^2-r^2}=b(R+r)-\sqrt{a^2-b^2}\sqrt{b^2-R^2}$$

平方して

$$(a^2-b^2)(b^2-r^2)=b^2(R+r)^2+(a^2-b^2)(b^2-R^2)$$
$$-2b(R+r)\sqrt{(a^2-b^2)(b^2-R^2)}$$

根号のある項を左辺に，他の項を右辺にまとめれば

$$2b(R+r)\sqrt{(a^2-b^2)(b^2-R^2)}=b^2(R+r)^2+(a^2-b^2)(r^2-R^2)$$

$(R+r)$で両辺を割って整理すれば

$$2b\sqrt{(a^2-b^2)(b^2-R^2)}=2b^2R-a^2(R-r)$$

両辺を平方して

$$4b^2(a^2-b^2)(b^2-R^2)=4b^4R^2+a^4(R-r)^2-4a^2b^2R(R-r)$$

右辺の第2項以外を移項してまとめれば，求める式が得られる。

88

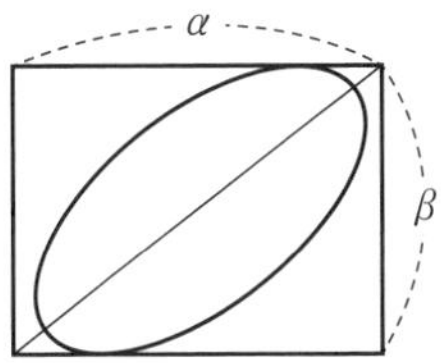

図のように長方形の対角線上に軸をもつ楕円が長方形の相対する2辺に接しているとき，楕円の長軸，短軸の長さをそれぞれ$2a$，$2b$とすると

$$4(a^2\beta^2+b^2\alpha^2)=\beta^2(\alpha^2+\beta^2)$$

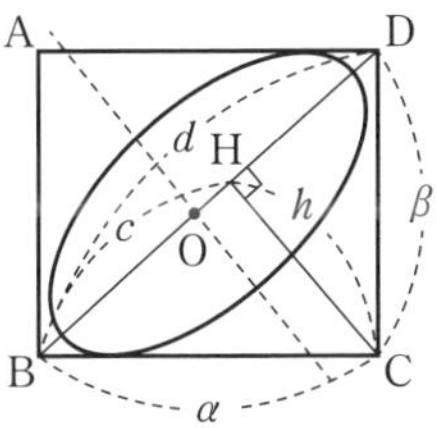

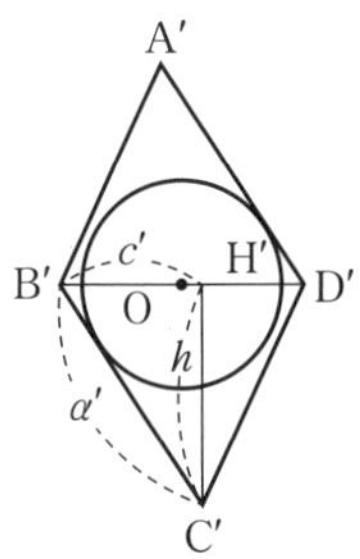

[証明]　長方形ABCDの対角線BDの長さをd，点Cから対角線BDへの垂線の足をH，CH$=h$，BH$=c$とする。楕円を短軸の方向へ$\dfrac{b}{a}$倍すれば，この楕円は半径bの円となる。このときA，B，C，D，OはそれぞれA′，B′，C′，D′，O′，長さc，h，αはc'，h'，α'になるものとする。左上図から

直角三角形BCDの面積$=\dfrac{1}{2}dh=\dfrac{1}{2}\alpha\beta$

ゆえに　$h=\dfrac{\alpha\beta}{d}$　　また $\alpha^2=cd$ より　$c=\dfrac{\alpha^2}{d}$

ゆえに　$c'=\dfrac{b}{a}c=\dfrac{b\alpha^2}{ad}$

長方形ABCDの面積Sは$S=\alpha\beta$ より，A′B′C′D′の面積S'は　$S'=\dfrac{b}{a}S=\dfrac{b\alpha\beta}{a}$　または $S'=\alpha'\cdot\mathrm{C'D'}=\alpha'\cdot 2b$ ともいえる。

ゆえに　$2\alpha' b=\dfrac{b\alpha\beta}{a}$　　よって　$\alpha'=\dfrac{\alpha\beta}{2a}$

これらを $\alpha'^2=h^2+c'^2$ に代入して

$$\frac{\alpha^2\beta^2}{4a^2}=\frac{\alpha^2\beta^2}{d^2}+\frac{b^2\alpha^4}{a^2d^2}$$　整理して　$\beta^2d^2=4a^2\beta^2+4b^2\alpha^2$

上の式に $d^2=\alpha^2+\beta^2$ を代入すれば，求める式が得られる。

89

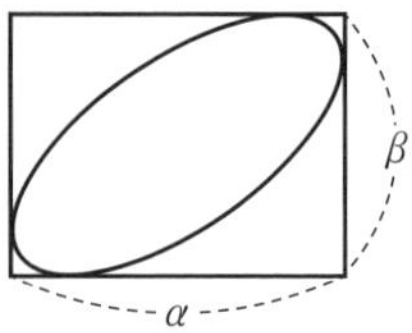

長方形の2辺の長さをα，βとし，この長方形に内接する楕円の半長軸をa，半短軸をbとするとき，次の式が成り立つ。

$$4(a^2+b^2)=\alpha^2+\beta^2 \qquad \text{（楕円の準円の性質）}$$

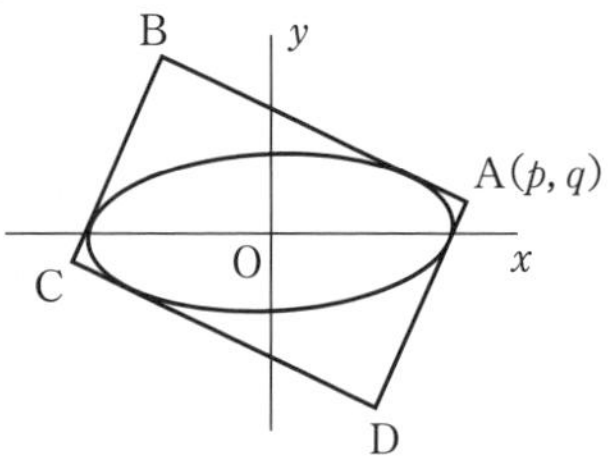

［証明］ 楕円の長軸，短軸を座標軸にとって，楕円の方程式を

$$b^2x^2+a^2y^2=a^2b^2 \qquad \cdots①$$

とおく。長方形の1つの頂点をA$(p,\ q)$とすると，Aを通る直線の方程式は，傾きmを未定として

$$y-q=m(x-p) \qquad \cdots②$$

とかける。これが①と接する。

すなわち，長方形の頂点B，Dを通るのは，yを消去した式

$$b^2x^2+a^2\{m(x-p)+q\}^2=a^2b^2$$

がxの2次方程式として重解をもつことである。これを整理して

$$(b^2+a^2m^2)x^2+2a^2m(q-mp)x+a^2\{(q-mp)^2-b^2\}=0$$

重解の条件から

$$a^4m^2(q-mp)^2-(b^2+a^2m^2)a^2\{(q-mp)^2-b^2\}=0$$

ゆえに　$-(q-mp)^2+(b^2+a^2m^2)=0$

あるいは，mで整理して

$$(a^2-p^2)m^2+2pqm+b^2-q^2=0$$

このmの2つの解はAD，ABの傾きを与えるものであるが，直交しているから積は-1である。すなわち

$$\frac{b^2-q^2}{a^2-p^2}=-1$$

したがって　$a^2+b^2=p^2+q^2$

しかるに　$p^2+q^2=\mathrm{OA}^2=\left(\dfrac{\mathrm{AC}}{2}\right)^2=\dfrac{1}{4}(\mathrm{AB}^2+\mathrm{BC}^2)=\dfrac{1}{4}(\alpha^2+\beta^2)$

これより，求める式が得られた。

[別証明]　楕円を長軸の方向に$\dfrac{b}{a}$倍すると，この楕円は半径bの円になる。

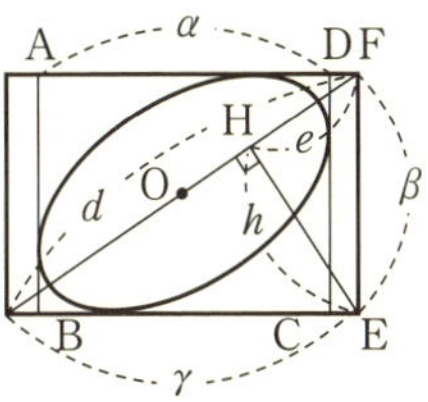

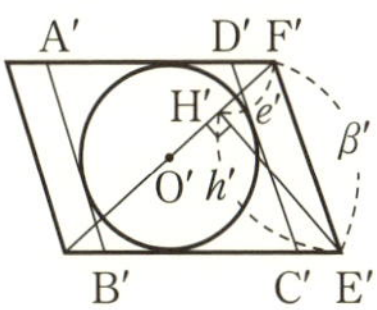

縮小したときに対応するものの記号に′を付けて表すことにすると

$$h=\frac{\beta\gamma}{d}=h' \qquad d^2=\beta^2+\gamma^2 \qquad e=\frac{\beta^2}{d}$$

は前問と同様である。

また　$e'=\dfrac{b}{a}e=\dfrac{b\beta^2}{ad}$，　　ABCDの面積$S=\alpha\beta$

そしてA′B′C′D′は菱形である（平行四辺形であることは明らかであるが，中心O＝O′から，各辺への距離bはみな等しい）。

しかも　$S'=\dfrac{b}{a}S$　　ゆえに　$\beta'=\mathrm{C'D'}=\mathrm{B'C'}=\dfrac{S'}{2b}=\dfrac{1}{2b}\cdot\dfrac{b}{a}S=\dfrac{\alpha\beta}{2a}$

直角三角形E′F′H′から　$e'^2+h'^2=\beta'^2$　に上のものを代入して

$$\left(\frac{b\beta^2}{ad}\right)^2+\left(\frac{\beta\gamma}{d}\right)^2=\left(\frac{\alpha\beta}{2a}\right)^2$$

ゆえに　$4b^2\beta^2+4a^2\gamma^2=\alpha^2d^2$　　…①

また88の結果を，dを対角線とする長方形に用いれば，88のαはγとすべきであるから次の式を得る。

$$4(a^2\beta^2+b^2\gamma^2)=\beta^2(\gamma^2+\beta^2) \qquad \text{すなわち} \quad 4b^2\gamma^2+4a^2\beta^2=\beta^2d^2 \cdots②$$

①＋②から

$$4b^2(\beta^2+\gamma^2)+4a^2(\beta^2+\gamma^2)=(\alpha^2+\beta^2)d^2$$

両辺をd^2，すなわち　$\beta^2+\gamma^2$　で割ればよい。

90

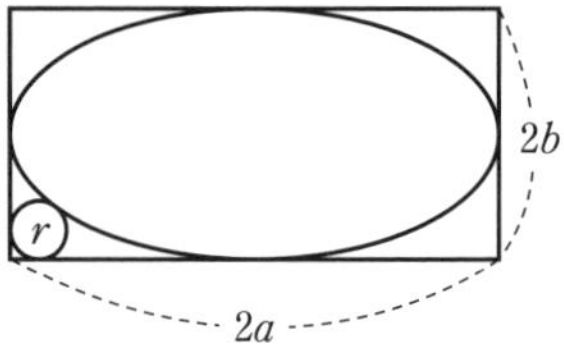

図のように長方形に内接する楕円の半長軸をa，半短軸をbとし，その隅の部分でこれらに接する円の半径をrとすると，次の式が成り立つ。

$$r^2-2(a+b+\sqrt{ab})r+ab=0$$

または　$$r=a+b+\sqrt{ab}-(\sqrt{a}+\sqrt{b})\sqrt{a+b}$$

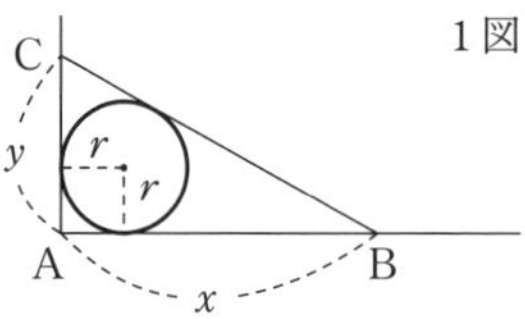

1図

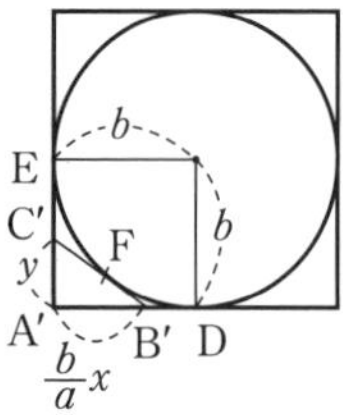

2図

[証明]　このときの円が楕円と離れている場合も考えて長方形の2辺には接しているものとする。そうすると一般に円と楕円は共通接線が2本引ける（長方形の辺も共通接線であるがそれは除外する）ことを理解しておこう。

まず，円に注目して

BC$=x+y-2r$ であるから，△ABCの面積を2通りに考えて

$$\frac{1}{2}xy=\frac{1}{2}r\{x+y+(x+y-2r)\}$$

ゆえに　$xy=2r(x+y-r)$　…①

次に，楕円の短軸の方向にこの図形を$\dfrac{b}{a}$倍すれば，長方形は1辺の長さbの正方形となり，楕円は半径bの円となる（2図）。

ここで1図のBはB′に移り，AはA′，CはC′に移るものとすると

$$\mathrm{A'B'}=\frac{b}{a}\mathrm{AB}=\frac{b}{a}x$$

$$\mathrm{A'C'}=\mathrm{AC}=y$$

$$\mathrm{B'C'}=\mathrm{B'F}+\mathrm{FC'}$$

$$=\mathrm{B'D}+\mathrm{C'E}=\left(b-\frac{b}{a}x\right)+(b-y)=2b-\frac{b}{a}x-y$$

また　$\mathrm{B'C'^2}=\mathrm{A'B'^2}+\mathrm{A'C'^2}$　から

$$\left(2b-\frac{b}{a}x-y\right)^2=\frac{b^2}{a^2}x^2+y^2$$

整理すると　$2ab-2bx-2ay+xy=0$　…②

①から　$y=\dfrac{2r(x-r)}{x-2r}$

これを②に代入すると

$$2ab-2bx-\frac{4ar(x-r)}{x-2r}+\frac{2rx(x-r)}{x-2r}=0$$

整理して　$(b-r)x^2+\{r^2+2(a-b)r-ab\}x+2ar(b-r)=0$　…③

この2次方程式が重解をもつときは，楕円と円の共通接線が1本になったときで，円は楕円にも接しているわけである。

よって，判別式を考えて

$$\{r^2+2(a-b)r-ab\}^2-8ar(b-r)^2=0$$　…④

これを整理すれば所要の等式も得られるはずである。それを工夫しよう。

④が成り立つとき，③の解は

$$x=\frac{-\{r^2+2(a-b)r-ab\}}{2(b-r)}$$

すなわち　$2(b-r)x+\{r^2+2(a-b)r-ab\}=0$　…⑤

（③の左辺を微分したもので重解の性質である。）

⑤$\times x-$③　として1次の項を消去すると

$$(b-r)x^2=2ar(b-r)$$

ゆえに　$x=\sqrt{2ar}$　…⑥

同様のことを楕円を縦方向に$\dfrac{b}{a}$倍して考えれば

$$y=\sqrt{2br}$$　…⑦

このとき

$$\mathrm{BC}=\sqrt{x^2+y^2}=\sqrt{2(a+b)r} \quad \cdots ⑧$$

また　$\mathrm{BC}=x+y-2r=\sqrt{2ar}+\sqrt{2br}-2r$

であるから⑧とまとめて，$\sqrt{2r}$ で割っておけば

$$\sqrt{a+b}=\sqrt{a}+\sqrt{b}-\sqrt{2r}$$

ゆえに　$\sqrt{2r}=\sqrt{a}+\sqrt{b}-\sqrt{a+b}$

として両辺を平方し，整理すれば

$$r=a+b+\sqrt{ab}-(\sqrt{a}+\sqrt{b})\sqrt{a+b}$$

が得られる。右辺の初めの3項を移項して両辺を平方すれば

$$r^2-2(a+b+\sqrt{ab})r+ab=0$$

が得られる

［註］　この証明法は，山形県新庄市在住の伊藤幸男氏が「東北和算研究交流会2005年10月」の折に発表されたものである。

91は，**92**において　$y=x$　としたものであるから省略する。

92

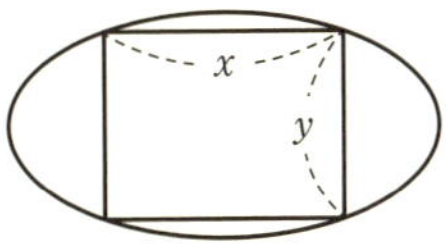

楕円の長軸，短軸の長さをそれぞれ $2a$，$2b$ とし，これに長方形を内接させ，楕円の長軸に平行な辺の長さを x，短軸に平行な辺の長さを y とするとき，次の式が成り立つ。

$$b^2x^2+a^2y^2=4a^2b^2$$

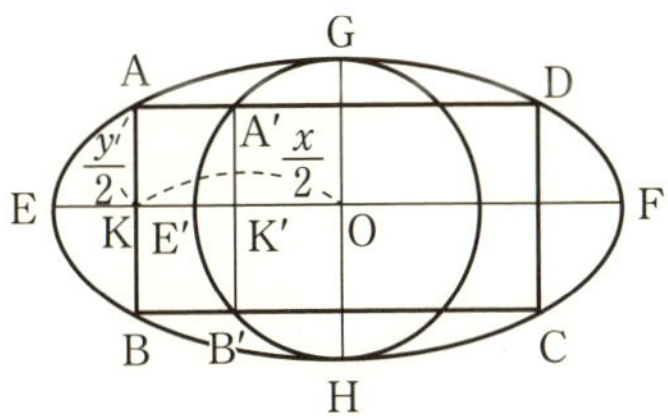

[証明]　楕円の中心をOとする。所題の図形を長軸の方向に $\dfrac{b}{a}$ 倍すると，楕円は半径 b の円となる。このときA，B，E，Kは，それぞれA′，B′，E′，K′に移る。

$\mathrm{OK}=\dfrac{x}{2}$ であるから　　$\mathrm{OK'}=\dfrac{b}{a}\mathrm{OK}=\dfrac{bx}{2a}$

また　$\mathrm{A'K'}=\mathrm{AK}=\dfrac{y}{2}$，$\mathrm{OA'}=b$　から，直角三角形A′OK′において

$$\mathrm{OA'}^2=\mathrm{A'K'}^2+\mathrm{OK'}^2$$

すなわち　　$b^2=\dfrac{y^2}{4}+\dfrac{b^2x^2}{4a^2}$

分母を払えば求める式が得られる。

[註] 所要の式は　$\dfrac{\left(\dfrac{x}{2}\right)^2}{a^2}+\dfrac{\left(\dfrac{y}{2}\right)^2}{b^2}=1$　と書き直せば，座標軸を用いた楕円の方程式である。$\left(\pm\dfrac{x}{2},\ \pm\dfrac{y}{2}\right)$ が長方形の4つの頂点である。

93

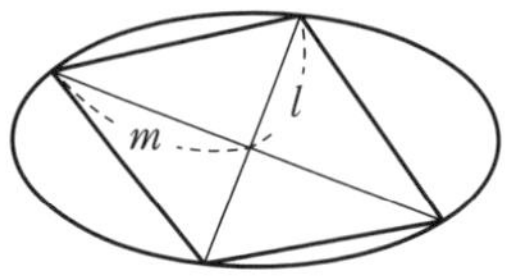

楕円の長軸，短軸の長さをそれぞれ$2a$，$2b$とし，これに菱形が内接しているとき，その対角線の長さをそれぞれ$2l$，$2m$とすると，次の式が成り立つ。

$$(a^2+b^2)l^2m^2=(l^2+m^2)a^2b^2$$

［証明］ 下の右図は，左図を水平方向に$\dfrac{b}{a}$倍したものである。

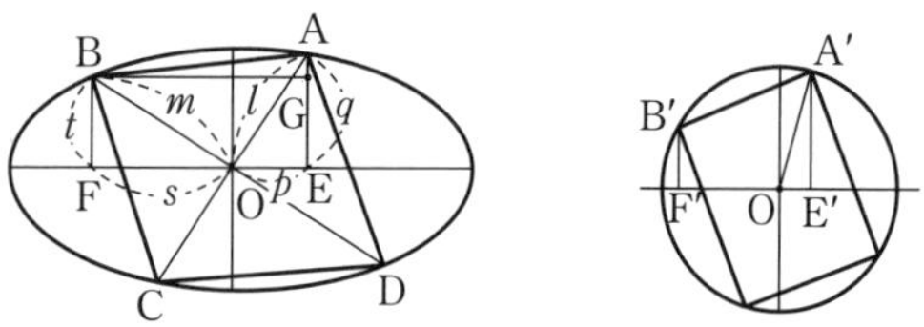

点A，Bからの長軸への足をそれぞれE，Fとし，図のようにp，q，s，tを決めると

$$p^2+q^2=l^2 \qquad \cdots ①$$

$$s^2+t^2=m^2 \qquad \cdots ②$$

この縮小によって，A，B，… が移る点を′を付けて表すと

$$\mathrm{OA'}=b,\ \ \mathrm{A'E'}=\mathrm{AE}=q,\ \ \mathrm{OE'}=\frac{b}{a}\mathrm{OE}=\frac{b}{a}p$$

であるから　$\mathrm{OA'^2}=\mathrm{OE'^2}+\mathrm{A'E'^2}$ より

$$\left(\frac{b}{a}p\right)^2+q^2=b^2 \qquad \cdots ③$$

同様に　$$\left(\frac{b}{a}s\right)^2+t^2=b^2 \qquad \cdots ④$$

BからAEへ下ろした垂線の足をGとすると，直角三角形ABGにおいて
$AB^2=AG^2+BG^2$　であり，$AG=q-t$，$BG=p+s$　であるから

$$AB^2=(q-t)^2+(p+s)^2$$

また，菱形の対角線は直交するから

$$AB^2=OA^2+OB^2=l^2+m^2$$

ゆえに　$(q-t)^2+(p+s)^2=l^2+m^2$

これに，①，②を用いて整理すれば

$$ps=qt \qquad \cdots⑤$$

が得られる。①～⑤からp，q，s，tを消去する。

①，③から，$a^2 \neq b^2$とすると

$$p^2=\frac{a^2(l^2-b^2)}{a^2-b^2}, \qquad q^2=\frac{b^2(a^2-l^2)}{a^2-b^2}$$

②，④から

$$s^2=\frac{a^2(m^2-b^2)}{a^2-b^2}, \qquad t^2=\frac{b^2(a^2-m^2)}{a^2-b^2}$$

これらを⑤に代入して分母を払えば

$$a^4(l^2-b^2)(m^2-b^2)=b^4(a^2-l^2)(a^2-m^2)$$

移項して整理すれば a^2-b^2 という因子が出てくるが，これを約せば

$$(a^2+b^2)l^2m^2=(l^2+m^2)a^2b^2$$

が得られる。

$a^2=b^2$　すなわち，楕円が円のときは内接する菱形は正方形になるから
(証明せよ)，$l=m$ でもあり，結論は明白である。

[註]　$(a^2+b^2)l^2m^2=(l^2+m^2)a^2b^2$ を $a^2b^2l^2m^2$ で割れば

$$\frac{1}{a^2}+\frac{1}{b^2}=\frac{1}{l^2}+\frac{1}{m^2}$$

94

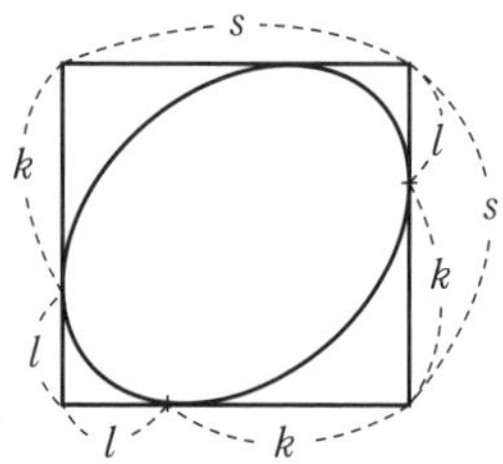

図のように1辺の長さがsの正方形に，長軸，短軸の長さがそれぞれ$2a$，$2b$の楕円が内接し，その接点で正方形の1辺がl，k（$l<k$）の長さに分けられているとすると

$$2a^2=sk$$
$$2b^2=sl$$
$$s^2=2(a^2+b^2)$$

［証明］

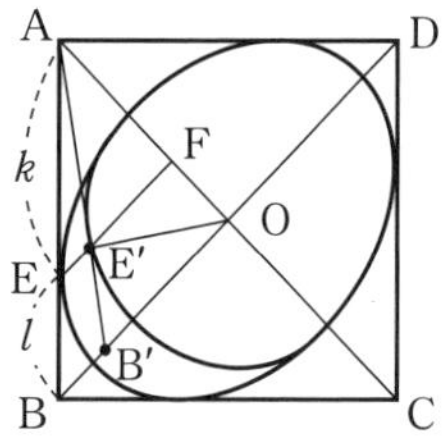

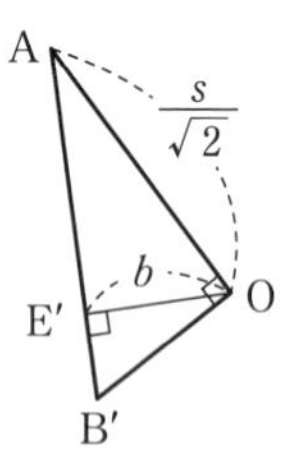

楕円を短軸の方向に垂直に$\dfrac{b}{a}$倍すれば，図のような中心O，半径bの円になる。
このとき，点BはB′に移り，楕円と正方形の辺との接点Eは，円の周上の点E′に移り，AEは楕円に接しているから，AE′は円に接している。
すなわちOE′$=b$で，OE′はAB′に直交している。

また，正方形の性質から　　$\mathrm{OA}=\mathrm{OB}=\dfrac{s}{\sqrt{2}}$

仮定から　　$s=k+l$　　…①

$$\mathrm{OB}'=\frac{b}{a}\mathrm{OB}=\frac{bs}{\sqrt{2}a}$$

上の図を参照しよう。

△AOB′の面積を2通りに示すと　　$\dfrac{1}{2}\mathrm{OA}\cdot\mathrm{OB}'=\dfrac{1}{2}\mathrm{AB}'\cdot\mathrm{OE}'$

ゆえに　　$\dfrac{s}{\sqrt{2}}\cdot\dfrac{bs}{\sqrt{2}a}=\mathrm{AB}'\cdot b$　　よって　$\mathrm{AB}'=\dfrac{s^2}{2a}$　　…②

これらを $AB'^2=OA^2+OB'^2$ に代入して $\quad \dfrac{s^4}{4a^2}=\dfrac{s^2}{2}+\dfrac{b^2s^2}{2a^2}$

ゆえに $\quad s^2=2(a^2+b^2)$ …③

次に，EFはBOと平行であるから $\quad \dfrac{k}{l}=\dfrac{AE'}{E'B'}=\dfrac{\triangle AE'O}{\triangle AOB'}$

分母，分子の2つの三角形は相似であるから，面積の比は対応する辺OA，OB′の平方の比に等しい。

すなわち，上の式は $\quad \dfrac{OA^2}{OB'^2}=\dfrac{\left(\dfrac{s}{\sqrt{2}}\right)^2}{\left(\dfrac{bs}{a\sqrt{2}}\right)^2}=\dfrac{a^2}{b^2}$

ゆえに $\quad \dfrac{k}{l}=\dfrac{a^2}{b^2}$ $\quad$ または $\quad a^2l=b^2k$ …④

④に①からの $k=s-l$ を代入して $\quad a^2l=b^2(s-l)$ $\quad$ ゆえに $\quad (a^2+b^2)l=b^2s$
③と辺々掛け合わせて，共通因子 $(a^2+b^2)s$ で割れば $\quad sl=2b^2$ $\quad$ を得る。
また，①からの $k=s-l$ を④に代入すると，同様にして $\quad sk=2a^2$ $\quad$ が得られる。
これではじめの2つの式も得られた。

［註］ 次の等式も成り立つ。

$$2a^2b^2=a^2l^2+b^2k^2$$

［証明］ $OE'^2=OF^2+E'F^2$ であるが，ここで

$$OE'=b, \qquad E'F=\frac{b}{a}EF=\frac{b}{a}\frac{k}{\sqrt{2}}$$

$$OF=OA-AF=\frac{s}{\sqrt{2}}-\frac{k}{\sqrt{2}}=\frac{l}{\sqrt{2}}$$ （△AEFは直角二等辺三角形）

これを代入すれば $\quad b^2=\dfrac{l^2}{2}+\dfrac{b^2k^2}{2a^2}$

これを整理すればよい。

95

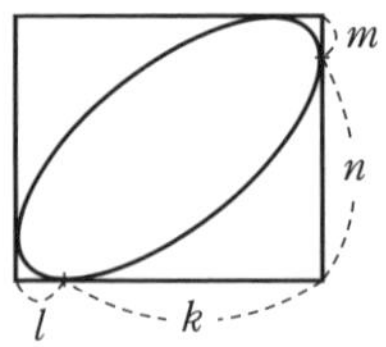

図のような長さが与えられた長方形に，楕円が内接するとき，次の式が成り立つ。

$$ln=km$$

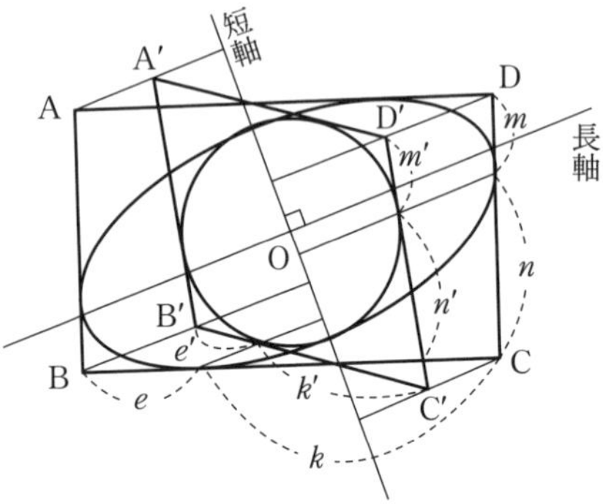

[証明]　楕円を短軸に向けて円となるように縮小する。このとき，もとの図の長方形は，その円に外接する平行四辺形，すなわち，菱形になる。

k，l，m，n はそれぞれ k'，l'，m'，n' となり

$$k'=n',\qquad l'=m'$$

である。

比例から　$\dfrac{m}{n}=\dfrac{m'}{n'}$，　$\dfrac{l}{k}=\dfrac{l'}{k'}$　であり，上のことから　$\dfrac{l'}{k'}=\dfrac{m'}{n'}$

ゆえに　$\dfrac{m}{n}=\dfrac{l}{k}$

これは，求める等式である。

96

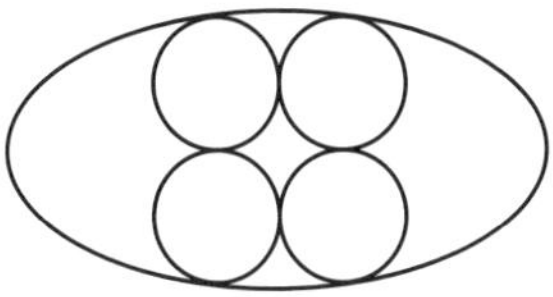

図のように半径rの4つの円が，長軸を$2a$，短軸を$2b$とする楕円に接し，4つの円の中心が正方形の4つの頂点になるとき

$$(a^2-b^2)^2a^2b^2-4(a^2-b^2)^2(a^2+b^2)r^2+12(a^2-b^2)^2r^4 +4a^2b^2r^4-12(a^2+b^2)r^6+4r^8=0$$

[証明]

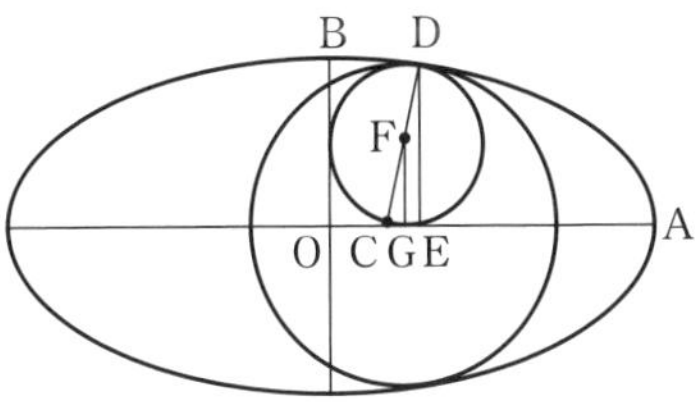

楕円と1つの円との接点，例えば図の点Dでこの楕円に接し，中心を長軸OA上にもつ円を考えよう。

その円の中心をCとし，半径をRとすると，**84**から

$$(2\cdot\mathrm{OC})^2=\frac{4(a^2-b^2)(b^2-R^2)}{b^2}$$

すなわち　$\mathrm{OC}=\dfrac{\sqrt{(a^2-b^2)(b^2-R^2)}}{b}$　…①

85から　$\mathrm{CE}=\dfrac{b\sqrt{b^2-R^2}}{\sqrt{a^2-b^2}}$　…②

ここで，接点DからOAへの垂線の足をE，4等円の中心Fからの足をGとすると，比例から

$$\frac{\mathrm{CG}}{\mathrm{CE}}=\frac{\mathrm{CF}}{\mathrm{CD}}$$

$\mathrm{CD}=R$，$\mathrm{CF}=R-r$　であるから，②を用いて

$$\mathrm{CG}=\frac{R-r}{R}\cdot\frac{b\sqrt{b^2-R^2}}{\sqrt{a^2-b^2}}\qquad\cdots③$$

一方　CG＝OG－OC　で　OG＝r，OCは，①で与えられているから

$$\mathrm{CG}=r-\frac{\sqrt{(a^2-b^2)(b^2-R^2)}}{b} \qquad \cdots ④$$

③と④から　$$\frac{(R-r)b\sqrt{b^2-R^2}}{R\sqrt{a^2-b^2}}=r-\frac{\sqrt{(a^2-b^2)(b^2-R^2)}}{b}$$

分母を払って

$$(R-r)b^2\sqrt{b^2-R^2}=Rbr\sqrt{a^2-b^2}-R(a^2-b^2)\sqrt{b^2-R^2}$$

ゆえに　$Rbr\sqrt{a^2-b^2}=(Ra^2-rb^2)\sqrt{b^2-R^2}$

平方して　$R^2b^2r^2(a^2-b^2)=(Ra^2-rb^2)^2(b^2-R^2)$

$$a^4R^4-2a^2b^2rR^3-a^2b^2(a^2-r^2)R^2+2a^2b^4rR-b^6r^2=0 \qquad \cdots ⑤$$

次に，直角三角形CFGに注目して $\mathrm{CF}^2=\mathrm{FG}^2+\mathrm{CG}^2$ に③を用いて

$$(R-r)^2=r^2+\frac{(R-r)^2b^2(b^2-R^2)}{R^2(a^2-b^2)}$$

分母を払って，Rについて整理すると

$$a^2R^4-2a^2rR^3-b^2(b^2-r^2)R^2+2b^4rR-b^4r^2=0 \qquad \cdots ⑥$$

したがって，⑤と⑥とからRを消去すれば所要の式が得られるはずである。まず，R^4の項を消去した式と定数項を消去した式をつくる。

⑥×a^2－⑤ をつくると，共通因子 b^2-a^2 が出るので，これで割ると

$$2a^2rR^3-a^2b^2R^2+b^4r^2=0 \qquad \cdots ⑦$$

⑥×b^2－⑤ をつくって共通因子 $(b^2-a^2)r$ で約すると

$$a^2R^3+b^2(r^2-a^2-b^2)R+2b^4r=0 \qquad \cdots ⑧$$

⑦，⑧からR^3の項を消去しよう。

⑧×$2r$－⑦ をつくって共通因子b^2で割れば

$$a^2R^2+2r(r^2-a^2-b^2)R+3b^2r^2=0 \qquad \cdots ⑨$$

⑦×2－⑧×r をつくって定数項を消し，Rで約して

$$3a^2rR^2-2a^2b^2R-b^2r(r^2-a^2-b^2)=0 \qquad \cdots ⑩$$

次に⑨，⑩から，R^2の項を消去した式と定数項を消去した式をつくる。

⑨×$3r$－⑩ から

$$2\{3r^2(r^2-a^2-b^2)+a^2b^2\}R+b^2r(10r^2-a^2-b^2)=0 \qquad \cdots ⑪$$

⑨$\times(r^2-a^2-b^2)+$⑩$\times 3r$ をつくってRで割ると

$$a^2(10r^2-a^2-b^2)R+2r\{r^4-2(a^2+b^2)r^2+a^4+b^4-a^2b^2\}=0 \quad \cdots⑫$$

⑪，⑫からRを消去すれば

$$2\{3r^2(r^2-a^2-b^2)+a^2b^2\}2r\{r^4-2(a^2+b^2)r^2+a^4+b^4-a^2b^2\}$$
$$-a^2b^2r\{10r^2-(a^2+b^2)\}^2=0$$

明らかな共通因子rは除いて，rについて整理しよう。

r^8，r^6，r^4，r^2，r^0（定数項）の係数を調べる。

r^8の係数：　12

r^6の係数：　$-24(a^2+b^2)-12(a^2+b^2)=-36(a^2+b^2)$

r^4の係数：　$12(a^4+b^4-a^2b^2)+24(a^2+b^2)^2+4a^2b^2-100a^2b^2$

$$=12(3a^4+3b^4-5a^2b^2)=12\{3(a^2-b^2)^2+a^2b^2\}$$

r^2の係数：　$-12(a^2+b^2)(a^4+b^4-a^2b^2)-8(a^2+b^2)a^2b^2+20(a^2+b^2)a^2b^2$

$$=-12(a^2+b^2)(a^4+b^4-2a^2b^2)=-12(a^2+b^2)(a^2-b^2)^2$$

r^0の係数：　$4a^2b^2(a^4+b^4-a^2b^2)-a^2b^2(a^2+b^2)^2=3a^2b^2(a^2-b^2)^2$

これらを共通因子3で割れば，所要の式の係数と一致している。

［註］　上の証明では，例えば⑦，⑧を導くときに　a^2-b^2　で割ったりしている。したがって　$a=b$　すなわち，所題の楕円が円のときを検討しておく必要があろう。

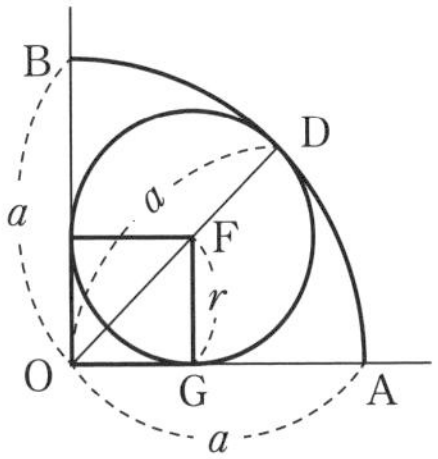

このとき　　$a=\mathrm{OD}=\mathrm{OF}+\mathrm{FD}=\sqrt{2}r+r$

ゆえに　　$\sqrt{2}r=a-r$

平方してまとめると

$$r^2+2ar-a^2=0$$

また，本題の所要の等式は，このとき

$$4a^4r^4-24a^2r^6+4r^8=0$$

すなわち　　$r^4-6a^2r^2+a^4=0$

因数分解すると

$$(r^2+2ar-a^2)(r^2-2ar-a^2)=0$$

となるから，やはり$a=b$の場合も適合しているといえる。

97

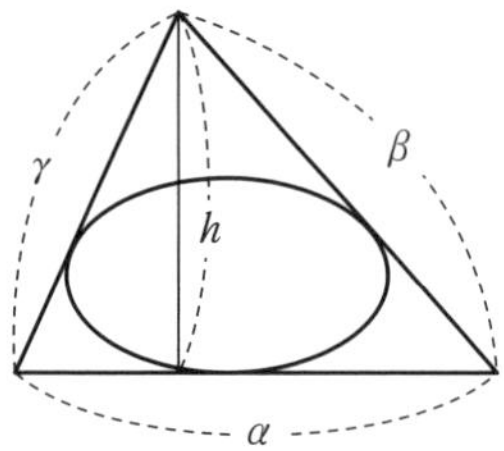

図のように三角形の底辺の長さをα，他の2辺の長さをそれぞれβ，γ，底辺に対する高さをhとし，この三角形に内接し，長軸が底辺に平行である楕円の長軸の長さを$2a$，短軸を$2b$とする。このとき

$$b^2(h-2b)(\beta^2-\gamma^2)^2=\alpha^2(h-b)^2(\alpha^2h-2\alpha^2b-4a^2h)$$

[証明]

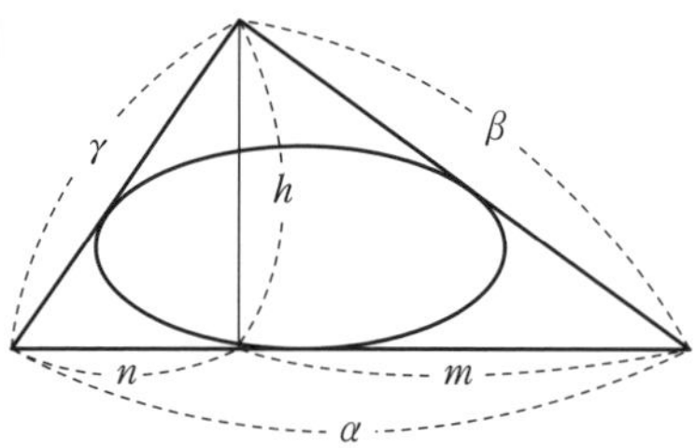

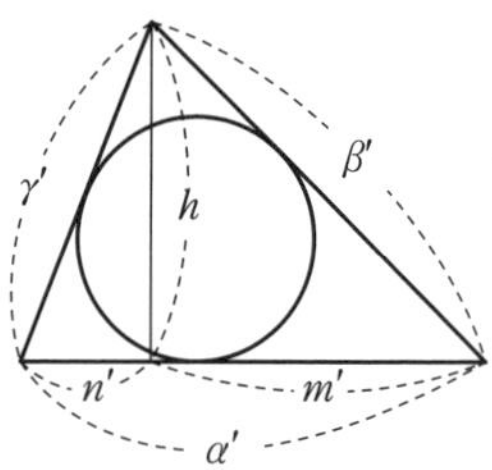

頂点からの垂線の足が底辺αの長さをm，nに分けているとする。楕円の中心に向けて長軸の方向に$\dfrac{b}{a}$倍に縮めたのが上の右図である。このとき，α，β，γ，m，nはそれぞれα'，β'，γ'，m'，n'になるとする。hは変わらない。余弦定理20を用いれば

$$m=\frac{\alpha^2+\beta^2-\gamma^2}{2\alpha},\qquad n=\frac{\alpha^2+\gamma^2-\beta^2}{2\alpha}$$

$m-n=\dfrac{\beta^2-\gamma^2}{\alpha}=A$ とおくと

$$\frac{\alpha+A}{2}=\frac{\alpha+m-n}{2}=\frac{\alpha^2+\beta^2-\gamma^2}{2\alpha}=m$$

同様に　$\dfrac{\alpha-A}{2}=n$

また　　$\alpha' = \dfrac{b}{a}\alpha,\quad m' = \dfrac{b}{a}m,\quad n' = \dfrac{b}{a}n$

ゆえに　　$m' = \dfrac{b}{a}m = \dfrac{\alpha'}{\alpha}\cdot\dfrac{\alpha+A}{2} = \dfrac{\alpha'}{2} + \dfrac{A\alpha'}{2\alpha}$

同様に　　$n' = \dfrac{\alpha'}{2} - \dfrac{A\alpha'}{2\alpha}$

これらを $m'^2+h^2=\beta'^2$，$n'^2+h^2=\gamma'^2$ にそれぞれ代入すると

$$\frac{\alpha'^2}{4} + \frac{A\alpha'^2}{2\alpha} + \frac{A^2\alpha'^2}{4\alpha^2} + h^2 = \beta'^2$$

$$\frac{\alpha'^2}{4} - \frac{A\alpha'^2}{2\alpha} + \frac{A^2\alpha'^2}{4\alpha^2} + h^2 = \gamma'^2$$

辺々を引いたり加えたりして $\alpha' = \dfrac{b}{a}\alpha$ を用いると

$$\beta'^2 - \gamma'^2 = \frac{A\alpha'^2}{\alpha} = \frac{Ab^2\alpha}{a^2} \qquad \cdots ①$$

$$\beta'^2 + \gamma'^2 = \frac{\alpha'^2}{2} + \frac{A^2\alpha'^2}{2\alpha^2} + 2h^2 = \frac{b^2\alpha^2}{2a^2} + \frac{A^2b^2}{2a^2} + 2h^2 \qquad \cdots ②$$

次に，縮小した三角形の面積 S' を2通りに考えると

$$S' = \frac{1}{2}\alpha' h = \frac{1}{2}b(\alpha' + \beta' + \gamma')$$

となるから

$$\alpha'(b-h) + b\beta' + b\gamma' = 0$$

これに $\alpha' = \dfrac{b}{a}\alpha$ を代入して整理すると

$$\frac{(b-h)\alpha}{a} + (\beta' + \gamma') = 0$$

項を両辺に分けて，平方してからまた移項すると

$$-\frac{(b-h)^2\alpha^2}{a^2} + (\beta'^2 + \gamma'^2) + 2\beta'\gamma' = 0$$

左辺の第3項を移項して再び平方すると

$$\frac{(b-h)^4\alpha^4}{a^4}-\frac{2(b-h)^2\alpha^2(\beta'^2+\gamma'^2)}{a^2}+(\beta'^2+\gamma'^2)^2=4\beta'^2\gamma'^2$$

左辺の第3項と右辺の項をまとめる。

①より　　$(\beta'^2-\gamma'^2)^2=\dfrac{A^2b^4\alpha^2}{a^4}$

これを上の式に用いて分母を払うと

$$(b-h)^4\alpha^4-2(b-h)^2\alpha^2a^2(\beta'^2+\gamma'^2)+A^2b^4\alpha^2=0$$

α^2で割って②を左辺の中央の項に用いると

$$(b-h)^4\alpha^2-(b-h)^2(b^2\alpha^2+A^2b^2+4a^2h^2)+A^2b^4=0$$

Aを含んだ項のみをまとめると

$$A^2b^2\{-(b-h)^2+b^2\}=A^2b^2(2bh-h^2)$$

となるから，上の等式は

$$(b-h)^4\alpha^2-(b-h)^2(b^2\alpha^2+4a^2h^2)-A^2b^2h(h-2b)=0$$

ゆえに　　$A^2b^2h(h-2b)=(b-h)^2\{(b-h)^2\alpha^2-(b^2\alpha^2+4a^2h^2)\}$　　…③

右辺は　　$-2bh\alpha^2+h^2\alpha^2-4a^2h^2=h(h\alpha^2-2b\alpha^2-4a^2h)$

となるから，③に戻し，共通因子hで割って，Aに定義の$\dfrac{\beta^2-\gamma^2}{\alpha}$を代入すれば，求める等式が得られる。

[註]　この等式に出てくるhは3辺α，β，γが与えられれば当然決まっているものである。例えばヘロンの公式を用いて $\alpha+\beta+\gamma=2s$ とすると

$$h=\frac{2\sqrt{s(s-\alpha)(s-\beta)(s-\gamma)}}{\alpha}$$

したがって，三角形の3辺を与えて内接する所題の楕円を調べるには余分な変数というべきものである。

98

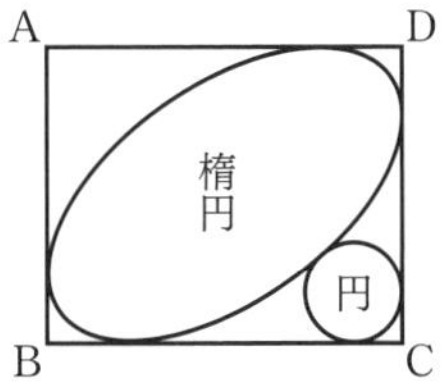

図のように長方形ABCDの中に楕円と円が互いに接していて $AD=BC=\alpha$, $AB=CD=\beta$ と楕円の短軸 $2b$ が与えられているとき，この楕円の長軸 $2a$ を求めよ。またこのとき，円の半径を r とすると，次の式が成り立つ。

$$4r^2-4(W+\alpha+\beta)r+E+\alpha\beta=0$$

ただし　$E=\sqrt{\alpha^2\beta^2-16a^2b^2}$　　　$W=\sqrt{\alpha\beta-E}$

証明のための図が複雑になっているが，まず楕円の長軸と長方形の対角線は一致していないことに注目しておくべきである。

原著では α, β, a, b ともに与えられているようにもみえるが，じつは α, β, b を与えれば a はこれらから決まるので，それを最初の問とした。

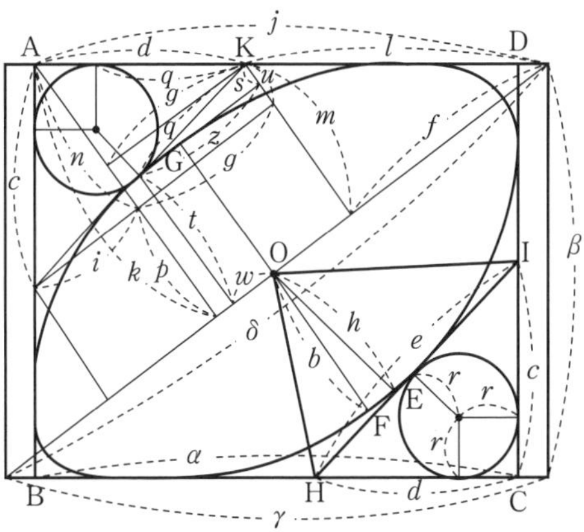

1図

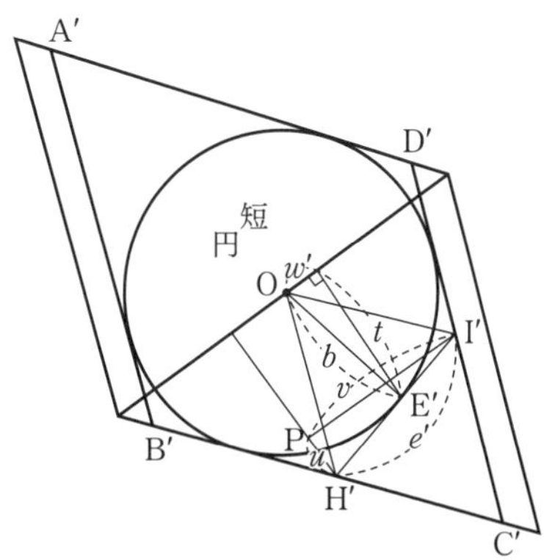

2図

［註］　本問は，安島直円遺稿・日下誠編『不朽算法』1799年の第11問（林2013）として扱われている。平山諦『和算史上の人々』（ちくま学芸文庫2008）のp. 122にも扱われている。いずれも解義はない。

[証明1]　証明は［註2］で述べることにして，次の式を仮定しておこう(文献(2)川北による)。

$$\alpha c+\beta d-2cd=2eh \quad \cdots①$$

楕円の短軸（FG＝$2b$）に向けて長軸の方向を$\dfrac{b}{a}$の比に縮めると，2図のように楕円は半径bの円になる。楕円と円の接点EはE′に移りOE′＝bとなる（点の移ったところを′を付けて表す)。そしてもちろん OE′⊥I′H′

ゆえに　$\triangle \mathrm{OI'H'}=\dfrac{1}{2}be'$

縮図から　$\triangle \mathrm{OI'H'}=\dfrac{b}{a}\triangle \mathrm{OIH}=\dfrac{b}{a}\cdot\dfrac{eh}{2}$

ゆえに　$ae'=he$

これを①に代入して

$$\alpha c+\beta d-2cd=2ae'$$

平方して　$\alpha^2c^2+\beta^2d^2+4c^2d^2+2\alpha\beta cd-4\alpha c^2d-4\beta cd^2=4a^2e'^2 \quad \cdots②$

次に，縮図の中の直角三角形I′PH′に注目しよう。

点Pは，I′から短軸FGに下ろした垂線の延長とH′からFGに平行に引いた直線との交点である。(II′もHH′も短軸FGと直交することに注意する。図が繁雑になるので左上にも円を描いておく。適宜対応するところに注目しよう。)

$\dfrac{\gamma}{\delta}=\dfrac{g}{d}$ より　$g=\dfrac{\gamma d}{\delta}$

$\dfrac{\beta}{\delta}=\dfrac{i}{c}$ より　$i=\dfrac{\beta c}{\delta}$

また　$j=\dfrac{\alpha}{2}+\dfrac{\gamma}{2}$

$\dfrac{\beta}{\delta}=\dfrac{k}{j}$ より　$k=\dfrac{\beta j}{\delta}$

上の式にjを代入して　$k=\dfrac{(\alpha+\gamma)\beta}{2\delta}$

$l=j-d$ で $\dfrac{\beta}{\delta}=\dfrac{m}{l}$ より

$$m=\frac{\beta l}{\delta}=\frac{\beta(j-d)}{\delta}=\frac{\beta\left(\dfrac{\alpha+\gamma}{2}\right)-\beta d}{\delta}$$

$\dfrac{\gamma}{\delta}=\dfrac{n}{c}$ より　　$n=\dfrac{\gamma c}{\delta}$

ゆえに　$p=k-n=\dfrac{\beta(\alpha+\gamma)}{2\delta}-\dfrac{\gamma c}{\delta}$

$v=\mathrm{I'P}$ はIHを縮小したものになっているから

$$v=\frac{b}{a}(g+i)=\frac{b(\gamma d+\beta c)}{a\delta}$$

$$u=m-p=\left(\frac{\beta(\alpha+\gamma)}{2\delta}-\frac{\beta d}{\delta}\right)-\left(\frac{\beta(\alpha+\gamma)}{2\delta}-\frac{\gamma c}{\delta}\right)=\frac{c\gamma-\beta d}{\delta}$$

ここで　$e'^2=u^2+v^2$ に代入して

$$e'^2=\frac{(\gamma c-\beta d)^2}{\delta^2}+\frac{b^2(\gamma d+\beta c)^2}{a^2\delta^2}$$

ゆえに　$a^2e'^2=\dfrac{a^2(\gamma c-\beta d)^2+b^2(\gamma d+\beta c)^2}{\delta^2}$

これと②とから次の等式が得られる。

$$4a^2(\gamma c-\beta d)^2+4b^2(\gamma d+\beta c)^2$$
$$=\delta^2\{\alpha^2c^2+\beta^2d^2+4c^2d^2+2\alpha\beta cd-4\alpha c^2d-4\beta cd^2\}$$

まとめて

$$\alpha^2\delta^2c^2+\beta^2\delta^2d^2+4\delta^2c^2d^2+2\alpha\beta cd\delta^2-4\alpha\delta^2c^2d$$
$$-4\beta\delta^2cd^2-4\beta^2a^2d^2+8\beta\gamma a^2cd-4\gamma^2a^2c^2$$
$$-4\gamma^2b^2d^2-8\beta\gamma b^2cd-4\beta^2b^2c^2=0 \quad \cdots \text{（第1矩合）}$$

（和算家は0に等しいという形の等式を「矩合（くごう）」と称していた。98では単に「等式」の意味で使うことにする。）

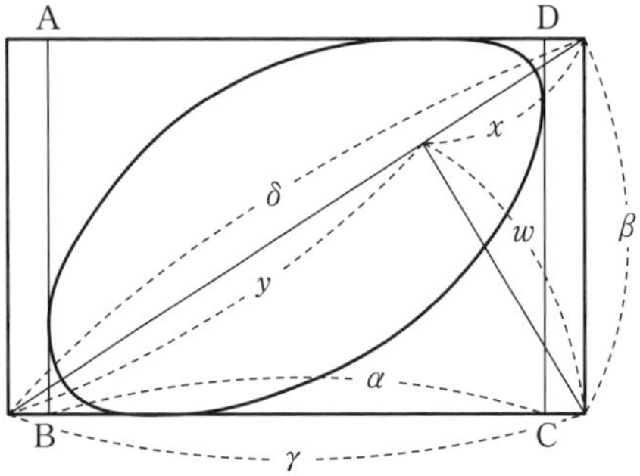

$$\frac{\beta}{\delta}=\frac{w}{\gamma} \text{ より} \qquad w=\frac{\beta\gamma}{\delta}$$

$$\frac{x}{\beta}=\frac{\beta}{\delta} \text{ より} \qquad x=\frac{\beta^2}{\delta}$$

$$x'=\frac{b}{a}x \qquad \beta'^2=x'^2+w^2$$

であるから

$$\beta'^2=\frac{b^2\beta^4}{a^2\delta^2}+\frac{\beta^2\gamma^2}{\delta^2} \qquad \cdots③$$

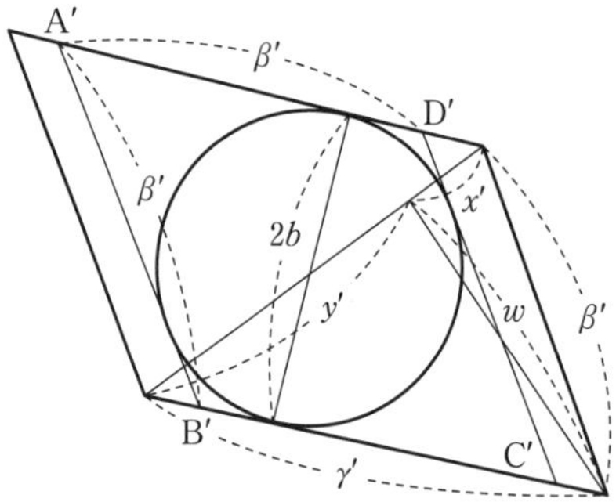

また，菱形 A′B′C′D′ の面積は，$2b\beta'$ であり，長方形 ABCD の面積の $\dfrac{b}{a}$ 倍でもあるから

$$2b\beta'=\frac{b}{a}\alpha\beta \qquad \cdots④$$

④^2 に③を代入して

$$4b^2\left(\frac{b^2\beta^4}{a^2\delta^2}+\frac{\beta^2\gamma^2}{\delta^2}\right)=\frac{b^2}{a^2}\alpha^2\beta^2$$

ゆえに　$4(b^2\beta^2+a^2\gamma^2)=\alpha^2\delta^2$　…（第2矩合　88と同じ）

次に　$\gamma^2=y\delta$ より　$y=\dfrac{\gamma^2}{\delta}$

ゆえに　$y'=\dfrac{b\gamma^2}{a\delta}$

よって　$\gamma'^2=w^2+y'^2=\dfrac{\beta^2\gamma^2}{\delta^2}+\dfrac{b^2\gamma^4}{a^2\delta^2}$　…⑤

長方形 ABCD の外側の長方形の面積は $\beta\gamma$ であるから，これを縮小した図形の面積は $\dfrac{b}{a}\beta\gamma$ である。その面積は縮小した図でみれば $2b\gamma'$ であるから，それぞれを平方したものは等しい。

ゆえに　$\dfrac{b^2}{a^2}\beta^2\gamma^2=4b^2\gamma'^2$　すなわち　$4a^2\gamma'^2=\beta^2\gamma^2$　…⑥

⑤を⑥に代入して

$$4a^2\left(\frac{\beta^2\gamma^2}{\delta^2}+\frac{b^2\gamma^4}{a^2\delta^2}\right)=\beta^2\gamma^2$$

ゆえに　$4a^2\beta^2+4b^2\gamma^2=\beta^2\delta^2$　…（第3矩合　88と同じ）

第2，3矩合に $\delta^2=\beta^2+\gamma^2$ を代入して，それぞれ

$$(4a^2-\alpha^2)\gamma^2+(4b^2-\alpha^2)\beta^2=0$$

$$(4b^2-\beta^2)\gamma^2+(4a^2-\beta^2)\beta^2=0$$

が得られるから，ここでγ^2を消去すると

$$(4a^2-\alpha^2)(4a^2-\beta^2)-(4b^2-\alpha^2)(4b^2-\beta^2)=0$$

すなわち　$16(a^4-b^4)-4(\alpha^2+\beta^2)(a^2-b^2)=0$

ここでもし $a\neq b$ ならば　a^2-b^2　で割って

$$4(a^2+b^2)=\alpha^2+\beta^2 \quad \text{…（第4矩合　89と同じ）}$$

$a=b$ ならば，はじめからの図形をみればわかるように

$$2a=2b=\alpha=\beta$$

となることから，やはりこの等式は成り立つ。これは準円の性質である。

（座標幾何では，楕円 $\dfrac{x^2}{a^2}+\dfrac{y^2}{b^2}=1$ の準円の方程式は $x^2+y^2=a^2+b^2$）

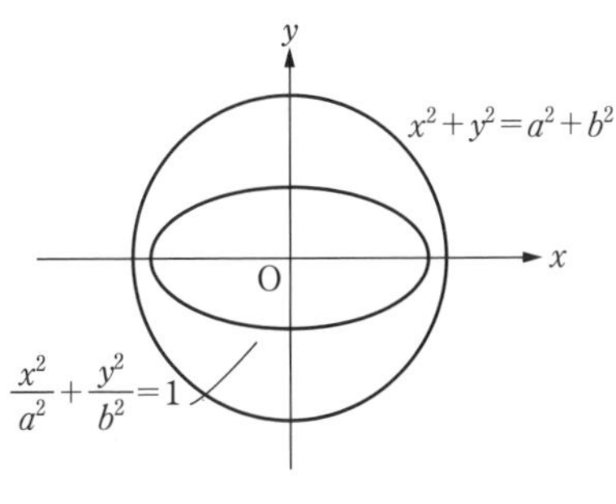

これから所要の第一の結果が得られる。すなわち，長軸の長さは

$$2a=\sqrt{\alpha^2+\beta^2-4b^2}$$

次に　(第1矩合)$+c^2$(第2矩合)$+d^2$(第3矩合)　をつくると

$$(\alpha^2\delta^2c^2+\beta^2\delta^2d^2+4\delta^2c^2d^2+2\alpha\beta cd\delta^2-4\alpha\delta^2c^2d-4\beta\delta^2cd^2-4\beta^2a^2d^2$$
$$+8\beta\gamma a^2cd-4\gamma^2a^2c^2-4\gamma^2b^2d^2-8\beta\gamma b^2cd-4\beta^2b^2c^2)$$
$$+(4\beta^2b^2c^2+4\gamma^2a^2c^2-\alpha^2\delta^2c^2)+(4\beta^2a^2d^2+4\gamma^2b^2d^2-\beta^2\delta^2d^2)=0$$

整理して，$2cd$ で約すと

$$2\delta^2cd+\alpha\beta\delta^2-2\alpha\delta^2c-2\beta\delta^2d+4\beta\gamma a^2-4\beta\gamma b^2=0 \quad \cdots\ (\text{第5矩合})$$

次に，第3矩合に $\delta^2=\beta^2+\gamma^2$ を用いると

$$4a^2\beta^2+4b^2\gamma^2-\beta^4-\beta^2\gamma^2=0$$

ここで　$T=\beta^2-4b^2$

$U=4a^2-\beta^2$

$V=T+U=4a^2-4b^2$

とおくと　$-T\gamma^2+U\beta^2=0$　　　… (第6矩合)

すなわち　$\gamma\sqrt{T}=\beta\sqrt{U}$　　　…⑦

第6矩合に $T\beta^2-T\beta^2=0$ を加えると $\delta^2=\beta^2+\gamma^2$ から

$-T\delta^2+V\beta^2=0$　　　すなわち　$T\delta^2=V\beta^2$　　　…⑧

第5矩合を書き直そう。左辺の最後の2項にVを代入して

$$2\delta^2cd+\alpha\beta\delta^2-2\alpha\delta^2c-2\beta\delta^2d+\beta\gamma V=0$$

Tを掛けて⑧を代入すると

$$2V\beta^2cd+\alpha\beta V\beta^2-2\alpha V\beta^2c-2\beta V\beta^2d+T\beta\gamma V=0$$

ここで最後の項は

$$T\beta\gamma V=\gamma\sqrt{T}\cdot\beta\sqrt{T}\,V=\beta^2\sqrt{TU}\,V$$

となるから，上の等式を β^2V で約して

$$2cd+\alpha\beta-2\alpha c-2\beta d+\sqrt{TU}=0$$

ここで　$\sqrt{TU}=\sqrt{(\beta^2-4b^2)(4a^2-\beta^2)}$

$=\sqrt{(4a^2+4b^2)\beta^2-\beta^4-16a^2b^2}$

$=\sqrt{(\alpha^2+\beta^2)\beta^2-\beta^4-16a^2b^2}=\sqrt{\alpha^2\beta^2-16a^2b^2}\equiv E$

とおく。

すなわち　$2cd+\alpha\beta-2\alpha c-2\beta d+E=0$　　　… (第7矩合)

次に $t^2+w'^2=b^2$ を用いる。その準備をしよう。

$$w=z+f-\frac{\delta}{2}$$

であって，これを$\dfrac{b}{a}$倍に縮小したのがw'である。これらを計算しよう。

$$q=d-r$$

$\dfrac{s}{u}=\dfrac{q}{e}$ より　　$s=\dfrac{uq}{e}$　　$\left(q\text{はKから円への接線の長さ}\right)$

これに前に求めたuの式を代入して

$$s=\frac{q(c\gamma-\beta d)}{e\delta}$$

$$t=m-s=\frac{\beta(\alpha+\gamma)}{2\delta}-\frac{\beta d}{\delta}+\frac{q(\beta d-c\gamma)}{e\delta}$$

$\dfrac{z}{g+i}=\dfrac{q}{e}$ より　　$z=\dfrac{(g+i)q}{e}=\dfrac{q}{e}\cdot\dfrac{\gamma d+\beta c}{\delta}$

$\dfrac{f}{l}=\dfrac{\gamma}{\delta}$ より　　$f=\dfrac{l\gamma}{\delta}=\dfrac{\gamma}{\delta}\left(\dfrac{\alpha}{2}+\dfrac{\gamma}{2}-d\right)$

ゆえに　$w=z+f-\dfrac{\delta}{2}=\dfrac{q(\gamma d+\beta c)}{e\delta}+\dfrac{\gamma}{\delta}\left(\dfrac{\alpha+\gamma}{2}-d\right)-\dfrac{\delta}{2}$

$w'=\dfrac{b}{a}w$ より

$$w'=\frac{bd\gamma q}{ae\delta}+\frac{bc\beta q}{ae\delta}+\frac{\alpha\gamma b}{2a\delta}+\frac{b\gamma^2}{2a\delta}-\frac{bd\gamma}{a\delta}-\frac{b\delta}{2a}$$

ここで $t^2+w'^2=b^2$ に代入するのであるが，分母を払っておくために $2ae\delta$ を掛けておく。

$$2ae\delta\times w'=\overset{\text{イ}}{2}bd\gamma q+\overset{\text{ロ}}{2}bc\beta q+\overset{\text{イ}}{\alpha}\gamma be+\overset{\text{ロ}}{b}\gamma^2e-\overset{\text{イ}}{2}bd\gamma e-\overset{\text{ロ}}{b}\delta^2e$$

ここで　$\overset{\text{イ}}{R}=-2de+2dq+\alpha e$

$$\overset{\text{ロ}}{S}=-2cq+\beta e$$

とおくと

$$2ae\delta w' = -Sb\beta + Rb\gamma$$

$$\left(\begin{array}{l} -Sb\beta = 2cqb\beta - b\beta^2 e = 2bc\beta q - b(\delta^2 - \gamma^2)e \\ \qquad\qquad \text{ここでは}\quad \delta^2 = \beta^2 + \gamma^2 \ \text{を用いた。} \end{array} \right)$$

$$2ae\delta t = 2ae\delta\left\{\frac{\beta(\alpha+\gamma)}{2\delta} - \frac{\beta d}{\delta} + \frac{\beta dq - \gamma cq}{e\delta}\right\}$$

$$= ae\beta(\alpha+\gamma) - 2ae\beta d + 2a\beta dq - 2ac\gamma q$$

$$= a\beta(e\alpha - 2de + 2dq) + a\gamma(e\beta - 2cq)$$

ゆえに　$2ae\delta t = R\beta a + a\gamma S$

よって　$(2ae\delta t)^2 + (2ae\delta w')^2 - (2ae\delta b)^2 = 0$ …⑨

⑨に代入して

$$(Ra\beta + Sa\gamma)^2 + (-Sb\beta + Rb\gamma)^2 - 4a^2e^2\delta^2b^2 = 0$$

ゆえに　$\overset{イ}{R}{}^2a^2\beta^2 + \overset{ロ}{2}RSa^2\beta\gamma + \overset{ハ}{S}{}^2a^2\gamma^2 + \overset{ハ}{S}{}^2b^2\beta^2 - \overset{ロ}{2}RSb^2\beta\gamma + \overset{イ}{R}{}^2b^2\gamma^2$

$$-4a^2e^2\delta^2b^2 = 0$$

よって　$\overset{イ}{R}{}^2\delta^2\beta^2 + \overset{ロ}{2}V\gamma\beta RS + \overset{ハ}{S}{}^2\delta^2\alpha^2 - 16a^2e^2\delta^2b^2 = 0$ …⑩

ここに　イ：$a^2\beta^2 + b^2\gamma^2 = \dfrac{\delta^2\beta^2}{4}$ は第3矩合による。

ロ：$a^2 - b^2 = \dfrac{V}{4}$ はVの定義による。

ハ：$a^2\gamma^2 + b^2\beta^2 = \dfrac{\alpha^2\delta^2}{4}$ は第2矩合による。

これらを用いて分母4を払ったので最後の項の係数に16が出た。

ここで　$\left.\begin{array}{l} R = -2d(e-q) + de = de - 2r(c+e) \\ S = -2cq + \beta e = \beta e - 2r(d+e) \end{array}\right\}$ …⑪

と表せることを示しておこう。

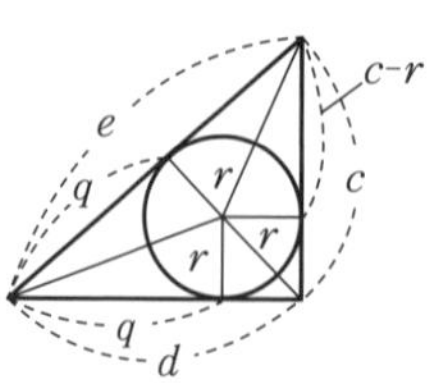

図を参照して，三角形の面積を介して考えれば

$$r(c+e) = 2▲ - dr \quad (▲\text{は，三角形の面積})$$

しかるに　$e-q = c-r$ であるから

$$d(e-q) = d(c-r) = dc - dr = 2▲ - dr$$

ゆえに　$r(c+e) = d(e-q)$　でRの式が示された。

また，Sについては　$cq=r(d+e)$　を示せばよい。

同様に　$cq=c(d-r)=2\blacktriangle-cr$

$$r(d+e)=r(d+e+c)-cr=2\blacktriangle-cr$$

からわかる。

次に，⑩をδ^2で割って

$$R^2\beta^2+\frac{2VRS\beta\gamma}{\delta^2}+S^2\alpha^2-16a^2b^2e^2=0 \qquad \cdots⑫$$

この第2項の分数の部分は $2RSE$ に等しいことを示そう。ここに

$$E=\sqrt{(4a^2-\beta^2)(\beta^2-4b^2)}$$

とする。共通な $2RS$ を省くと

$$V\beta\gamma=\delta^2E \qquad \cdots⑬$$

を示せばよいことがわかる。

さて　$\delta^2=\beta^2+\gamma^2$,　$V=4a^2-4b^2$ であるから，⑬は次のようになる。

$$(4a^2-4b^2)\beta\gamma=(\beta^2+\gamma^2)\sqrt{(4a^2-\beta^2)(\beta^2-4b^2)} \qquad \cdots⑭$$

これは第2，3，4矩合を用いて示される。実際，$\delta^2=\beta^2+\gamma^2$ を用いて第3，4矩合から$4a^2$，$4b^2$を未知数として求めると

$$4a^2=\frac{\alpha^2\gamma^2-\beta^4}{\gamma^2-\beta^2}$$

$$4b^2=\frac{\beta^2\gamma^2-\alpha^2\beta^2}{\gamma^2-\beta^2}$$

これで⑭の左辺をa，bを使わないで表すと

$$\frac{(\alpha^2\gamma^2-\beta^4-\beta^2\gamma^2+\alpha^2\beta^2)\beta\gamma}{\gamma^2-\beta^2}=\frac{(\alpha^2-\beta^2)(\beta^2+\gamma^2)}{\gamma^2-\beta^2}\beta\gamma$$

また，⑭の右辺の根号の中を計算してみると

$$4a^2-\beta^2=\frac{\alpha^2\gamma^2-\beta^4-\beta^2(\gamma^2-\beta^2)}{\gamma^2-\beta^2}=\frac{(\alpha^2-\beta^2)\gamma^2}{\gamma^2-\beta^2}$$

$$\beta^2-4b^2=\frac{\beta^2(\gamma^2-\beta^2)-\beta^2\gamma^2+\alpha^2\beta^2}{\gamma^2-\beta^2}=\frac{(\alpha^2-\beta^2)\beta^2}{\gamma^2-\beta^2}$$

であるから，⑭の右辺は

$$\frac{(\beta^2+\gamma^2)(\alpha^2-\beta^2)\beta\gamma}{\gamma^2-\beta^2}$$

となって，上で計算した左辺と一致する。

よって，⑬が示された。

このことから，⑪は

$$R^2\beta^2+2RSE+S^2\alpha^2-16a^2b^2e^2=0 \qquad \cdots⑮$$

と表せる。ここにR, Sの式を代入すると

$$\{\alpha e-2r(c+e)\}^2\beta^2+2\{\alpha e-2r(c+e)\}\{\beta e-2r(d+e)\}E$$
$$+\{\beta e-2r(d+e)\}^2\alpha^2-16a^2b^2e^2=0 \qquad \cdots⑯$$

左辺の最後の2項だけを取り出して変形しておこう。

$$\alpha^2\beta^2e^2-4\alpha^2\beta er(d+e)+4\alpha^2r^2(d+e)^2-16a^2b^2e^2$$
$$=(\alpha^2\beta^2-16a^2b^2)e^2-4\alpha^2\beta er(d+e)+4\alpha^2r^2(d+e)^2$$

ここで第4矩合を用いれば

$$\alpha^2\beta^2-16a^2b^2=(4a^2+4b^2-\beta^2)\beta^2-16a^2b^2$$
$$=(4a^2-\beta^2)(\beta^2-4b^2)=E^2 \qquad \cdots⑰$$

であるから，これらを考慮して⑯を書き直すと

$$\{\alpha e-2r(c+e)\}^2\beta^2+2\{\alpha e-2r(c+e)\}\{\beta e-2r(d+e)\}E$$
$$+E^2e^2-4\alpha^2\beta er(d+e)+4\alpha^2r^2(d+e)^2=0$$

展開して項の順序を後のために変更すると次のようになる。

$$E^2e^2+\alpha^2\beta^2e^2+4r^2\beta^2(c+e)^2+4r^2\alpha^2(d+e)^2+2E\alpha\beta e^2-4E\beta r(c+e)e$$
$$-4E\alpha re(d+e)-4\alpha\beta^2e(c+e)r-4\alpha^2\beta e(d+e)r+8\alpha\beta r^2(c+e)(d+e)$$
$$=-8Er^2(c+e)(d+e)+8\alpha\beta r^2(c+e)(d+e) \qquad \cdots⑱$$

ここで，左辺，右辺とも最後の項は互いに消去されるものであるが，左辺を平方式にするためにつけたものである。そして $\alpha\beta-E\geqq 0$ である（[証明1] の後の [註3] 参照）から $W=\sqrt{\alpha\beta-E}$ とおく。このとき，⑱の右辺は

$$4W^2\cdot r^2(c+d+e)^2$$

と変形されることを示そう。⑱の右辺は

$$8(\alpha\beta-E)r^2(c+e)(d+e)=8W^2r^2(c+e)(d+e)$$

と変形されるから，共通因子を除いて，次の式を示せばよい。

$$2(c+e)(d+e)=(c+d+e)^2 \qquad \cdots ⑲$$

$$\begin{aligned}\text{右辺}-\text{左辺}&=(c+d+e)^2-2(c+e)(d+e)\\&=c^2+d^2+e^2+2cd+2de+2ce-2(cd+de+ce+e^2)\\&=c^2+d^2-e^2=0 \qquad \text{（1図の右下の部分）}\end{aligned}$$

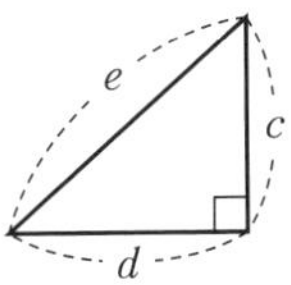

よって，示された。

また，⑱の左辺は平方式になっているから，両辺を平方に開いて次の式を得る。

$$Ee+\alpha\beta e-2r\beta(c+e)-2\alpha r(d+e)=2Wr(c+d+e) \cdots \text{（第8矩合）}$$

ここで　2(第8矩合)＋2r(第7矩合)　をつくると

$$\overset{\text{イ}}{2}Ee+\overset{\text{ロ}}{2}\alpha\beta e-\overset{\text{ハ}}{4}\beta r(c+e)-\overset{\text{ニ}}{4}\alpha r(d+e)-4Wr(c+d+e)$$

$$+\overset{\text{ニ}}{4}cdr+\overset{\text{ロ}}{2}\alpha\beta r-\overset{\text{ニ}}{4}\alpha cr-\overset{\text{ハ}}{4}\beta dr+\overset{\text{イ}}{2}Er=0 \qquad \cdots ⑳$$

ここで $2e+2r=c+d+e$ であることに注意して

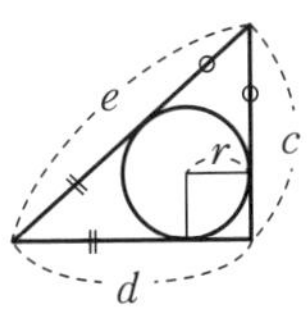

イの2項をまとめて　　$2E(e+r)=E(c+d+e)$

ロの2項をまとめて　　$2\alpha\beta(e+r)=\alpha\beta(c+d+e)$

ハの2項をまとめて　　$-4\beta r(c+e+d)$

ニの3項は $cd=r(c+d+e)$ に注意してまとめると

$$\begin{aligned}-4\alpha r(d+e)+4cdr-4\alpha cr&=4r\{-\alpha(d+e)+cd-\alpha c\}\\&=4r\{-\alpha(c+d+e)+cd\}\\&=4r\{-\alpha(c+d+e)+r(c+d+e)\}\\&=-4r(\alpha-r)(c+d+e)\end{aligned}$$

よって，⑳は共通因子 $c+d+e$ で約して

$$E+\alpha\beta-4\beta r-4r(\alpha-r)-4Wr=0$$

となり，rで整理して

$$4r^2-4(W+\alpha+\beta)r+E+\alpha\beta=0$$

ただし，⑰から

$$E=\sqrt{\alpha^2\beta^2-16a^2b^2}=\sqrt{(4a^2-\beta^2)(\beta^2-4b^2)}$$

$$W=\sqrt{\alpha\beta-E}=\sqrt{\alpha\beta-\sqrt{\alpha^2\beta^2-16a^2b^2}}$$

［註1］　本題の元と思われるものは安島直円（1739–1798年）の遺稿をまとめた『不朽算法』と題する稿本（1799年）である。そこではα，β，bだけでaは与えられていない。したがって，E，Wはaを含まない形になっている。すなわち，第4矩合の式をE，Wに代入した形になっている。

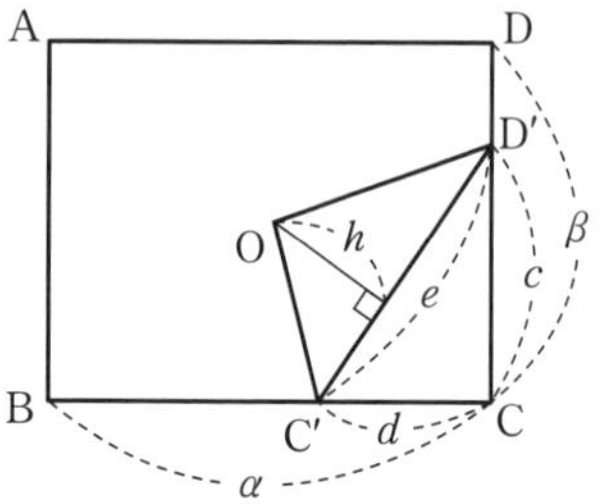

［註2］　［証明1］の最初の式

$$\alpha c+\beta d-2cd=2eh$$

の証明をしておこう。

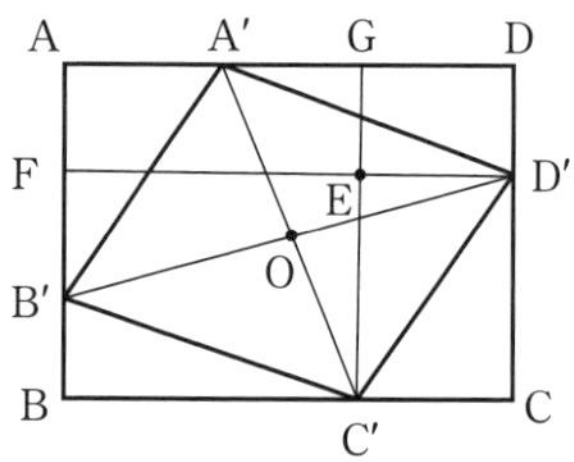

［証明］　Oは，長方形ABCDの中心とする。$2eh$ は△OC′D′ の面積の4倍であるから▱A′B′C′D′ の面積に等しい。

また，左辺は

$\alpha c=$□FBCD′

$\beta d=$□GC′CD

$cd=$□EC′CD′

結局□GED′Dと□FBC′Eの面積の和である。

ゆえに，もとの長方形ABCDからこれらを除いた部分の面積が等しいことを示せばよい。

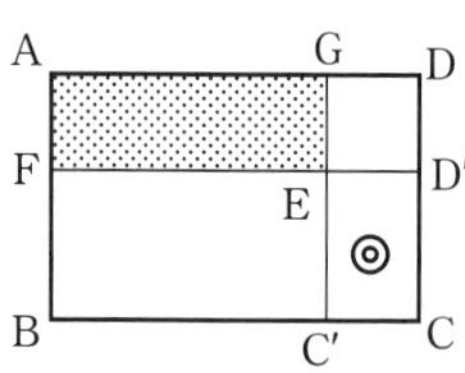

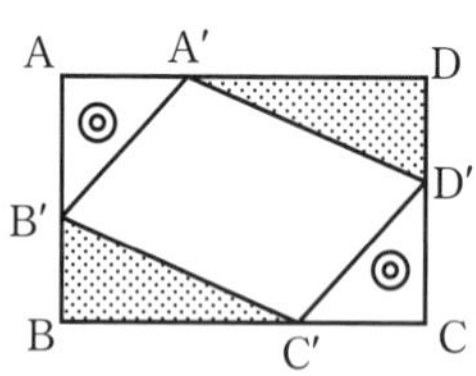

左の右図の◎印の2つの直角三角形を合わせれば左図の◎印の長方形であり，▒印のものについても同様である。

［註3］　長方形の2辺を $\alpha\geqq\beta$ とし，楕円では $a\geqq b$ と仮定しておいてよい。

第6矩合から

$$(4b^2-\beta^2)\gamma^2+(4a^2-\beta^2)\beta^2=0$$

$4b^2-\beta^2$ と $4a^2-\beta^2$ は，ともに0かまたは異符号である。

しかし　$4b^2-\beta^2 \leqq 4a^2-\beta^2$　であるから　$4b^2-\beta^2 \leqq 0$ かつ $4a^2-\beta^2 \geqq 0$ である。

ゆえに　$4b^2 \leqq \beta^2 \leqq 4a^2$

したがって，第4矩合(準円の性質)から $\beta^2=4a^2+4b^2-\alpha^2$ を代入して

$$4b^2 \leqq 4a^2+4b^2-\alpha^2 \leqq 4a^2$$

ゆえに　$4b^2 \leqq \alpha^2 \leqq 4a^2$

これらから $E=\sqrt{\alpha^2\beta^2-16a^2b^2}$ の根号の中が $\geqq 0$ であることがわかる。なぜなら第4矩合（準円の性質）を用いて

$$\begin{aligned}\alpha^2\beta^2-16a^2b^2&=\alpha^2\beta^2-4a^2(\alpha^2+\beta^2-4a^2)\\&=16a^4-(\alpha^2+\beta^2)\cdot 4a^2+\alpha^2\beta^2\\&=(4a^2-\alpha^2)(4a^2-\beta^2)\end{aligned}$$

これは上述の不等式から $\geqq 0$ である。すなわち，Eは負でない実数で，その定義式から $E \leqq \alpha\beta$ であることもわかる。

[註4]　[証明1] の中で用いた直角三角形に関する簡単な式について，いくつかメモをしておく。

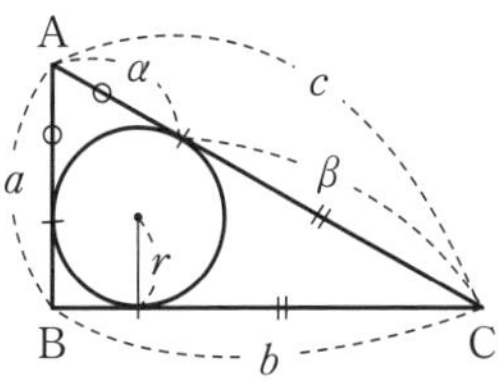

(1)　直角三角形ABCの内接円が斜辺を接点でα，βの長さに分けるとすると

直角三角形ABCの面積$=\alpha\beta$

[証明]　直角三角形の面積を▲，内接円の半径をrとすると

$$\begin{aligned}2▲=ab&=(\alpha+r)(\beta+r)\\&=\alpha\beta+r(\alpha+\beta+r)\end{aligned}$$

しかるに　　$a+b+c=2(\alpha+\beta+r)$

また　　▲$=\dfrac{1}{2}r(a+b+c)$　　　ゆえに　　▲$=r(\alpha+\beta+r)$

したがって，上の式から　2▲$=\alpha\beta+$▲　　　よって　　$\alpha\beta=$▲

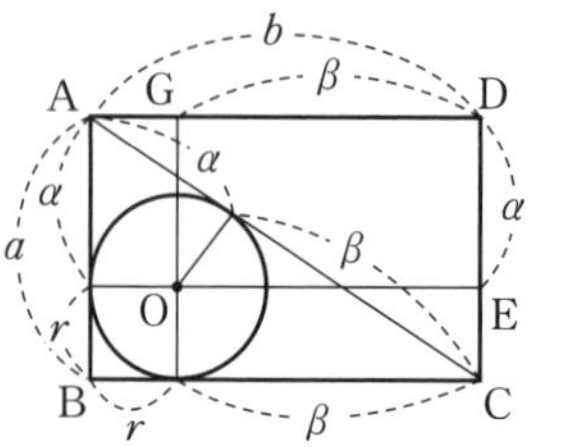

[証明]

直角三角形ABCの面積$=\alpha\beta$

$=$長方形GOEDの面積

△ADCとの重なりを比較すればわかる。

(2)　$2(c+r)=a+b+c$

前図で $a=\alpha+r$, $b=\beta+r$, $c=\alpha+\beta$ であるから

$(a+b+c)-2(c+r)=a+b-c-2r=(\alpha+r)+(\beta+r)-(\alpha+\beta)-2r=0$

(3)　$2(a+c)(b+c)=(a+b+c)^2$　これは，⑲の関係式と同じである。

これら(2)，(3)の図形的な証明も試みられたい。

[証明2]　(文献(6))

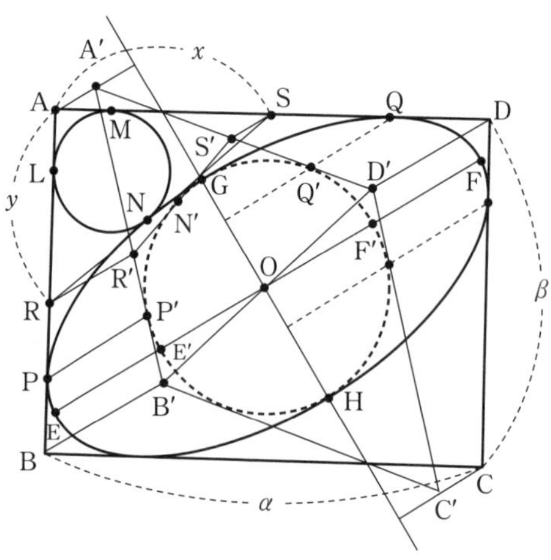

楕円の長軸，短軸をそれぞれ$2a$，$2b$とし，長方形ABCDはAD$=$BC$=\alpha$，AB$=$CD$=\beta$とする。長軸EFを$\dfrac{b}{a}$倍する方向で中心Oの方向に縮小し，縮小して対応するものを′を付けて表す。

楕円と円の共通接線が長方形の辺と交わる点をR, Sとする。縮小したA′B′C′D′は平行四辺形で，しかも半径bの円に各辺が接しているから，じつは菱形である。

ゆえに　A′C′⊥B′D′　でもある。

長方形ABCDの面積$\square=\alpha\beta$　であるから

$$\text{菱形A′B′C′D′の面積}\ \square'=\frac{b}{a}\square=\frac{b\alpha\beta}{a}$$

仮定で与えられた数値はα, β, bであるが，aは**89**から $4(a^2+b^2)=\alpha^2+\beta^2$

によって定まる。よって，aも既知として考えていく。

菱形の面積$\square'=2b\mathrm{A'B'}$とも表せるから

$$\mathrm{A'B'}=\frac{\square'}{2b}=\frac{1}{2b}\cdot\frac{b\alpha\beta}{a}=\frac{\alpha\beta}{2a}$$

縮小図から　$\dfrac{\mathrm{R'B'}}{\mathrm{RB}}=\dfrac{\mathrm{A'B'}}{\mathrm{AB}}$　　ゆえに　$\mathrm{R'B'}=\dfrac{\mathrm{RB}}{\mathrm{AB}}\mathrm{A'B'}$

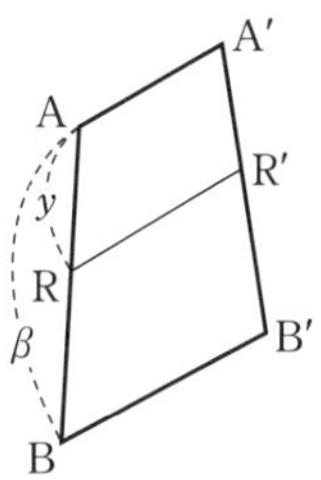

そして　$\mathrm{RB}=\beta-y,\ \mathrm{AB}=\beta,\ \mathrm{A'B'}=\dfrac{\alpha\beta}{2a}$ であるから

$$\mathrm{R'B'}=\frac{B-y}{\beta}\cdot\frac{\alpha\beta}{2a}=\frac{\alpha(\beta-y)}{2a} \qquad \cdots㉑$$

また　$\dfrac{\mathrm{A'R'}}{\mathrm{AR}}=\dfrac{\mathrm{A'B'}}{\mathrm{AB}}=\dfrac{\alpha\beta}{2a\cdot\beta}=\dfrac{\alpha}{2a}$ であるから

$$\mathrm{A'R'}=\frac{\alpha y}{2a} \qquad \cdots㉒$$

同様に　$\mathrm{S'D'}=\dfrac{\beta}{2a}(\alpha-x)$　　$\cdots㉓$

$$\mathrm{A'S'}=\frac{\beta x}{2a} \qquad \cdots㉔$$

$\triangle\mathrm{A'OB'}$は直角三角形であるから　　$\mathrm{A'O}^2+\mathrm{B'O}^2=\mathrm{A'B'}^2$

また　$2\mathrm{A'O}\cdot\mathrm{B'O}=\square'=\dfrac{b\alpha\beta}{a}$

ゆえに　$(\mathrm{A'O}+\mathrm{B'O})^2=\mathrm{A'O}^2+\mathrm{B'O}^2+2\cdot\mathrm{A'O}\cdot\mathrm{B'O}$

$$=\mathrm{A'B'}^2+2\mathrm{A'O}\cdot\mathrm{B'O}$$

$$=\frac{\alpha^2\beta^2}{4a^2}+\frac{b\alpha\beta}{a}=\frac{\alpha^2\beta^2+4ab\alpha\beta}{4a^2}$$

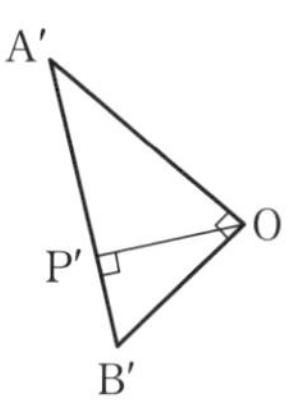

よって　$\mathrm{A'O}+\mathrm{B'O}=\dfrac{\sqrt{\alpha^2\beta^2+4ab\alpha\beta}}{2a}$　　$\cdots㉕$

同様に　$\mathrm{A'O}-\mathrm{B'O}=\dfrac{\sqrt{\alpha^2\beta^2-4ab\alpha\beta}}{2a}$　　$\cdots㉖$

（ここでは $\mathrm{A'O} \geqq \mathrm{B'O}$ とした。他の場合も議論の仕方は同様。さらに［註8］p.199参照）

㉕，㉖から　$\mathrm{A'O}=\dfrac{1}{4a}\{\sqrt{\alpha\beta(\alpha\beta+4ab)}+\sqrt{\alpha\beta(\alpha\beta-4ab)}\}$

次に　$\mathrm{A'O}^2=\mathrm{A'P'}\cdot\mathrm{A'B'}$　であるから

$$\mathrm{A'P'}=\frac{\mathrm{A'O}^2}{\mathrm{A'B'}}=\frac{\{\sqrt{\alpha\beta(\alpha\beta+4ab)}+\sqrt{\alpha\beta(\alpha\beta-4ab)}\}^2}{16a^2}\cdot\frac{2a}{\alpha\beta}$$

$$=\frac{\alpha\beta(\alpha\beta+4ab)+2\alpha\beta\sqrt{\alpha^2\beta^2-16a^2b^2}+\alpha\beta(\alpha\beta-4ab)}{8a\alpha\beta}$$

$$=\frac{\alpha\beta+\sqrt{\alpha^2\beta^2-16a^2b^2}}{4a}$$

ここで　$\sqrt{\alpha^2\beta^2-16a^2b^2}=E$ とおくと　$\mathrm{A'P'}=\dfrac{\alpha\beta+E}{4a}=\mathrm{A'Q'}$

また，㉒，㉔を用いて

$$\mathrm{R'N'}=\mathrm{R'P'}=\mathrm{A'P'}-\mathrm{A'R'}=\frac{\alpha\beta+E}{4a}-\frac{\alpha y}{2a}=\frac{\alpha\beta+E-2\alpha y}{4a} \quad \cdots ㉗$$

$$\mathrm{N'S'}=\mathrm{S'Q'}=\mathrm{A'Q'}-\mathrm{A'S'}=\frac{\alpha\beta+E}{4a}-\frac{\beta x}{2a}=\frac{\alpha\beta+E-2\beta x}{4a} \quad \cdots ㉘$$

また　　$\mathrm{RN}=\mathrm{RL}=\mathrm{RA}-\mathrm{LA}=y-r$

$\mathrm{SN}=\mathrm{SM}=\mathrm{SA}-\mathrm{MA}=x-r$

$\mathrm{RR'}\mathbin{/\!/}\mathrm{NN'}$，$\mathrm{RR'}\mathbin{/\!/}\mathrm{SS'}$ であるから　$\dfrac{\mathrm{RN}}{\mathrm{SN}}=\dfrac{\mathrm{R'N'}}{\mathrm{S'N'}}$　　㉗，㉘も用いて

$$\frac{y-r}{x-r}=\frac{\alpha\beta+E-2\alpha y}{\alpha\beta+E-2\beta x}$$

分母を払って

$$(x-r)(\alpha\beta+E-2\alpha y)=(y-r)(\alpha\beta+E-2\beta x)$$

x，yで整理すると

$$2(\alpha-\beta)xy+(2\beta r-\alpha\beta-E)x-(2\alpha r-\alpha\beta-E)y=0 \quad \cdots ㉙$$

さて，次に四角形RBDSを縮小したのがR′B′D′S′であるから

$$\text{四角形RBDSの面積}=\frac{\alpha\beta}{2}-\frac{xy}{2}$$

ゆえに　$\text{四角形R}'\text{B}'\text{D}'\text{S}'\text{の面積}=\dfrac{b}{2a}(\alpha\beta-xy)$

また，四角形R′B′D′S′の面積は，O頂点とする3つの三角形の和とみれば

$$\frac{1}{2}b(\text{B}'\text{R}'+\text{R}'\text{S}'+\text{S}'\text{D}')$$

合わせて　$\text{B}'\text{R}'+\text{R}'\text{S}'+\text{S}'\text{D}'=\dfrac{1}{a}(\alpha\beta-xy)$

したがって，㉑，㉓を用いると

$$\text{R}'\text{S}'=\frac{1}{a}(\alpha\beta-xy)-\frac{1}{2a}\alpha(\beta-y)-\frac{1}{2a}\beta(\alpha-x)$$

$$=\frac{1}{2a}(\beta x+\alpha y-2xy) \qquad \cdots㉚$$

一方，⑦，⑧より

$$\text{R}'\text{S}'=\text{R}'\text{N}'+\text{N}'\text{S}'$$

$$=\frac{\alpha\beta+E-2\alpha y}{4a}+\frac{\alpha\beta+E-2\beta y}{4a}$$

$$=\frac{1}{2a}(\alpha\beta+E-\beta x-\alpha y) \qquad \cdots㉛$$

㉚，㉛より

$$\beta x+\alpha y-2xy=\alpha\beta+E-\beta x-\alpha y$$

よって　$2xy-2\beta x-2\alpha y+(\alpha\beta+E)=0$　…㉜

次に，直角三角形RASに注目して　$\text{RS}=x+y-2r$　であることがわかるから $\text{RS}^2=\text{AS}^2+\text{AR}^2$ に代入して

$$(x+y-2r)^2=x^2+y^2$$

すなわち　$2xy-4rx-4ry+4r^2=0$　…㉝

以上で得られた㉙，㉜，㉝の3つの式からx，yを消去すれば，rについての方程式が得られるはずである。以下その計算をしよう。

㉝−㉜ より，xyの項を消去すると

$$2(\beta-2r)x+2(\alpha-2r)y-(\alpha\beta+E-4r^2)=0 \quad \cdots ㉞$$

㉙−㉜×$(\alpha-\beta)$ として，xyの項を消去すると

$$(\alpha\beta+2\beta r-E-2\beta^2)x-(\alpha\beta+2\alpha r-E-2\alpha^2)y-(\alpha-\beta)(\alpha\beta+E)=0 \quad \cdots ㉟$$

㉞，㉟を2元1次連立方程式として解くと

$$x=\frac{\begin{vmatrix}\alpha\beta+E-4r^2 & 2(\alpha-2r)\\ (\alpha-\beta)(\alpha\beta+E) & -(\alpha\beta+2\alpha r-E-2\alpha^2)\end{vmatrix}}{\begin{vmatrix}2(\beta-2r) & 2(\alpha-2r)\\ \alpha\beta+2\beta r-E-2\beta^2 & -(\alpha\beta+2\alpha r-E-2\alpha^2)\end{vmatrix}}$$

ここで

$$\begin{aligned}分母&=-2(\beta-2r)(\alpha\beta+2\alpha r-E-2\alpha^2)-2(\alpha-2r)(\alpha\beta+2\beta r-E-2\beta^2)\\&=2(\alpha+\beta)\{\alpha\beta-4(\alpha+\beta)r+4r^2+E\}+8\alpha\beta r+8r(\alpha\beta-E)\end{aligned}$$

と整理される。

$$X=\alpha\beta-4(\alpha+\beta)r+4r^2+E, \quad W^2=\alpha\beta-E \quad (\geqq 0) \quad \cdots ㊱$$

とおこう。すなわち

$$分母=2(\alpha+\beta)X+8\alpha\beta r+8W^2r$$

また

$$\begin{aligned}x の分子&=(4r^2-\alpha\beta-E)(\alpha\beta+2\alpha r-E-2\alpha^2)\\&\quad+2(2r-\alpha)(\alpha-\beta)(\alpha\beta+E) \qquad (N=\alpha\beta+E とおく)\\&=(4r^2-N)(2\alpha r-N+2\alpha\beta-2\alpha^2)+2(2r-\alpha)(\alpha-\beta)N\\&=N^2+\{-4r^2-2\alpha r-2\alpha\beta+2\alpha^2+2(2r-\alpha)(\alpha-\beta)\}N\\&\quad+4r^2(2\alpha r+2\alpha\beta-2\alpha^2)\\&=N^2-2r(2r+\alpha-2\beta)N+8\alpha r^2(r+\beta-\alpha)\\&=(N-2\alpha r)\{N-4r(r+\beta-\alpha)\}\end{aligned}$$

yについても同様で，分子は

$$y の分子=(N-2\beta r)\{N-4r(r+\alpha-\beta)\}$$

そこで，㉙で $h=N-2\alpha r$，$k=N-2\beta r$ とおくと

$$2(\alpha-\beta)xy-kx+hy=0 \quad \cdots ㉙'$$

また，xの分子の第2因子は，$N=\alpha\beta+E$ を代入して㊱を用いれば

$$N-4r^2+4\alpha r-4\beta r=X+8\alpha r-8r^2$$

となり，yについても同様であるから

$$x=\frac{h(X+8\alpha r-8r^2)}{2(\alpha+\beta)X+8\alpha\beta r+8W^2r}$$

$$y=\frac{k(X+8\beta r-8r^2)}{2(\alpha+\beta)X+8\alpha\beta r+8W^2r}$$

となる。これを㉙′に代入して，h，$k(\neq 0)$で割れば

$$\frac{2(\alpha-\beta)(X+8\alpha r-8r^2)(X+8\beta r-8r^2)}{\{2(\alpha+\beta)X+8\alpha\beta r+8W^2r\}^2}-\frac{X+8\alpha r-8r^2}{2(\alpha+\beta)X+8\alpha\beta r+8W^2r}$$
$$+\frac{X+8\beta r-8r^2}{2(\alpha+\beta)X+8\alpha\beta r+8W^2r}=0$$

分母を払って整理していこう。

$$2(\alpha-\beta)(X+8\alpha r-8r^2)(X+8\beta r-8r^2)$$
$$-8(\alpha-\beta)r\{2(\alpha+\beta)X+8\alpha\beta r+8W^2r\}=0 \qquad \cdots㊲$$

$2(\alpha-\beta)$で除しておいてXで展開すると

Xの係数：　$(8\alpha r-8r^2)+(8\beta r-8r^2)-8(\alpha+\beta)r=-16r^2$

定数項：　$(8\alpha r-8r^2)(8\beta r-8r^2)-4r(8\alpha\beta r+8W^2r)$

$=32r^2\{2(\alpha-r)(\beta-r)-\alpha\beta-(\alpha\beta-E)\}$　　（$W^2=\alpha\beta-E$より）

$=32r^2\{2r^2-2(\alpha+\beta)r+E\}$

したがって，方程式㊲は

$$X^2-16r^2X+32r^2\{2r^2-2(\alpha+\beta)r+E\}=0$$

ここで，⑯を左辺の第2項に代入すると

$$X^2-16r^2\{\alpha\beta-4(\alpha+\beta)r+4r^2+E\}+32r^2\{2r^2-2(\alpha+\beta)r+E\}=0$$

ゆえに　$X^2-16r^2W^2=0$

$X=\pm 4rW$

⑯のXを代入すれば

$$4r^2-4(\alpha+\beta\pm W)r+\alpha\beta+E=0 \qquad \cdots㊳$$

これは求めるものである。複号については［註7］を参照されたい。

さらに $\alpha-\beta=0$ のときは，長方形ABCDは正方形で，**94**から，所要の式は

$$E=2(a^2-b^2)$$
$$W^2=4b^2$$
$$2r^2-2(2a\pm b)r+a^2-2b^2=0$$

と表せることがわかる。そして図を描いて計算すれば

$$r=\frac{(\sqrt{2}-1)(a-\sqrt{2}\,b)}{\sqrt{2}}$$

が得られ，上の方程式の解になっていることが確かめられる。

よって，この場合も証明された。

［註5］ とくに $b=0$ ならば，楕円は退化して対角線BDになると考えられる。したがって $2a=\sqrt{\alpha^2+\beta^2}$，$E=\alpha\beta$，$W=0$ となるから，㊳は結局

$$2r^2-2(\alpha+\beta)r+\alpha\beta=0$$

となる。

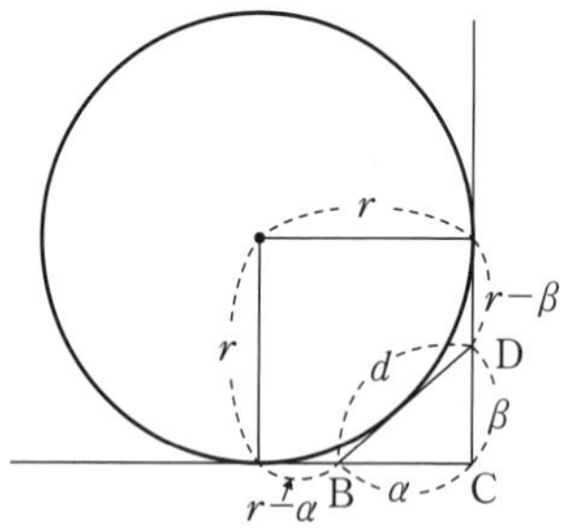

ゆえに $2r=\alpha+\beta\pm\sqrt{(\alpha+\beta)^2-2\alpha\beta}$

$$=\alpha+\beta\pm\sqrt{\alpha^2+\beta^2}$$
$$=\alpha+\beta\pm d$$
$$d=(r-\alpha)+(r-\beta)=2r-\alpha-\beta$$

ゆえに $2r=\alpha+\beta+d$

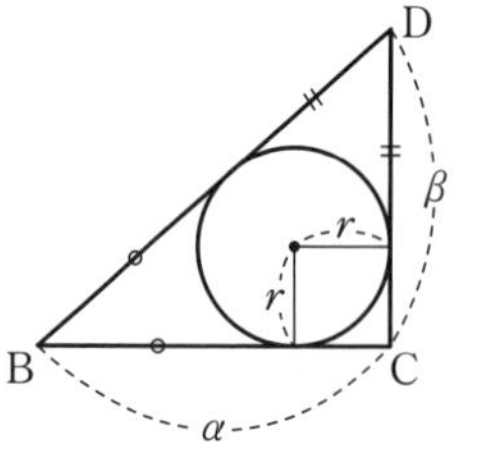

また $d=(\beta-r)+(\alpha-r)$

$$=\alpha+\beta-2r$$

ゆえに $2r=\alpha+\beta-d$

［註6］ とくに $2b=\beta$ のときは $2a=\alpha$ で，**90**そのものになる。

すなわち $E=0$，$W=\pm\sqrt{\alpha\beta}$ で㊳は

$$4r^2-4(\alpha+\beta\pm\sqrt{\alpha\beta})r+\alpha\beta=0$$

に代入して

$$r^2-2(a+b\pm\sqrt{ab})r+ab=0$$

となり，**90**である。

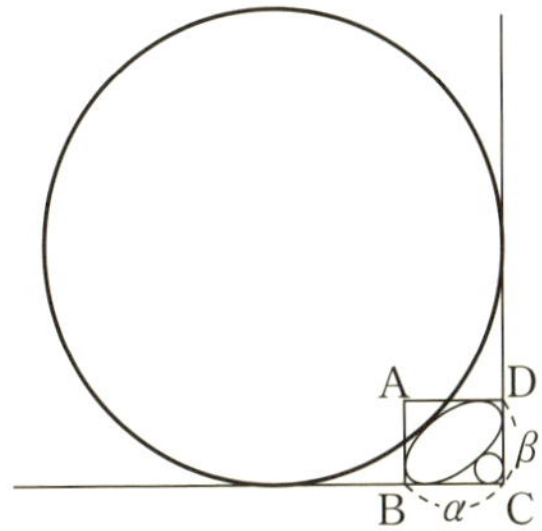

[註7]　㊳の複号の＋をとったもの

$$4r^2-4(\alpha+\beta+W)r+\alpha\beta+E=0$$

の解は右図の2つの円の半径と考えられる。
(−をとったものは，頂点BまたはD側で考えられる円に対応する。)

[註8]　㉖では，根号の中が $\geqq 0$ であることに注意しておくべきである。
すなわち　$\alpha\beta\geqq 4ab$ を示そう。
ここで $\alpha\geqq\beta>0$，$a\geqq b\geqq 0$ と仮定してさしつかえない。
$\alpha^2\beta^2-16a^2b^2\geqq 0$ を証明すればよい。
準円の性質 $4(a^2+b^2)=\alpha^2+\beta^2$ を用いて

$$\begin{aligned}\alpha^2\beta^2-16a^2b^2&=\alpha^2\beta^2-4a^2(\alpha^2+\beta^2-4a^2)\\&=(4a^2)^2-(\alpha^2+\beta^2)(4a^2)+\alpha^2\beta^2\\&=\left(4a^2-\frac{\alpha^2+\beta^2}{2}\right)^2-\frac{(\alpha^2+\beta^2)^2}{4}+\alpha^2\beta^2\\&=\left(4a^2-\frac{\alpha^2+\beta^2}{2}\right)^2-\frac{(\alpha^2-\beta^2)^2}{4}\end{aligned}\qquad\cdots ㊴$$

ここで楕円の長軸については

$$\alpha\leqq 2a\leqq\sqrt{\alpha^2+\beta^2}$$

($\sqrt{\alpha^2+\beta^2}$ は長方形の対角線の長さ）と考えてよいから

$$\alpha^2\leqq 4a^2\leqq\alpha^2+\beta^2$$

ゆえに，㊴の式から $4a^2=\alpha^2$ のとき，㊴は最小になる。最小値は

$$\left(\alpha^2-\frac{\alpha^2+\beta^2}{2}\right)^2-\frac{(\alpha^2-\beta^2)^2}{4}=0$$

よって，㊴は $\geqq 0$ である。

99

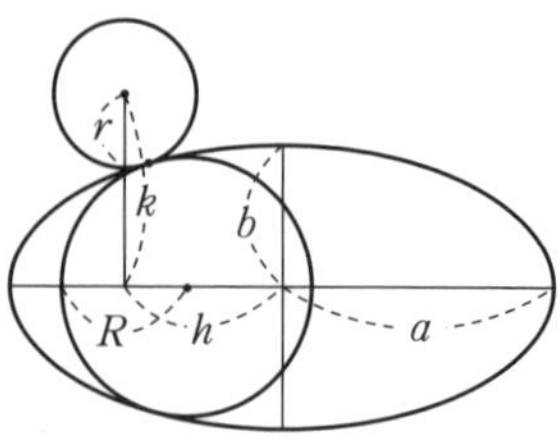

図のように長軸$2a$，短軸$2b$の楕円に半径Rの円が内接し，その1つの接点において半径rの円が円と楕円に外接しているとする。ただし，外接円の中心から長軸へ下ろした垂線の長さをk，その足から楕円の中心までの距離をhとして，m，nを次のように定義するとき，下の(1)～(4)が成り立つ。

$$m=a^2+b^2+r^2-h^2-k^2,\ \ n=a^2k^2+b^2h^2-a^2b^2-(a^2+b^2)r^2$$

(1)　$a^2R^3-b^2mR-2b^4r=0$

(2)　$2a^2R^3r-nR^2-b^4r^2=0$

(3)　$3a^2R^2r-2nR+b^2mr=0$

(4)　$nR^2-2b^2mRr-3b^4r^2=0$

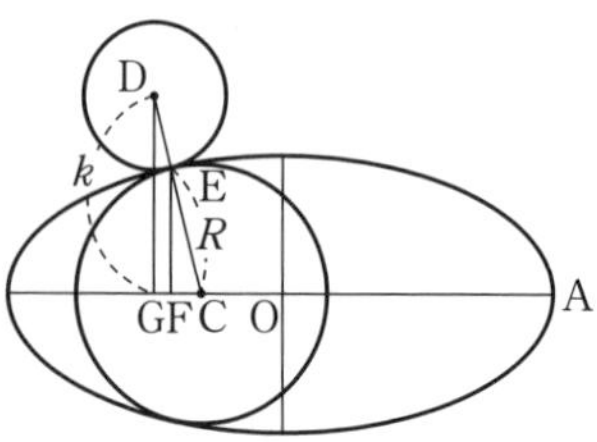

［証明］　図のように内接円の中心Cと外接円の中心Dを結ぶと，楕円と交わる点が3者の接点である。D，Eから長軸OAへ下ろした垂線の足をそれぞれG，Fとする。

直角三角形DGCにおいて

$$\mathrm{CG}=\sqrt{(R+r)^2-k^2}$$

85から　　$\mathrm{CF}=\dfrac{b\sqrt{b^2-R^2}}{\sqrt{a^2-b^2}}$

比例から　$\mathrm{CG}:\mathrm{CD}=\mathrm{CF}:\mathrm{CE}$

ゆえに　　$\dfrac{\sqrt{(R+r)^2-k^2}}{R+r}=\dfrac{b\sqrt{b^2-R^2}}{R\sqrt{a^2-b^2}}$　　…①

この両辺を平方して分母を払ってk^2を求めれば

$$k^2=(R+r)^2-\frac{b^2(b^2-R^2)(R+r)^2}{(a^2-b^2)R^2}$$

$$=\frac{(R+r)^2(a^2R^2-b^4)}{(a^2-b^2)R^2} \quad \cdots②$$

84から　$\mathrm{OC}=\dfrac{\sqrt{(a^2-b^2)(b^2-R^2)}}{b}$

ゆえに　$\mathrm{CG}=\mathrm{OG}-\mathrm{OC}=h-\dfrac{\sqrt{(a^2-b^2)(b^2-R^2)}}{b}$

これを①に代入して

$$\frac{h-\dfrac{\sqrt{(a^2-b^2)(b^2-R^2)}}{b}}{R+r}=\frac{b\sqrt{b^2-R^2}}{R\sqrt{a^2-b^2}}$$

ゆえに　$h=\dfrac{b(R+r)\sqrt{b^2-R^2}}{R\sqrt{a^2-b^2}}+\dfrac{\sqrt{(a^2-b^2)(b^2-R^2)}}{b}$

$$=\frac{(a^2R+b^2r)\sqrt{b^2-R^2}}{bR\sqrt{a^2-b^2}}$$

ゆえに　$h^2=\dfrac{(a^2R+b^2r)^2(b^2-R^2)}{b^2R^2(a^2-b^2)} \quad \cdots③$

②，③から

$$h^2+k^2=\frac{(a^2R+b^2r)^2(b^2-R^2)+b^2(R+r)^2(a^2R^2-b^4)}{b^2R^2(a^2-b^2)}$$

分子は展開してRについて整理しよう。

$R(a^2-b^2)$ が共通因子として出てくるから，分母・分子を約して

$$h^2+k^2=\frac{-a^2R^3+b^2(a^2+b^2+r^2)R+2b^4r}{b^2R}$$

分母を払って移項すると

$$b^2(h^2+k^2)R+a^2R^3-b^2(a^2+b^2+r^2)R-2b^4r=0$$

Rの係数をまとめれば $-b^2m$ となり，(1)が示された。

次に，②$\times a^2+$③$\times b^2$　をつくって分子の最高次R^4の項を消去すると，また，共通因子 a^2-b^2 が出てきて

$$a^2k^2+b^2h^2=\frac{2a^2rR^3+(a^2b^2+a^2r^2+b^2r^2)R^2-b^4r^2}{R^2}$$

となり，分母を払ってRでまとめればnを代入して(2)を得る。
前で得られた(1)，(2)を用いて，(2)$\times 2-$(1)$\times r$　をつくれば，Rを含まない項が消去されるから，共通因子Rで割れば(3)が得られる。
また，(1)，(2)からR^3の項を消去するために　(1)$\times 2r-$(2)　をつくれば(4)が得られることは容易である。

［註］　この命題で大切なのは②，③の式であって，(1)～(4)は単なる組み合わせである。

100

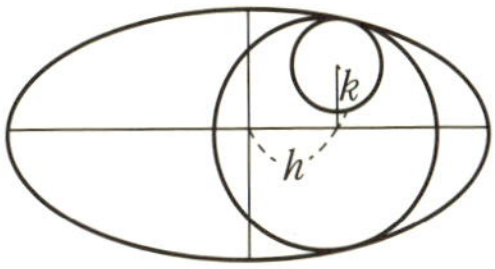

図のように長軸$2a$，短軸$2b$の楕円に半径Rの円が内接し，その1つの接点に半径rの円も内接するとき，次の式が成り立つ。

ただし，半径rの円の中心から長軸へ下ろした垂線の長さをk，その足から楕円の中心までの距離をhとして，m，nを次のように定義する。

$$m=a^2+b^2+r^2-h^2-k^2$$
$$n=a^2k^2+b^2h^2-a^2b^2-(a^2+b^2)r^2$$

(1)　$a^2R^3-b^2mR+2b^4r=0$

(2)　$2a^2R^3r+nR^2+b^4r^2=0$

(3)　$3a^2R^2r+2nR+b^2mr=0$

(4)　$nR^2+2b^2mRr-3b^4r^2=0$

[証明]　これは前問のrの代わりに$-r$としたものにすぎない。証明も同じようにして得られる。

ちなみに前問の②，③に対応する式は，次のようになる。

$$k^2=\frac{(R-r)^2(a^2R^2-b^4)}{(a^2-b^2)R^2}$$

$$h^2=\frac{(a^2R-b^2r)^2(b^2-R^2)}{b^2R^2(a^2-b^2)}$$

101

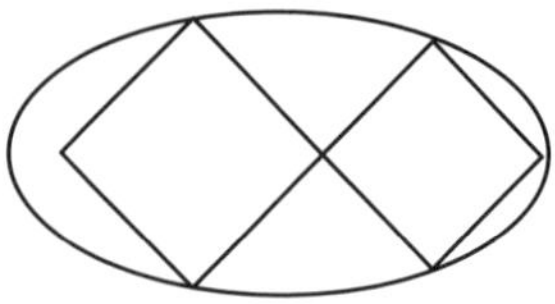

楕円の長軸上に対角線をもつ2つの正方形が図のように互いに1つの頂点で接し，また楕円にもそれぞれ他の2つの頂点で接しているとする。この楕円の，長軸を$2a$，短軸を$2b$，正方形の1辺の長さをそれぞれα，βとするとき，次の式が成り立つ。

$$(a^2+b^2)^2(\alpha^2+\beta^2)-2(a^4-b^4)\alpha\beta-8a^2b^4=0$$

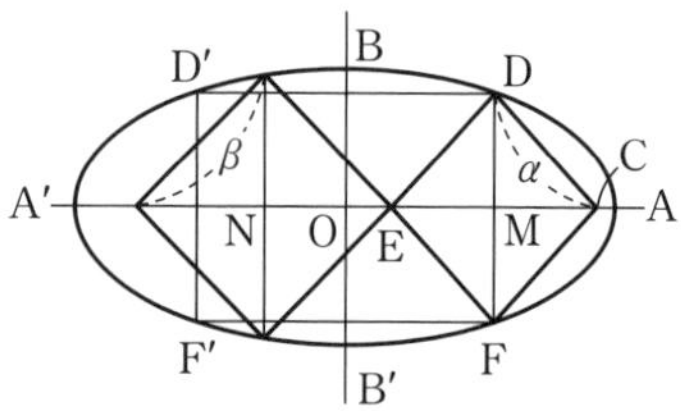

[証明]　図の正方形CDEFの1辺の長さをαとする。対角線DFの短軸に対する対称の線分をD′F′とするとD′，F′は楕円上の点である。

長方形DD′F′Fに**92**を適用すると

$$b^2\cdot \mathrm{DD'}^2+a^2\cdot \mathrm{DF}^2=4a^2b^2$$

であり　$\mathrm{DF}=\sqrt{2}\,\alpha$　であるから

$$b^2\cdot \mathrm{DD'}^2=4a^2b^2-2a^2\alpha^2=2a^2(2b^2-\alpha^2)$$

ゆえに　$\mathrm{OM}=\dfrac{1}{2}\mathrm{DD'}=\dfrac{a\sqrt{2b^2-\alpha^2}}{\sqrt{2}\,b}$

同様に，もう1つの正方形において　　$\mathrm{ON}=\dfrac{a\sqrt{2b^2-\beta^2}}{\sqrt{2}\,b}$

ゆえに　$\mathrm{MN}=\mathrm{OM}+\mathrm{ON}=\dfrac{a}{\sqrt{2}\,b}\left(\sqrt{2b^2-\alpha^2}+\sqrt{2b^2-\beta^2}\right)$

一方　$\mathrm{MN}=\mathrm{ME}+\mathrm{NE}=\dfrac{\alpha}{\sqrt{2}}+\dfrac{\beta}{\sqrt{2}}$　であるから，上のことと合わせて

$$\frac{a}{\sqrt{2}b}\left(\sqrt{2b^2-\alpha^2}+\sqrt{2b^2-\beta^2}\right)=\frac{1}{\sqrt{2}}(\alpha+\beta)$$

ゆえに　$a\left(\sqrt{2b^2-\alpha^2}+\sqrt{2b^2-\beta^2}\right)=b(\alpha+\beta)$

あとはこれを有理化すればよい。左辺の無理数の項を1つ移項してから両辺を平方すると

$$a^2(2b^2-\alpha^2)=b^2(\alpha+\beta)^2+a^2(2b^2-\beta^2)-2ab(\alpha+\beta)\sqrt{2b^2-\beta^2}$$

有理数の項と無理数の項を両辺に分けて整理し，両辺に $\alpha+\beta$ の共通因子が出るので，それを除くと

$$a^2(\alpha-\beta)+b^2(\alpha+\beta)=2ab\sqrt{2b^2-\beta^2}$$

平方して

$$a^4(\alpha-\beta)^2+b^4(\alpha+\beta)^2+2a^2b^2(\alpha^2-\beta^2)=4a^2b^2(2b^2-\beta^2)$$

α^2，$\alpha\beta$，β^2 を含む項，含まない項に注目して整理すると

$$(a^4+b^4+2a^2b^2)\alpha^2+(-2a^4+2b^4)\alpha\beta+(a^4+b^4-2a^2b^2+4a^2b^2)-8a^2b^4=0$$

これより，求める式が得られる。

102

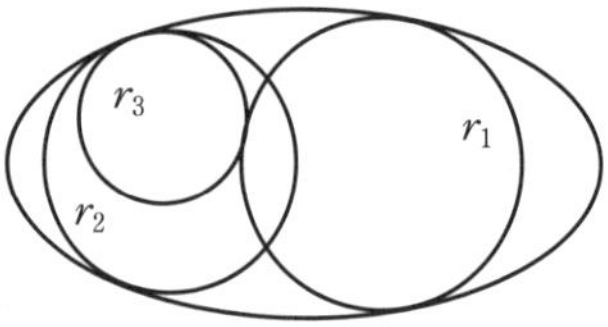

図のように長軸$2a$，短軸$2b$の楕円内で互いに交わる円$O_1(r_1)$，$O_2(r_2)$がいずれも楕円に2点で接し，かつ円$O_3(r_3)$が円O_1に接し，楕円と円O_2の接点でも接しているとする。このとき，次の式が成り立つ。

$$r_1{}^2r_2{}^2a^4-2r_1r_2{}^3a^4+r_2{}^4a^4+4r_1r_2{}^2r_3a^2b^2-4r_2r_3a^2b^4+4r_3{}^2b^6=0$$

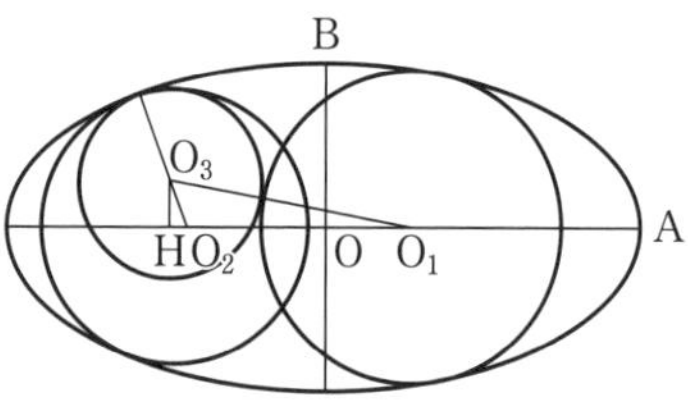

［証明］ O_3から長軸に下ろした足をHとする。

84から

$$OO_1=\frac{\sqrt{(a^2-b^2)(b^2-r_1{}^2)}}{b} \quad \cdots①$$

100から

$$OH=\frac{(a^2r_2-b^2r_3)\sqrt{b^2-r_2{}^2}}{br_2\sqrt{a^2-b^2}} \quad \cdots②$$

$$O_3H=\frac{(r_2-r_3)\sqrt{a^2r_2{}^2-b^4}}{r_2\sqrt{a^2-b^2}} \quad \cdots③$$

また　　$O_1H=OO_1+OH=①+②$

　　　　$O_1O_3=r_1+r_3$

$\triangle O_1O_3H$において　$O_1O_3{}^2=O_1H^2+O_3H^2$

ゆえに

$$(r_1+r_3)^2=\left\{\frac{\sqrt{(a^2-b^2)(b^2-r_1{}^2)}}{b}+\frac{(a^2r_2-b^2r_3)\sqrt{b^2-r_2{}^2}}{br_2\sqrt{a^2-b^2}}\right\}^2+\frac{(r_2-r_3)^2(a^2r_2{}^2-b^4)}{r_2{}^2(a^2-b^2)}$$

長谷川善左衛門弘閲
山本安之進賀前編

算法助術

江戸中橋廣小路町　西宮彌兵衛板

算法助術序

凡致精于點竄之方。其要在省解義之煩重。省煩重之方。莫如暗記常用輕易之矩合數數也。夫輕易矩合者難深寄消之理原。難滚寄消者。輕易矩合之積集也。故暗記少運策自不能免煩重焉。然而暗記者性。也非術也其奈之何哉。山本藤樹君。有見于此遂指南乎積淺

近釋幽微之術路以代于學者省煩之
暗記焉書成名曰算法助術噫觀者竭
力于茲此書亦為龍猛之七芥子爾
天保辛丑八月
磻溪長谷川先生門人
北村榮吉政房誌

算法助術序

古の算數はしるしおかれたる事のおはしは
本朝まて象は禁より暦は奥日は人術
加減乗除に法を立つ輕は知る人の術
するは其法を守りて精密に暦日の度をたち
山川の広狭源流は人をはかるを知る

なさしく　くちなはなんまかる今や
むさしの遠乃美ゆ紫ふ河ならふ山本
賀茂なかつ世道の杉こそ梅もて　える
志つめ　されし　いる人よしれん学ゆ
なれ里乃かゝることふすなる業たつや
まくよみなる蓬流ゝ　なるゝまかゝく

いかなる宮術の道筋といふ物もうち
あまりをさへらはあつめはなしまのみ
につきてさま〴〵算法地術となづけたる
ゆさ殊れわざ杠算にも極あま探背
為めうくて世にみ見ん人に大かたれ
いふ法ゝこゝに見えをおほし人に得た

日来なる書なれはとく無益にはせよと
古来の如く書するにそ有る
元禄十二年歳舎己卯のさつき
みちのく仙臺にすむ
武田司馬源保勝

算法助術圖形目錄

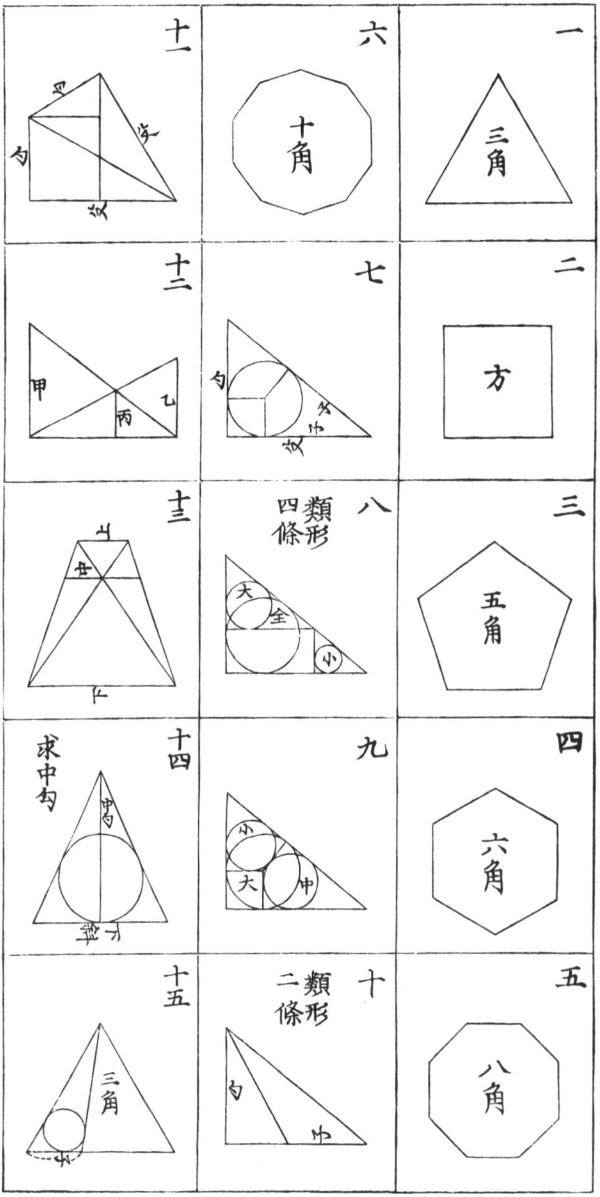
一
三角
二
方
三
五角
四
六角
五
八角
六
十角
七
勾
八
類形
四條
大
全
小
九
小
大
中
十
類形
二條
勾
十一
勾
十二
甲
乙
丙
十三
上
中
下
十四
求中勾
十五
三角

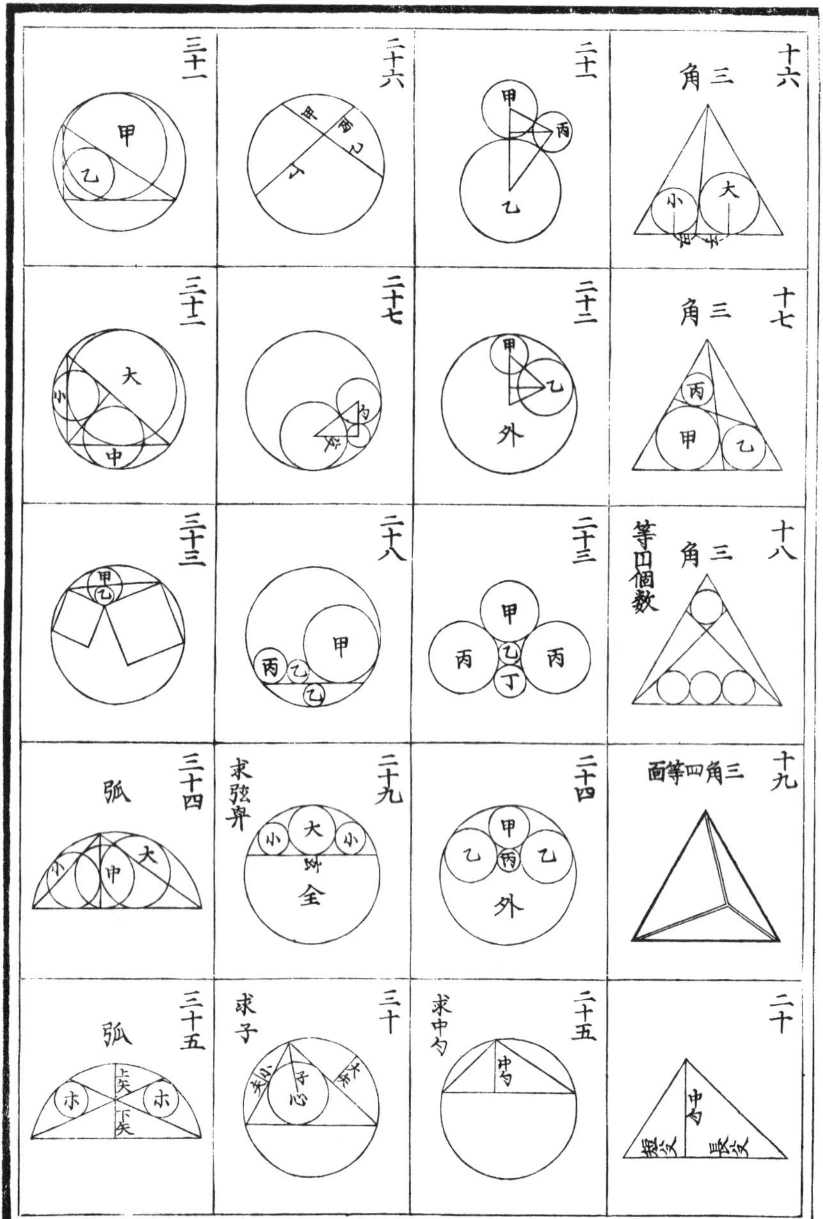
十六
三角
大
小
十七
三角
丙
甲
乙
十八
三角
等四個数
十九
三角四等面
二十
中勾
二十一
甲
丙
乙
二十二
甲
乙
外
二十三
甲
丙
乙
丙
丁
二十四
甲
乙
丙
乙
外
二十五
求中勾
中勾
二十六
甲
丙
乙
丁
二十七
二十八
甲
丙
乙
乙
二十九
大
小
小
全
三十
求子
子
心
三十一
甲
乙
三十二
大
小
中
三十三
甲
乙
三十四
弧
小
中
大
三十五
弧
上矢
下矢

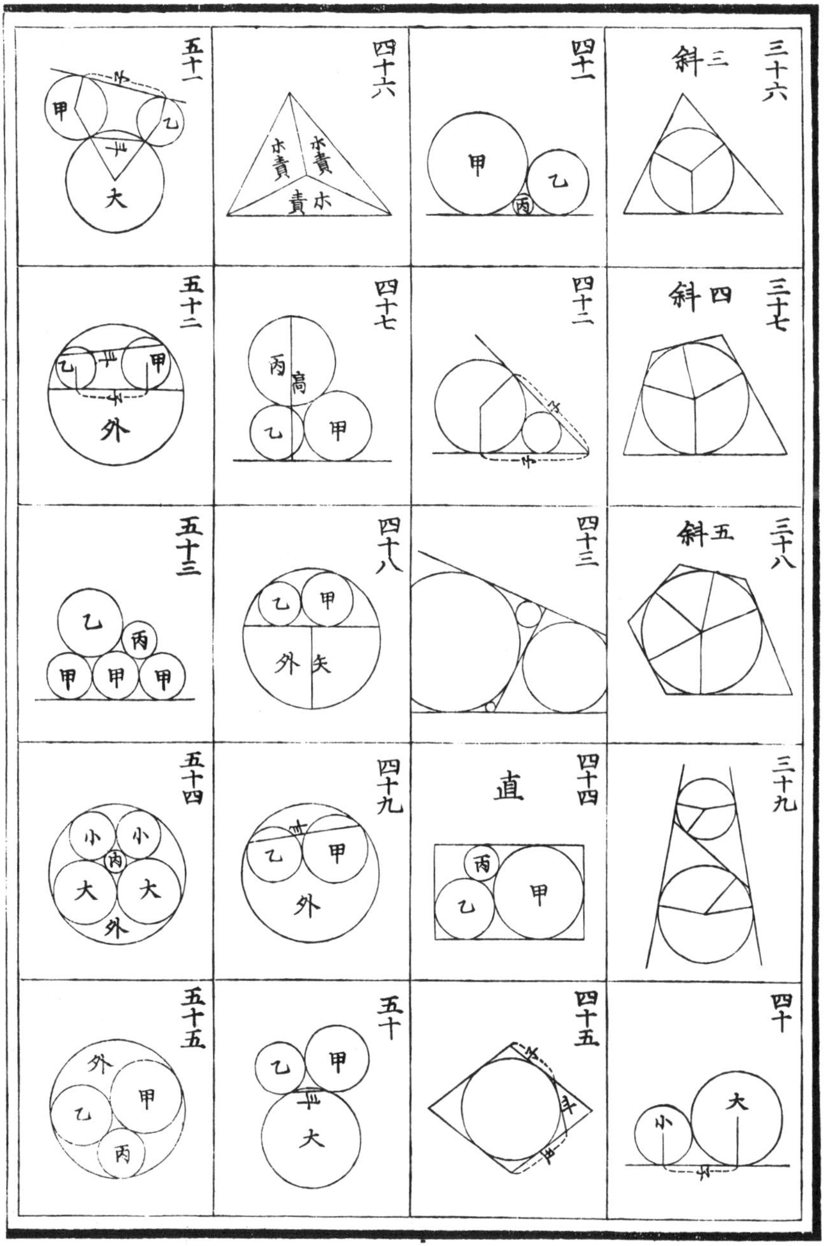
三十六
斜三
三十七
斜四
三十八
斜五
三十九
四十
大
小
四十一
甲
乙
丙
四十二
四十三
四十四
直
丙
甲
乙
四十五
四十六
四十七
丙
高
乙
甲
四十八
乙
甲
外
矢
四十九
乙
甲
外
五十
乙
甲
大
五十一
甲
乙
大
五十二
乙
甲
外
五十三
乙
丙
甲
甲
甲
五十四
小
小
丙
大
大
外
五十五
外
甲
乙
丙

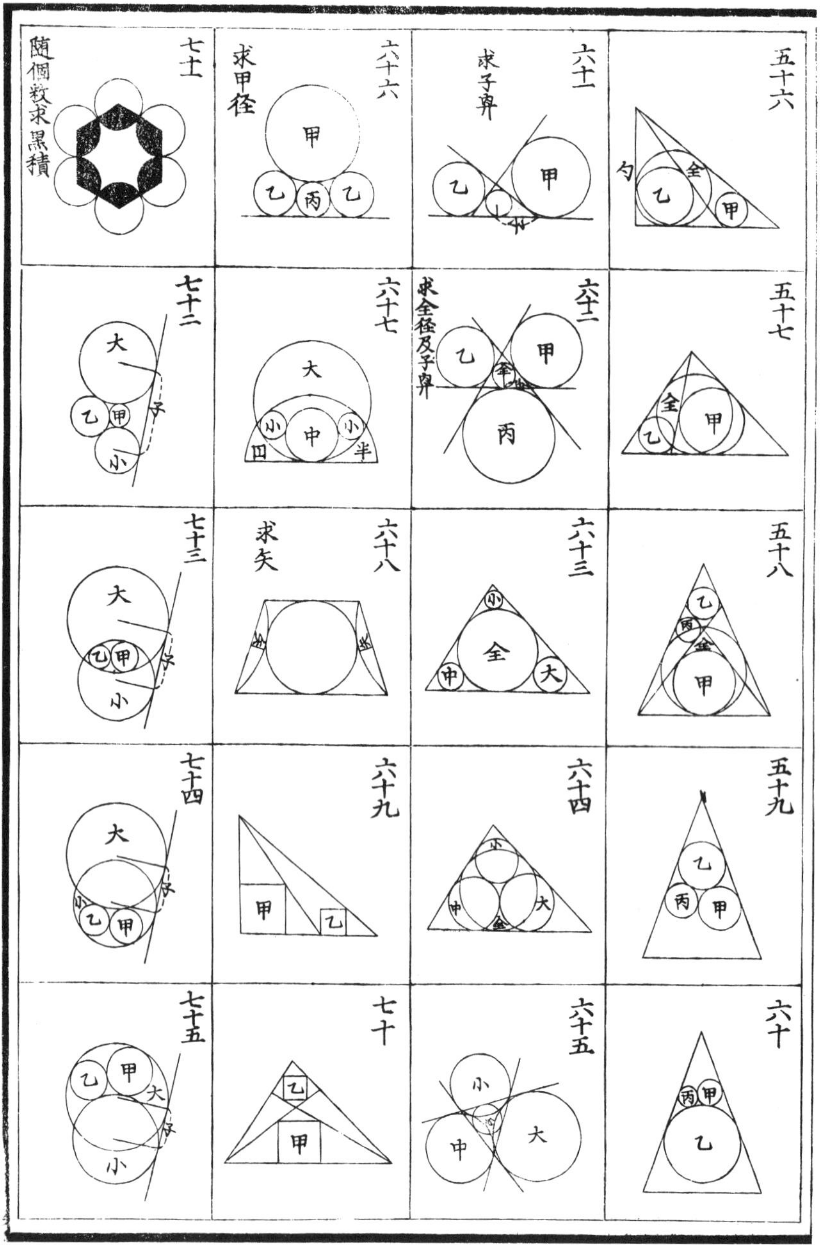
五十六
勾
全
乙
甲
五十七
全
甲
乙
五十八
乙
丙
全
甲
五十九
乙
丙
甲
六十
丙
甲
乙
六十一
乙
甲
六十二
乙
甲
丙
六十三
小
全
中
大
六十四
小
中
大
全
六十五
小
中
大
六十六
求甲径
甲
乙
丙
乙
六十七
大
小
中
小
半
六十八
求矢
六十九
甲
乙
七十
乙
甲
七十一
随個数求黒積
七十二
大
乙
甲
子
小
七十三
大
乙
甲
子
小
七十四
大
小
乙
甲
子
七十五
乙
甲
大
子
小

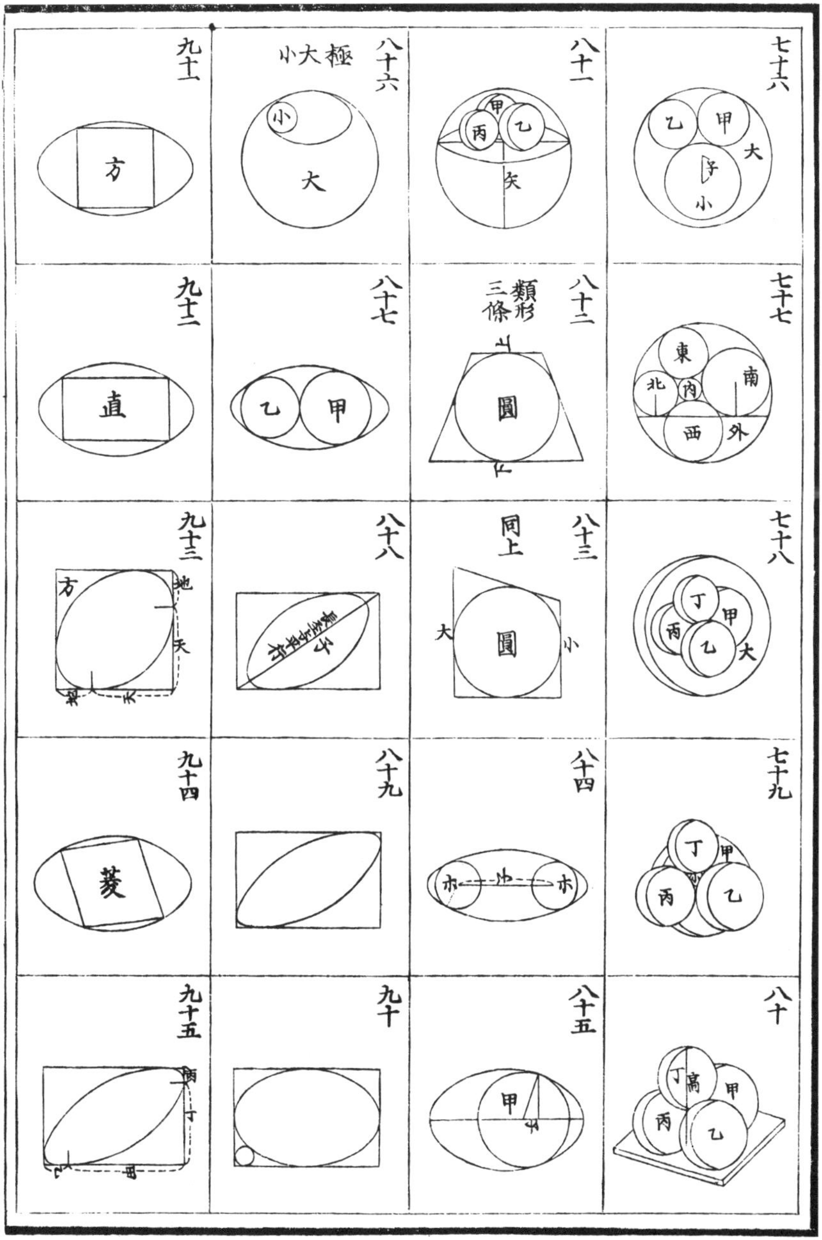

七十六
乙
甲
大
子
小
七十七
東
南
北
内
西
外
七十八
丁
甲
丙
乙
大
七十九
丁
甲
丙
乙
八十
丁
高
甲
丙
乙
八十一
甲
丙
乙
矢
八十二
類形
三條
圓
八十三
同上
大
圓
小
八十四
八十五
甲
八十六
極大小
小
大
八十七
乙
甲
八十八
八十九
九十
九十一
方
九十二
直
九十三
方
地
天
九十四
菱
九十五

九十六

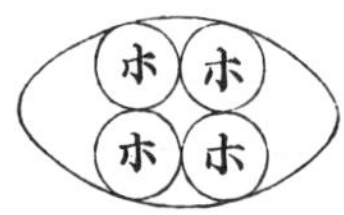

九十七

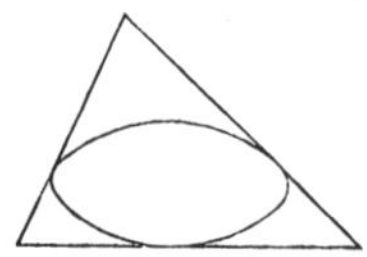

九十八

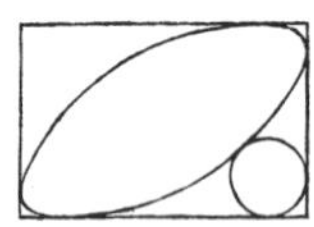

九十九

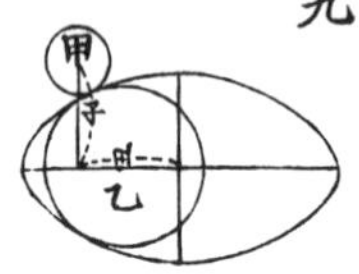

一百

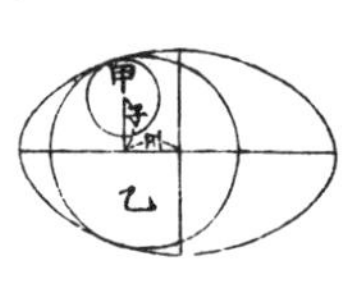

一百一

一百二

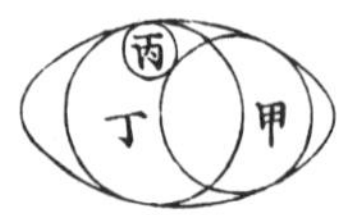

一百三

交商法

一百四

衰絜

一百五

方絜

助術用例題圖目錄

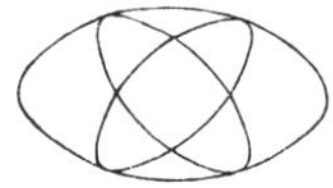

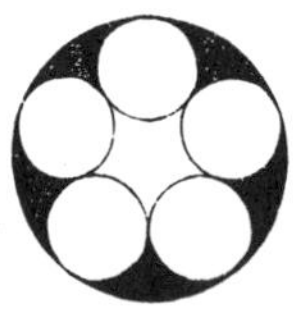

附録題圖目錄

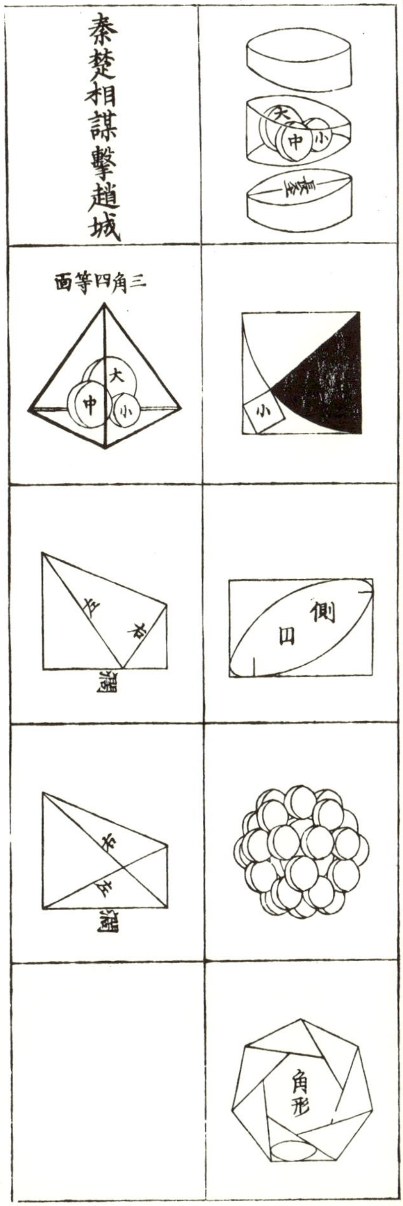

目録 終

凡例

一 助術を求るにハ先題圖と目録の圖形と照合し適等せる所あらハ其條の助術を巻中にて求むへし

一 解中助術を用ひて速に精術を得るものあり又助術を用ふるときハ却て迂遠なることあり譬ハ不等圓の矩合を等圓矩合に換て用ふる類迂遠に似たりと雖とも又簡なることありて一定せす故助術の用不用ハ題に臨て察すへし

一 助術ハ学者各其得たる所を用ふるものにして際限なし故此書助術の底を盡せりと云にハあらす

算法助術

江戸

長谷川善左衛門弘閲

山本安之進賀前編

一

三ヶ商 二 中勾率也

一ヶ 三ヶ商 角中径率也

一ヶ 三 三ヶ商 二 平中径率也

二

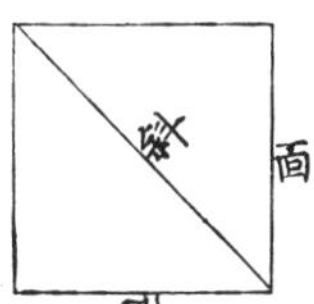

二ヶ商 方斜率也

三

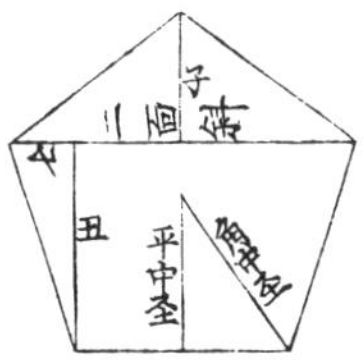

五ヶ商一和 二 二面斜率也

八分商二和商 二 角中径率也

八分商二和 八分商二和商 八分商 八 平中径率也

一ヶ 八分商二和商 子率也

五ヶ商一和 八分商二和商 二 丑率也

五ヶ商一差 四 寅率也

五ヶ商一和 八分商二和商 四 八 八分商一和商 也

四

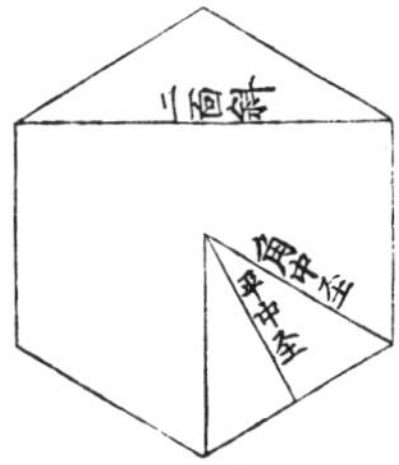

面 卽角中径也

二 三ヶ商 平中径率也

三ヶ商 二面斜率也

五

八角

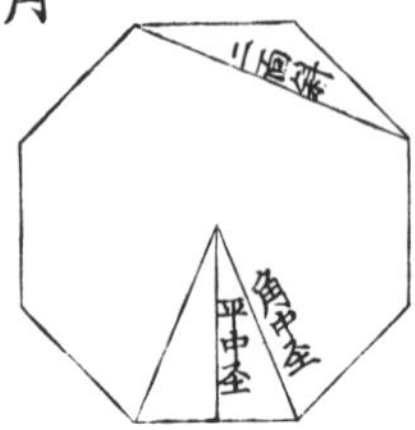

五分商一和商 角中径率也

二 二ヶ商一和 平中径率也

二ヶ商一和商 二面斜率也

六

十角

二 五ヶ商一和 角中径率也

二 二十ヶ商五和商 平中径率也

五ヶ商一和 八ヶ商二和商 二面斜率也

七

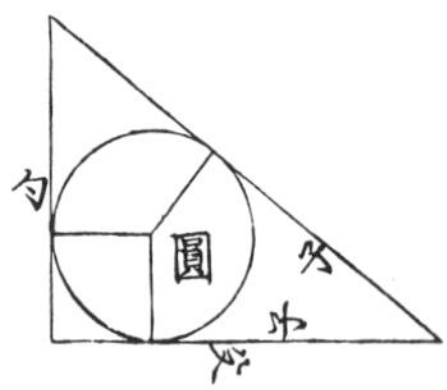

円 勾円半差 勾円差 股也

二 勾円 勾円差 子也

八

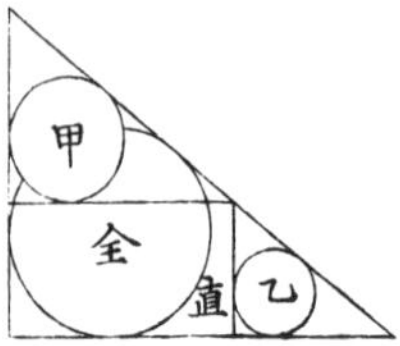

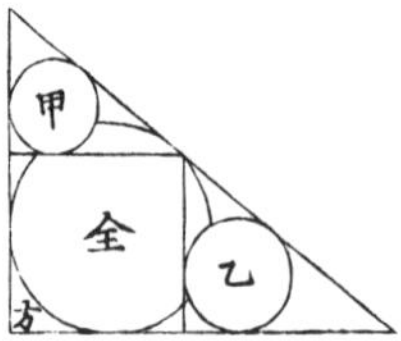

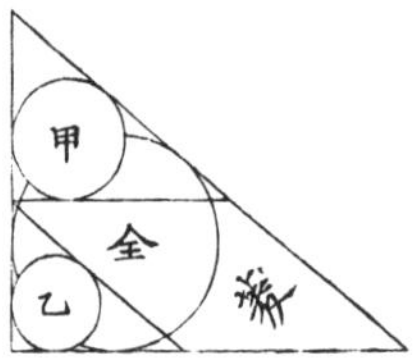

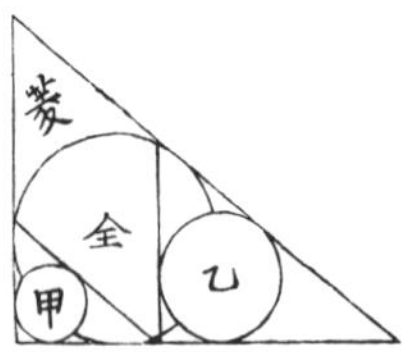

各 甲乙和 全径也

九

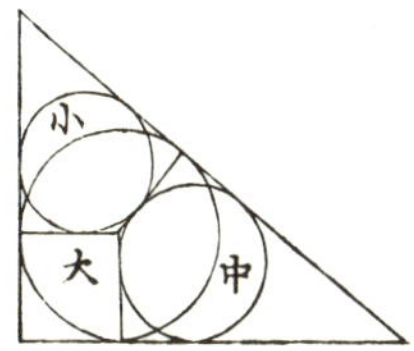

小
中
大径冪也

十一

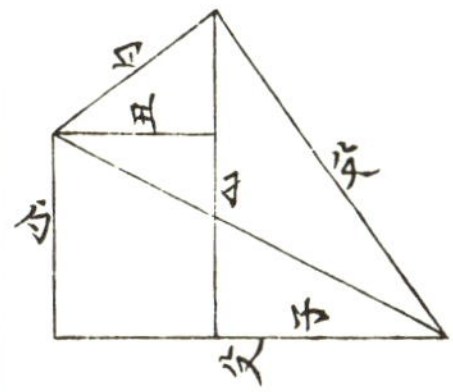

交
勾巾交巾差
勾巾交巾和
子也

交
勾巾
勾巾交巾和
丑也

勾
交巾
勾巾交巾和
寅也

十三

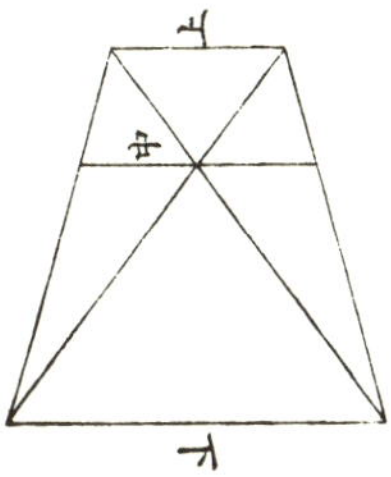

下
上
上下和
中也

十

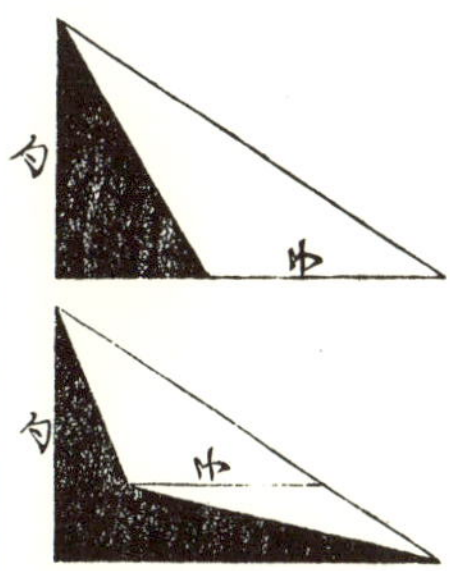

子
二勾
白積也

二十

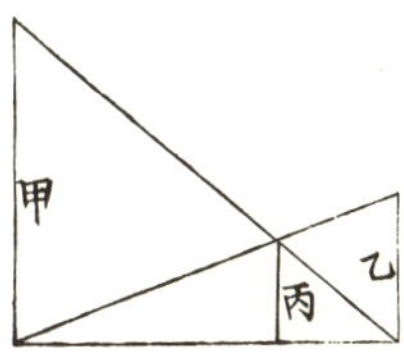

乙
甲
甲乙和
丙也

四十

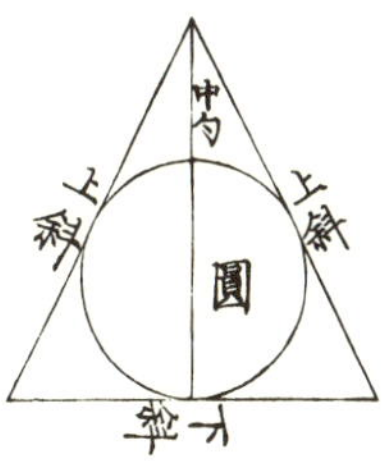

口
下巾
下巾口巾差
中勾也

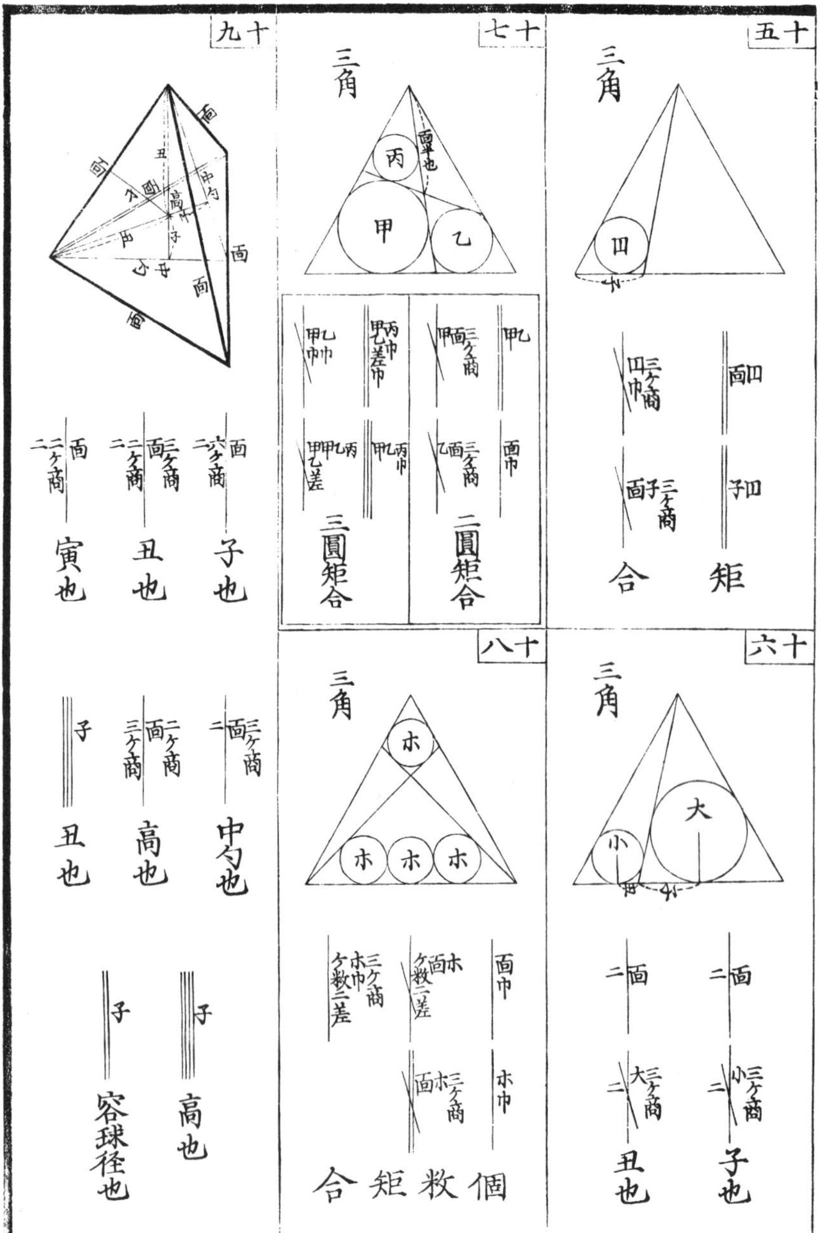
十五
三角
矩合
十七
三角
丙
甲
乙
二圓矩合
三圓矩合
十九
子也
丑也
寅也
中勾也
高也
丑也
高也
容球径也
十六
三角
大
小
子也
丑也
十八
三角
個数矩合

二十

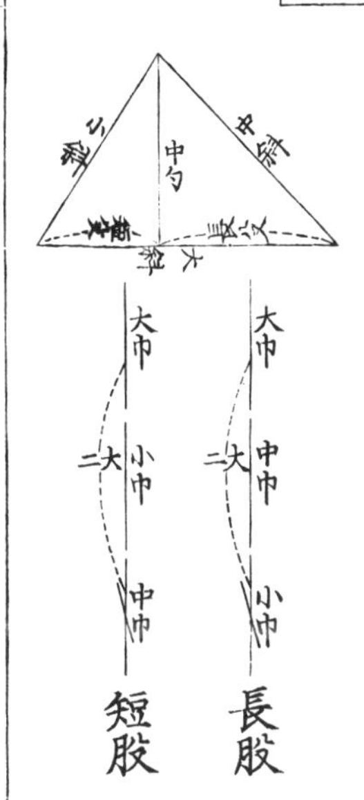

二十一

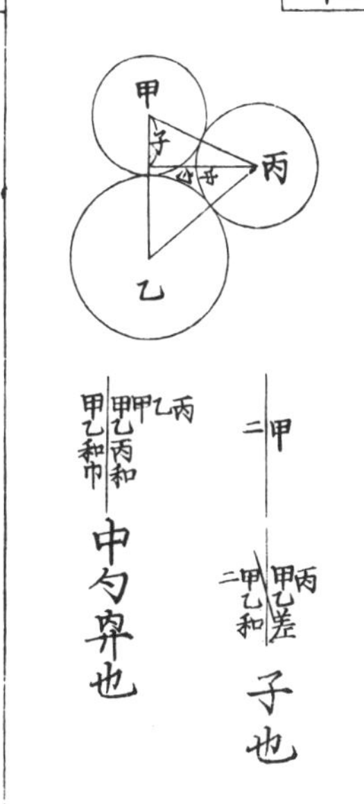

二十二

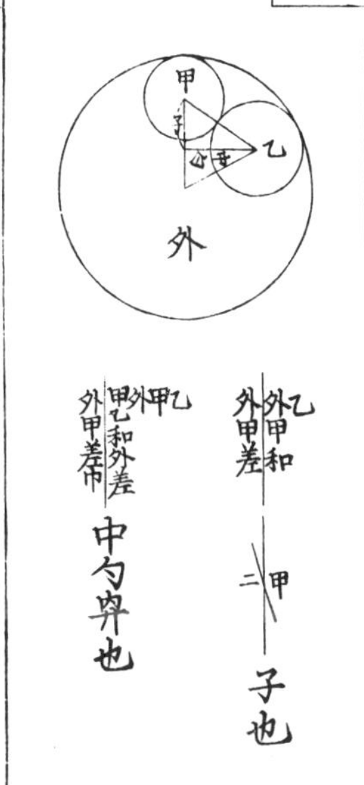

二十三

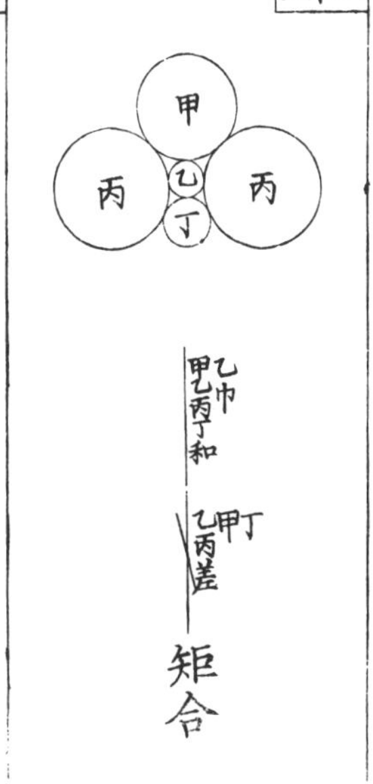

二十四

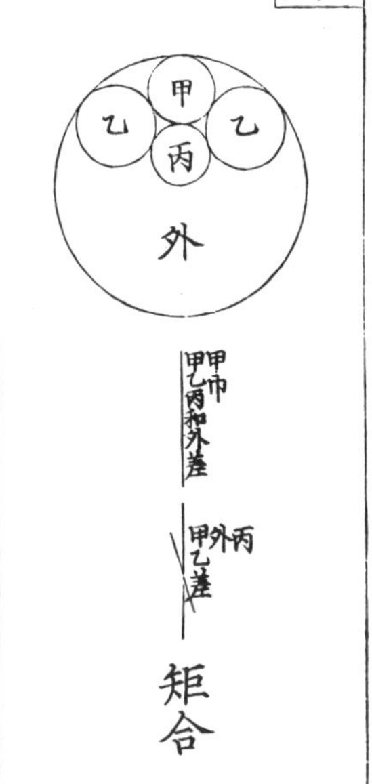

二十五

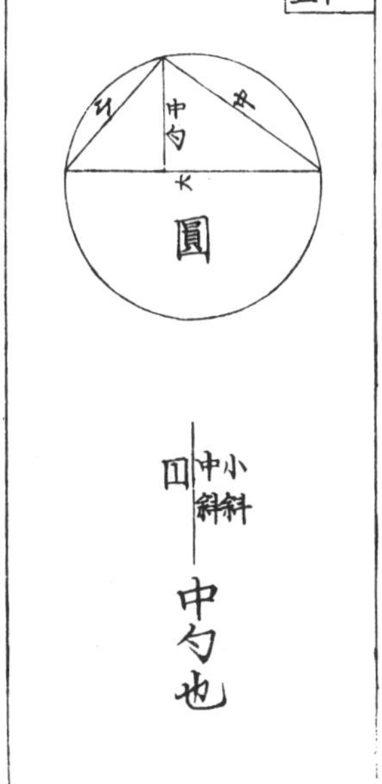

二十六

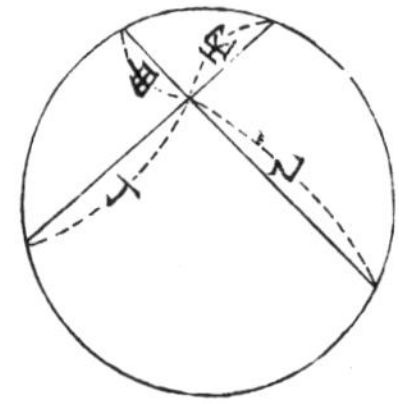

甲乙
丙
丁也

二十七

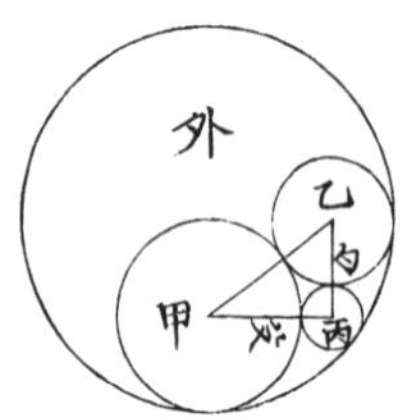

甲乙丙和
外径也

二十八

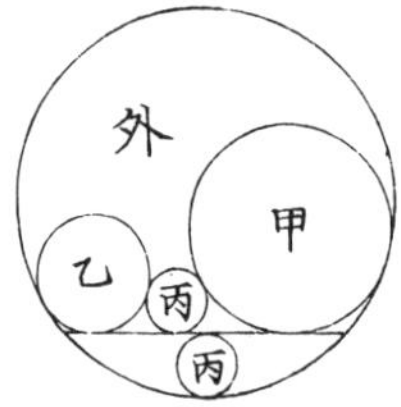

甲乙丙和
外径也

二十九

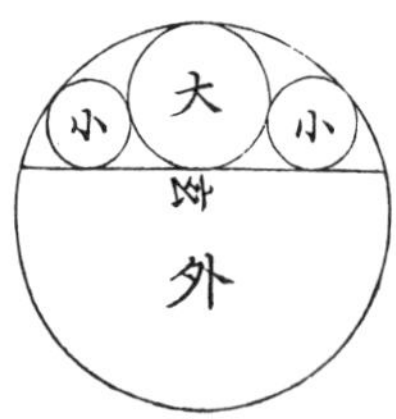

外小
弦弁也

三十

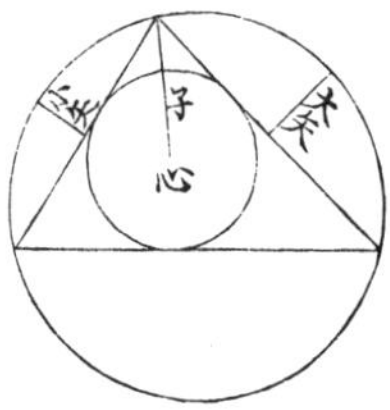

小矢商
大矢商
子也

三十一

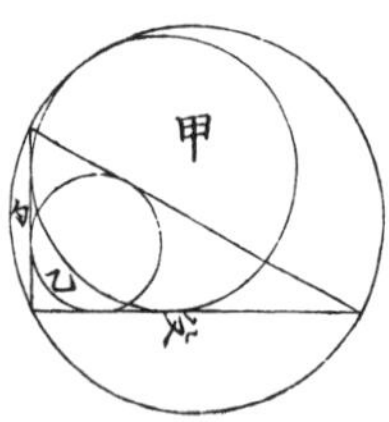

乙
甲径也

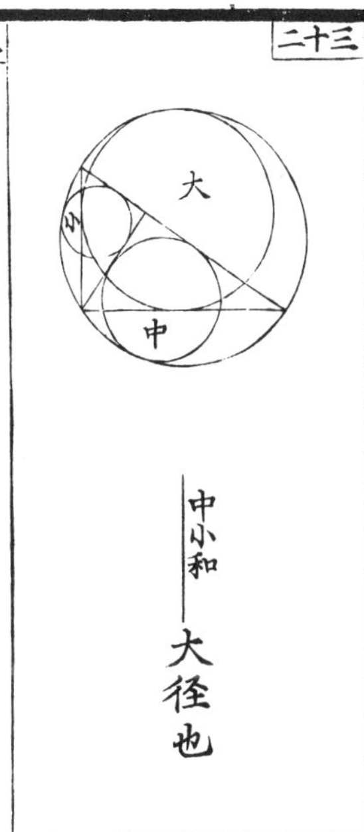

三十二
大
小
中
中小和
大径也

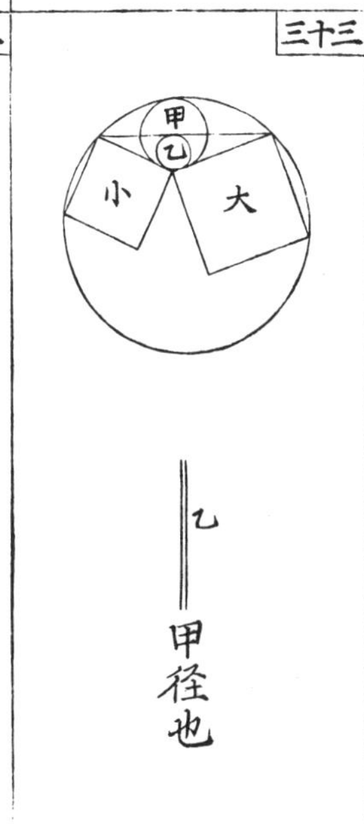

三十三
甲
乙
小
大
乙
甲径也

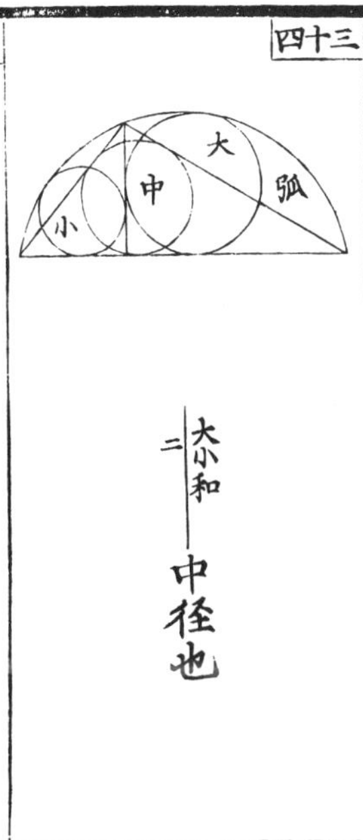

三十四
大
中
小
弧
大小和
二
中径也

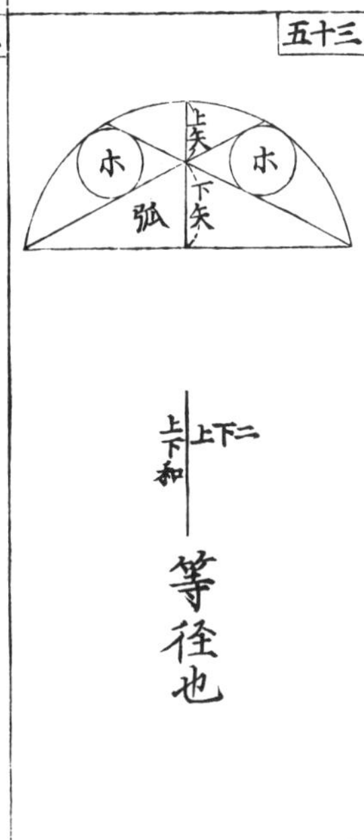

三十五
上矢
下矢
弧
上下二
上下和
等径也

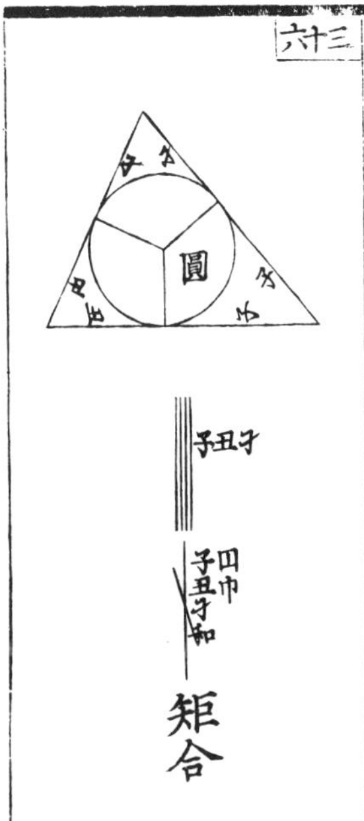

三十六
圓
矩合

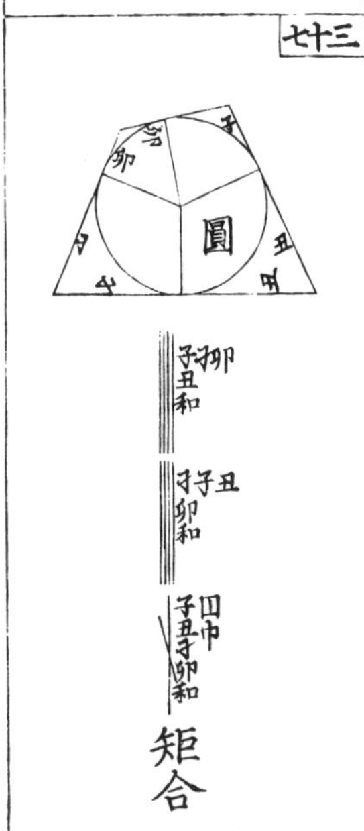

三十七
圓
矩合

三十八

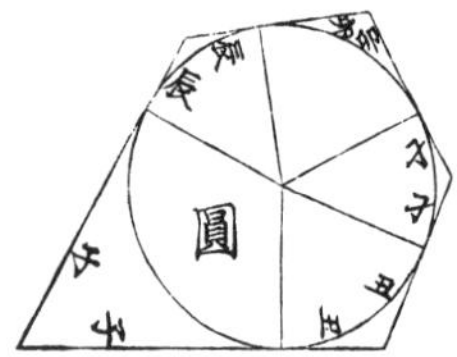

矩

子 四三
丑 四三
寅 四三
卯 四三
辰 四三
子丑寅 四巾
子丑卯 四巾
子丑辰 四巾

合

子寅卯 四巾
子寅辰 四巾
子卯辰 四巾
丑寅卯 四巾
丑寅辰 四巾
丑卯辰 四巾
寅卯辰 四巾
子丑寅卯辰

三十九

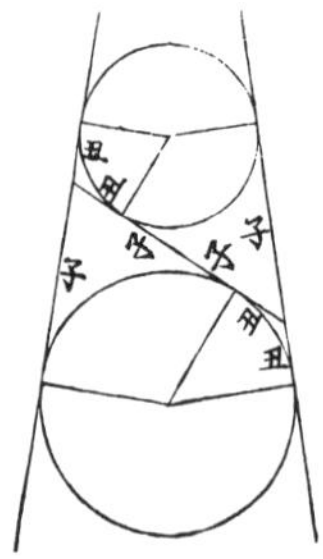

子丑和

界斜也

四十

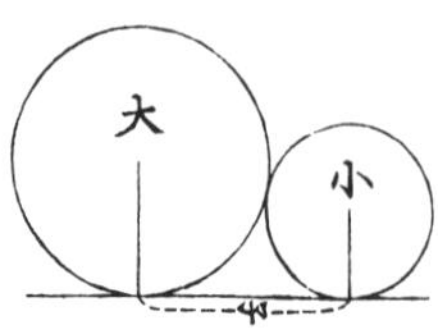

小商 大商

子也

四十一

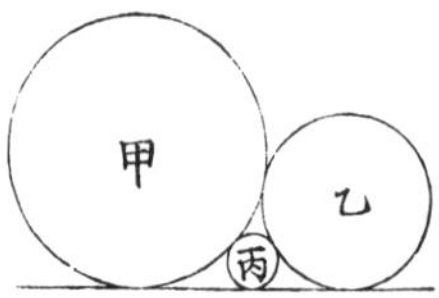

丙商 乙商丙商差

甲径商也

丙商 甲商丙商差

乙径商也

乙商 甲商 甲商乙商和

丙径商也

四十二

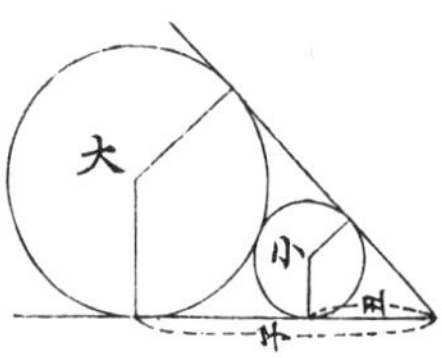

大 大商小商 大小差

子也

小 大商小商 大小差

丑也

四十三

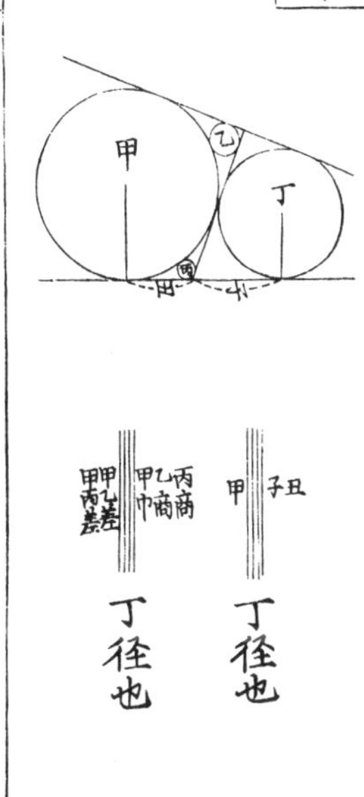

四十四

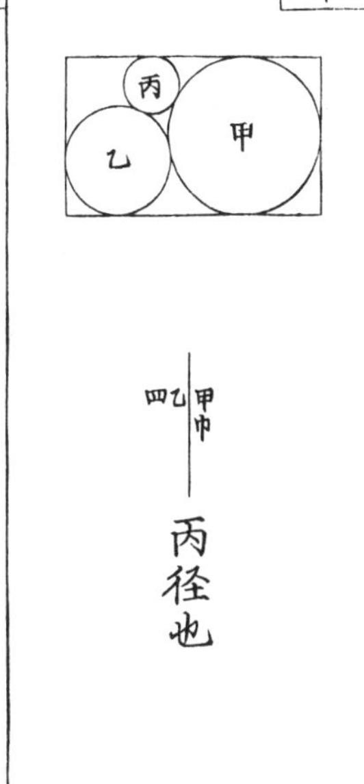

四十五

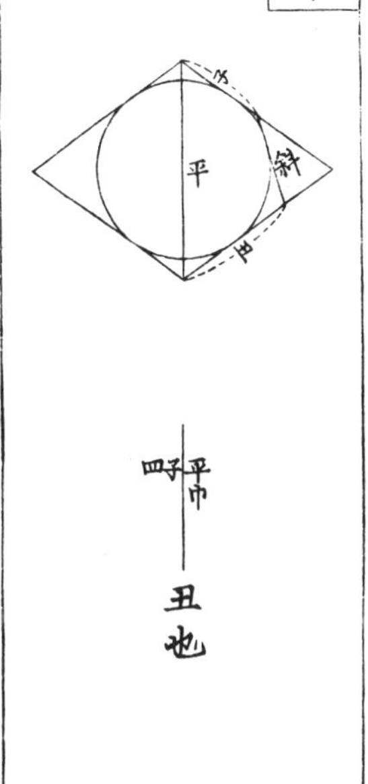

四十六

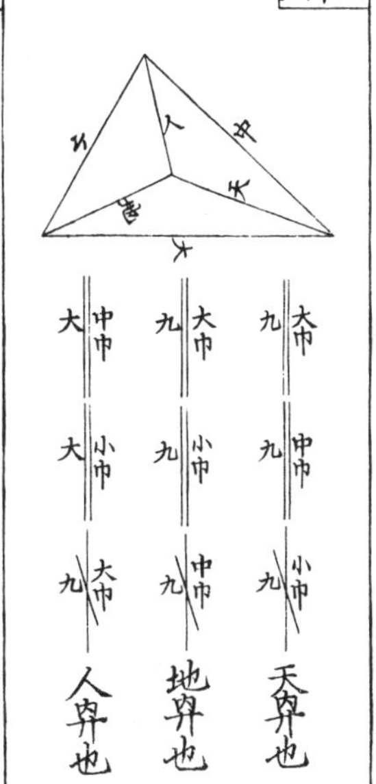

四十七

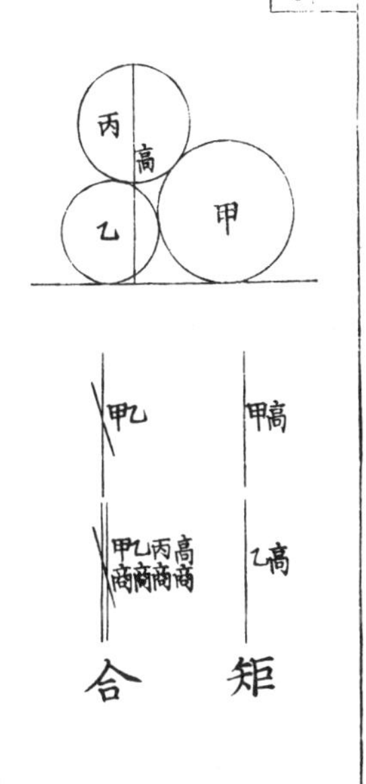

四十八

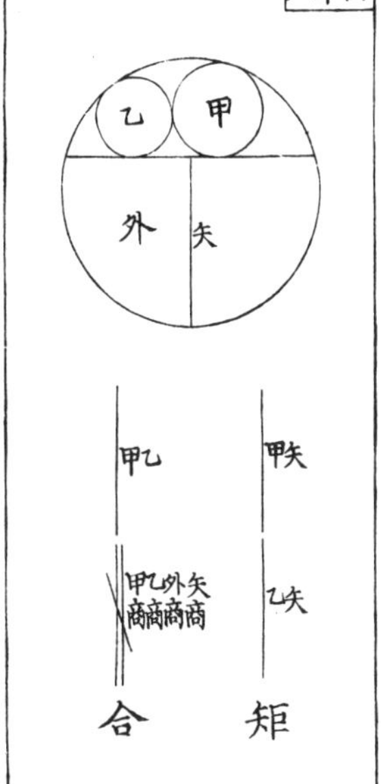

四十九

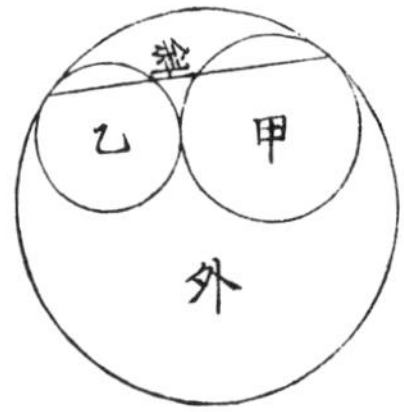

外巾甲乙
外甲差
外乙差

斜弁也

五十

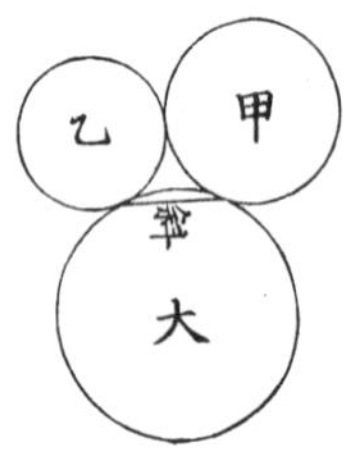

大巾甲乙
大甲和
大乙和

斜弁也

五十一

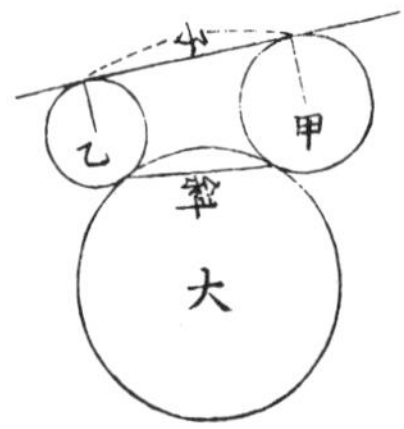

子巾
大巾
大甲和
大乙和

斜弁也

五十二

子巾
外巾
外甲差
外乙差

斜弁也

五十三

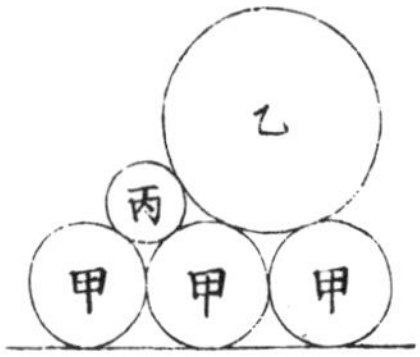

甲巾

甲乙

甲丙

乙丙

矩合

四十五

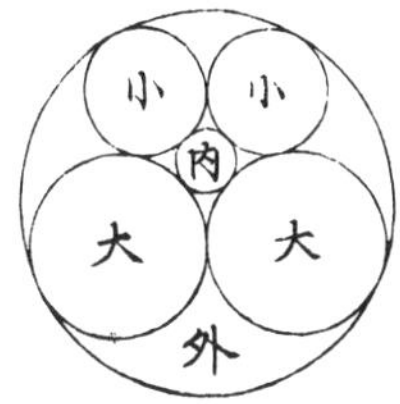

外矩合

内矩合

五十五

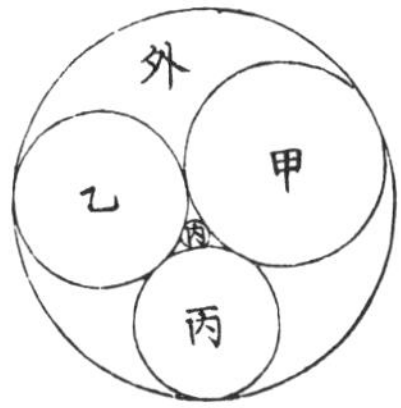

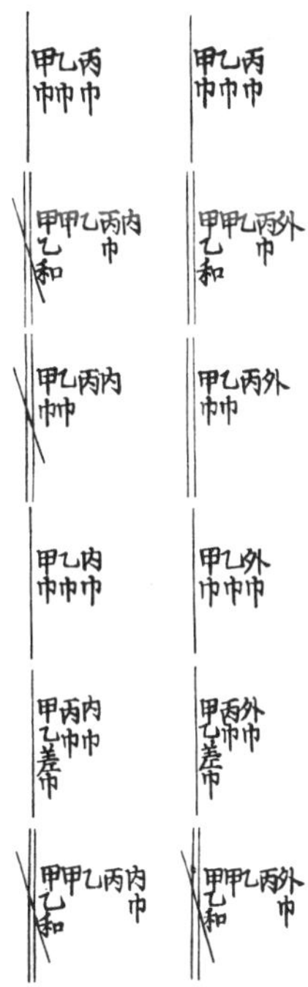

外矩合

内矩合

六十五

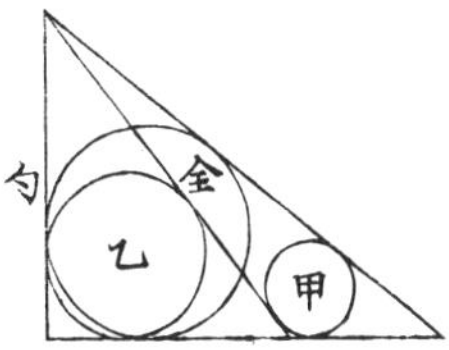

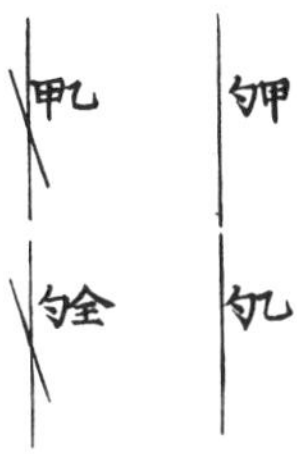

矩合

七十五

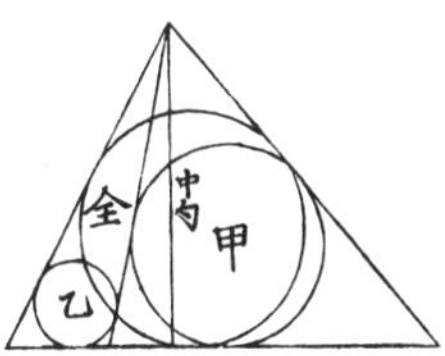

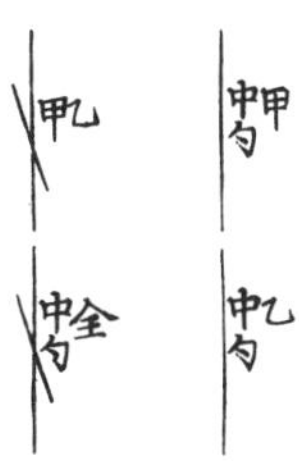

矩合

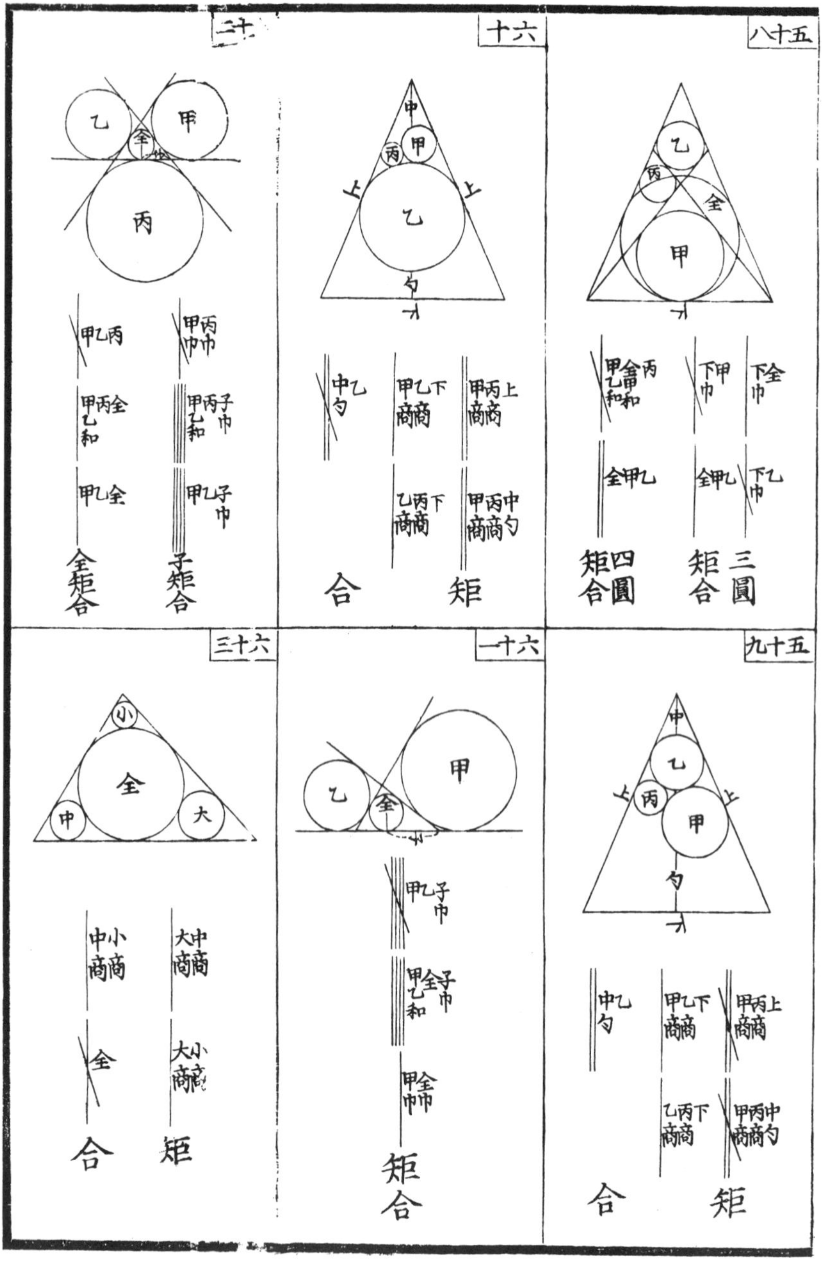
二十
十六
八十五
三十六
一十六
九十五

六十四

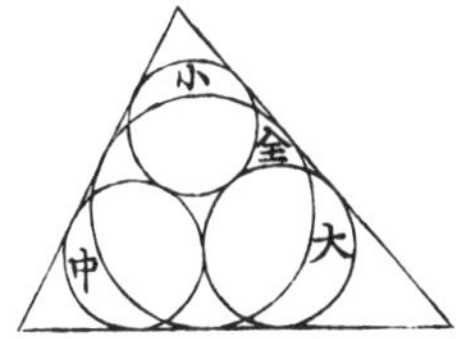

小商 中商 大商 大中小和商
小商 中商 大商 大商中商小商和
全 大商 中商小商和
全 小商 中商

前全矩合

小商 中商 大商
全 大中小和商
全 大商中商小商和

后全矩合

六十五

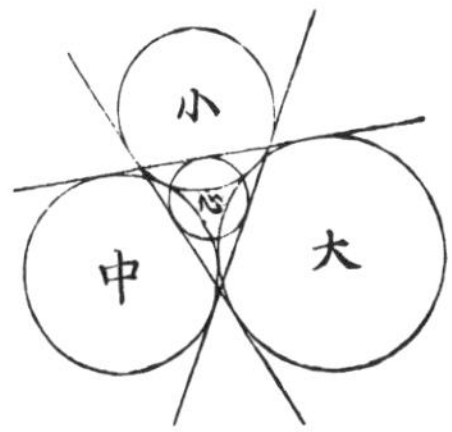

小商 中商 大商 大中小和商
小商 中商 大商 大商中商小商和
心 大商 中商小商和
心 小商 中商

前心矩合

小商 中商 大商
心 大中小和商
心 大商中商小商和

后心矩合

六十六

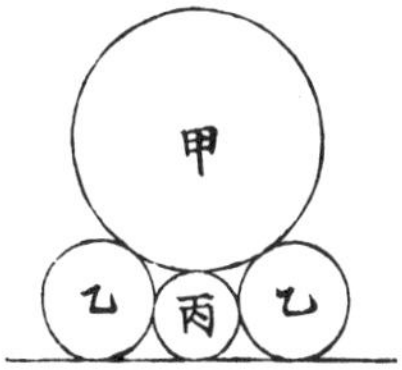

丙巾 乙丙差

甲径也

六十七

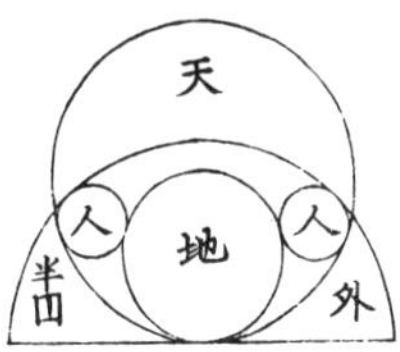

天 外巾
天外人
天地人
地 外巾
地外人

矩合

六十八

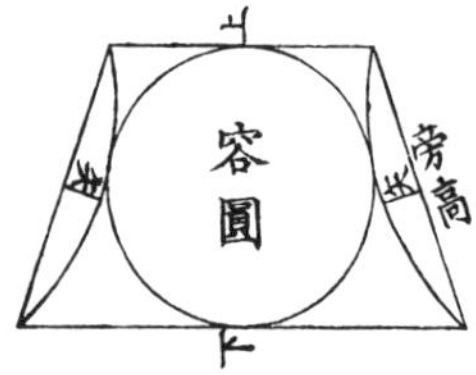

上下和

旁高

旁高極容四

名極

矢也

六十九

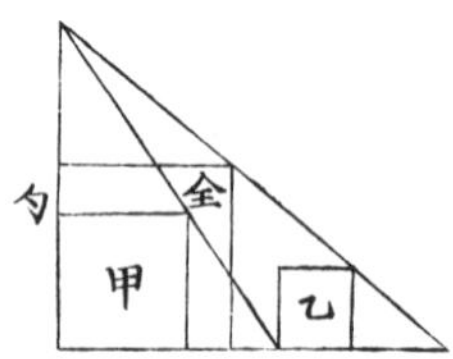

乙勾甲差

勾全甲差

矩合

七十

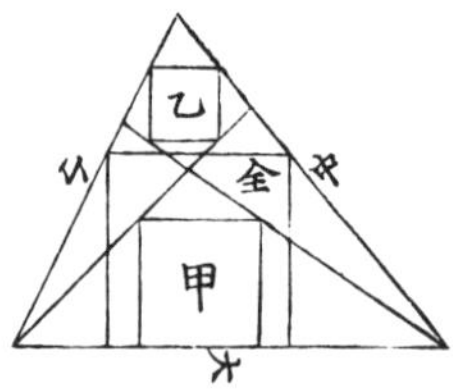

甲大巾

全大巾

乙大巾

全乙甲

矩合

七十一

仮畫六個

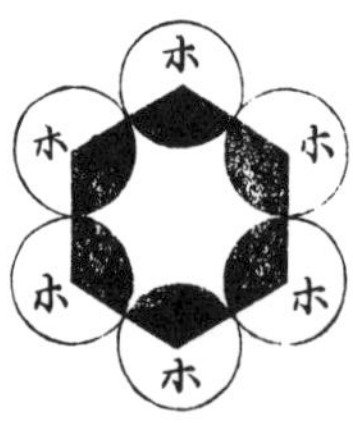

四責率 亦巾 亦四ケ数与二ケ差 二

黒積也

七十二

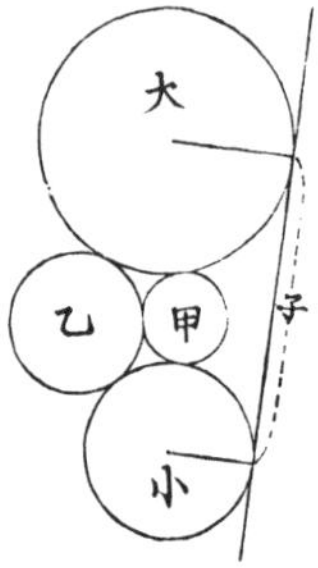

乙甲巾 大小差巾

大甲乙 甲乙小和

子乙甲巾 大小和 甲乙和

小甲乙 大商 甲乙大和商

乙甲 大商 甲乙小和商

子乙甲巾 大小

小甲乙 甲乙大和

小乙甲商 甲乙大和商

子三 甲乙和巾

矩合

八 子甲乙和巾

也

八 子甲乙和

也

三十七

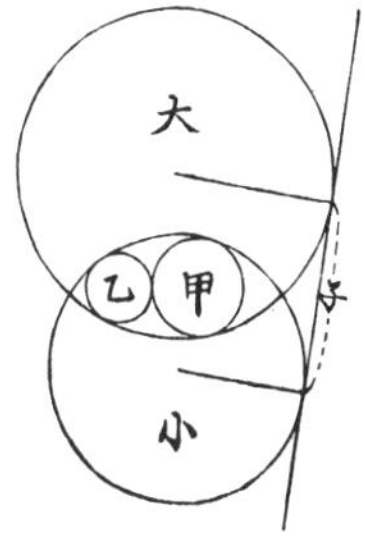

乙巾甲巾大小差巾

天巾甲乙大小差

甲乙大小天巾

甲乙天三和巾

矩合

大甲乙和小差

小大甲乙甲乙和商大差商

小甲乙甲乙和大差

八

甲乙和巾子巾

也

大甲乙商商甲乙和小差商

小甲乙商商甲乙和大差商

八

甲乙和子

也

四十七

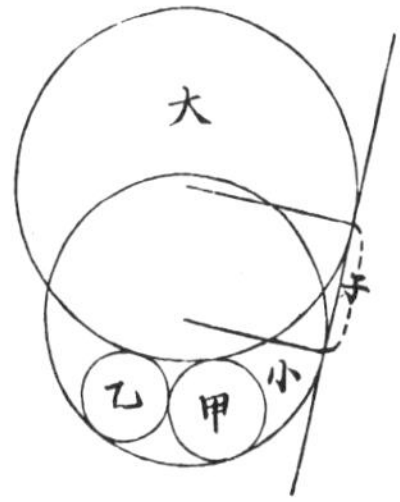

乙巾甲巾大小和巾

天巾甲乙大小差

甲乙大小天巾

甲乙天三和巾

矩合

小甲乙大和

小大甲乙甲乙和商大和小差商

大甲乙甲乙和小差

八

天巾甲乙和巾

也

小甲乙商商甲乙大和商

大甲乙商商甲乙和小差商

八

天甲乙和

也

小大甲乙和巾

天巾甲乙和巾

八

子巾甲乙和巾

也

五十七

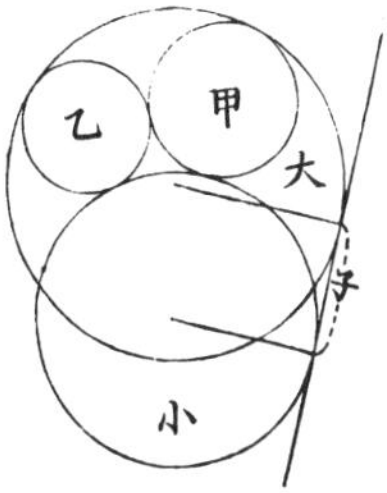

乙巾甲巾大小和巾

天巾甲乙大小差

甲乙大小天巾

甲乙天三和巾

矩合

大甲乙甲乙小和

小甲乙大商商甲乙小和大差商

小甲乙甲乙和大差

八

天巾甲乙和巾

也

大甲乙商商甲乙小和商

小甲乙商商甲乙和大差商

八

天甲乙和

也

小大甲乙和巾

天巾甲乙和巾

八

子巾甲乙和巾

也

七十六

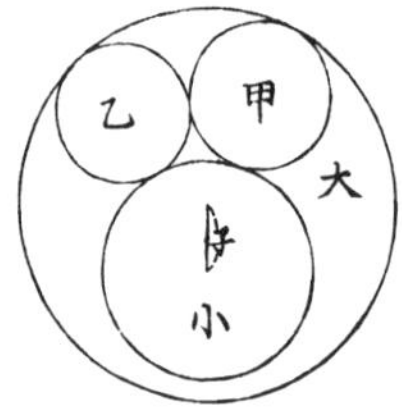

乙巾 甲巾 大小和巾
小 乙 甲 甲乙和大差
小商 乙商 甲商 甲乙和大差商

地巾 乙 甲 大小差 甲乙和
乙 甲 小商 大商 甲乙小和商 甲乙和大差商
大商 乙商 甲商 甲乙小和商

地巾 乙 甲 小 大
大 乙 甲 甲乙小和商
八

地三 甲乙和巾
八 地巾 甲乙和巾
地 甲乙和

矩合
也
也

四 甲乙和巾 大小和巾
地巾 甲乙和巾
八 子巾 甲乙和巾
也

名 大小和巾
地 子巾
弃

七十七

内 東 子巾
内 西 子巾
西 東 子外
内 西 東 南北和
北 南 西 東
内矩合

外 東 子巾
外 西 子巾
西 東 子巾
外 西 東 南北和
北 南 西 東
外矩合

北 南 東
北 南 西
西 東 南
西 東 北
四圓矩合
北南
子弃也

七十八

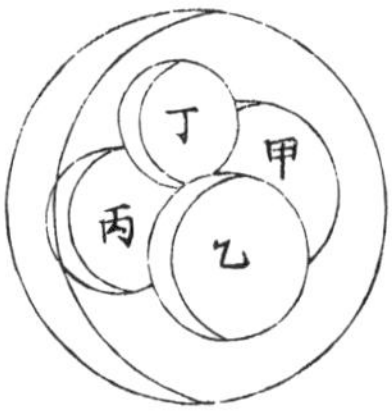

丁 丙巾 乙巾 甲巾
外 丁巾 丙巾 乙巾 甲巾
外 丙 丁巾 乙巾 甲巾
外 乙 丁巾 丙巾 甲巾
外 甲 丁巾 丙巾 乙巾
外巾 丁 丙巾 乙巾 甲巾
外巾 丁 乙巾 丙巾 甲巾
外巾 丙 乙 丁巾 甲巾

外巾 丁 甲 丙巾 乙巾
外巾 丙 甲 丁巾 乙巾
外巾 乙 甲 丁巾 丙巾
外巾 丙巾 乙巾 甲巾
外巾 丁巾 乙巾 甲巾
外巾 丁巾 丙巾 甲巾
外巾 丁巾 丙巾 乙巾
通矩合

九十七

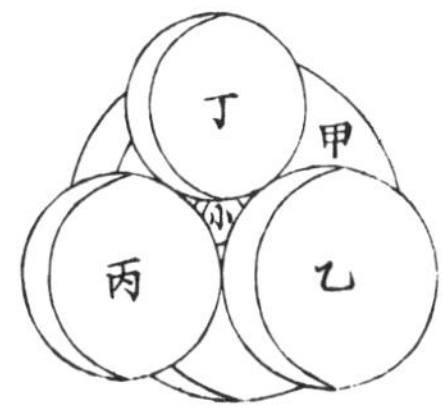

甲乙丙丁
巾巾巾巾

甲乙丙丁小
巾巾巾

甲乙丁丙小
巾巾巾

甲丙丁乙小
巾巾巾

乙丙丁甲小
巾巾巾

甲乙丙丁小
巾巾 巾

甲丙乙丁小
巾巾 巾

甲丁乙丙小
巾巾 巾

乙丙甲丁小
巾巾 巾

乙丁甲丙小
巾巾 巾

丙丁甲乙小
巾巾 巾

甲乙丙小
巾巾巾巾

甲乙丁小
巾巾巾巾

甲丙丁小
巾巾巾巾

乙丙丁小
巾巾巾巾

通矩合

十八

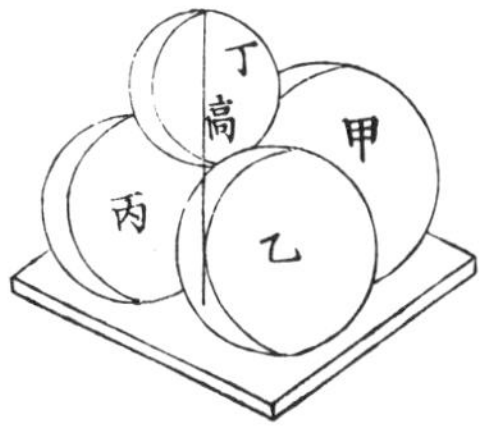

甲乙丙
巾巾巾

甲乙丙高
巾巾

甲丙乙高
巾巾

乙丙甲高
巾巾

甲乙丁高
巾巾

甲丙丁高
巾巾

乙丙丁高
巾巾

甲甲乙丙丁高
乙
丙
和

甲甲乙丙高
乙 巾
丙
和

矩 合

一十八

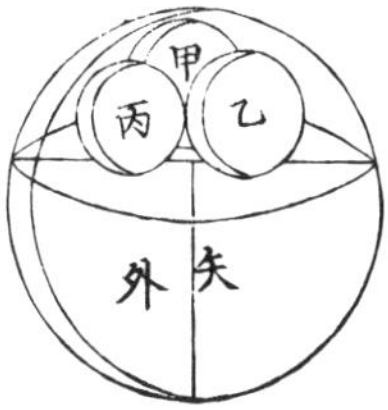

甲乙丙
巾巾巾

甲乙丙矢
巾巾

甲丙乙矢
巾巾

乙丙甲矢
巾巾

甲乙外矢
巾巾

甲丙外矢
巾巾

乙丙外矢
巾巾

甲甲乙丙外矢
乙
丙
和

甲甲乙丙矢
乙 巾
丙
和

矩 合

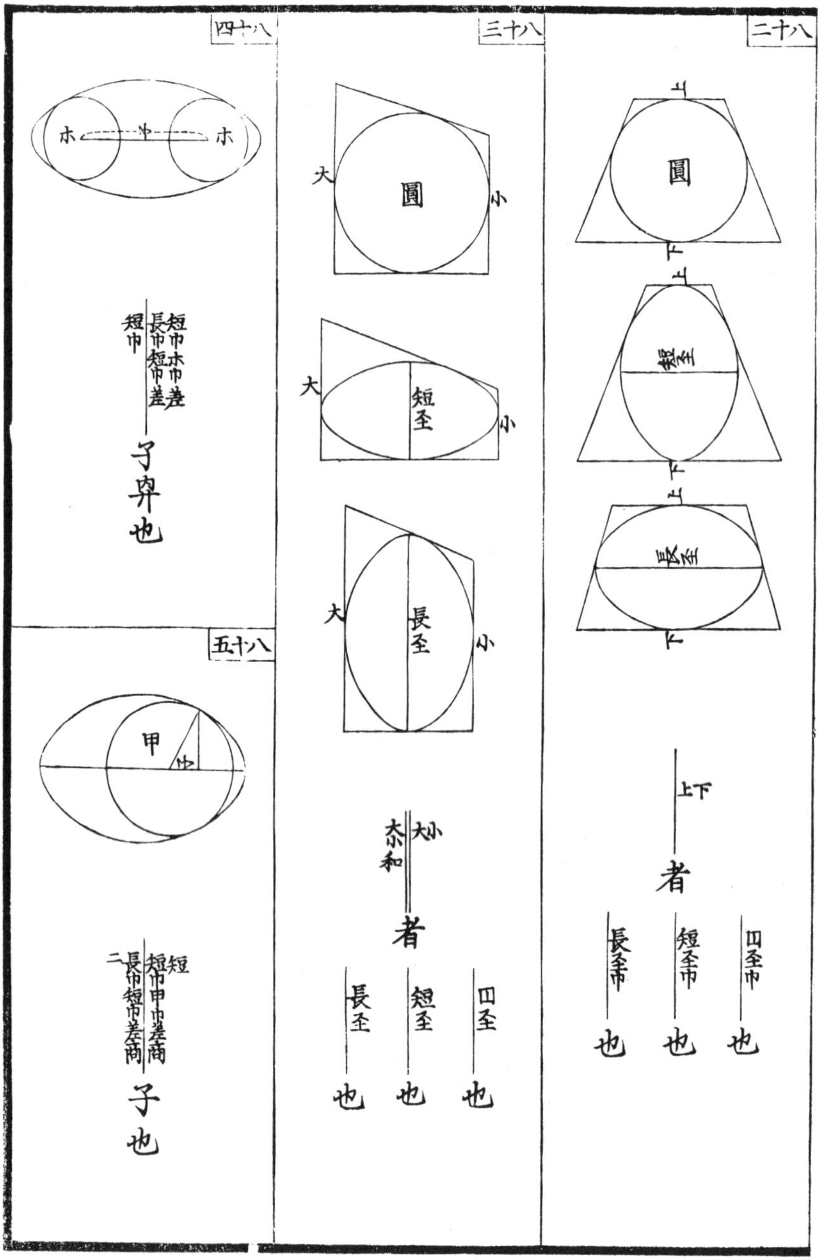
八十二
上
圓
下
短径
長径
上下
者
円径巾
也
短径巾
也
長径巾
也
八十三
大
圓
小
短径
長径
大小
泰和
者
円径
也
短径
也
長径
也
八十四
子
也
八十五
甲
子
也

八十六

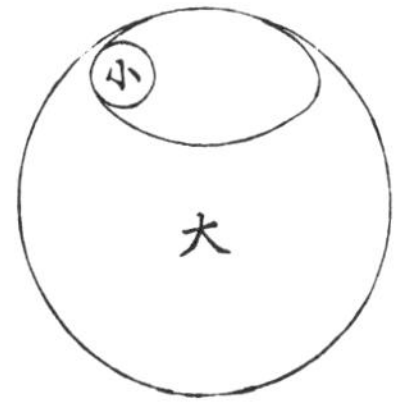

長巾 短

極大径也

短巾 長

極小径也

八十八

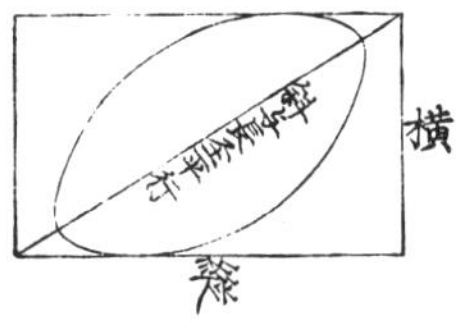

短巾 縦巾

長巾 横巾

横巾 斜巾

短合

九十

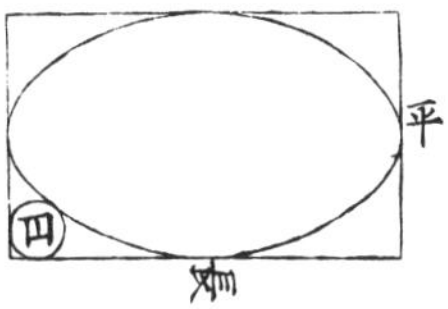

四巾

長平

矩

四 平商 長商

四 長 平和

合

八十七

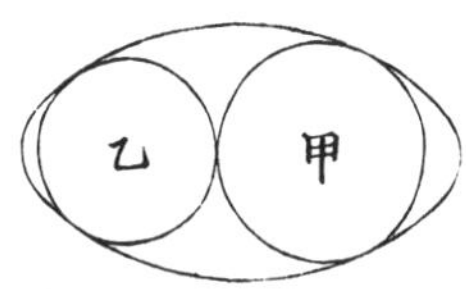

甲 長巾

長巾

矩

甲 短巾

短 短巾甲巾差商 長巾短巾差商

合

八十九

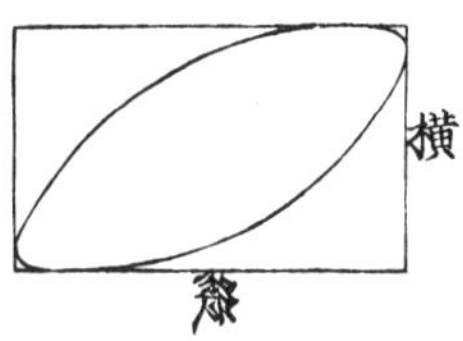

長巾短巾和

縦巾横巾和

矩合

九十一

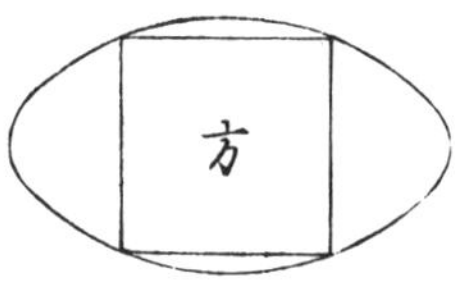

短巾 長巾 長巾短巾和

方面冪也

二十九

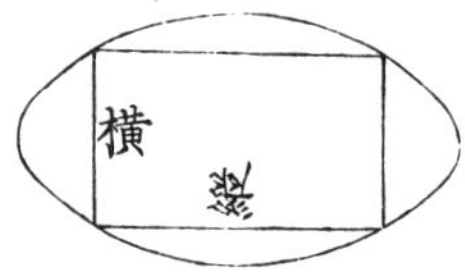

短巾縦巾

長巾横巾

短巾長巾

矩合

三十九

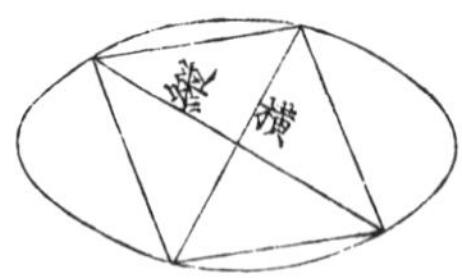

短巾長巾縦巾横巾和

横巾縦巾長巾短巾和

矩合

四十九

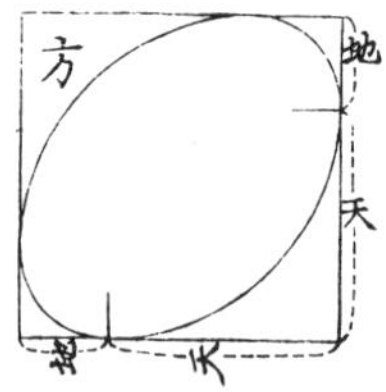

天天地和

地天地和

長巾短巾和二

長径冪也

短径冪也

方面冪也

五十九

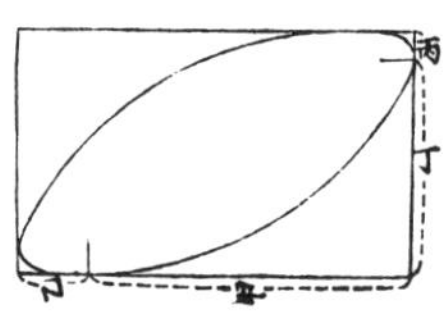

丁乙甲

丙也

六十九

短巾長巾長巾短巾差巾

木巾長巾短巾和長巾短巾差巾

木三長巾短巾差巾

木三短巾長巾

木五長巾短巾和

木七

矩合

九十七

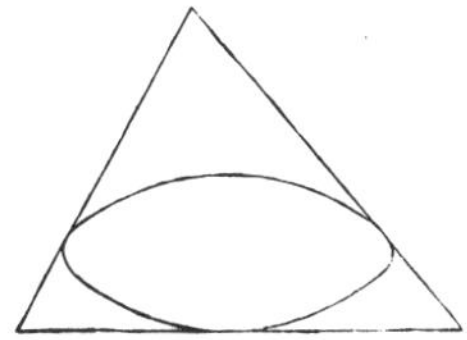

中勾
短巾
中巾小巾差巾

短再
中巾小巾差巾

中勾
大三
中勾三段短差巾

短
大三
中勾三段短差巾

中勾
長巾
大巾
中勾三段短差巾

矩合

九十八

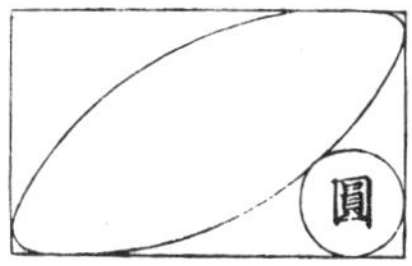

東
長平
平巾

長巾
西巾
巾巾

矩合

平巾
長巾
短巾
長巾

名東弁

長平
東

名西弁

九十九

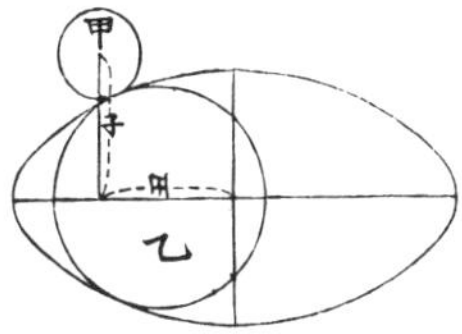

短巾
乾乙
短甲
三
長乙
巾再

一矩合

坤乙
巾
甲巾
短三
長乙甲
巾再

二矩合

短甲
乾
巾
坤乙
長乙甲
巾巾

三矩合

短甲
三巾
乾甲乙
短巾
坤乙
巾

四矩合

長巾短巾和
甲巾
子巾
丑巾

名乾

短巾
長巾
甲巾
長巾短巾和
子長
巾巾
丑短
巾巾

名坤

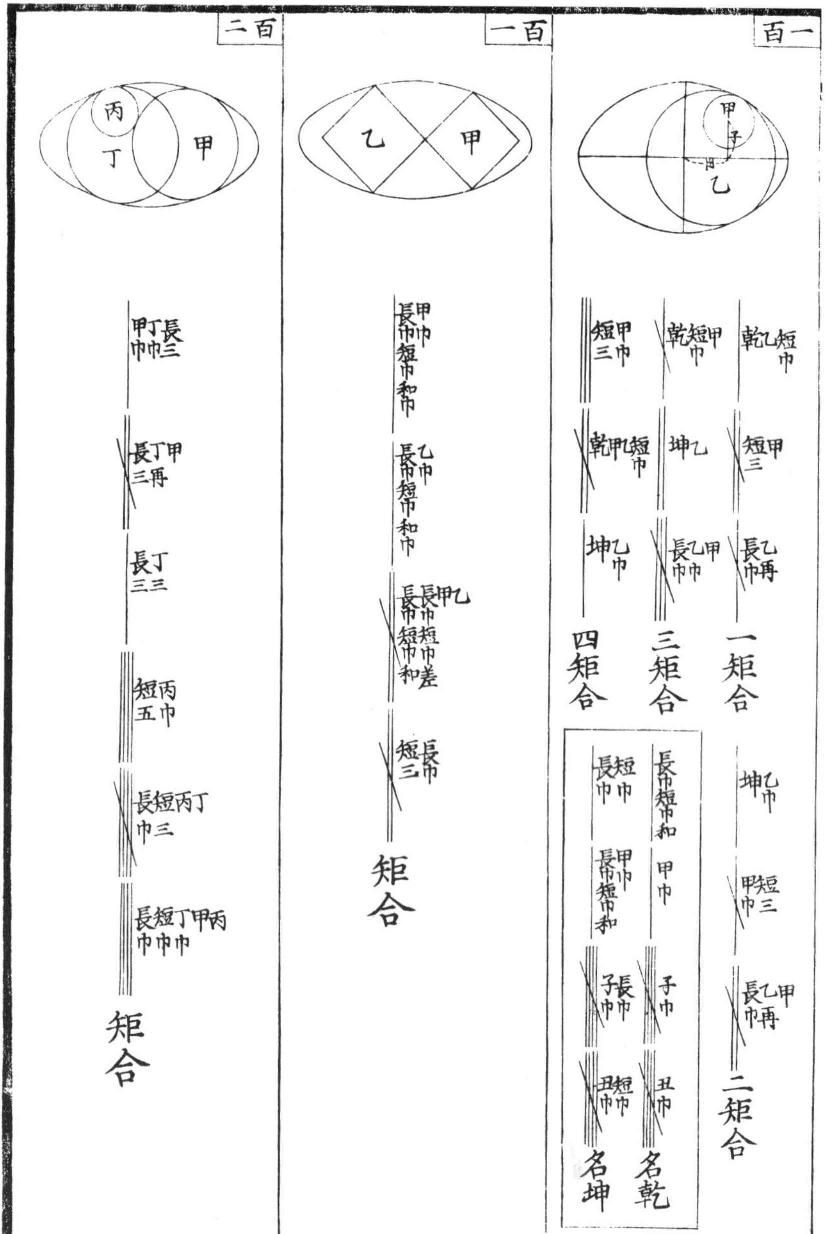

百一
一百
二百
一矩合
二矩合
三矩合
四矩合
名乾
名坤
矩合
矩合

交商法

実
法
广

此の如く実廉同名法異名ある式ハ大径と小径とを得る正二件の交商式あり交商法ニ依て求る所の矩合左の如し

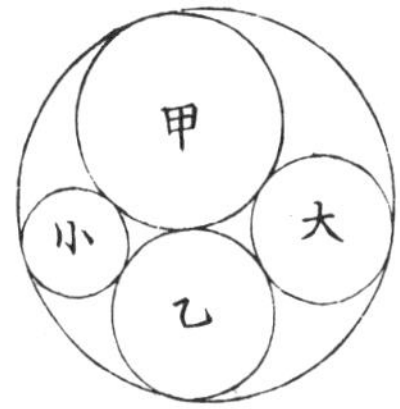

法
广大小和
初矩合

実
广大小
中矩合

実大小和
法大小
後矩合

実
法
广

此の如く実法同名廉異名ある式ハ正大径と負小径とを得る交商式あり交商法ニ依て求る所の矩合左の如し

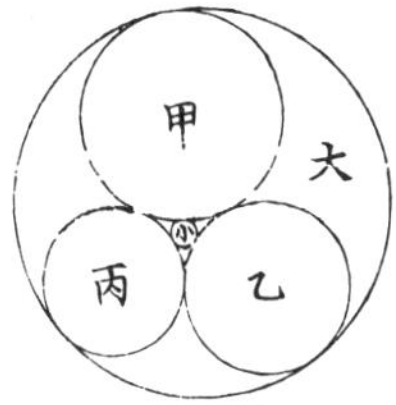

法
广大小差
一矩合

実
广大小
二矩合

実大小差
法大小
三矩合

実
法
广

此の如く法廉同名実異名ある式ハ正小径と負大径とを得る交商式あり交商法ニ依て求る所の矩合左の如し

法　廉大小差　天矩合

実　廉大小　地矩合

実廉大小差　法大小　人矩合

右各矩合三件の内解中術路ニ益ある矩合二件を用ゆへし

正負交商式ハ譬ハ甲乙丙大四圓の矩合ニ依て大径を得る式を求るときハ其大径ハ正小径ハ負を得るあり又甲乙丙小四圓の矩合ニ依て小径を得る式を求るときハ其小径ハ正大径ハ負を得るあり是ニ依て其式実法廉各正負を分別して矩合を求む餘ハ推して知るへし

衰朶

圭朶積	底　底一和 ／ 二
三角衰朶積	底　底一和　底二和 ／ 二三
再乗衰朶積	底　底一和　底二和　底三和 ／ 二三四
三乗衰朶積	底　底一和　底二和　底三和　底四和 ／ 二三四五
四乗衰朶積	底　底一和　底二和　底三和　底四和　底五和 ／ 二三四五六
五乗衰朶積	底　底一和　底二和　底三和　底四和　底五和　底六和 ／ 二三四五六七
六乗衰朶以上是を略ス	

方垜

底巾 底 八 二圭垜積 也

二底再 三底巾 底 八 六平方垜積 也

底三 二底再 底巾 八 四立方垜積 也

六底四 十五底三 十底再 底 八 三十三乗方垜積 也

二底五 六底四 五底三 底巾 八 十二四乗方垜積 也

六底六 二十一底五 二十一底四 七底再 底 八 四十二五乗方垜責 也

三底七 十二底六 十四底五 七底三 二底巾 八 二十四六乗方垜責 也

七乗方垜以上を略ス

助術ニ用ふるもの此餘際限あり今雜問一二を挙け助術の用例を示すこと左の如し

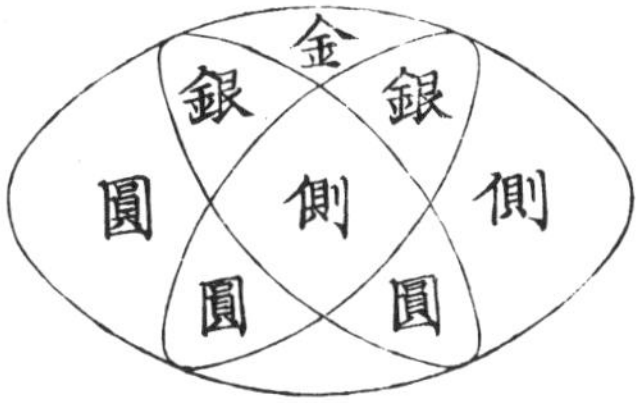

今有金側圓内如圖容十字銀側圓金側圓長徑若干短徑若干銀側圓長徑若干問得銀側圓短徑術如何

答曰如左

解中金を大とし銀を小とし助術第九十四方面弁を求むる

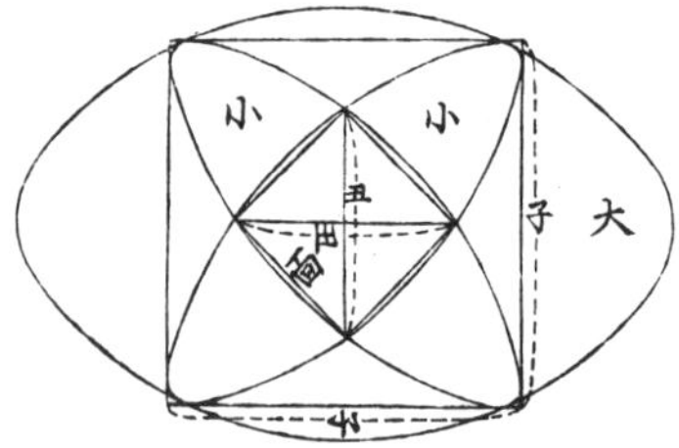

術ニ依て子巾を求む

小長巾小短巾和｜二　子巾あり　助術

第九十一術ニ依て面巾を求

む　小短巾小長巾｜小長巾小短巾和　面巾あり倍し

て丑巾とし　小短巾小長巾｜小長巾小短巾和　丑巾あり

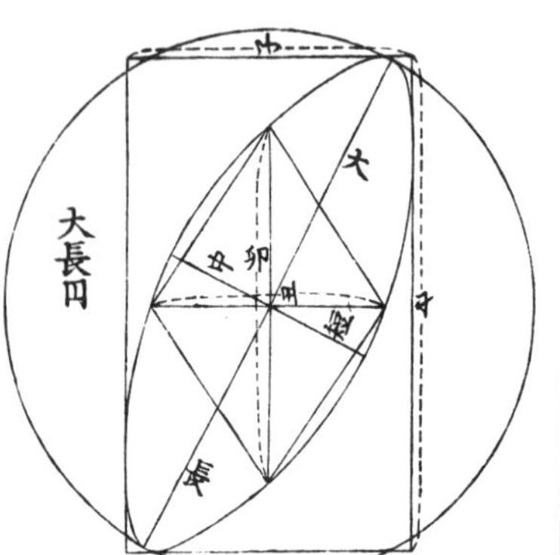

大長子｜大短　寅あり　助術第八十九術ニ依て中短径巾を求む

子巾子巾和｜大長巾　中短径巾なり　寅巾を解く　△子巾｜　△大長巾子巾｜大短巾　大長巾｜　是を括る

子巾大長巾大短巾和｜大短巾　大長巾｜　中短径巾あり　大長丑｜大短　卯あり是を自して丑巾を加へ

丑巾大長巾大短巾和｜大短巾　丑巾卯巾和なり　助術第九十三術ニ依て矩合を求む

中短巾大長巾｜丑巾卯巾和　卯巾丑巾｜大長巾中短巾和　矩合丑巾卯巾和及卯巾を解き遍く過乗を省く

中短巾｜大長巾大短巾和　丑巾｜大長巾　丑巾｜中短巾　中短径巾を解き遍く除数を乗し過乗を省く

子巾｜大長巾大短巾和　大短巾｜大長巾　丑巾｜子巾　子巾及丑巾を解く

小長巾小短巾和｜大長巾大短巾和　二　大短巾｜大長巾　小短巾｜小長巾　⊕是を括り

精矩合とし　地｜天　小短巾｜地　大短巾｜大長巾　天｜小短巾　精矩合

小長巾　天と名く

大長巾大短巾和　二　地と名く

小短径冪を得る式を求む

大短巾｜大長巾　天　是ニ依て荅術を

地｜天　地　施とき八左の如し

術曰置銀長徑自之名天置金長徑自之加金短徑冪半之名地金長短徑相乘自之内減天因地餘以天地差除之開平方得銀短徑合問

此條ハ溝口氏佐兵衛勝信日下先生の墓所谷中多寳院ニ掲る所の題術あり其解中ニ助術を用ひ依て題術及解義を溝口氏ニ乞ふて挙之

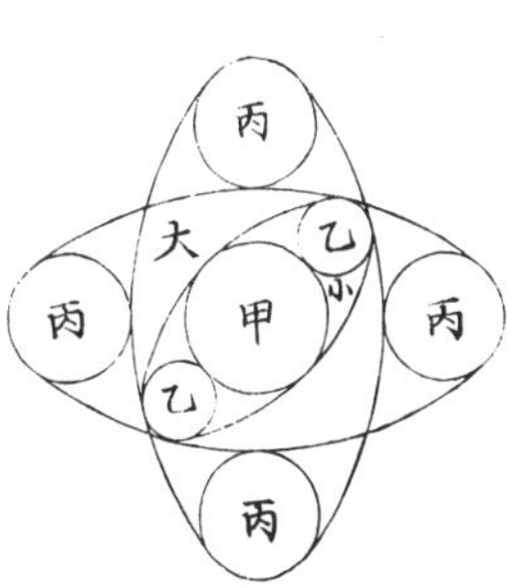

今有大側圓二個相交乃長径交處爲十字内如圖容小側圓及七圓乃乙圓及丙圓至極小側圓短徑若干問得大側圓短徑術如何

答曰如左

解曰上圖乙径二段ハ甲径あり故小短径二段 前
を小長径とし 小短 小長径あり同理ニ 條
依て 大短 大長径あり 前條㊉矩合を 題
擧る 二 小長巾小長巾大長巾小短巾大短巾和 大短巾大長巾 小短巾小長巾 矩合大長径 圖
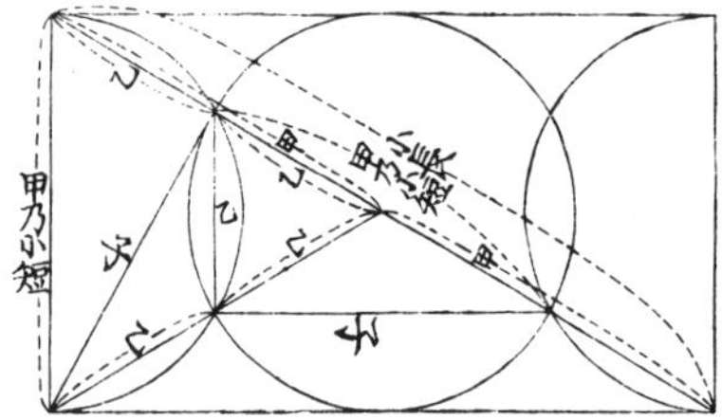

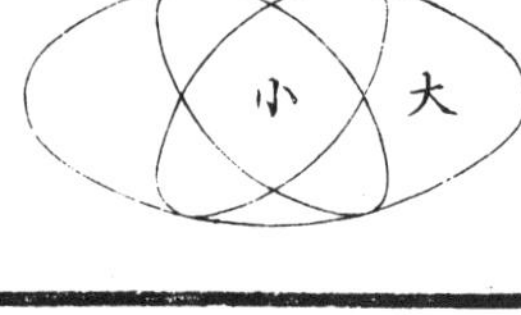

弁及小長径弁を解く 小短巾大短巾 大短三 小短三 左右ニ分る
大短三 小短巾大短巾 小短三 左 小短巾大短巾 右 左右各平方ニ開き相
消し 八ケ商大短巾 八ケ商小短巾 小短大短 精矩合
大短径を得る式を求む 八ケ商小短巾 小短 八ケ商 是ニ依て大短径を求む
小短四十ケ商 二八ケ商 二八ケ商 小短 大短径あり平方商を變し 二 小短五ケ分二厘五毛商 二 一ケ分二厘五毛商 大短径あり
是ニ依て答術を施せバ左の如し
術曰置 一個一分二厘五毛 五個一分二厘五毛 各開平方両商相併乗小短

徑半之得大短徑合問

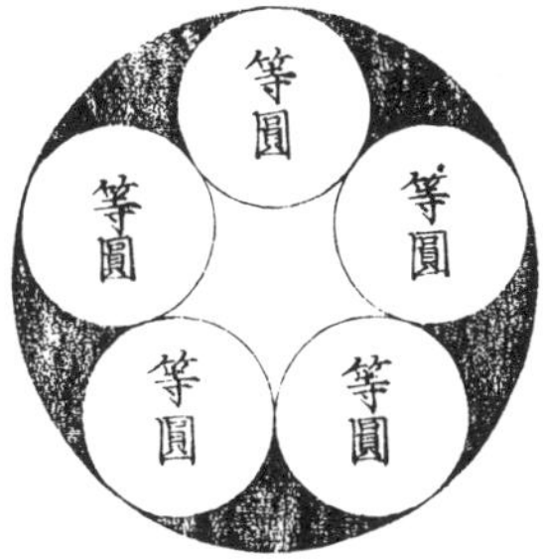

今有圓内如圖容五等圓黒積二千三百三十二寸八分九厘問等圓徑幾何

答曰等圓徑四十三寸〇〇〇〇〇有奇

解曰助術第三五角角中径率及平中径率を舉る

[八分商二和商 二] 角中径率あり [八分商二和 八分商二和商 八分商] 平中径率あり [巾角率] 子あり倍して等径を加へ [巾角率] [巾] 大径として角中径率を解く

[巾 八分商二和商] [巾] 大径あり [巾平率] 丑あり平中径率を解く [巾 八分商二和 八分商二和商 八分商] 丑あり [四責率 巾巾 十] 甲積あり [甲責] 乙積あり [五 丑巾 二] 五角積あり

[四責率 大巾] 大圓積あり [乙責] [五角責] [黒責] [大四責] 矩合各是を解く

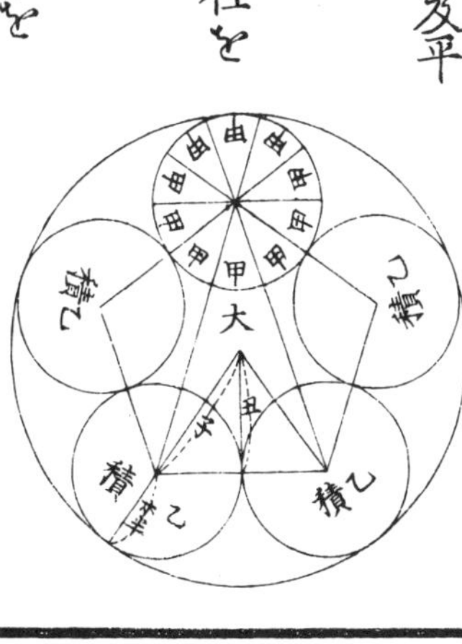

四積率 小巾 二
四積率 小巾 八分商
四積率 小巾 八分商二和商
五 小巾 八分商二和 八分商二和商 十六 八分商
黒積
矩合

八分商 東 東二ケ和 西 西商 南
四積率 南 四積率 東 四積率 五分 北とく

是を括る

小巾 北
五 小巾 南 西 東 十六
黒積
精矩合 等径弁を得る式を求む
黒積 北
五 南 西 東 十六

是に依て答術を施せハ左の如し

術曰置八分開平方名東加二個名西開平方名南倍之加東内減五分餘乗圓積率名北置西乗南以東除之五因一十六除而以減北餘以除黒積開平方得等圓徑合問

算法助術 終

附録

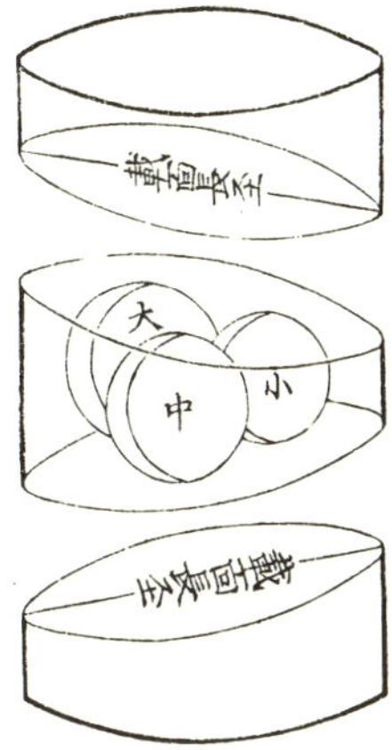

今有圓壔如圖中央容三不等球而慣其三球周相切之地斜截之大球徑若干中球徑若干小球徑若干問得截面長徑術如何

答曰如左

助術第五十五 大中小 大中 是條の矩合ニ依 大小 をて外径を得る式 中小 括を求む乃甲乙丙を大中小とし 小中商 大中商 大中小和商 る

大中小 名東 東 大中小和 名西弁

大中 大小 中小 名南

西 南 名北

東 南 外径を得

西 る式

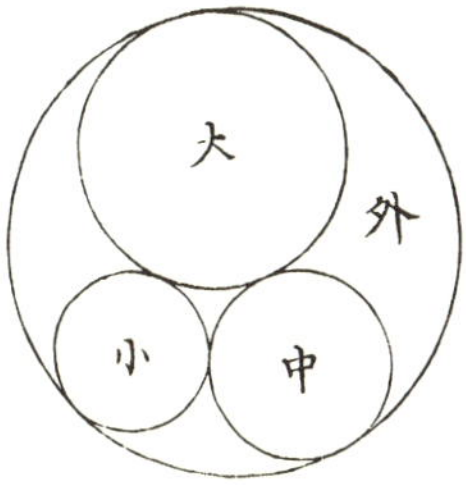

下式ニ依て外径を求む 北 東 外径あり

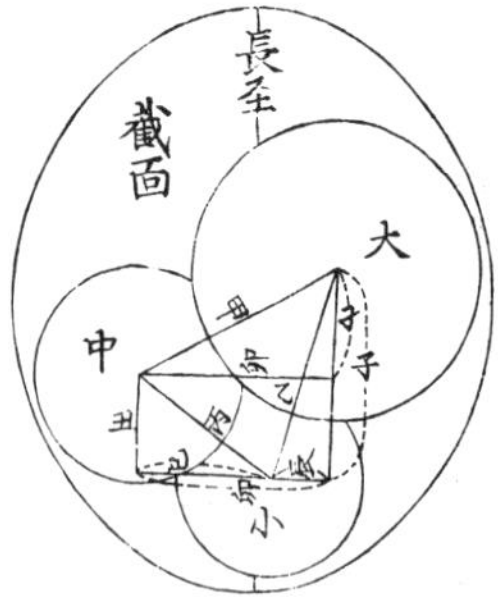

長巾
外巾
勾巾あり是を括る

外巾
率巾一差
勾巾あり

名率
長 外

比例ニ依て

比例式

勾巾	四 大小差巾
外巾	子巾

子巾を求む

外巾
四 大小差巾
勾巾
子巾あり勾巾を解く

大小差巾
四 率巾一差
子巾あり同理ニ依て

中小差巾
四 率巾一差
丑巾あり

大中差巾
四 率巾一差
寅巾あり

大中
甲巾あり
大小
乙巾あり
中小
丙巾あり
甲巾
子巾
卯巾あり

乙巾
子巾
辰巾あり
丙巾
丑巾
巳巾あり各是を解く

大中率巾
大中和巾
四 八
率巾一差
卯巾
あり

大小率巾
大小和巾
四 八
率巾一差
辰巾
あり

中小率巾
中小和巾
四 八
率巾一差
巳巾
あり

卯巾辰巾巳巾各率巾一個差を帯ル即ち等数あり依て三象各率巾一個差を略して矩合を求む

卯巾
辰巾
巳巾
八
辰巳
あり是

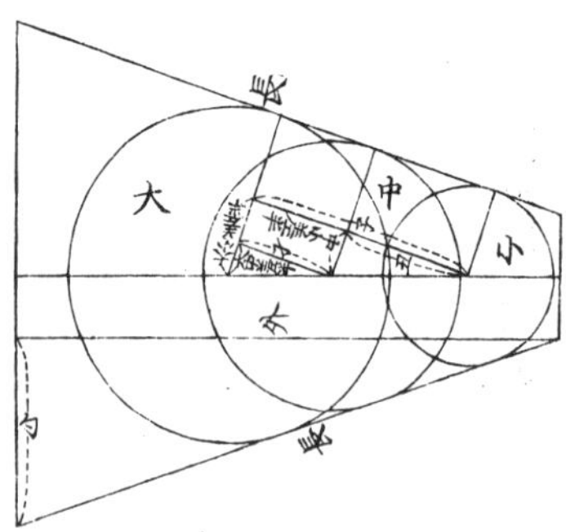

を解く

率巾大中　率巾大小中和　二大中　二大小中和　二小巾　八辰巳

あり是を括る

率巾天　二天　二小巾　八辰巳

あり是を自して左ニ寄

小大中和	大中	名天

せ辰巳因已巳四段を以て相消し矩合を求む

○率三天巾　△率巾天巾　△率巾小巾天巾　□四天巾　□四小巾天　□四小三　○率三小巾大中　△率巾小大中大小和巾　△率巾小大中小和巾　□四中小和大小和巾

矩合

合印の如く是を解き又括る

○率三南巾　○率三西巾　△率巾南巾　△率巾西巾　□西巾

是を括る

率巾一差率巾南巾　率巾一差率巾西巾　率巾一差西巾

過乗を省き又括る

率巾西巾四段南巾差　西巾

是を変し

○率巾西二南差　○西二南和　西巾

是を括る

○率巾北南二北和　西巾

精矩合仍て

北西巾南二北和

率巾あり平方

小開き

西南二北和商北商

率とし即

長外

あり外径を乗し

東西南二北和商北北商

截面長径とし

是ニ依て答術を施せハ左の如し

術曰置大圓徑二以下圓径字略之乗中及小東名乗大中小和開平

方西名大中相併乗小加大因中南名以減西二段餘北名加南

二段乗北開平方乗北以除東因西得截面長徑合問

越後小千谷　佐藤虎三郎解記撰

今有方内加圖容弧背及小方欲使黒積至極大方面一寸問小方面幾何

答曰小方面二分七釐二毛　有奇

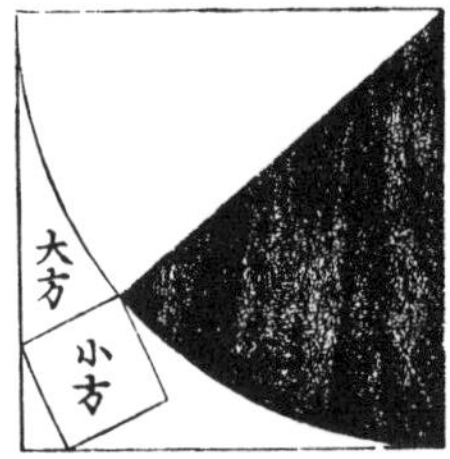

解曰弧背少極ハ方斜と相等くして背の象を失ふ故題図ハ背く

第一圖

第二圖

仍く圓周四分の一を弧背の極とし第一圖の如く黒積少極ハ小方多極小して其面大方面と相親む故図意に背く依て是を取らし

第二圖の如く黒積多極小方少極を以て此題の極とし

是ニ依て術路を求ること左の如し

比例ニ依りく 大巾 / 大小和 子あり

子巾 | 大巾 | 大小和巾 矩合子冪を解き遍く除數を

乘じ 大三 | 大小和巾 / 大巾 | 大小和三 矩合数を補ひ左右ニ分る

四 大三 | 大巾 / 大小和巾 | 大小和三 左 五 大三 四 右 各平方ニ開き寄消し

二 五ケ商 / 大巾 | 二 大巾 | 大小和巾 矩合 仍りく 二 大巾 / 五ケ商一和 大小和冪あり平方ニ開き大小和とし

大 五ケ商一和商 / 二ケ商 大小和あり内大を減し 大 五ケ商一和商 / 二ケ商 | 大 小方面あり

是ニ依て答術を施すこと左の如し

術曰置五個開平方加一個半之開平方内減一個餘乘

大方面得小方面合問

比	例	式
大小和		大
大		子

圖解

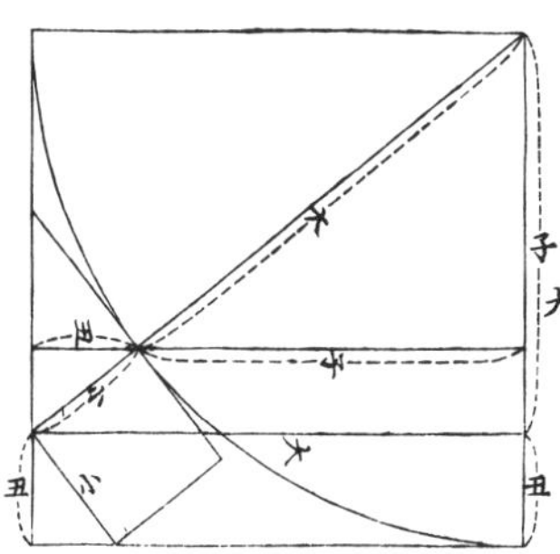

武州足立郡新里　吉岡佐兵衛信好撰

今有直内如圖容側圓乃自所交其周至直隅命四幹甲六寸乙二寸丁三寸問丙幾何

答曰丙一寸

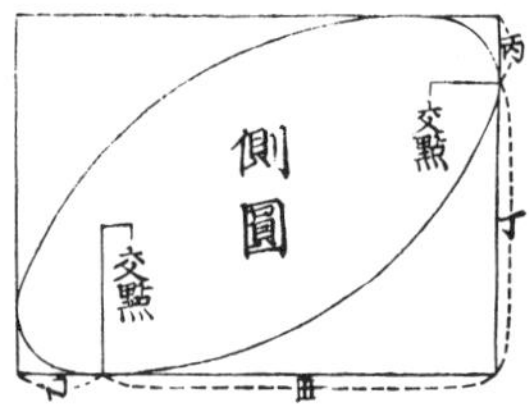

解曰上圖側圓を還源して圓となると見れハ直形變して菱と成る下図の如し今還原の形を視るに直長及平ハ菱面となり乙及丙ハ子となり甲及丁ハ丑となる故乙丙の矩ハ長平の

圖解

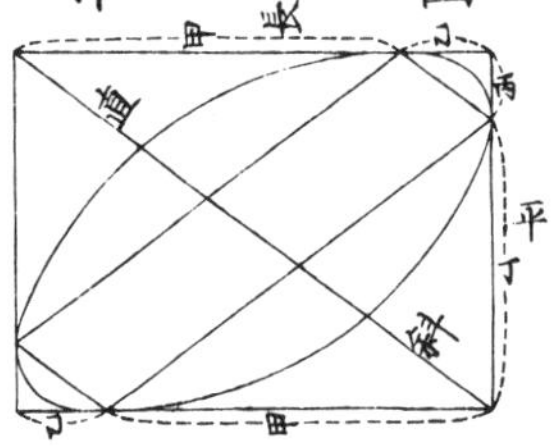

還原縮圖

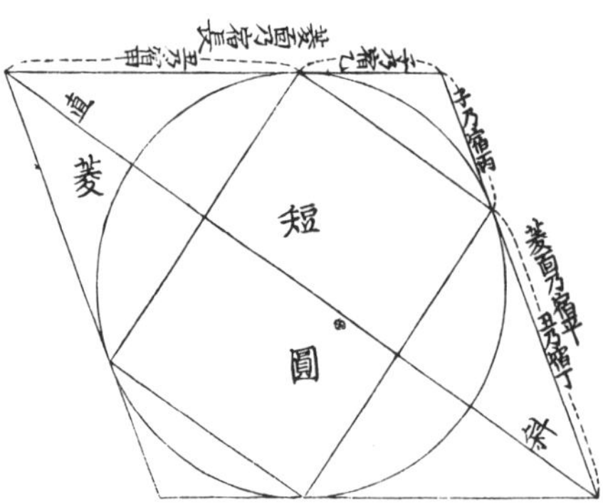

矩に應せるを明らかなり又甲丁の矩も相同し仍て比例式を設ると左の如し

比例に依て丙を求む 乙丁／甲 丙なり

是に依て答術を施ときハ左の如し

比例式		
長級	甲	乙
平級	丁	丙

術曰置乙乘丁以甲除之得丙合問

筑前博多　今泉長右衛門茂由撰

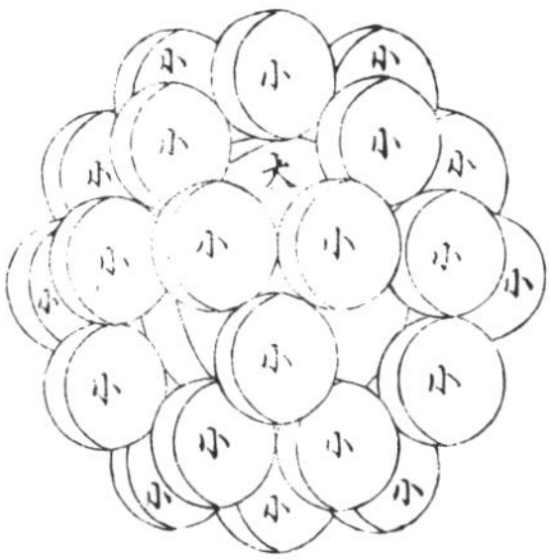

今有以小球三十個如圖圍大球（小球者各切鄰球四個與大球）小球徑三百零五寸問大球徑幾何

答曰大球径六百八十二寸〇〇〇有奇

題圖ハ小球三個相併ふ所を正面に視る圖なり又五個相併ふ所を正面に視るときハ

左の如し

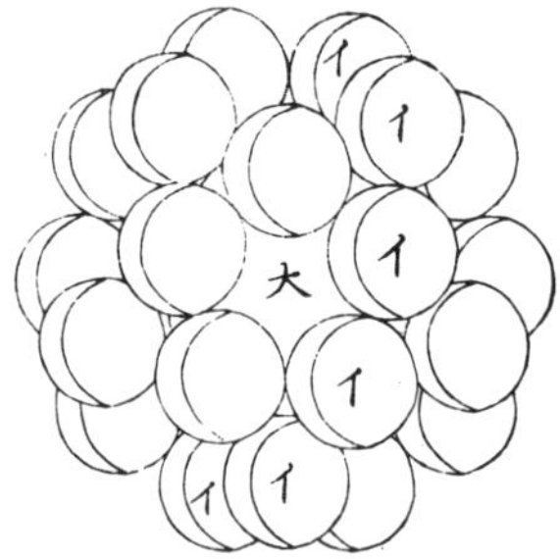

小球各心より心ニ至るときハ五角一十二個三角二十個相交る切籠の形となる下圖の如し

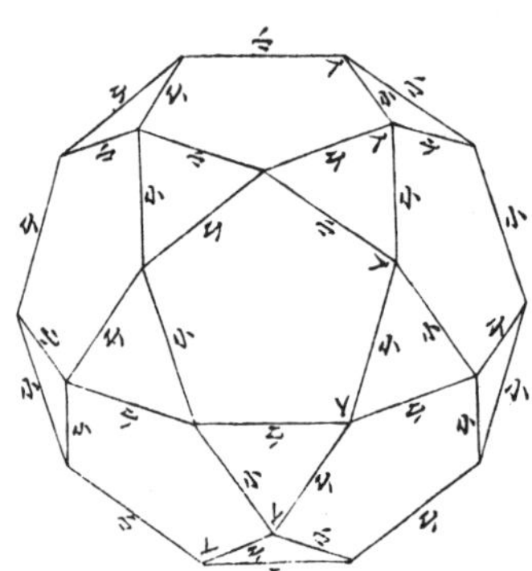

上圖イ印の小球各心ニ随て大球供ニ截るときハ其截面即小圓一十個を以て大圓を圍む形となる左圖の如し

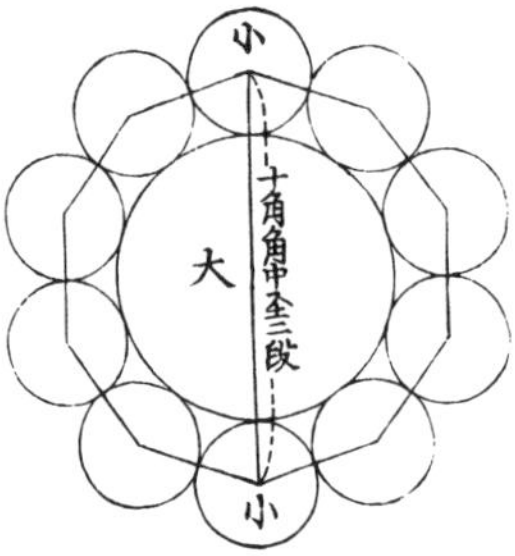

下の圖を按るニ十角の角中径ハ五角の二距斜と全く同し故助術第三の二距斜率へ小径を乗し角中径とし

二 小五ケ商一和

角中径あり是を倍して内小径を減し餘り

小五ケ商

大径となる是ニ依て答術左の如し

術曰置五個開平方乘小球徑得大球徑合問

筑後柳河　大藪俵助茂利撰

今有角形（假七角画）内如圖以斜又設角形及三斜而容側圓外角面若干内角面若干短徑若干問隨角數得長徑術如何

答曰如左

解曰角数小随て角中径率及平中径率を求む

四　平率巾　角中径率巾あり　外角率　甲あり

平率内　乙あり　甲巾　乙巾　丙巾あり甲巾及乙巾を解く

四外巾　平率巾外巾　平率巾内巾　丙巾あり　丙　二内　中斜あり

圖解

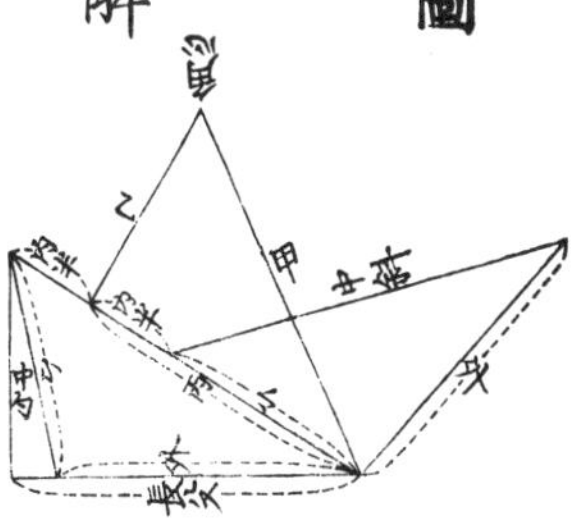

丙　二内　小斜あり三斜術に依て長股を求む

外巾　中巾　小巾　八　外長父　あり中斜冪及小斜冪を解き外

面二段に除く　二外　外丙内　長股あり是を自して以て中斜

冪を減し餘り　平率巾外巾　平率巾内巾　平率巾内外巾　中勾冪とし平方に開き

平率外　平率内巾外　中勾あり　春　平率内夏　中勾あり名秋

丙冪を列し　四外巾　平率巾外巾　平率巾内巾　是を括り

四外巾　春秋　丙冪あり又括る　四冬　丙冪あり

名春　平率外

名夏　内外

名冬　外巾　秋春

名天　中勾乃秋　短差

助術第九十七三斜の内へ側圓を容る矩合を擧る　乃大斜を外面とし

短巾中勾短差中巾小巾差巾　外三天巾中勾短差　中勾長巾天巾外巾　矩合中斜冪小斜冪差冪を解き中勾を括り遍く外

面冪に除く　秋短差短巾内巾丙巾外巾　外巾天巾秋短差　秋長巾天巾　丙冪を解き又括る　秋冬短差夏巾　秋天巾短差外巾　秋天巾長巾　精矩合

精矩合に依て長径巾を求む

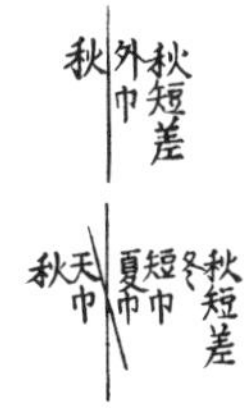

長径巾あり　仍て精術左の如し

術曰如角数求平中径率乗外面名春置内面以外面除之名夏乗内面及平中徑率以減春餘名秋乗春四之加外面冪名冬置秋倍之内減短徑餘以除夏乗短徑自之乗冬以減外面冪餘乗秋短徑差以秋除之開平方得長徑合問

下毛河内郡鷺谷　坪山繁右衛門尚徳撰

秦楚相謀欲撃趙城楚勢陣于城之正北秦勢陣于城之坤只云二軍同時起而撃城璧楚軍者後二里又云秦陣楚陣相距秦陣到城心之二倍又七分之一也問秦楚二

陣相距里數幾何

答曰秦楚二陣相距一十三里半七四三有奇

圖

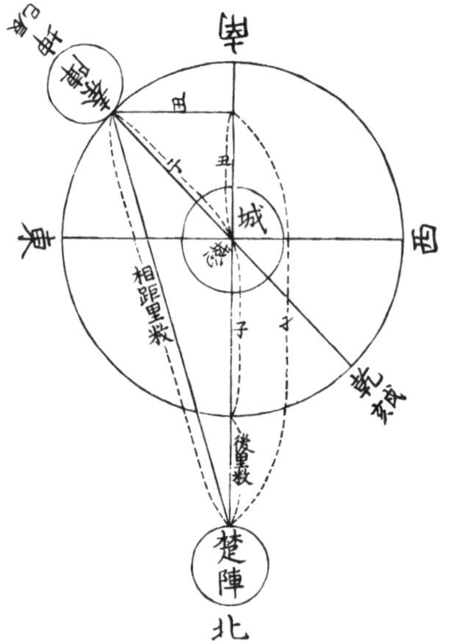

解中秦陣より城心に到る里数を子と名く又城象及陣象を仮に圓とし

子倍数｜分子 子 分母｜相距里数あり是を括る

子定｜相距里数あり

倍数 分子 分母　名定

解

子 二ケ商｜丑あり是を變し

子 五分商｜丑とし 子｜丑｜後里｜寅あり丑を

解き又括る

子 五分商一和｜後里　寅とし是を自して丑巾を加へ

子巾 五分商和巾｜子 五分商一和 後里｜後里巾｜丑巾｜相距里数巾あり左に寄る

定巾 子巾 相距里数巾あり 相消し丑巾及五個商一個和巾を解く

子巾 五分商一和 後里 子 五分商一和 後里巾 定巾 子巾 矩合 子を得る式を求め逐上後里数を

省く 五分商一和 五分商一和 八 子 後里 を得る式あり

定巾 実廉相乗以て法半帑と相減し

五分商一和 法半あり 名極

餘り 定巾五分差 平積とし平方に開き内法半乃極を減し餘り以て実を除き逐

上省く所の後里数を乗し子とし又定を乗し相距里数とし

定 後里 定巾五分差商極差 秦楚二陣相距里数あり

是に依て答術を施せば左の如し

術曰置五分開平方加一個名極置又云数通分内子而名定

自之内減五分餘開平方内減極餘以除定乘後里數得

秦楚二陣相距里數合問

阿州　殿木龍仲元恭撰

今有三角四等面内如圖容三不等球大球徑若干中球徑若干小球徑若干問得最大四等面術如何

答曰如左

三球心各四等面の底へ引付る圖

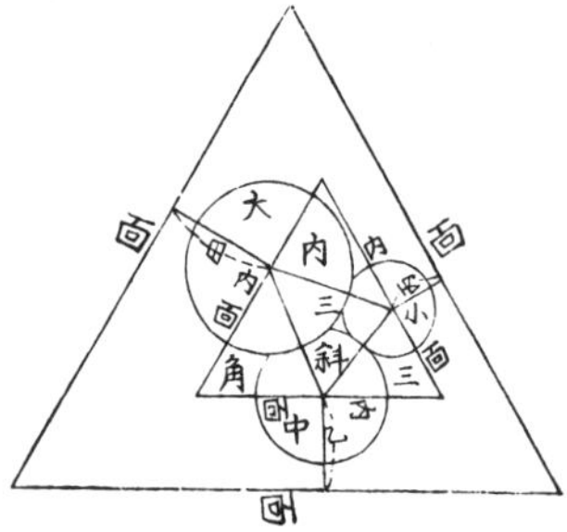

上圖を按るに三斜積と内面を定数として大径を得ると中径を得ると小径を得ると其理全同し故大中小の球径ハ交商あり平均之等径乃三数平均の極数ありとれ圖の如し

極形即面多極の圖

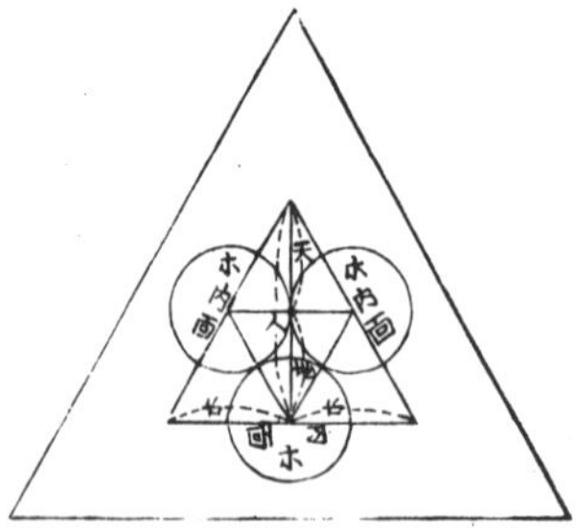

極形に依て矩合を求む

三ヶ商 ホ 二 天あり 三斜積 ホ 地あり

三ヶ商 内面巾 四 内三角積あり 内三角積 ホ 人あり

天 地 人 矩合各を解き遍

三個商を乗じ

三ヶ商 三斜積 内面巾 ホ巾 極矩合

等径を得る 三ヶ商 三斜積 ○ ○ 此式大

式を求む 内面巾 径と中

径と小径との極数を得る交商式あり還源

之交商矩合を得る 乃三数平均の極数ハ立方式交商平均の数あり故立方極式還

原法に依て交商矩合を得る 其法曰廉級へ大中相乗大小相

三斜積を求る解

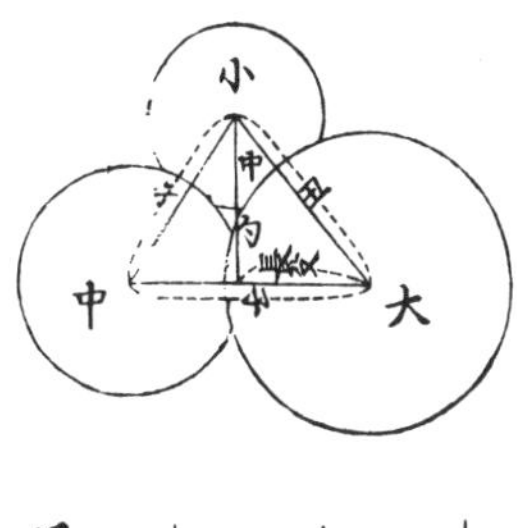

大中 子巾あり

大小 丑巾あり

中小 寅巾あり

子巾丑巾和内寅巾

を減し餘り子因長股二段とし

大中 大小 ⊕中小 八 長股子 あり

⊕印を加減し 小大中和 大中 名乾

て括る 乾 中小 八 長股子 あり

子巾丑巾 長股子巾 八 中勾巾子巾 あり是を解く

小中大巾 乾巾 ◐乾中小 小巾中巾 ◐印乾

乗中小相乗三和三分の一をし

{三ケ商 三斜積}｜{内面巾}｜{小 大中和}｜{大中} 交商矩合

是を括り三斜積を解く

{三ケ商 極商}｜{内面巾}｜{乾} 又括る

{三ケ商 極商}｜{乾}	名
	定

{定}｜{内面巾} 矩合仍て {三 定 二}｜内面巾あり平方に開き {二ケ商 定商 三ケ商} 内面あり

を解く {大中小 大中小和}｜{乾巾}｜{八}｜{子 中巾 勾巾} あり名

極平方に開き {極商}｜{八}｜{子 中 勾} あり又

三斜積四段とに

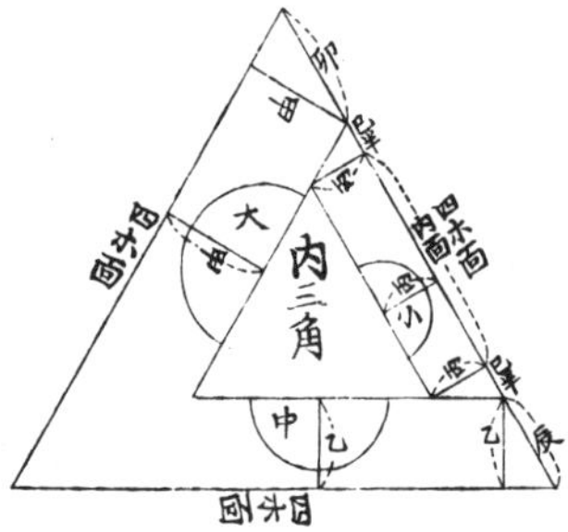

下の圖に依て甲を求む

{大巾 四}｜{大巾 四}｜{八}｜{甲巾} あり異減

して乗除等数を省く

{大巾}｜{八}｜{甲巾} あり四除して平方に開き

{大 二ケ商}｜{甲 三ケ商} 甲あり {甲 三ケ商} 卯あり甲を解く {大 二ケ商 三ケ商} 卯あり、

同理に依て {中 二ケ商 三ケ商} 辰あり {小 二ケ商 三ケ商} 巳あり

{三ケ商 二ケ商}｜{八 一ケ五分商} 也故 {二ケ商 三ケ商}｜{八 一ケ 一ケ五分商} 也

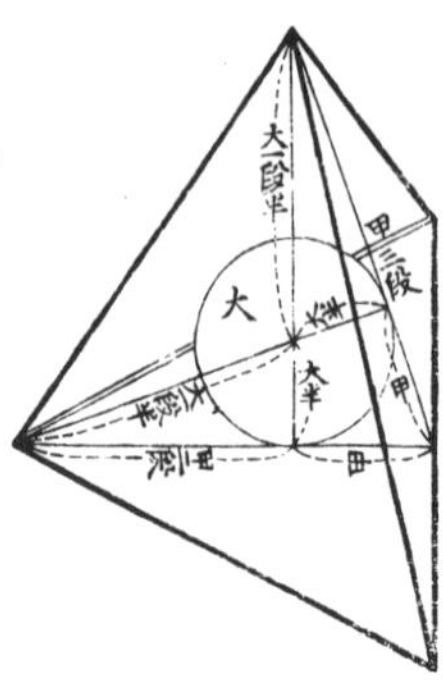

内面　卯　辰　巳
四等面あり内面及卯辰巳各を解き又括る

二ケ商 定商 三ケ商　二ケ商 大中小和 三ケ商　是を括る　二ケ商 坤 三ケ商　是を變し

定商　大中小和　名坤

坤 一ケ五分商　四等面あり　是に依て答術左の如し

術曰置大球徑（以下球径二字略之）加中乘小加大因中（名乾）大中小相併乘大中小連乘四之内減乾冪餘三之開平方加乾開平方加大中小三和（名坤）置一個五分開平方以除坤得最大四等面合問

極形術ハ西磻先生發明の法にして鳳堂秋田先生著る所の極形指南に詳あり
故還原法の解義を爰に略す

江戸　大村金吾一秀撰

今有半梯内如圖設二斜左斜若干右斜若干積至極問得濶術如何

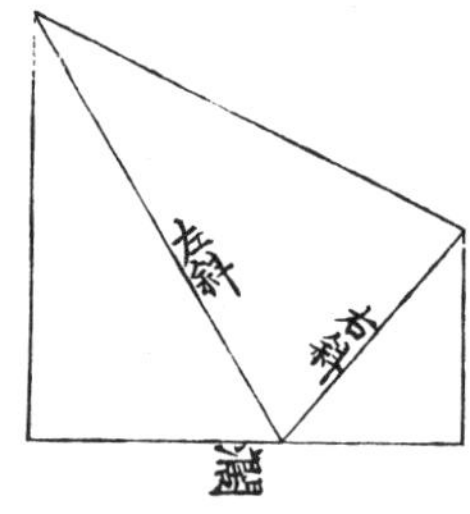

答曰如左

此題積少あるに随て濶少し少き極ハ積及濶空あり故少極なし仍て積ハ多極とし下圖の如し

左積の多極を按るに左斜を方斜とせるの方半積あり右積も又同し中積の多極ハ右斜を勾とし左斜を股とせるの勾股積あり故三積相併て多極の半梯積とし圖に依て濶を求む

左 二ヶ商　右 二ヶ商　子丑和即濶あり　二個商を以て一個を除くものハ五分商あり

故是を変して 左 五分商　右 五分商　濶あり　仍て答術左の如し

術曰置五分開平方乗左右斜和得濶合問

積多極之圖

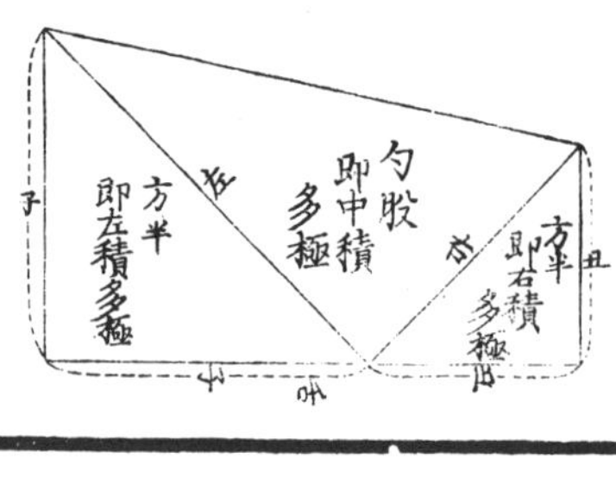

今有半梯内如圖設二斜左斜三寸右斜四寸積至極問濶幾何

答曰濶二寸四分

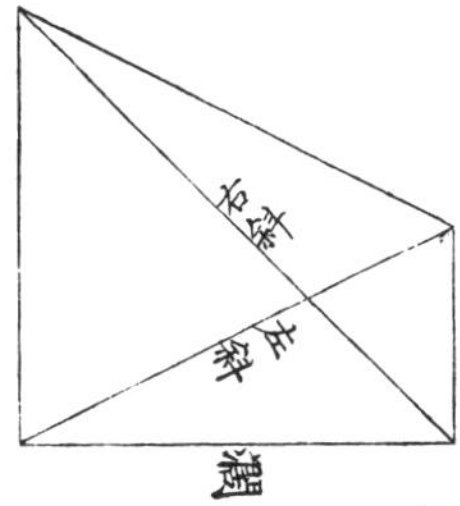

此題積に必極あし按るに右斜因上下中勾和半ハ積あり上下中勾多きとすれハ積多し上下中勾和の多極ハ左斜と全同し故左右斜十字をなさとすれハ積多極なること明らかあり左圖の如し

積多極之圖

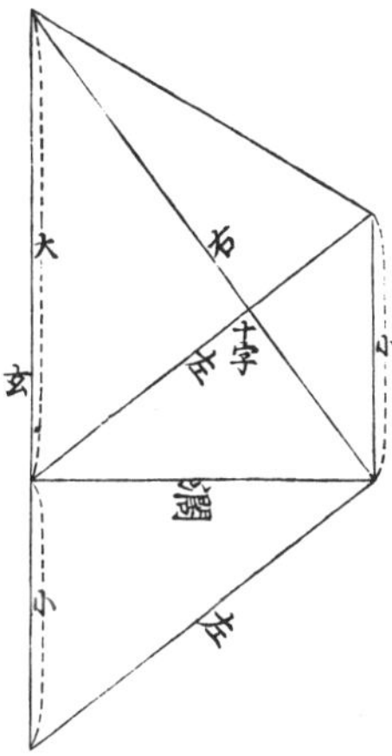

上圖に依て左斜を勾とし右斜を股として中勾を求め濶とす 左巾 右巾 玄冪あり平方に開き玄とす 玄 左右 濶あり

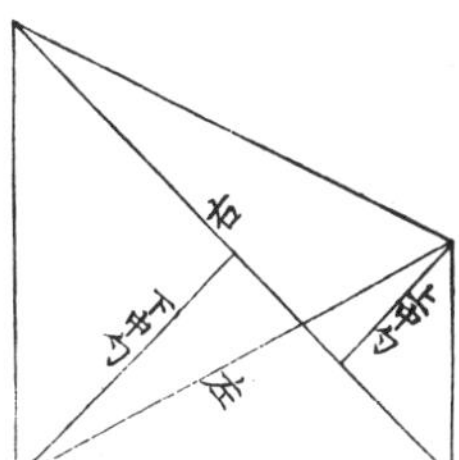

是に依て答術を施さとすれハ左の如し

※原書は以下，版元の蔵板書の目録（広告）等が続くが，その影印は省略する。

術曰置左斜自之加右斜冪開平方以除左斜因右斜得
潤合問

江戸　北村榮吉政房撰

附録終

數學道場蔵板

天保十二年辛丑八月刻成

江戸中橋廣小路町

西宮彌兵衛

付録：『算法助術』原本影印

『算法助術』の原本または復刻版を参照される方のため，次ページ以降に原本の影印（縮率86％）を掲載する。なお，原書は本書とは逆の綴じ（右綴じ）であるため，p.308を先頭ページとしp.244を末尾とした。よって，原書を本来の順に読み進めるには巻末から逆にたどっていただきたい。下に原書の正誤表（誤⇒正）を示しておく。

p.289（原書20）　22右行

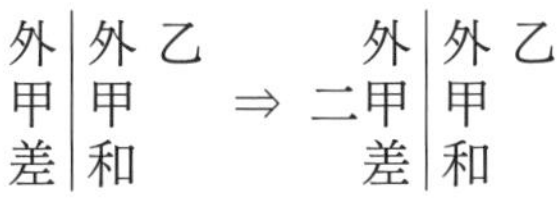

p.285（原書24）　46左行

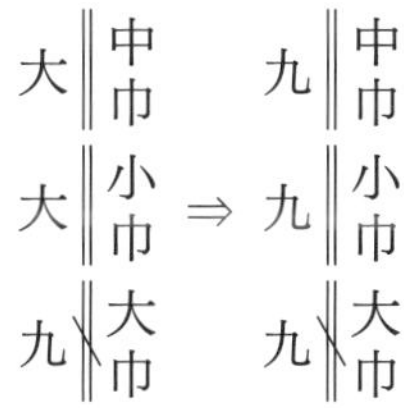

p.281（原書28）
65右行

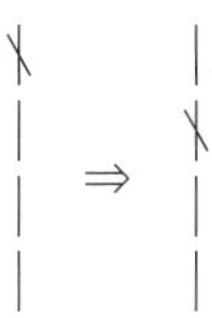

p.278（原書31）
76中央行

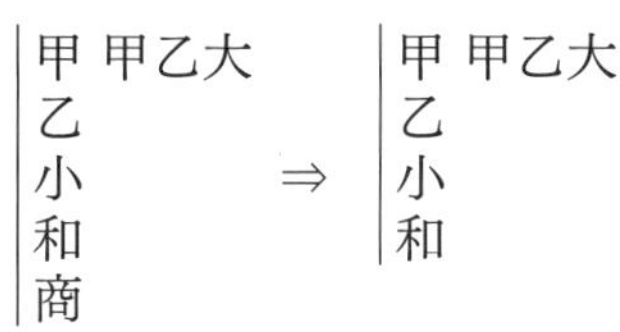

p.278（原書31）
76右下枠内

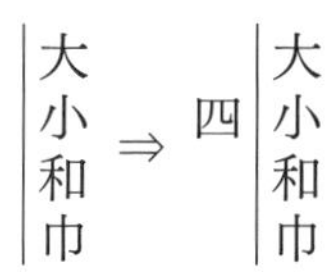

p.275（原書34）
87右行

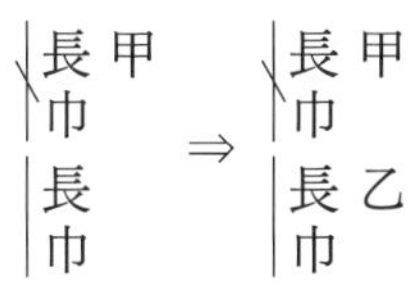

p.260（原書49）
第3行目

今有方内加圖 ⇒ 今有方内如圖

p.251（原書58）
第1行目

五個 ⇒ 五分

附録9

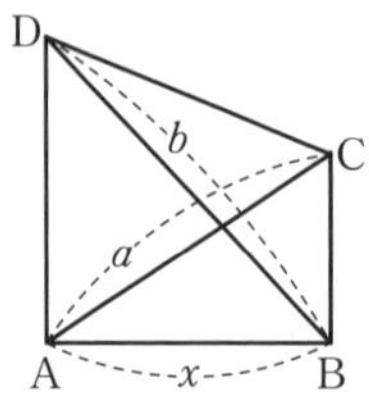

図においてADとBCは平行でともにABには直交している。AC$=a$，BD$=b$は一定値とするとき，台形ABCDの面積が最大または最小になるのはAB$=x$がいくらのときか。

（江戸　北村栄吉政房撰・前問とも）

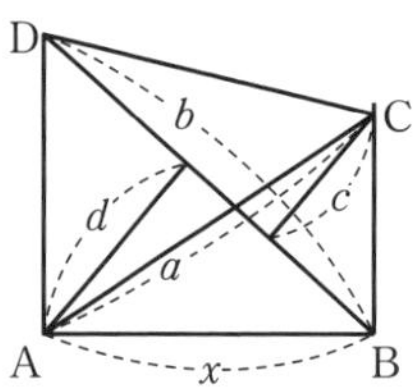

［解］　$x=0$ の極限のときを考えれば，台形はなくなってしまうから最小はない。

左図で，CからBDへの垂線の長さをcとし，AからBDへの垂線の長さをdとすると，台形の面積は　$\frac{1}{2}(c+d)b$　とも書ける。bは一定だから

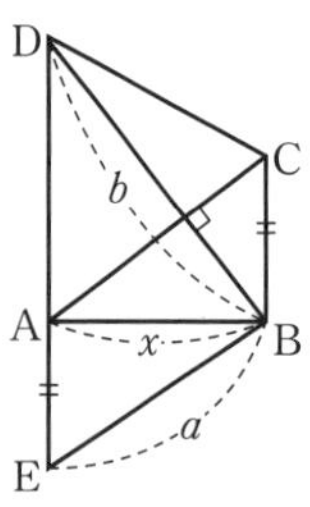

$c+d$ が最大のときが台形の面積も最大となる。同じことはbの代わりにaを用いてもいえるから，AC，BDが互いに直交するときが最大である。

それは左の図のようになる。△DBEは直角三角形で，その面積は　$\frac{1}{2}ab$　あるいは　$\frac{1}{2}x\cdot\mathrm{DE}$　と書けるが

$\mathrm{DE}=\sqrt{a^2+b^2}$　であるから　　$x=\dfrac{ab}{\sqrt{a^2+b^2}}$

［註］　台形の面積Sは　$S=\frac{1}{2}(\mathrm{AD}+\mathrm{BC})x=\frac{1}{2}\left(\sqrt{b^2-x^2}+\sqrt{a^2-x^2}\right)x$

と書けるから　$S'=\frac{1}{2}\left(\sqrt{b^2-x^2}+\sqrt{a^2-x^2}-\dfrac{x^2}{\sqrt{b^2-x^2}}-\dfrac{x^2}{\sqrt{a^2-x^2}}\right)$

$S'=0$ から　　$x^2=\sqrt{b^2-x^2}\sqrt{a^2-x^2}$

これを解いて $x^2=\dfrac{a^2b^2}{a^2+b^2}$ を得る。これからも結論できる。

$$\cos\theta(a\cos\theta+b\cos\varphi)=\sin\theta(a\sin\theta+b\sin\varphi)$$

$$\cos\varphi(a\cos\theta+b\cos\varphi)=\sin\varphi(a\sin\theta+b\sin\varphi)$$

が得られる。辺々を割れば

$$\frac{\cos\theta}{\cos\varphi}=\frac{\sin\theta}{\sin\varphi}$$

ゆえに　$\sin(\theta-\varphi)=0$

したがって $\theta=\varphi$ が得られ，これを上の等式に代入すれば，いずれからでも

$$(a+b)\cos^2\theta=(a+b)\sin^2\theta$$

となり　$\sin^2\theta=\cos^2\theta$ から $\theta=45°$ が結論される。

あるいは，次のようにいってもよい。

Sの面積は

$$\frac{1}{2}a\sin\theta\cos\theta=\frac{1}{4}a\sin 2\theta$$

であるから $\theta=45°$ のとき最大で，Uの面積は $\angle\mathrm{CAF}=\varphi$ とすると

$$\frac{1}{2}b\sin\varphi\cos\varphi=\frac{1}{4}b\sin 2\varphi$$

であるから $\varphi=45°$ のとき最大。このとき $\angle\mathrm{BAC}=90°$ となるからTも最大になる。

附録8

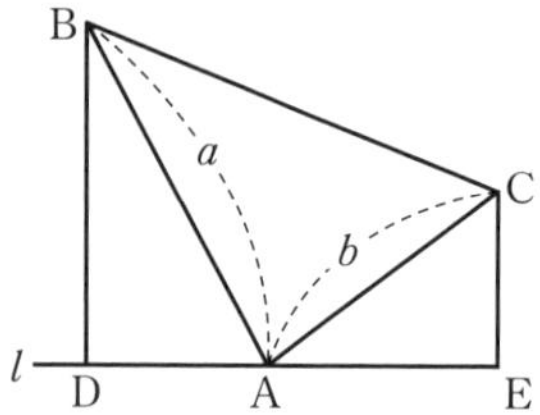

直線l上の点Aを端点とする2つの線分AB，ACの長さをそれぞれa，bとし，点B，Cからlに下ろした垂線の足をそれぞれD，Eとする。このとき，台形BDECの面積が最大または最小になるのはどんなときか。そのときのDEはいくらか。

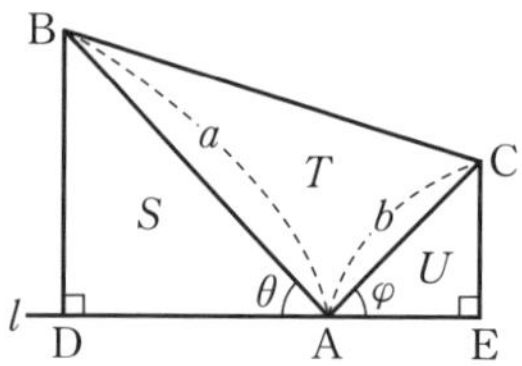

［解］ 図のように台形をS，T，Uの3つの部分に分けて考えよう。

線分AB，ACが重なってlに垂直になったと考えれば，台形の面積は0になってしまうから最小はないと考えてよい。

最大を考えよう。Sが最大になるのは線分 AD=BD のとき，すなわち，ABが正方形の対角線になるときである。Uについても同様で AE=CE になるときが最大である。

またTについては，AB⊥AC のとき，面積は$\frac{1}{2}ab$となって最大である。

以上，すべてが同時に起こり得るから，それが求める最大の場合である。

このとき　　$\mathrm{DE}=\mathrm{DA}+\mathrm{AE}=\dfrac{a}{\sqrt{2}}+\dfrac{b}{\sqrt{2}}=\dfrac{a+b}{\sqrt{2}}$

［註］ $\angle\mathrm{BAD}=\theta$，$\angle\mathrm{CAE}=\varphi$ とすると台形の面積Sは

$$\frac{1}{2}(\mathrm{BD}+\mathrm{CE})(\mathrm{DA}+\mathrm{AE})=\frac{1}{2}(a\sin\theta+b\sin\varphi)(a\cos\theta+b\cos\varphi)$$

であるから $\dfrac{\partial S}{\partial\theta}=0$，$\dfrac{\partial S}{\partial\varphi}=0$ をつくると

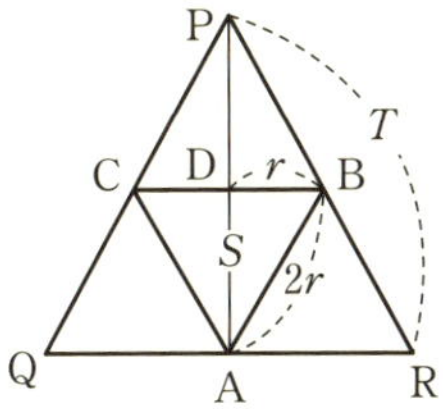

る。そして，△ABCは原問では$\triangle O_2'O_3'O_1'$としたもので，この3辺は $2\sqrt{r_1r_2}$，$2\sqrt{r_2r_3}$，$2\sqrt{r_3r_1}$ であるから，r_1，r_2，r_3についても対称式だといえる。

極形術を用いる。等しい半径を $r_1=r_2=r_3=r$ とすれば AB=BC=CA=$2r$ となる。

$$\triangle\text{PQR}の面積=\frac{\sqrt{3}}{4}T^2$$

$$S=\frac{1}{4}\triangle\text{PQR}の面積=\frac{\sqrt{3}}{16}T^2$$

ゆえに　$\text{AP}=\dfrac{2S}{r}=\dfrac{\sqrt{3}T^2}{8r}$，　$\text{DP}=\sqrt{3}r$，　$\text{AD}=\dfrac{S}{r}$

AP=AD+DP　であるから

$$\frac{\sqrt{3}T^2}{8r}=\frac{S}{r}+\sqrt{3}r$$

分母を払って整理すると

$$(8\sqrt{3}S-3T^2)+24r^2=0$$

rは　$r_1=r_2=r_3$ としたものであるから，これをrの3次方程式とみて

$$(8\sqrt{3}S-3T^2)+0\cdot r+24r^2+0\cdot r^3=0$$

“還源”すると r^2 を $\dfrac{r_1r_2+r_2r_3+r_3r_1}{3}$ とおいて

$$(8\sqrt{3}S-3T^2)+8(r_1r_2+r_2r_3+r_3r_1)=0$$　（「交商矩合」と呼ばれる。）

これから，次の式を得る。

$$T=\frac{\sqrt{8\sqrt{3}S+8(r_1r_2+r_2r_3+r_3r_1)}}{\sqrt{3}}$$

[解] で示した $4(r_1r_2+r_2r_3+r_3r_1)=a^2+b^2+c^2$ を代入すれば［註1］で求めたTと一致していることがわかる。

すなわち

$$S=\frac{\sqrt{3}}{4}(xy+yz+zx) \qquad \cdots④$$

これを②に代入すると

$$a^2+b^2+c^2=2(x^2+y^2+z^2)+\frac{4}{\sqrt{3}}S$$

すなわち

$$x^2+y^2+z^2=\frac{1}{2}(a^2+b^2+c^2)-\frac{2}{\sqrt{3}}S \qquad \cdots⑤$$

ゆえに，③から

$$\mathrm{PQ}^2=\frac{4}{3}(x+y+z)^2=\frac{4}{3}(x^2+y^2+z^2)+\frac{8}{3}(xy+yz+zx)$$

これに④，⑤を用いて

$$\mathrm{PQ}^2=\frac{2}{3}(a^2+b^2+c^2)-\frac{8}{3\sqrt{3}}S+\frac{8}{3}\cdot\frac{4}{\sqrt{3}}S$$

$$=\frac{2}{3}(a^2+b^2+c^2+4\sqrt{3}S)$$

これから　$T=\mathrm{PQ}$　の式が得られた。

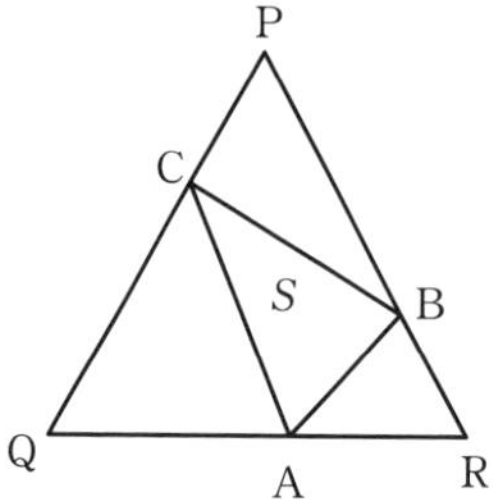

［註2］　上の［註1］に対する註を述べよう。原本は求める正三角形について「極形術」という方法を用いているのである。これは現在，完全には解明されていない理論であるが，参考のためにそれを現代風に直して述べてみよう。

△ABCが与えられたとき，これに外接する正三角形で最大のものを図のように△PQRとする。

このとき，△ABC（＝面積S）と上で述べた最大の正三角形PQRの1辺の長さTがわかったとすると，逆に，これからAB，BC，CAを求める方法はどの線分についても全く同じである。すなわち，AB，BC，CAについて対称式であ

すなわち，3点が与えられたとき，この3点からの距離の和が最小になる点である。(本題に直接関係がないので証明は略す。文献(8)などを参照)

次に，前ページの上の図のように△PQRを決めたときのPQを計算しよう。

△ABCの各辺の長さを前ページの下の図のようにそれぞれa, b, cとし，

AF$=x$，BF$=y$，CF$=z$とする。

△FBCに余弦定理**20**を用いる。∠F$=120°$に注意して

$$a^2=y^2+z^2+yz \qquad \cdots①$$

同様に　$b^2=z^2+x^2+zx$

$c^2=x^2+y^2+xy$

辺々加えて　$a^2+b^2+c^2=2(x^2+y^2+z^2)+(yz+zx+xy) \qquad \cdots②$

円$\mathrm{O_1}$の直径は　$\mathrm{PF}=\dfrac{2}{\sqrt{3}}a$

ゆえに　$\mathrm{PC}^2=\mathrm{PF}^2-z^2=\dfrac{4a^2}{3}-z^2$

上の式に①を代入して

$$\mathrm{PC}^2=\frac{4}{3}(y^2+z^2+yz)-z^2=\frac{1}{3}(2y+z)^2$$

よって　$\mathrm{PC}=\dfrac{1}{\sqrt{3}}(2y+z)$

同様に　$\mathrm{CQ}=\dfrac{1}{\sqrt{3}}(2x+z)$

したがって　$\mathrm{PQ}=\mathrm{PC}+\mathrm{CQ}=\dfrac{2}{\sqrt{3}}(x+y+z) \qquad \cdots③$

次に，△FBCの面積を求める。点Bから対辺FCへの垂線，すなわち，この三角形の高さを調べると，頂角Fが120°の鈍角三角形であるから，高さは $\dfrac{\sqrt{3}}{2}y$

よって，三角形の面積は　$\dfrac{1}{2}z\cdot\dfrac{\sqrt{3}}{2}y=\dfrac{\sqrt{3}}{4}yz$

同様に，△FCA，△FABを求めて加えれば△ABCの面積Sが得られる。

⑤の平方根を④に代入したのが求めるものである。

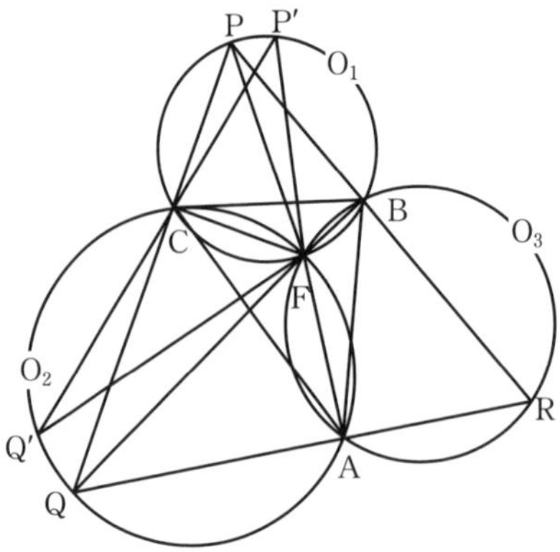

[註1]（『算法助術』の附録の問題については，『和算研究所紀要　No. 12, 2012年』 pp. 3–13参照）

本題ではtの最大値を求めるという命題として扱ったが，この辺のことを改めて述べることにする。記号も変わるが次のような問題として扱うことにする。

> △ABCが与えられたとき，これに外接する正三角形PQRのうち最大のものを求めよ。

この解答を考えよう。

△ABCの外側に各辺を1辺にもつ正三角形を考え，その外接円をそれぞれ図のようにO_1，O_2，O_3とする。これらの円は1点Fで交わる。なぜなら，円O_1の周上に任意の点Pをとり，PCを延長してO_2との交点をQとし，QAの延長がO_3と交わる点をRとすると，3点R，B，Pは一直線上にあることは角P，Q，Rがみな60°であることに注目すれば了解されることである。

すなわち，△PQRは正三角形である。いま，線分PQをFCに垂直になるように決めて，正三角形PQRをつくると，これが求める最大の正三角形となる。なぜなら，P′をPとは別に円O_1の周上にとり線分P′CQ′を図のようにつくると PQ>P′Q′ であることを示せばよい。Fを頂点とする△PFQと△P′FQ′が相似であることは底角が等しいことからわかる。

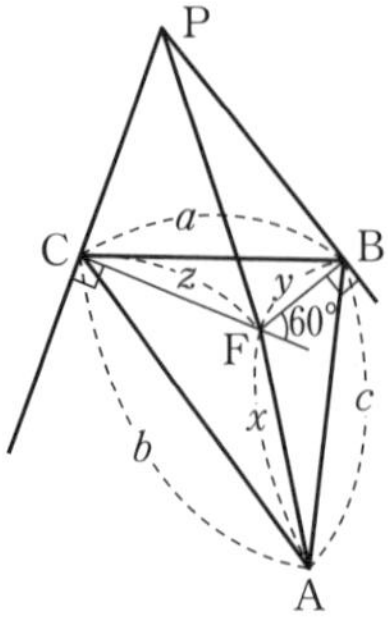

しかし，頂点Fから底辺PQまたはP′Q′に到る高さは△PFQの方が大きいから，対応する辺PQとP′Q′とではPQの方が大きい。

上述の点Fは，△ABCのフェルマー点と呼ばれている。

θが変化したとき，この値tの最大値をTとすると，三角関数の合成から

$$T=\frac{2}{\sqrt{3}}\sqrt{\{a-b\cos(60^\circ+\varphi)\}^2+b^2\sin^2(60^\circ+\varphi)}$$

$$=\frac{2}{\sqrt{3}}\sqrt{a^2+b^2-2ab\cos(60^\circ+\varphi)}$$

根号の中を整理しよう。まず

$$\cos(60^\circ+\varphi)=\frac{1}{2}\cos\varphi-\frac{\sqrt{3}}{2}\sin\varphi$$

ここで　$\cos\varphi=\dfrac{a^2+b^2-c^2}{2ab}$　であり，$\triangle O_1'O_2'O_3'$の面積をS（一定値である）とすると　$S=\dfrac{1}{2}ab\sin\varphi$　から　　$\sin\varphi=\dfrac{2S}{ab}$

ゆえに　　$T=\dfrac{2}{\sqrt{3}}\sqrt{a^2+b^2-\dfrac{(a^2+b^2-c^2)}{2}+2\sqrt{3}S}$

$$=\sqrt{\frac{2}{3}(a^2+b^2+c^2+4\sqrt{3}S)}$$

ゆえに，②から求める正四面体の1辺の長さの最大は

$$\sqrt{\frac{2}{3}}\left\{\sqrt{a^2+b^2+c^2+4\sqrt{3}S}+2(r_1+r_2+r_3)\right\}$$

である。あるいは $a^2+b^2+c^2=4(r_1r_2+r_1r_3+r_2r_3)$ を代入して

$$2\sqrt{\frac{2}{3}}\left\{(r_1+r_2+r_3)+\sqrt{r_1r_2+r_1r_3+r_2r_3+\sqrt{3}S}\right\} \qquad \cdots④$$

S^2も計算しておこう。

$2\sqrt{r_1r_2}$，$2\sqrt{r_1r_3}$，$2\sqrt{r_2r_3}$ を3辺とする三角形の面積であるから，ヘロンの公式より

$$S^2=(\sqrt{r_1r_2}+\sqrt{r_1r_3}+\sqrt{r_2r_3})(-\sqrt{r_1r_2}+\sqrt{r_1r_3}+\sqrt{r_2r_3})$$
$$\cdot(\sqrt{r_1r_2}-\sqrt{r_1r_3}+\sqrt{r_2r_3})(\sqrt{r_1r_2}+\sqrt{r_1r_3}-\sqrt{r_2r_3})$$
$$=\{-r_1r_2+(\sqrt{r_1r_3}+\sqrt{r_2r_3})^2\}\{r_1r_2-(\sqrt{r_1r_3}-\sqrt{r_2r_3})^2\}$$
$$=2r_1r_2r_3(r_1+r_2+r_3)-(r_1^2r_2^2+r_1^2r_3^2+r_2^2r_3^2) \qquad \cdots⑤$$

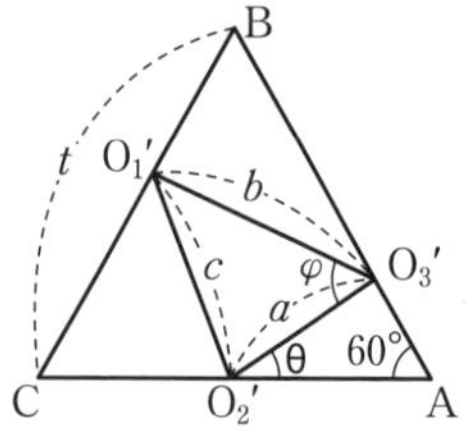

すなわち，$\triangle O_1'O_2'O_3'$ が与えられたとき，その頂点を辺上にもつ正三角形ABCで最大なものを求めることである。

正三角形の辺の長さtの最大値を求めよう。

$\triangle O_1'O_2'O_3'$ の辺の長さは最初に求めてあるが，簡単にするため

$$a = O_2'O_3' = 2\sqrt{r_2 r_3}, \quad b = O_1'O_3' = 2\sqrt{r_1 r_3}, \quad c = O_1'O_2' = 2\sqrt{r_1 r_2}$$

とおく。

a，b，cが与えられたとき，図の角θを決めれば正三角形ABCを描くことができることから，tをθの関数として表すことを考える。

$\triangle AO_2'O_3'$ に三角関数の正弦定理を用いると

$$\frac{AO_3'}{\sin\theta} = \frac{O_2'O_3'}{\sin 60^\circ}$$

ゆえに　$AO_3' = \dfrac{2}{\sqrt{3}} a \sin\theta$　…③

次に　$\angle AO_3'O_2' = 180^\circ - \theta - 60^\circ = 120^\circ - \theta$

いま $\angle O_1'O_3'O_2' = \varphi$ とおくと

$$\angle BO_3'O_1' = 180^\circ - \varphi - \angle AO_3'O_2'$$
$$= 180^\circ - \varphi - (120^\circ - \theta) = 60^\circ - \varphi + \theta$$

ゆえに　$\angle BO_1'O_3' = 180^\circ - \angle BO_3'O_1' - 60^\circ = 60^\circ + \varphi - \theta$

となるから，$\triangle BO_3'O_1'$ に正弦定理を用いて

$$\frac{BO_3'}{\sin\angle BO_1'O_3} = \frac{b}{\sin 60^\circ}$$

ゆえに　$BO_3' = \dfrac{2}{\sqrt{3}} b \sin(60^\circ + \varphi - \theta)$

よって　$t = AB = AO_3' + BO_3' = \dfrac{2}{\sqrt{3}}\{a\sin\theta + b\sin(60^\circ + \varphi - \theta)\}$

$$= \frac{2}{\sqrt{3}}[\{a - b\cos(60^\circ + \varphi)\}\sin\theta + b\sin(60^\circ + \varphi)\cos\theta]$$

3図

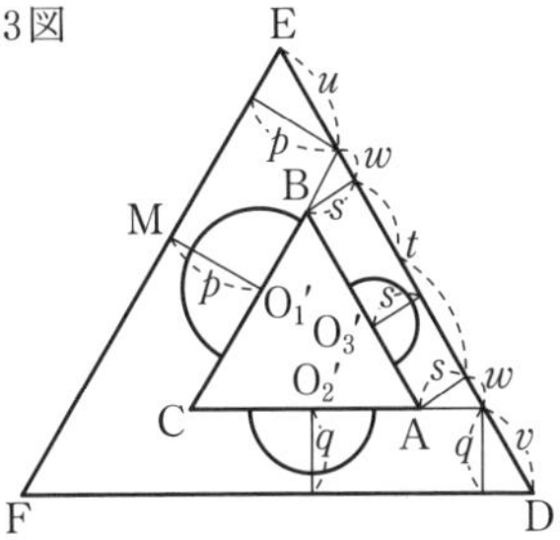

つくる。その辺の長さを AB＝BC＝CA＝t とおこう。

3図は2図と同じであるが，外側の正三角形DEFと内側の正三角形ABCの関係をさらに調べよう。

斜側面GDEとGFDを平行移動してともに球O_1に接するようにしたのが4図に示す正四面体D′E′F′G′である。

そこで$O_1'M=p$とおくと（3，4図），19から$O_1'D'=2p$，$O_1D'=3r_1$，$O_1G'=3r_1$　など，図に記入してある線分の長さがわかる。

4図

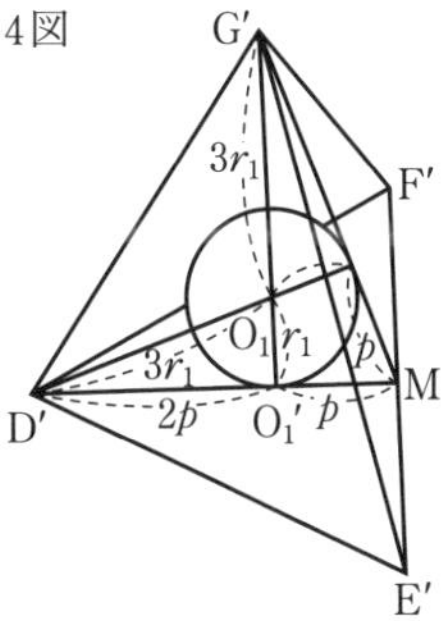

$\angle E=60°$より　　$u=\dfrac{2}{\sqrt{3}}p$

$\triangle O_1'O_1D'$は直角三角形であるから

$$(2p)^2+{r_1}^2=(3r_1)^2$$

ゆえに　　$p=\sqrt{2}\,r_1$

よって，上のことと合わせて　$u=\dfrac{2\sqrt{2}}{\sqrt{3}}r_1$

同様に，3図で　　$v=\dfrac{2\sqrt{2}}{\sqrt{3}}r_2$

また，pと同様に　$s=\sqrt{2}\,r_3$　も得られるから　$w=\dfrac{s}{\sqrt{3}}$

したがって　　$w=\dfrac{\sqrt{2}}{\sqrt{3}}r_3$

以上をまとめると

$$DE=t+u+v+2w=t+\frac{2\sqrt{2}}{\sqrt{3}}(r_1+r_2+r_3) \qquad \cdots②$$

となる。最後の辺の第2項は一定値であるから，DEを最大にすることは，tを最大にすることであるといえる。

附録7

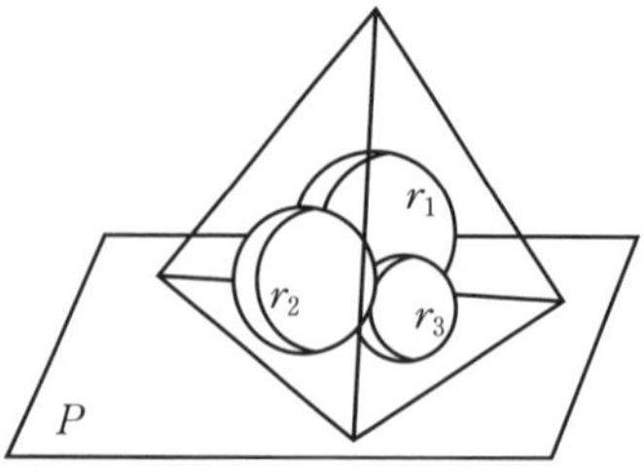

1図

図のように平面P上に底面をもつ正四面体があり，この中に大きさの異なる3つの球$O_1(r_1)$，$O_2(r_2)$，$O_3(r_3)$が互いに接し，かつ底面以外の面にも接しているものとする。このとき，最も大きい球を求めよ。

（江戸　大村金吾一秀撰）

2図

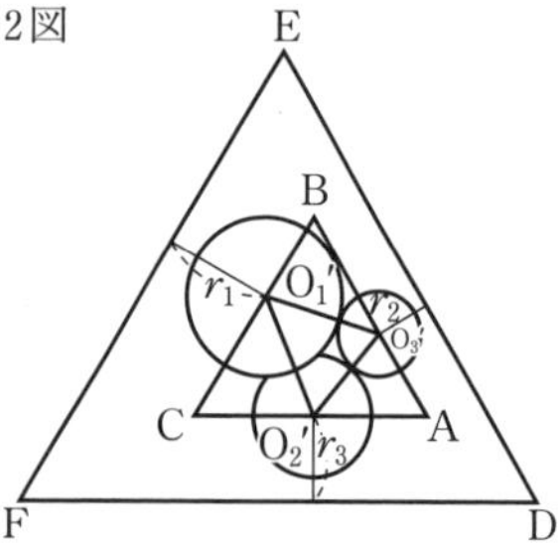

（平面Pへの射影）

［解］　仮定の条件を満たす正四面体を考えて，平面P上にある3頂点をD, E, Fとする。いま，与えられた3つの球を面Pに射影しておく。各球の中心の射影O_1', O_2', O_3'によってできる三角形の面積Sをまず求めよう。

点O_1', O_2'を通ってPに垂直な平面をつくると，その切り口には，点O_1, O_2を中心として互いに接する半径r_1, r_2の2つの円ができ，$O_1'O_2'$はその共通接線である。

ゆえに，**40**によって　$O_1'O_2'=2\sqrt{r_1r_2}$，同様に　$O_1'O_3'=2\sqrt{r_1r_3}$，$O_2'O_3'=2\sqrt{r_2r_3}$であることがわかる。

ヘロンの公式から

$$S=\sqrt{2r_1r_2r_3(r_1+r_2+r_3)-(r_1^2r_2^2+r_1^2r_3^2+r_2^2r_3^2)} \qquad \cdots①$$

で，一定値である。（計算は後で示す⑤）

いま，上図のように正三角形DEFを底面にもつ正四面体のもう1つの頂点をGとし（図には描かれてない），その3つの側面GEF, GFD, GDEにそれぞれ球O_1, O_2, O_3が接しているとしよう。そして，点O_1', O_2', O_3'を通ってそれぞれ直線EF, FD, DEに平行な直線を引いて正三角形ABCを

ゆえに　　$x=\frac{15}{7}y=13.574324\cdots\cdots$（里）

[註]　和算家の2次方程式の解を求める公式は，次のような形にしておいて

$$x^2+2bx+c=0$$

$x=-b\pm\sqrt{b^2-c}$ としていた。

しかもcが正のときは，解は虚根になるか，または，共に負となるので，問題のつくり方が悪いとされた。

また，x^2の係数が本問のように複雑な場合には，定数項が簡単であるからそれで方程式を割り，定数項$=1$　の次の形を考えた。

$$ax^2+2bx+1=0$$

このときは，当然 $x \neq 0$ であるから，両辺をx^2で割って $z=\frac{1}{x}$ とおけば

$$z^2+2bz+a=0$$

となり，これの解　$-b\pm\sqrt{b^2-a}$　を得て，その逆数をとり

$$x=\frac{1}{-b\pm\sqrt{b^2-a}}$$

としたのである。本問がこれに相当している。もちろん正の解を考えている。和算家は，分母の有理化についてはあまり気にしていなかったようである。

附録6

秦軍と楚軍が相謀って趙の城を撃とうとしている。楚軍は城の北に，秦軍は城の東南に布陣する。2軍から城までの距離は楚軍の方が2里遠い。また秦楚2軍間の距離は秦軍と城との距離の$2\frac{1}{7}$倍である。秦楚両軍間の距離はいくらか。

（阿州　殿木龍仲元恭撰）

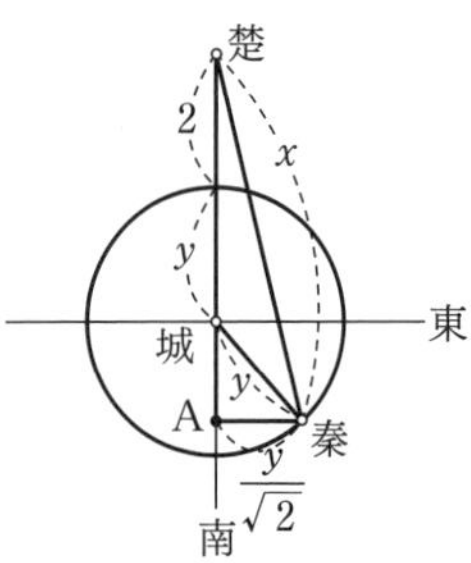

［**解**］　秦軍と城との距離をy里とすると楚軍と城との距離は$y+2$里である。
秦軍の位置から西へ行って楚軍と城を結ぶ線上の点Aに到る距離は $\dfrac{y}{\sqrt{2}}$ である。これはAと城との距離でもある。求めている秦楚両軍の距離をx里とすると　$x=\dfrac{15}{7}y$　である。

秦，楚軍の位置とA点を結ぶ直角三角形から

$$x^2=\left(\frac{y}{\sqrt{2}}\right)^2+\left(\frac{y}{\sqrt{2}}+y+2\right)^2$$

すなわち　$$\left(\frac{15}{7}\right)^2y^2=\frac{1}{2}y^2+\left(\frac{1}{\sqrt{2}}+1\right)^2y^2+4\left(\frac{1}{\sqrt{2}}+1\right)y+4$$

整理して　$$\left\{\left(\frac{15}{7}\right)^2-2-\sqrt{2}\right\}y^2-4\left(\frac{1}{\sqrt{2}}+1\right)y-4=0$$

これを解くと，次のようになる。

$$y=\frac{2}{\sqrt{\left(\frac{15}{7}\right)^2-\frac{1}{2}}-\left(1+\frac{1}{\sqrt{2}}\right)}=6.3346845798\cdots\cdots$$

よって　　$b^2=\dfrac{a^2}{4}+\dfrac{u^2e^2}{a^2}+ue$　　…③

次に，②，③を用いて

$$\begin{aligned}f^2&=c^2-b^2\\&=\left(e+\frac{u}{2}\right)^2-\left(\frac{a^2}{4}+\frac{u^2e^2}{a^2}+ue\right)\\&=e^2+\frac{u^2}{4}-\frac{a^2}{4}-\frac{u^2e^2}{a^2}\\&=\frac{a^2}{4}+h^2a^2-h^2u^2+\frac{u^2}{4}-\frac{a^2}{4}-\frac{u^2}{a^2}\left(\frac{a^2}{4}+h^2a^2-h^2u^2\right)\\&=h^2\left(a^2-2u^2+\frac{u^4}{a^2}\right)=h^2\left(a-\frac{u^2}{a}\right)^2\end{aligned}$$

ゆえに　　$f=h\left(a-\dfrac{u^2}{a}\right)$　　($a>u$ に注意)　　…④

ここで，97を上と同じa，c，dを3辺とする三角形にaを底辺として用いると，次の式が得られる。

$$\beta^2(f-2\beta)(c^2-d^2)^2=a^2(f-\beta)^2(a^2f-2a^2\beta-4\alpha^2f)\qquad\cdots⑤$$

与えられた既知数はa，u，βであるが，fは④で得られ，②から

$$c^2-d^2=2ue$$

ゆえに，①を用いて

$$(c^2-d^2)^2=4u^2e^2=4u^2\left(\frac{a^2}{4}+h^2a^2-h^2u^2\right)$$

これも既知の数である。

したがって，⑤から未知数αは求められるといってよい。

すなわち　$(2\alpha)^2=\dfrac{a^2(f-2\beta)}{f}-\dfrac{b^2u^2(f-2\beta)\{a^2+4h^2(a^2-u^2)\}}{a^2f(f-\beta)^2}$

これを平方に開けば求める2αである。

附録5

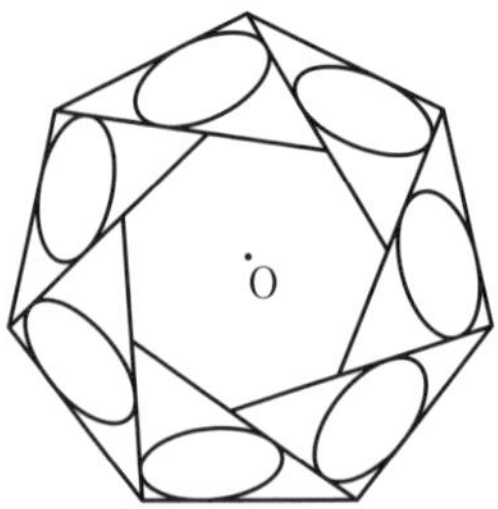

正n角形の内部に小さい正n角形を同じ中心をもつように入れ，図のように合同な三角形がn個できるようにする。この三角形に楕円を内接させる。このとき，外側の正n角形の1辺をa，内側の正n角形の1辺をu，楕円の短径を2βとするとき，長径2αの求め方を述べよ（左図は$n=7$としたもの）。

（下毛河内郡鷺谷　坪山繁右衛門尚悳撰）

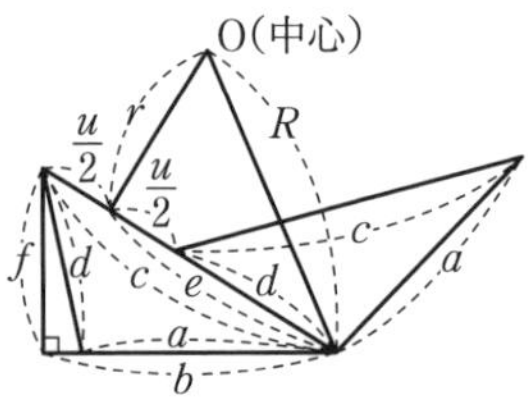

［解］ 6の［註2］で述べた和算家の述語を用いれば，角中径率k，平中径率hとすると，外側の正n角形の外接円の半径は $R=ka$ であり，内側の正n角形の内接円の半径は $r=hu$ である。

また　$k^2=\frac{1}{4}+h^2$　であったから，左図において

$$e^2=R^2-r^2=\left(\frac{1}{4}+h^2\right)a^2-h^2u^2 \qquad \cdots ①$$

そして　$c=e+\frac{u}{2}$，　$d=e-\frac{u}{2}$　…②

余弦定理20を所題のa，c，dを3辺とする三角形に用いて

$$2ba=a^2+c^2-d^2$$
$$=a^2+\left(e+\frac{u}{2}\right)^2-\left(e-\frac{u}{2}\right)^2=a^2+2ue$$

ゆえに　$b=\frac{a}{2}+\frac{ue}{a}$

附録4

1図

半径rの小球30個が図のように大球のまわりに接し，かつ，各小球は他の4個の小球にも接しているとする。小球の半径が$\dfrac{305}{2}$であるとき，大球の半径はいくらか。

（筑後柳河　大藪俵助茂利撰）

2図

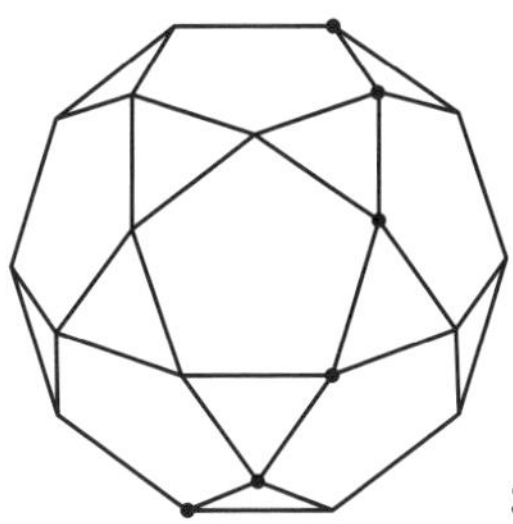

3図

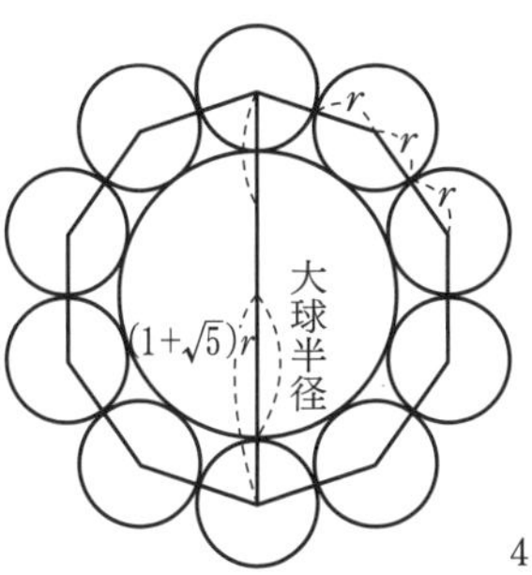

4図

［解］　1図は小球3個が接しているところを正面にみた見取図で，2図は小球5個が正面になったものである。小球の接しているものの中心を結ぶと，3図のようなサッカーボール状の図形ができる。これを球面を一周する中心を結ぶ図形で切れば小球の切り口は大球の切り口に外接する10個の累円になる（4図）。

また，この正十角形の1辺の長さは$2r$になるから，**6**により，この正十角形の外接円の半径は

$$\frac{1+\sqrt{5}}{2}\cdot 2r=(1+\sqrt{5})r$$

ゆえに，4図からわかるように

大球の半径は

$$(1+\sqrt{5})r-r=\sqrt{5}\,r$$

よって　$\sqrt{5}\times\dfrac{305}{2}=341.000366\cdots$

これが求める大球の半径である。

附録3

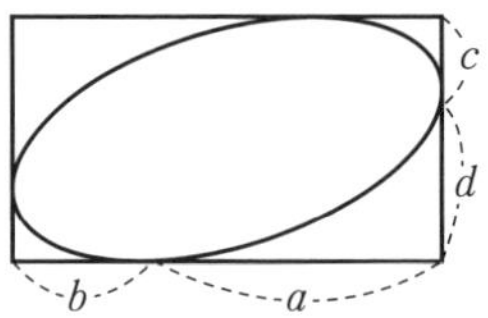

図のように長方形内に楕円が内接していて，接点で分けられた線分の長さが $a=6$，$b=2$，$d=3$　であるとき，cはいくらか。

（筑前博多　今泉長右衛門茂由撰）

［解］ 95によれば　$ac=bd$　であるから，これに数値を代入すれば

$$6c=2\times3$$

ゆえに　　$c=1$

［註］ 和算家は，扱う数値がみな整数になるような問題をよく好んで取り上げている。三平方の定理　$a^2+b^2=c^2$　の整数解の考察などはその典型である。また，64の［註2］や 用例3 などもその例である。

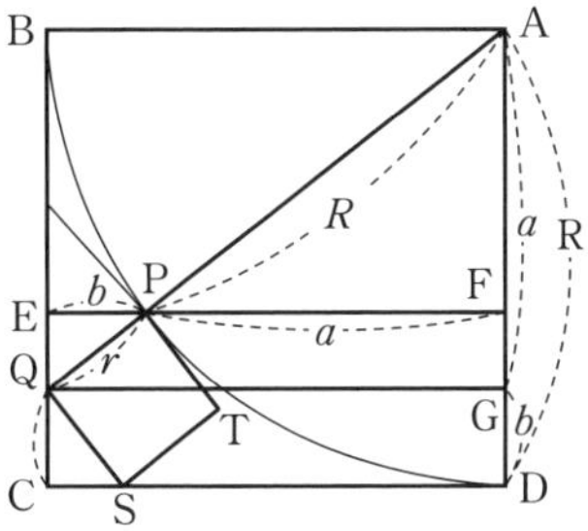

の1辺の長さをrとすると，比例から

$$\frac{a}{R}=\frac{R}{R+r}$$

ゆえに　$a=\frac{R^2}{R+r}$　…①

また，△ABQは直角三角形であるから

$$(R+r)^2=a^2+R^2$$

これに①を代入して

$$(R+r)^2=\left(\frac{R^2}{R+r}\right)^2+R^2$$

分母を払って，整理すると

$$(R+r)^4-R^2(R+r)^2=R^4$$

$$(R+r)^4-R^2(R+r)^2+\frac{R^4}{4}=\frac{5}{4}R^4$$

$$\left\{(R+r)^2-\frac{R^2}{2}\right\}^2=\left(\frac{\sqrt{5}}{2}R^2\right)^2$$

ゆえに　$(R+r)^2-\frac{R^2}{2}=\frac{\sqrt{5}}{2}R^2$　$\left(R+r>\frac{R}{\sqrt{2}}\text{ は明らか}\right)$

$$R+r=\sqrt{\frac{\sqrt{5}+1}{2}}\,R$$

よって　$r=\left(\sqrt{\frac{\sqrt{5}+1}{2}}-1\right)R=0.2720196495\cdots\cdots\times R$

附録2

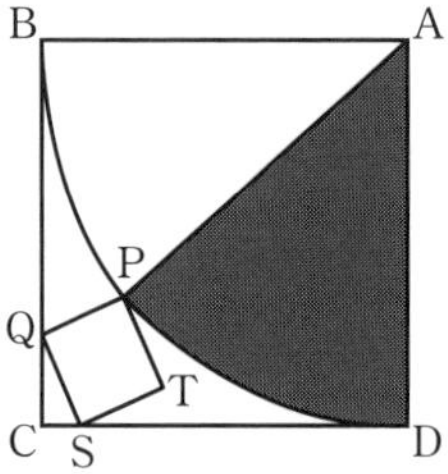

正方形ABCDにおいて，頂点B，Dを通る円弧を引き，その上の1点において図のようにBC，CD上に他の2つの頂点をもつ正方形PQSTをつくる。このとき，図の黒い部分の面積の最大・最小を求め，また，そのときの正方形PQSTの1辺の長さを求めよ。

（武州足立郡新里　吉岡佐兵衛信好撰）

1図

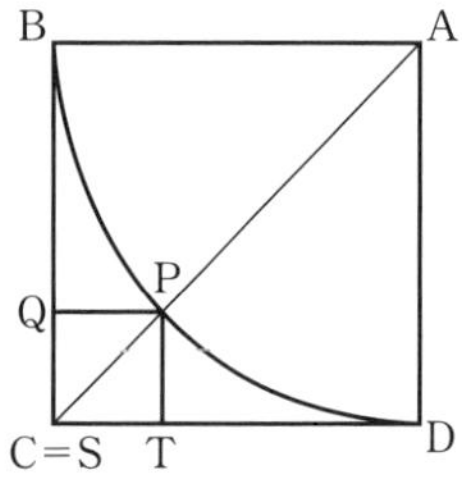

2図

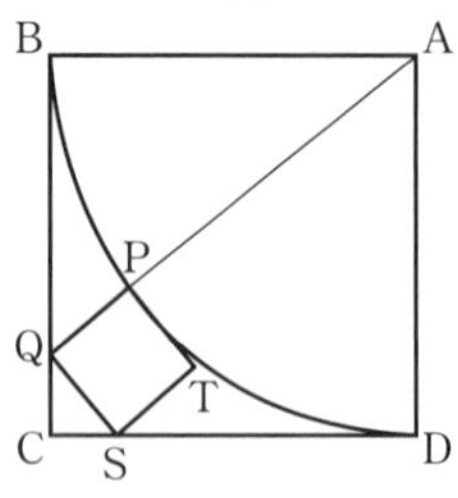

［解］　弧BPDでつくられる弓形（原文では「弧背（こはい）」といっている。もちろん，中心は正方形ABCDの対角線上かその延長上）は，弓形が対角線BDに退化したときが最小の限界と考えられるが，これでは弓形の意味がなくなるので除外する。

弓形が最大になる四分円（中心円，半径AB）のときを扱う。図の黒い部分が最小になるのは，1図のように，正方形PQSTが最大になるときであるが，このとき，大正方形の辺と重なる部分ができるので，題意から外れる。

2図のように，3点A，P，Qが，直線になるときが小正方形PQSTが最小で，黒い部分が最大になるときである。このときを調べよう。

P，Qを通り，CDに平行な直線がADとそれぞれF，Gで交わり，BCとはEで交わるとする。AD＝AP＝Rとおき，正方形PQST

c^2の係数：

$$
\begin{aligned}
&-A^2+4Ar_3^2+16r_1r_3(r_2+r_3)^2+16r_2r_3(r_1+r_3)^2\\
&=-16(r_1r_2-r_1r_3-r_2r_3)^2+16(r_1r_2-r_1r_3-r_2r_3)r_3^2\\
&\qquad\qquad\qquad+16r_1r_3(r_2+r_3)^2+16r_2r_3(r_1+r_3)^2\\
&=-16\{r_1^2r_2^2+r_1^2r_3^2+r_2^2r_3^2-2r_1^2r_2r_3-2r_1r_2^2r_3+2r_1r_2r_3^2\\
&\quad-(r_1r_2r_3^2-r_1r_3^3-r_2r_3^3)-(r_1r_2^2r_3+2r_1r_2r_3^2+r_1r_3^3)\\
&\qquad\qquad\qquad-(r_1^2r_2r_3+2r_1r_2r_3^2+r_2r_3^3)\}\\
&=-(r_1^2r_2^2+r_1^2r_3^2+r_2^2r_3^2-3r_1^2r_2r_3-3r_1r_2^2r_3-3r_1r_2r_3^2)\\
&=-\{r_1^2r_2^2+r_1^2r_3^2+r_2^2r_3^2-3r_1r_2r_3(r_1+r_2+r_3)\}
\end{aligned}
$$

c^0の係数：

$$
\begin{aligned}
&\frac{A^2}{4}-2Ar_3^2+4r_3^4-4(r_2+r_3)^2(r_1+r_3)^2\\
&=\left(\frac{A}{2}-2r_3^2\right)^2-4(r_2+r_3)^2(r_1+r_3)^2\\
&=\left\{\left(\frac{A}{2}-2r_3^2\right)+2(r_2+r_3)(r_1+r_3)\right\}\left\{\left(\frac{A}{2}-2r_3^2\right)-2(r_2+r_3)(r_1+r_3)\right\}\\
&=\{(2r_1r_2-2r_1r_3-2r_2r_3-2r_3^2)+2(r_1r_2+r_1r_3+r_2r_3+r_3^2)\}\\
&\quad\cdot\{(2r_1r_2-2r_1r_3-2r_2r_3-2r_3^2)-2(r_1r_2+r_1r_3+r_2r_3+r_3^2)\}\\
&=4r_1r_2(-4r_1r_3-4r_2r_3-4r_3^2)\\
&=-16r_1r_2r_3(r_1+r_2+r_3)
\end{aligned}
$$

ここで　$r_1^2r_2^2+r_1^2r_3^2+r_2^2r_3^2=E,\ r_1r_2r_3(r_1+r_2+r_3)\equiv W$ とおくと

$$(E-2W)c^4-(E-3W)c^2-W=0$$

ゆえに　$(c^2-1)\{(E-2W)c^2+W\}=0$

$$c^2=\frac{W}{2W-E}=\frac{r_1r_2r_3(r_1+r_2+r_3)}{2r_1r_2r_3(r_1+r_2+r_3)-(r_1^2r_2^2+r_1^2r_3^2+r_2^2r_3^2)}\quad\cdots⑦$$

よって $2a=2Rc$ は，⑦の平方根に円柱の直径を乗じたものである。

②，③を用いて

$$p^2=4r_1r_2-\frac{(r_1-r_2)^2}{c^2-1}$$

$$p^2(c^2-1)=4r_1r_2(c^2-1)-(r_1-r_2)^2$$

ゆえに　$p^2(c^2-1)=4r_1r_2c^2-(r_1+r_2)^2$

同様に　$q^2(c^2-1)=4r_1r_3c^2-(r_1+r_3)^2$

$f^2(c^2-1)=4r_2r_3c^2-(r_2+r_3)^2$　…⑤

さて　$p=f+q$ であるから　　$2fq=p^2-q^2-f^2$

この右辺に⑤を用いると

$$2fq=\frac{1}{c^2-1}\{4r_1r_2c^2-(r_1+r_2)^2-4r_1r_3c^2+(r_1+r_3)^2-4r_2r_3c^2+(r_2+r_3)^2\}$$

$$=\frac{1}{c^2-1}\{4c^2(r_1r_2-r_1r_3-r_2r_3)-2(r_1r_2-r_1r_3-r_2r_3)+2{r_3}^2\}$$

ここで　$A=4(r_1r_2-r_1r_3-r_2r_3)$　とおくと

$$2fq=\frac{1}{c^2-1}\left(Ac^2-\frac{A}{2}+2{r_3}^2\right)$$

分母を払い，さらに両辺を平方して⑤を代入すると

$$4\{4r_2r_3c^2-(r_2+r_3)^2\}\{4r_1r_3c^2-(r_1+r_3)^2\}$$

$$=A^2c^4-A^2c^2+4Ac^2{r_3}^2+\frac{A^2}{4}-2A{r_3}^2+4{r_3}^4 \qquad \cdots⑥$$

これから c を求めれば，c は r_1，r_2，r_3 を用いて表されることになり，R も同様であるから，$a=Rc$ も r_1, r_2, r_3 を用いて表され，求める結果である。計算を続けてみよう。

⑥から　右辺－左辺＝0　を求めて，c について整理すると

c^4 の係数：

$$A^2-64r_1r_2{r_3}^2$$

$$=16(r_1r_2-r_1r_3-r_2r_3)^2-64r_1r_2{r_3}^2$$

$$=16({r_1}^2{r_2}^2+{r_1}^2{r_3}^2+{r_2}^2{r_3}^2-2{r_1}^2r_2r_3-2r_1{r_2}^2r_3+2r_1r_2{r_3}^2-4r_1r_2{r_3}^2)$$

$$=16\{{r_1}^2{r_2}^2+{r_1}^2{r_3}^2+{r_2}^2{r_3}^2-2r_1r_2r_3(r_1+r_2+r_3)\}$$

3図

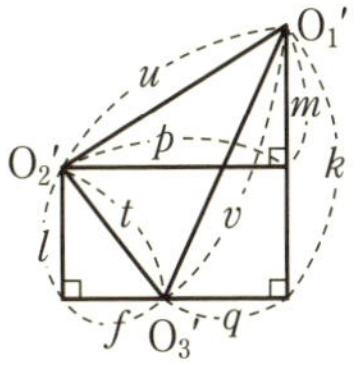

4図

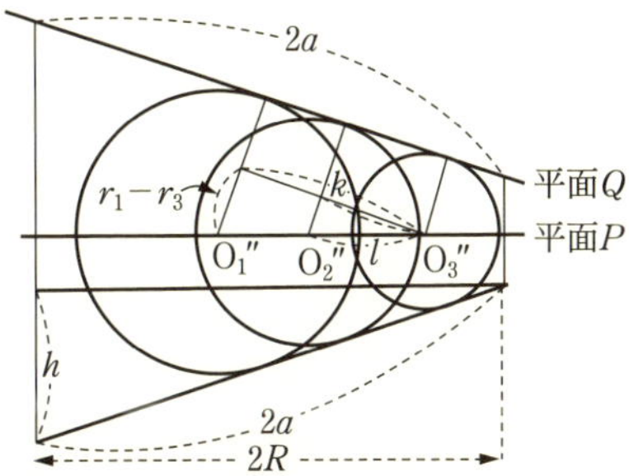

円柱の真横で長軸と直交する方向から見たものである。

O_1, O_2, O_3 はそれぞれ O_1'', O_2'', O_3'' に射影されていて，k, l は3図のものと同じであることを確認しておこう。

直角三角形の相似から

$$\frac{k}{r_1-r_3}=\frac{2R}{h}$$

平方して

$$k^2=\frac{(2R)^2(r_1-r_3)^2}{h^2}$$

ここで

$$\frac{h^2}{(2R)^2}=\frac{(2a)^2-(2R)^2}{(2R)^2}=\left(\frac{a}{R}\right)^2-1$$

となるから $\frac{a}{R}=c$（長軸，短軸の比≧1）とおくと $c=1$ のときは4図からもわかるように　$r_1=r_2=r_3=R=a$　で自明である。以下では $c>1$ と仮定する。このとき

$$k^2=\frac{(r_1-r_3)^2}{c^2-1} \qquad \cdots①$$

同様に　$l^2=\frac{(r_2-r_3)^2}{c^2-1}$,　　$m^2=\frac{(r_1-r_2)^2}{c^2-1}$　　…②

また，2図の線分 $O_1'O_2'$ ともとの線分 O_1O_2 とで決まる平面でみれば $O_1'O_2'$ は2つの円の共通接線であることがわかるから，**40**により

$u=2\sqrt{r_1r_2}$

同様に　$v=2\sqrt{r_1r_3}$,　　$t=2\sqrt{r_2r_3}$　　…③

また，三平方の定理により

$p^2=u^2-m^2$,　　$q^2=v^2-k^2$,　　$f^2=t^2-l^2$　　…④

附録1

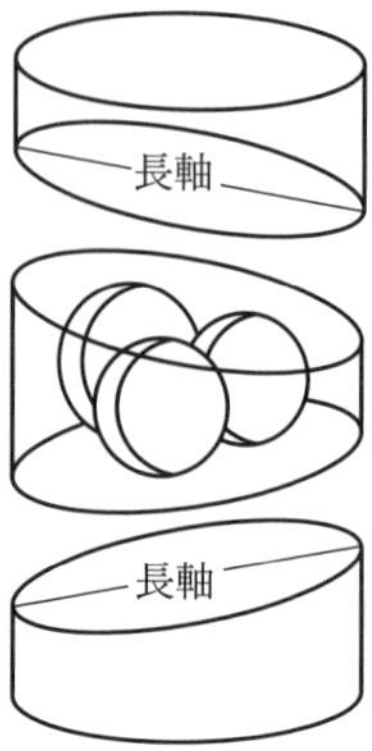

円柱をその中心線に垂直な1つの平面Pで切ったときにできる円の内部に中心をもつ3つの球があって，これらは互いに接し，また円柱の側面にも内部から接しているとする。このとき，この3つの球に接する平面Qでこの円柱を切ったときにできる楕円の長軸の長さを求めよ。ただし，この3つの球の半径をそれぞれr_1，r_2，r_3とする。

（越後小千谷　佐藤虎三郎解記撰）

［**解**］　平面P上の3つの球の切口は，1図のように互いに外接する3つの円O_1，O_2，O_3で円柱側面の切り口の円に接している。円柱の半径をRとすると，**55**でRは与えられる。すなわち

1図
平面P上の切り口

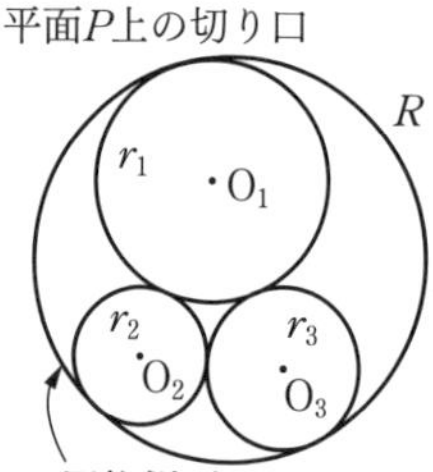

$$R=\frac{r_1r_2r_3}{2\sqrt{r_1r_2r_3(r_1+r_2+r_3)}-(r_1r_2+r_1r_3+r_2r_3)}$$

平面Qによる切り口でできる楕円の短軸の長さは，円柱の直径$2R$に等しい。そこで，長軸の長さを$2a$とおく。これを求めよう。

楕円ができた平面Qへ3つの球を射影したのが2図である。すなわち，O_1'，O_2'，O_3'はそれぞれO_1，O_2，O_3の射影した点である。O_3'を通って長軸に直交する直線をつくり，これへO_1'，O_2'から垂線を下ろす。またO_2'から長軸に垂直な直線を引き，各線分とその長さを図のように命名しておこう（3図は拡大図）。

2図
平面Q上へ円を射影した図

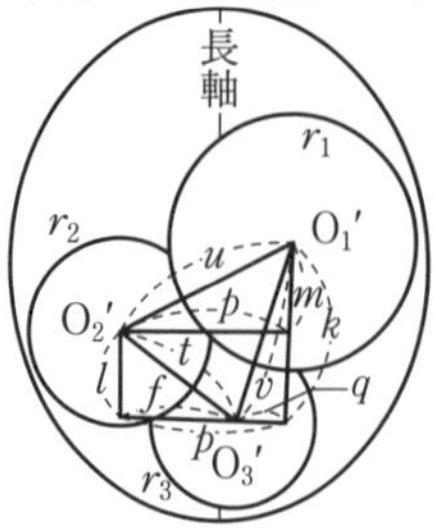

また4図は，円柱の中心線と楕円の長軸できまる平面へこの図形を射影したもの，すなわち，

また，正五角形の面積Uは

$$U=5\cdot\triangle\mathrm{OAB}=5\cdot\frac{1}{2}\mathrm{AB}\cdot\mathrm{OC}=\frac{5}{2}\cdot 2r\cdot b$$

すなわち　　$U=5br=\sqrt{25+10\sqrt{5}}\,r^2$

したがって，黒い部分の面積Nは，外側の半径Rの円の面積から正五角形の面積Uと$5T$を引いた残りであるから

$$N=\pi R^2-U-5T$$
$$=\pi\left(1+\frac{\sqrt{50+10\sqrt{5}}}{5}\right)^2 r^2-\sqrt{25+10\sqrt{5}}\,r^2-\frac{7}{2}\pi r^2$$

Nの値を代入して

$$2332.89=r^2\left\{\left(1+\frac{50+10\sqrt{5}}{25}+\frac{2\sqrt{50+10\sqrt{5}}}{5}-\frac{7}{2}\right)\pi-\sqrt{25+10\sqrt{5}}\right\}$$

この数値を計算すると

$$r^2=\frac{2332.89}{5.0468132844\cdots}=462.2501108176\cdots$$

$$r=21.5000025771\cdots$$

よって　$2r=43.0000025771\cdots$　となる。

出題者は，約 43.00000… としている。

用例3

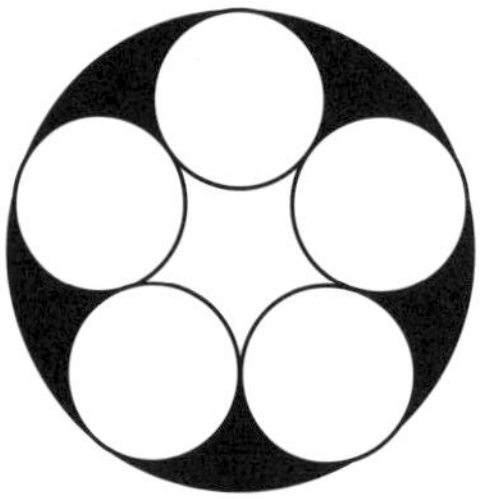

図のように5つの等円が1つの円に内接し，それらは順次互いに外接しているとする。このとき，黒い部分の面積が 2332.89 であるという。5つの等円の直径$2r$を求めよ。

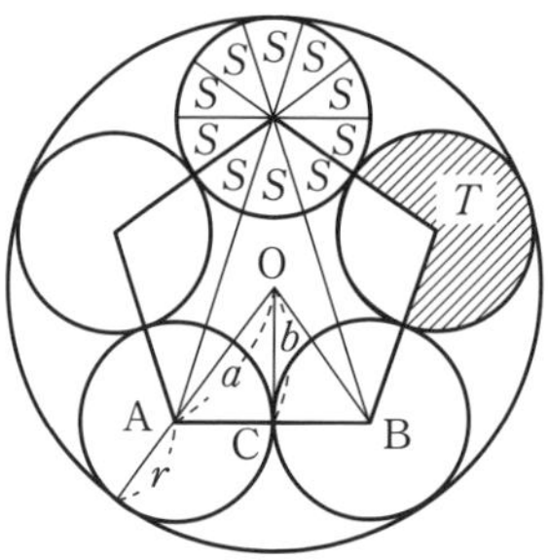

［解］ 5つの円の中心を順次結べば正五角形ができる。**3**を用いると，この正五角形の1辺の長さは$2r$であるから，その外接円の半径は

$$a=2r\cdot\frac{\sqrt{50+10\sqrt{5}}}{10}=\frac{\sqrt{50+10\sqrt{5}}}{5}r$$

また，内接円の半径は　$b=\dfrac{\sqrt{25+10\sqrt{5}}}{5}r$

外側の大きい円の半径は　$R=a+r$　であるから

$$R=\left(1+\frac{\sqrt{50}+10\sqrt{5}}{5}\right)r$$

上の図の一番上の小円で示したように，この正五角形の辺や対角線の延長線によって10等分されることは角の大きさからわかる。その1つの扇形の面積をSとすると

$$S=\frac{\pi r^2}{10}$$

ゆえに，図の斜線を引いた部分の面積Tは

$$\pi r^2-S=\frac{7\pi r^2}{10}$$

用例2

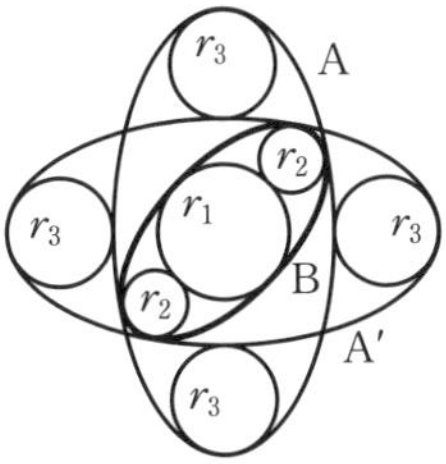

長軸$2a$，短軸$2b$の同じ大きさの楕円A，A′が中心を共有し，長軸が互いに直交していて，この2つの楕円の共通部分に図のように長軸$2c$，短軸$2d$の楕円Bを内接させる。さらに楕円Bと同心で半径r_1の円が内接し，半径r_2の2つの円が楕円Bの長軸の端点での曲率円で，半径r_1の円にも接しているものとする。

また，半径r_3の4つの円はそれぞれ楕円AまたはA′の長軸の端点における曲率円とする。このとき，bはdの何倍であるか。

[解]

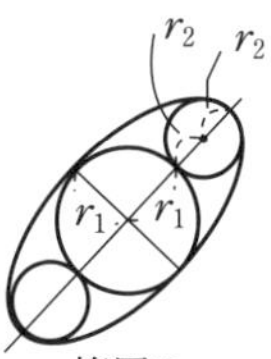

楕円B

86から $r^2=\dfrac{d^2}{c}$ であり，左図からわかるように

$$c=2r_2+r_1 \qquad r_1=d \qquad c=\frac{2d^2}{c}+d$$

すなわち　$c^2-cd-2d^2=0$　　$(c-2d)(c+d)=0$

ゆえに　$c=2d$　　同様に　$a=2b$

ここで，用例1の解の中で得られた式

$$2(a^2b^2+c^2d^2)=(a^2+b^2)(c^2+d^2)$$

に上のa，cを代入すれば　$2(4b^4+4d^4)=5b^2\cdot 5d^2$

bはdのx倍とすると　$8x^4-25x^2+8=0$

$8x^4-16x^2+8=9x^2$　　ゆえに　$8(x^2-1)^2=9x^2$

$x>1$であるから　$\sqrt{8}\,(x^2-1)=3x$

$\sqrt{8}\,x^2-3x-\sqrt{8}=0$ を解いて正の解をとれば

$$x=\frac{3\sqrt{2}+\sqrt{82}}{8}=1.662253\cdots\cdots$$

これが求める倍率である。

また，楕円O_1は楕円O_1'となるが，これは長方形$A'B'C'D'$に内接し，円O'にも内接している。円の中に楕円が内接し，しかも両者の中心が一致しているから，その接点は楕円の長軸の端点である。
すなわち，楕円O_1'の長軸の長さは，円O'の直径$2a$に等しい。
短軸の長さを$2x$とする。O_1'は長方形$A'B'C'D'$に内接するから89より

$$4(a^2+x^2)=\alpha^2+\left(\frac{a}{b}\alpha\right)^2$$

これに①を代入して

$$4(a^2+x^2)=\frac{2(a^2+b^2)(c^2+d^2)}{b^2} \quad \cdots ④$$

また，菱形$P'Q'R'S'$は楕円O_1'に内接するから93より

$$\frac{1}{a^2}+\frac{1}{x^2}=\frac{4}{\gamma^2}+\frac{4}{\left(\frac{a}{b}\gamma\right)^2}$$

すなわち　$$\frac{a^2+x^2}{a^2x^2}=\frac{4(a^2+b^2)}{a^2\gamma^2} \quad \cdots ⑤$$

④と⑤からxを消去しよう。

⑤÷④ より　$\dfrac{\gamma^2}{2b^2}=\dfrac{4x^2}{c^2+d^2}$　　ゆえに　$(c^2+d^2)\gamma^2=8b^2x^2$

これに③を用いれば　$c^2d^2=b^2x^2$
これを④に用いてxが消去される。

$$2a^2b^2+2c^2d^2=(a^2+b^2)(c^2+d^2)$$

これをdについて解けば

$$\{2c^2-(a^2+b^2)\}d^2=(a^2+b^2)c^2-2a^2b^2$$

よって　$$d=\sqrt{\frac{(a^2+b^2)c^2-2a^2b^2}{2c^2-(a^2+b^2)}}$$

［註］　これは溝口佐兵衛勝信が師の日下誠(1764～1839)の墓所谷中多宝院に掲げた題術で，その解の中で「『助術』を用いたので題術および解義を溝口氏に乞いて之を挙げた」と述べられている。和算書では珍しい註である。

用例 1

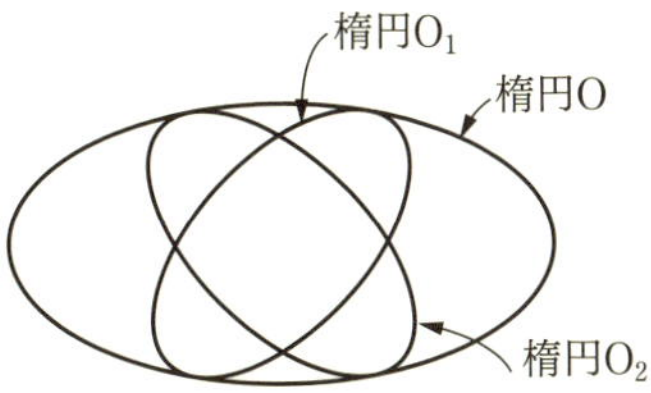

長軸$2a$，短軸$2b$の楕円Oの中に図のように長軸$2c$，短軸$2d$の同じ大きさの楕円O_1，O_2を長軸が互いに直交するようにして内接させる。このとき，a，b，cを与えてdを求めよ。

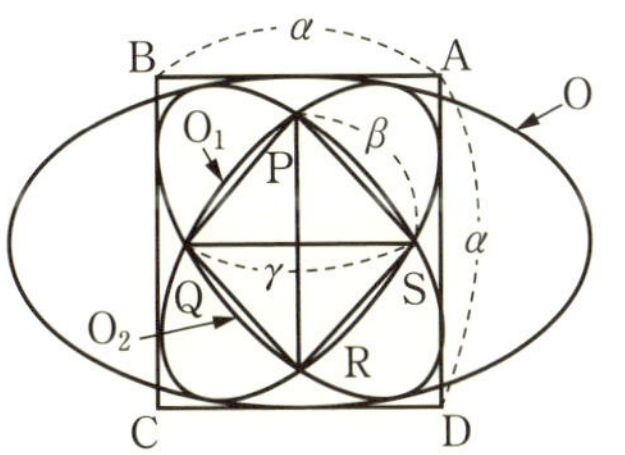

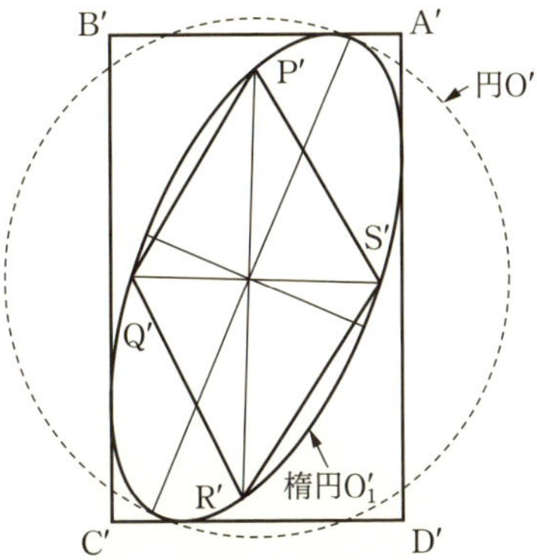

[解]　楕円O_1，O_2の共通接線を描くと，図のように正方形ABCDができる。その1辺の長さをαとすると，**94**を用いて

$$\alpha^2=2(c^2+d^2) \qquad \cdots①$$

次にO_1，O_2の交点を結んでできる正方形PQRSの1辺の長さをβとすると

91から　$\beta^2=\dfrac{4c^2d^2}{c^2+d^2}$　　　$\cdots②$

ゆえに，その対角線 PR＝QS＝γ とすると $\gamma=\sqrt{2}\,\beta$ であるから，②より

$$\gamma^2=\frac{8c^2d^2}{c^2+d^2} \qquad \cdots③$$

次に，与えられた図を楕円Oの短軸の方向に$\dfrac{a}{b}$倍しよう。(楕円の中心を中心として上下方向に伸ばす，と考えるとイメージしやすいだろう)。下の図のように楕円Oは円O′となり，正方形ABCDは長方形A′B′C′D′となり

$$A'B'=AB=\alpha, \qquad A'D'=\frac{a}{b}AD=\frac{a}{b}\alpha$$

に $n=0, 1, 2, \cdots$ を代入して辺々加えると

$$(n+1)^5=5S^{(4)}+10S^{(3)}+10S^{(2)}+5S^{(1)}+(n+1)$$

これらに(1), (2), (3)を用いて$S^{(4)}$の式が求められる。
以下，同様なので省略する。

［註］ 前問の等式は，以下の形も求めやすい形をしているが，本問の場合は，$S^{(r)}$の一般の形はそう容易ではない。現代ではベルヌーイ数といわれる係数が出てくるのであるが，和算家は相当次数rの高いところまで必要があれば計算していたようである。しかし和算家は，このような定理，公式に発見者・発明者の業績を評価して個人の名前をつけることをしなかった。最近になってようやく関孝和の業績を知らしめるために「関・ベルヌーイ数」との呼称が普及しはじめている。

辺々加えれば

$$(n+1)^3=3(1^2+2^2+\cdots\cdots+n^2)+3(1+2+\cdots\cdots+n)+(n+1)$$

ゆえに　$(n+1)^3=3S^{(2)}+3S^{(1)}+n+1$

よって　$3S^{(2)}=(n+1)^3-3S^{(1)}-(n+1)$

$$=(n+1)^3-\frac{3}{2}n(n+1)-(n+1)$$

$$=\frac{1}{2}n(n+1)(2n+1)$$

これから(2)が得られた。

$S^{(3)}$を求めるためには

$$(n+1)^4-n^4=4n^3+6n^2+4n+1$$

を利用する。$n=0,\ 1,\ 2,\ \cdots$ として

$$\begin{aligned}
1^4 &= 1\\
2^4-1^4 &= 4\cdot 1^3+6\cdot 1^2+4\cdot 1+1\\
3^4-2^4 &= 4\cdot 2^3+6\cdot 2^2+4\cdot 2+1\\
4^4-3^4 &= 4\cdot 3^3+6\cdot 3^2+4\cdot 3+1\\
\cdots\cdots &\quad \cdots\cdots\cdots\cdots\cdots\cdots\\
(n+1)^4-n^4 &= 4\cdot n^3+6\cdot n^2+4\cdot n+1
\end{aligned}$$

辺々加えて

$$(n+1)^4=4S^{(3)}+6S^{(2)}+4S^{(1)}+(n+1)$$

よって　$4S^{(3)}=(n+1)^4-6\cdot\dfrac{n(n+1)(2n+1)}{6}-4\cdot\dfrac{n(n+1)}{2}-(n+1)$

$$=(n+1)\{(n+1)^3-n(2n+1)-2n-1\}$$

$$=(n+1)(n^3+n^2)=n^2(n+1)^2$$

これで(3)が示された。

$S^{(4)}$も同様で

$$(n+1)^5-n^5=5n^4+10n^3+10n^2+5n+1$$

105

(1) $1+2+3+\cdots\cdots+n=\dfrac{n(n+1)}{2}$

(2) $1^2+2^2+3^2+\cdots\cdots+n^2=\dfrac{n(n+1)(2n+1)}{6}$

(3) $1^3+2^3+3^3+\cdots\cdots+n^3=\dfrac{n^2(n+1)^2}{4}$

(4) $1^4+2^4+3^4+\cdots\cdots+n^4=\dfrac{1}{30}n(n+1)(2n+1)(3n^2+3n-1)$

(5) $1^5+2^5+3^5+\cdots+n^5=\dfrac{1}{12}n^2(n+1)^2(2n^2+2n-1)$

(6) $1^6+2^6+3^6+\cdots\cdots+n^6$

$=\dfrac{1}{42}n(n+1)(2n+1)(3n^4+6n^3-3n+1)$

(7) $1^7+2^7+3^7+\cdots\cdots+n^7$

$=\dfrac{1}{24}n^2(n+1)^2(3n^4+6n^3-n^2-4n+2)$

[証明] (1), …, (7)の和を，ここでは，それぞれ$S^{(1)}$, …, $S^{(7)}$と表すことにする。$S^{(1)}$は**104**で求めた。$S^{(2)}$を求めよう。

$$(n+1)^3-n^3=3\cdot n^2+3n+1$$

であるから，ここで $n=0$, 1, 2, … として並べると

$$1^3= \qquad\qquad\qquad 1$$
$$2^3-1^3=3\cdot 1^2+3\cdot 1+1$$
$$3^3-2^3=3\cdot 2^2+3\cdot 2+1$$
$$4^3-3^3=3\cdot 3^2+3\cdot 3+1$$
$$\cdots\cdots \qquad \cdots\cdots$$
$$(n+1)^3-n^3=3\cdot n^2+3\cdot n+1$$

示されるが，あるいはm個からr個を取り出すという仕方を特定の1個を決めておいて，これを含む取り出し方は残りの$m-1$個から$r-1$個を取り出す${}_{m-1}C_{r-1}$通りと，この特定したものを含まないで残りの$m-1$個からr個を取り出す${}_{m-1}C_r$通りに分けられるから，その和が${}_mC_r$であるとわかる。

この等式を

$${}_mC_r-{}_{m-1}C_r={}_{m-1}C_{r-1}$$

として　$r=4$　とし　$m=n+3,\ n+2,\ \cdots\cdots,\ 5$　として等式を並べ，辺々加えれば

$${}_{n+3}C_4-{}_4C_4={}_{n+2}C_3+{}_{n+1}C_3+\cdots\cdots+{}_4C_3$$

が得られる。

左辺の ${}_4C_4=1$ を ${}_3C_3$ と書きかえて移項すれば求めるものである。

$$1\cdot 2+2\cdot 3+3\cdot 4+\cdots\cdots+n(n+1)=\frac{n(n+1)(n+2)}{3}$$

これは求める(2)である。これは $n=1$ でも成り立つ。

次に　$b_n=n(n+1)(n+2)(n+3)$　　$(n=0,\ 1,\ 2,\ \cdots)$

として同様に考えていく。すなわち $n\geqq 2$ のとき

$$b_n-b_{n-1}=n(n+1)(n+2)(n+3)-(n-1)n(n+1)(n+2)$$
$$=4n(n+1)(n+2)$$
$$b_n=b_1+(b_2-b_1)+\cdots\cdots+(b_n-b_{n-1})$$
$$=4\{1\cdot 2\cdot 3+2\cdot 3\cdot 4+\cdots\cdots+n(n+1)(n+2)\}$$

これとb_nの定義式から(3)も得られる。(4)も同様である。いずれも $n=1$ のときも成り立つ。

［註］　この等式はさらに(5)，(6)，……と続けることができる。和算家は数列

$$1,\ 2,\ 3,\ \cdots\cdots$$

を「圭垜（けいだ）」と呼び，その和(1)を「圭垜積」と呼んだ。項の数nを「底」または「底子」といった。米俵を積んだ形の最下がnにあたるからであろう。

『算法助術』の原本では，(2)の両辺の各項は2で割った形で示されている。そして「三角衰垜積」と呼んだ。ここでの「積」は現代では「和」というべきであろう。これは蜜柑を積み重ねる形で一番上が1個，次が3個，その次が6個と正三角形の形に順次なっているからである。

これらに準じて(3)は，両辺を2・3で割った形，(4)は2・3・4で割った形で式が示されている。「再乗衰垜」，「三乗衰垜」と呼ばれていた。

組合せの記号を使って書けば，(2)の両辺を2で割って

$${}_2C_2+{}_3C_2+{}_4C_2+\cdots\cdots+{}_{n+1}C_2={}_{n+2}C_3$$

であり，(3)は両辺を2・3で割っておくと

$${}_3C_3+{}_4C_3+{}_5C_3+\cdots\cdots+{}_{n+2}C_3={}_{n+3}C_4$$

などと表せる。

${}_mC_r={}_{m-1}C_r+{}_{m-1}C_{r-1}$　であることは　${}_mC_r=\dfrac{m!}{(m-r)!\,r!}$　という式を利用して

104

(1)　$1+2+3+\cdots\cdots+n=\dfrac{n(n+1)}{2}$

(2)　$1\cdot2+2\cdot3+3\cdot4+\cdots\cdots+n(n+1)=\dfrac{n(n+1)(n+2)}{3}$

(3)　$1\cdot2\cdot3+2\cdot3\cdot4+3\cdot4\cdot5+\cdots\cdots+n(n+1)(n+2)$

$=\dfrac{n(n+1)(n+2)(n+3)}{4}$

(4)　$1\cdot2\cdot3\cdot4+2\cdot3\cdot4\cdot5+3\cdot4\cdot5\cdot6$

$+\cdots\cdots+n(n+1)(n+2)(n+3)$

$=\dfrac{n(n+1)(n+2)(n+3)(n+4)}{5}$

[証明]　$S_n=1+2+3+\cdots\cdots+(n-1)+n$　…①

の右辺を逆に書いて

$S_n=n+(n-1)+\cdots\cdots+3+2+1$　…②

この2式の右辺を第1項どうし，第2項どうし，…と加えてみるといずれも $n+1$ であり，それがn個できるから，①と②を辺々加えたものは

$2S_n=(n+1)n$

ゆえに　$S_n=\dfrac{n(n+1)}{2}$ となり，(1)の等式が示された。

次に　$a_n=n(n+1)(n+2)$　$(n=0,\ 1,\ 2,\ \cdots)$ とすると

$a_n-a_{n-1}=n(n+1)(n+2)-(n-1)n(n+1)$

$=n(n+1)\{(n+2)-(n-1)\}=3n(n+1)$　…③

ゆえに　$a_n=a_1+(a_2-a_1)+(a_3-a_2)+\cdots\cdots+(a_n-a_{n-1})$

と書き直して，③に　$n=1,\ 2,\ \cdots$　として代入すれば

$a_n=3\{1\cdot2+2\cdot3+3\cdot4+\cdots\cdots+n(n+1)\}$

ゆえに，a_nの定義から

103

2次方程式 $ax^2+bx+c=0$ において，解をα，βとすると

(1)　$a>0$，$b<0$，$c>0$ で $b^2-4ac>0$ ならば　$\alpha>0$，$\beta>0$
(2)　$a<0$，$b>0$，$c>0$ のとき，解は異符号で $\alpha>0$，$\beta<0$ とすると　$|\alpha|>|\beta|$
(3)　$a<0$，$b<0$，$c>0$ のとき，解は異符号で $\alpha>0$，$\beta<0$ とすると　$|\beta|>|\alpha|$

［証明］　(1)　$\alpha+\beta=-\dfrac{b}{a}$，$\alpha\beta=\dfrac{c}{a}$ であるから，符号を調べて

$$\alpha+\beta>0, \qquad \alpha\beta>0$$

ゆえに，α，βが実数であることは判別式から保証されているから

$$\alpha>0,\ \beta>0, \qquad \alpha>0,\ \beta<0,$$
$$\alpha<0,\ \beta>0, \qquad \alpha<0,\ \beta<0$$

のうち，成り立っているのは第一のものだけである。

(2)　$ac<0$ であるから判別式 $D>0$ であることがわかる。

よって　$\alpha\beta=\dfrac{c}{a}<0$ から，αとβは異符号である。

$\alpha>0$，$\beta<0$とすると

$$|\alpha|-|\beta|=\alpha-(-\beta)=\alpha+\beta=-\frac{b}{a}>0$$

ゆえに　$|\alpha|>|\beta|$

(3)　やはり $D>0$ であるから，解は異符号である。

$\alpha>0$，$\beta<0$ とすれば　　$|\alpha|-|\beta|=\alpha+\beta=-\dfrac{b}{a}<0$

ゆえに　$|\alpha|<|\beta|$

以上(1)〜(3)のいずれの場合も $c>0$ としてあるから $x=0$ は解ではない。

右辺の第1項を展開して分母を払い，根号を含まない項を左辺に移し，根号をもつ項を右辺に残しておくと

$$\text{左辺}=b^2(a^2-b^2)r_2^2(r_1+r_3)^2-b^2(a^2r_2^2-b^4)(r_2-r_3)^2$$
$$-(a^2-b^2)^2(b^2-r_1^2)r_2^2-(a^2r_2-b^2r_3)^2(b^2-r_2^2) \quad \cdots④$$

$$\text{右辺}=2(a^2-b^2)(a^2r_2-b^2r_3)r_2\sqrt{(b^2-r_1^2)(b^2-r_2^2)} \quad \cdots⑤$$

これを整理すれば求める式が得られるはずである。

まず④を整理しよう。

$a^2=b^2$ としてみると0になるから，(a^2-b^2) という因子が出るはずである。

r_2について整理していく。

r_2^4の係数：　$-a^2b^2+a^4=a^2(a^2-b^2)$

r_2^3の係数：　0

r_2^2の係数：

$$b^2(a^2-b^2)(r_1+r_3)^2+b^6-a^2b^2r_3^2-(a^2-b^2)^2(b^2-r_1^2)-a^4b^2+b^4r_3^2$$
$$=(a^2-b^2)(2b^2r_1r_3-2a^2b^2+a^2r_1^2)$$

r_2の係数：　$-2b^6r_3+2a^2b^4r_3=2b^4r_3(a^2-b^2)$

r_2を含まない項：　$b^6r_3^2-b^6r_3^2=0$

となり，結局，④は　$(a^2-b^2)r_2$　という因子をもつことがわかる。

これは⑤との共通因子であるから，消去して④は

$$a^2r_2^3+(2b^2r_1r_3-2a^2b^2+a^2r_1^2)r_2+2b^4r_3$$
$$=a^2r_2(r_1^2+r_2^2)-2b^2(a^2r_2-b^2r_3)+2b^2r_1r_2r_3 \quad \cdots⑥$$

これが⑤から同じ因子 $(a^2-b^2)r_2$ を除いた

$$2(a^2r_2-b^2r_3)\sqrt{(b^2-r_1^2)(b^2-r_2^2)} \quad \cdots⑦$$

に等しい。

したがって　$⑥^2-⑦^2=0$ を計算すればよい。

a^2で整理してみると，かなりの計算量であるが次のようになる。

$$r_2^2(r_1^2-r_2^2)^2a^4-4b^2r_2r_3(b^2-r_1r_2)(r_1+r_2)^2a^2+4b^6r_3^2(r_1+r_2)^2=0$$

これから共通因子 $(r_1+r_2)^2$ を除けば，所要の式が得られる。

後　記

明治初期，土地測量を伴った地租改正や学校教育制度が全国的に速やかに滞りなく実施された。その裏付けとして寺子屋や塾の存在，そして和算の普及・発展と和算家の活躍があったことはよく知られた事実である。実際，和算家が身に着けていた学問・知識がどのようなものであったかは，その一端ではあるが，天保年間発行の本書を見れば得心されるのではないだろうか。これらの実感のもとで本解義ノートを作成していた頃の想いを若干述べさせて頂きたい。

まず，和算書のほとんどがそうであるように本書でも比例や三平方の定理などは既知のこととされていて特に掲載されていない。本書はさらにその上を目指し，応用の拡大を図ったものであろうか。難問の山の峰々が続く。項目98は当時の知識・計算力を総動員したものであろうが，その作題，証明の経緯はさらに解明したかった感が残る一例である。

内容的なことでは，前にも触れているが，いくつかの円が接している図形を扱うとき，内接・外接は解義上，直径の長さの符号の差異にしか過ぎないのに労を重ねて別項目としていることがある。これらを統合して記述するという方向にあまり力を注がなかった感がする。和算は論理面が弱いと称される一面とみられるところであろうか。例えば49・50，51・52，74・75，80・81，99・100などであるが，デカルトの円理55では1項目とされている。しかし3次元に拡張したものは2項目78・79として取り上げてある。

また論理面から見ると，計算の労を省くという点に力を注いでいると原本の序文にあるが，吟味をしておくという態度は弱いかと思われる。例えば余弦定理に当たる20は，鋭角三角形のみで鈍角三角形に言及していないし，33では2つの正方形が大きさの異なるものであるという注意も述べられていないのである。その反面，答えが整数解などの綺麗な形にすることは好まれたようで，本書ではその数値は述べられていないが，種々の和算書で取り上げられているのである。55などを見てほしい。これらは和算家の和算に対する審美眼の現れであり，江戸の美学の一側面である，とまで思える。

ピタゴラスの定理は「勾股弦の術」といわれ，前に述べたように自明ともされた知識であった。数学の定理にはよく誰々の定理，誰々の公式などと称し便利に引用されているのであるが，和算家は公式にも個人名を付していないことにも注目したいと思う。これは当時の世間事情にもよるのであろうが，ひいては個人の権利，人権，著作権などにもかかわるものと考えられる。実際，この『算法助術』の後に刊行された類似本，後継本と見なされるものについても，その序文には，あたかも創作本であるかのようにしか書かれていないものがあるのである。「流派」とか「秘伝」などという考え，姿勢などとも影響しているのであろうか。この辺りにも江戸時代を感ずる所以である。

最後になったが，本書は約10年前から筆者の定年後の後期高齢者になってから興味本位としてノートを作り始めたものであった。その間，一応ノートを作り終えてからも［別証明］に気がついたりしたことは当然いくつかあったし，とくに36，37，38が三角関数の加法定理であることに気がついたのは一関市博物館の年中行事「和算に挑戦」の解答集からであったことが想い出される。いろいろの経緯をたどりながらも朝倉書店より刊行されることとなった。和算研究所理事長の佐藤健一先生と朝倉書店に深く感謝申し上げたい。また，伊藤幸男先生（山形），安富有恒先生（岩手），中村信弥先生（長野），藤井康生先生（兵庫），川瀬正臣先生（神奈川），徳田建司先生（大分），小嶋迪孝先生（石川），など多くの方々に随時，資料やご注意，ノートなどを頂いたことを感謝申し上げたい。東京理科大学近代科学資料館のご協力や矢嶋邦夫先生（埼玉）や早坂知秀先生（東京），そして日本数学史学会をはじめ各地の和算研究会のご支援も頂いた。とくに瀧口和也先生（宮城），伊藤朋幸先生（宮城）には原稿のチェック，校正まで多大のご助力を頂いて感謝するほかない。さらに刊行の動機から編集の最後まで労を惜しまず推進して頂いた山司勝紀氏に感謝の意を捧げたい。

土倉　保

編著者略歴

土倉(つちくら)　保(たもつ)

1922年　埼玉県に生まれる
1945年　東北大学理学部数学科卒業
1963年　東北大学教授
1986年　東京電機大学教授
現　在　東北大学名誉教授，和算研究所 理事
　　　　理学博士
主な著書『解析学微積分編』（宝文館，1959）
　　　　『フーリエ解析（近代数学新書）』（至文堂，1964）
　　　　『近似理論と直交整式（数学選書）』（槇書店，1967）
　　　　ほか

新解説・和算公式集 **算法助術**　　定価はカバーに表示

2014年11月20日　初版第1刷

編著者　土　倉　　保
発行者　朝　倉　邦　造
発行所　株式会社　朝　倉　書　店
東京都新宿区新小川町6-29
郵便番号　162-8707
電　話　03(3260)0141
FAX　03(3260)0180
http://www.asakura.co.jp

〈検印省略〉

美研プリンティング・渡辺製本

ISBN 978-4-254-11144-6　C 3041　　Printed in Japan